디지털 안보의 세계정치

미중 패권경쟁 사이의 한국

이 저서는 2020-21년 서울대학교 미래전연구센터의 지원을 받아 수행된 연구임.

서울대학교 미래전연구센터 총서 **4**

디지털 안보의 세계정치

미중 패권경쟁 사이의 한국

김상배 엮음

김상배·이중구·신성호·송태은·이승주·
손한별·노유경·고봉준·정성철·유준구 지음

World Politics of Digital Security

U.S-China Competition and South Korea

한울
아카데미

차례

제1부 디지털 안보의 양질전화

제3부 디지털 안보의 복합지정학

│ 책머리에 │

　이 책은 서울대학교 미래전연구센터 총서 시리즈의 네 번째 책이다. 총서 1
『4차 산업혁명과 신흥 군사안보: 미래전의 진화와 국제정치의 변환』(2020년 4월)
과 총서 2 『4차 산업혁명과 첨단 방위산업: 신흥권력 경쟁의 세계정치』(2021년
3월), 총서 3 『우주경쟁의 세계정치: 복합지정학의 시각』(2021년 5월)에 이어서
총서 4로 출간하게 되었다. 총서 1이 4차 산업혁명이 무기체계와 전쟁양식 및
세계정치의 변환에 미친 영향에 대한 분석에 주력했다면, 총서 2는 미래의 전
쟁 수행 능력에 영향을 미치는 4차 산업혁명 시대의 첨단 방위산업을 파헤쳤
다. 총서 3은 복합지정학의 시각에서 본 우주경쟁의 세계정치와 주요국의 우
주전략을 탐구했다.

　이러한 논의의 연속선상에서 총서 4가 다룬 주제는 『디지털 안보의 세계정
치: 미중 패권경쟁 사이의 한국』이다. 미국 트럼프 행정부 시기부터 논란이 되
었던 미국과 중국의 첨단기술 분야에서의 경쟁은 바이든 행정부 출범 이후에
도 지속될 전망이다. 최근 미중 기술경쟁의 양상은 부쩍 국가안보의 시각에서
인식되고 있으며, 그에 따라 증폭·가속화되고 있다. 이전에도 사이버 안보의
관점에서 기술 이슈가 안보의 틀에서 이해되었지만, 최근의 변화는 그 범위가
넓어지고 내용은 심화되는 양상을 보이고 있다. 이러한 인식을 바탕으로 이 책
은 '디지털 안보'라는 주제하에 최근 미국과 중국이 벌이고 있는 디지털 안보의

세계정치를 분석하고 그 사이에서 기회와 딜레마를 동시에 경험하고 있는 한국이 취할 전략에 대해서 고민해 보았다.

이 책의 총론 격인 제1장 "디지털 안보의 세계정치: 이론적 분석틀의 모색"(김상배)은 디지털 안보의 세계정치를 보는 이론적 분석틀로서 신흥안보와 복합지정학의 시각을 제시했다. 이러한 시각의 핵심은 양질전화量質轉化에서 이슈연계를 거쳐서 (복합)지정학의 임계점을 넘어서 진화하는 디지털 안보의 창발創發, emergence 메커니즘이다. 이러한 시각에서 본 디지털 안보의 세계정치는 미시적 차원의 문제일지라도 그 수량이 늘어나고 여타 이슈들과 연계되면서 거시적 차원의 난제로 창발하는 신흥안보emerging security의 속성을 지닌다. 디지털 안보가 지정학적 문제가 되었다지만, 이것이 단순히 '전통 지정학'으로의 회귀를 의미하는 것은 아니다. 제1장은 지정학적 시각의 유용성을 인정하면서도 전통 지정학을 넘어서는 다양한 시각을 엮어낸다는 의미에서 개념화된 복합지정학complex geopolitics을 원용했다.

복합지정학의 시각에서 이해한 미중 디지털 안보 경쟁은, 좁은 의미의 자원경쟁이나 기술경쟁을 넘어서 표준경쟁 또는 플랫폼 경쟁의 형태로 전개되고 있다. 이러한 경쟁에 관여하는 행위자들도 전통적 국가 행위자가 아니라 '국가-비국가의 복합 행위자'이다. 또한 경쟁의 결과로 발생하는 세계질서의 구조 변동도 전통 지정학이 상정하는 '세력균형balance of powers의 전이'라기보다는 좀 더 복잡한 형태로 그려지는 '세력망network of powers의 재편'이다. 이러한 디지털 안보의 세계정치에 대응하는 한국의 전략적 선택은 미중 사이에 낀 중견국으로서 중요한 국가안보적 사안이 아닐 수 없다.

이 책은 크게 디지털 안보의 양질전화와 이슈연계 및 복합지정학의 차원을 각각 다룬 세 부분으로 구성했다. 제1부 '디지털 안보의 양질전화'는 사이버 안보와 우주안보 및 사이버 심리전의 사례를 다룬 세 편의 논문을 실었다.

제2장 "사이버·전자전/안보의 미중경쟁과 한국"(이중구)은 중첩성을 갖는 사이버·전자전/안보의 영역에서 미국과 중국이 각각 군사적 교리와 조직 체계

를 어떻게 발전시켜 왔는지를 살펴보았다. 또한 사이버·전자전 영역에서 전개되고 있는 미국과 중국의 주요 행위를 미중경쟁의 맥락에서 비교하면서 미중 사이버·전자전 경쟁의 전망을 제시했다. 오늘날 군사행동은 육·해·공군의 중추적 기동수단과 무기체계를 정보 데이터베이스와 과감히 연결하여 수행하는 형태를 띠게 되었으며, 이에 따라 아군의 디지털 구조를 보호하고 상대의 지휘통제체계와 통신체계를 교란·무력화하는 과업은 전쟁의 승패를 결정지을 만큼의 중요성을 갖게 되었다. 사이버전/사이버안보와 전자전/전자안보는 그에 필요한 공격·방어 수단에는 차이가 있지만, 공격과 방어의 대상이 모두 디지털 체계라는 공통점이 있으며, 이러한 점에서 사이버전과 전자전을 통합함으로써 전과를 확대시키는 사이버·전자전의 개념이 필요하다는 지적도 제기되어 왔다.

이러한 사이버·전자전과 관련하여, 미국은 정보기술의 발전을 전제한 군사교리를 1990년대 후반부터 발전시켜 왔으며, 합동작전의 측면에서 사이버·전자전 유관 부서들의 조율을 중시하고 있다. 2010년 사이버사령부를 전략사령부 예하로 공식적으로 창설한 이래, 전자전의 중요성도 함께 강조하고 있다. 한편, 2000년대 초부터 '망전일체전INEW'과 같은 정보화 전쟁 개념을 가시화시켜 온 중국은 사이버·전자전 임무를 총괄하는 조직인 '전략지원부대'를 2016년 창설하여 미국의 위성감시능력과 ISR 등 전자정보전 우위 상쇄를 추구하고 있다. 상대방에 대한 강점을 확대하고 취약성을 줄이려는 노력이 이 영역 내 미중의 향후 행보를 특징지을 것이다.

제3장 "21세기 미국과 중국의 우주개발: 지구를 넘어 우주 패권경쟁으로"(신성호)는 트럼프 행정부 시기 양자 간 무역전쟁과 아시아 지역에서의 인도·태평양 전략을 통한 지역패권 경쟁을 넘어 사이버의 가상공간과 우주 분야로 확대되고 있는 미중경쟁의 사례를 분석했다. 우주는 21세기 새로운 첨단기술이 집약되고 우주 분야로의 인간의 본격적인 진출이 시작되는 새로운 무한 확대 가능성을 가진다. 냉전 시기 미소의 우주경쟁이 주로 군사와 첨단기술을 중심으

로 한 국가 간 경쟁의 모습을 보였다면, 21세기 우주경쟁은 민간 분야의 상업적 진출이 본격화하는 모습을 보인다. 동시에 미국이 추구하는 3차 상쇄전략에 따라 군사/전략 부문에서도 중요한 각축의 장이 되고 있다. 트럼프 행정부는 우주 분야를 사이버 분야와 더불어 21세기 안보위협의 가장 중요한 분야로 지정하고 2019년 우주군을 창설하는 과정에서 중국의 위협을 가장 중요한 이유로 주장했다. 중국의 시진핑 정부는 이보다 앞선 2015년 중국 로켓군을 독자적인 전략군으로 승격시키는 한편 '우주몽'을 선포하면서 2050년까지 최고의 우주 기술 선진국이 되고자 하는 우주 굴기를 추구하고 있다. 제3장은 21세기 군사와 산업 부문에서 증대하는 우주 분야의 중요성을 살펴보고, 트럼프와 시진핑 정부를 중심으로 미국과 중국의 우주 분야 정책을 살펴보았다.

이를 통해 본 21세기 미중 우주경쟁의 특징은 다음과 같다. 첫째, 우주 분야의 군사적 중요성이 증대하고 있다. 둘째, 우주는 군사뿐 아니라 21세기 경제와 산업 발전에도 더욱 중요한 분야로 부상하고 있다. 셋째, 21세기 우주는 단순히 현재 지구를 중심으로 한 군사, 경제 패권을 넘어서 인류가 당면한 기후, 환경, 자원 등의 궁극적 문제 해결을 위한 새로운 장을 여는 분야가 될 잠재성이 무한하다. 마지막으로 우주 분야는 지구에서의 패권을 다투는 미중의 위상 경쟁에도 중요한 의미를 가진다.

제4장 "사이버 심리전의 미중경쟁과 한국: 미국과 유럽의 대응과 함의"(송태은)는 21세기 디지털 기술의 고도화와 인터넷 네트워크의 지구적 확장으로 인해서 다양한 군사적·비군사적 위협 수단을 복합적으로 사용하는 하이브리드전이 부상하고 있다고 주장한다. 분쟁의 주전장이 공격 비용이 낮으면서도 공격 대상 국가에 치명적인 피해를 입힐 수 있는 사이버 공간으로 이동하고 있다는 것이다. 최근 사이버 공격을 동반하거나 혹은 개별적으로 이루어지고 있는 사이버 심리전은 민주주의 사회의 위기를 상시화하고 민주주의 제도의 정상적 기능을 약화시키는 전술을 취하고 있다. 사이버 심리전은 초연결 사회의 공개된 사이버 공론장을 공격하면서 정보와 내러티브를 무기화하고 정치적 우위를

점하려는 전술을 취하며, 인공지능 알고리즘의 스토리텔링 및 대규모 정보확산 기술을 동원하는 디지털 프로파간다로 진화하고 있다.

주로 러시아, 중국, 이란 등 권위주의 레짐의 민주주의 사회에 대한 공격의 형태를 띠는 경우가 대부분인 국가발發 사이버 심리전은 2016년부터 서구권 선거철 러시아가 소셜미디어 플랫폼을 통해 확산시킨 허위 조작 정보가 선거에 영향을 끼치면서 현대전의 주요 위협 수단으로 부상하게 되었다. 중국의 사이버 심리전은 대만과 홍콩 등 중국어권에 대해서는 러시아의 심리전 방식을 모방하고 있으나, 세계 대중에 대해서는 글로벌 리더로서의 이미지와 평판을 증진시키려는 메시지가 지배적이므로 보다 체제 선전에 초점이 맞춰져 있다. 미국과 유럽은 사이버 심리전을 주권에 대한 도전으로 간주하고 나토NATO 차원에서 군사적으로 대응하고 있으며 미 국방부도 최근 허위 조작 정보 공격에 대한 체계적인 대응 태세를 마련하고 있다. 한국도 외부로부터의 사이버 심리전 공격에 대응하는 다양한 모의훈련 및 민관·민군 공동연구에 참여하고 협업함으로써 유사한 대응 태세를 준비해 나갈 필요가 있다.

제2부 '디지털 안보의 이슈연계'는 수출 통제와 데이터 안보 및 첨단 방위산업 경쟁의 사례를 다룬 세 편의 논문을 담았다.

제5장 "미중 전략경쟁과 수출 통제의 정치경제: 경제-안보 연계의 관점에서"(이승주)는 최근 가속화되고 있는 미중 패권경쟁을 수출 통제의 사례를 통해서 살펴보았다. 미국과 중국은 상대로부터의 안보위협을 더욱 민감하게 느끼게 되면서 미래 경쟁력을 제고하기 위한 기술경쟁에 돌입하고 있다. 미국과 중국의 수출 통제 정책은 미중 전략경쟁과 불가분의 관계에 있다. 미국과 중국은 이러한 맥락에서 수출 통제를 전략경쟁에서 유리한 위치를 확보하기 위한 수단으로 활용하기 때문이다. 미국은 산업정책, 보조금, 불공정 무역 행위, 국영기업 문제, 시장의 폐쇄성 등 다방면에 걸쳐서 중국을 압박하고 있으며, 이를 통해 무역 불균형 등 현재의 문제를 해결하고 더 나아가 미래 경쟁력을 선제적으로 확보하려고 시도하고 있다. 미국은 수출 통제를 위해 다자 레짐에 적극적

으로 참여하는 한편, 전략경쟁의 영향으로 인해 자체적인 수출 통제를 강화하고 있다.

미국은 전략경쟁이 기술경쟁의 성격을 띠면서 민군겸용기술에 대한 수출 통제 필요성이 증대하고 있으며, 장기적으로 기술경쟁의 성패가 미국 국가안보에 미치는 영향이 지대하다는 판단에 따라 중국을 겨냥한 수출 통제를 전면적으로 강화했다. 수출 통제를 위한 기존 다자 레짐이 일정한 성과를 산출하고 있는 것은 사실이나, 미중 전략경쟁의 현실을 적절하게 반영하지 못하는 한계를 보이고 있다. 다자 레짐에는 다수의 국가들이 참여하는 만큼, 국가 간 협력이 유기적으로 이루어질 경우 수출 통제의 효과를 극대화할 수 있다는 장점이 있다. 그러나 기존 다자 레짐은 규범의 수립에 있어서는 나름의 성과를 낸 반면, 구속력을 지닐 수 있는 제도화에서는 상대적으로 미진하다. 기존 다자 레짐은 주로 냉전기 또는 탈냉전 초기에 형성되었기 때문에 무기 통제에는 상당한 효과가 있는 반면, 민군겸용기술의 수출 통제에는 문제를 드러내고 있다.

중국 또한 전략경쟁이 본격화됨에 따라 토착 기술혁신 역량을 강화해야 할 필요성이 빠르게 증대하고 있다. 미국의 견제와 압박에 직면한 중국은 현재의 문제 해결에 대해서는 일정한 타협적 자세를 보이고 있으나, 미래 경쟁력과 관련된 이슈에 대해서는 비타협적 입장을 견지하고 있다. '중국제조 2025'는 기술의 대외 의존도를 낮추고 토착 기술 역량을 제고하려는 중국 정부의 대표적인 시도이다. 중국 정부는 수출 통제를 미국에 대한 대응의 수단인 동시에, 혁신 역량을 강화하는 수단으로 활용하고 있다. 미국과 중국의 수출 통제가 동태적인 상호작용의 과정을 거치면서 변화하는 것은 이처럼 수출 통제가 전략경쟁과 불가분의 관계에 있기 때문이다.

제6장 "군사정보·데이터 안보의 미중경쟁과 한국"(손한별)은 미중 간의 데이터 경쟁을 분석하고, 변화하고 있는 정보전 양상에 대비하기 위한 방향을 제시했다. 이를 위해 제6장이 제시하는 질문은 다음과 같다. 첫째, 디지털 안보의 시대에 있어 정보전의 의미는 어떻게 달라졌는가? 위협과 취약성은 어떻게 변

화하는가? 둘째, 미중의 정보전은 어떻게 전개되고 있는가? 셋째, 미중의 데이터 안보경쟁이 한국에 주는 함의는 무엇인가? 강대국 경쟁 속에서 부각되고 있는 데이터 안보의 개념은 무엇이며, 한국의 핵심 전략과 정책이슈들에는 무엇이 있는가?

미중 간의 정보우세 경쟁은 정치, 외교, 통상, 산업, 시민사회와 같은 영역을 넘나들고 있으며, 물리영역에서의 기반체계 교란, 정보영역에서의 공격과 방어, 인지영역에서의 메타공격이 더욱 첨예하게 진행 중이다. 이와 같은 강대국 경쟁 속에서 능력을 갖추지 못한 국가는 상대적 이익의 불균형을 강요받을 수밖에 없다는 점에서, 데이터 안보를 위한 능력을 구비하고, 중앙집권적 권위체를 통해 위협을 억제하고 대응해야 함을 강조한다. 아울러 데이터 안보가 한국의 사활적 이익이라는 점에서, 국가 통제권의 범위 설정, 위험 평가 및 대응의 주체와 방법론 정립, 취약성 감소를 위한 혁신과 통합, 잠재적 적대세력을 억제하기 위한 맞춤형 전략의 수립, 국제 정보공유의 대상과 수준, 정보처리에 있어서의 투명성과 효율성의 균형 등의 쟁점에 답할 수 있어야 할 것이다.

제7장 "드론 산업의 미중 표준경쟁과 한국"(노유경)은 드론의 사례를 통해서 미국과 중국이 벌이는 첨단 방위산업 분야의 경쟁을 분석했다. 드론 관련 기술적 역량의 국제적 확산과 그로 인한 역량의 재분배로 인해 형성된 미중 간 드론 개발 경쟁 구도는 국가 간 자원권력으로서의 무기 전쟁을 넘어선 복합적인 형태를 갖춰가고 있다. 특히, 드론이 단독적인 하나의 기술이라기보다는 전쟁수행 메커니즘 자체를 변화시키는 플랫폼으로서의 역할을 할 것이라는 점을 고려하면, 미국과 중국 간 드론 경쟁은 미래의 전쟁 수행에 대한 표준을 설정하는 우위를 선점하고자 하는 경쟁으로도 이해할 수 있다. 제7장은 미래의 전쟁 수행 수단 개발 및 확산 경쟁의 국제정치적 함의를 완전히 이해하기 위해 '표준경쟁'을 분석의 초점으로 원용하여, 미중 드론 경쟁의 국제정치적 함의를 세 가지의 맥락으로 나누어 살펴보았다.

먼저 군사기술로서의 드론 표준을 장악하기 위한 '기술표준경쟁'의 맥락에서 살펴보면, 혁신을 통한 드론 기술 수준의 향상과 그로 인한 양국 간 상대적 힘과 역량의 변화가 소프트웨어 기술표준을 중심으로 하는 미중 간 플랫폼 경쟁의 일면을 드러낸다. 다음으로 드론을 활용한 미래전 수행 방식을 정의할 권위 획득을 위한 '담론표준경쟁'의 맥락에서는 미국과 중국이 현재 미국발 미래전 담론을 공유하고 있는 것으로 이해할 수 있으나, 중국이 드론과 AI 등 미래전 수행의 핵심 기술 개발에 몰두하면서 후발 주자로서의 약점을 극복하고자 하는 모습을 확인할 수 있다. 마지막으로 '제도표준경쟁'의 맥락에서는 미국과 중국이 자국의 드론 개발 네트워크를 구성하는 국내적 혁신모델의 형태를 일정 수준의 보편성과 호환성을 지닌 표준으로서 제시하고자 하는 경쟁을 벌일 수 있음을 설명한다.

미중 간 드론 표준경쟁을 기술, 담론 및 제도의 세 가지 측면에서 살펴봄으로써, 제7장은 미중의 드론 경쟁 구도가 앞으로의 국제정치와 전장에 미칠 영향을 구체적으로 분석하고 향후 첨단기술의 발전이 미래전에 야기할 변화와 그 함의를 도출했다.

제3부 '디지털 안보의 복합지정학'은 미래전과 디지털 동맹외교 및 디지털 안보의 규범외교 사례를 다룬 세 편의 논문을 실었다.

제8장 "미래전과 자율무기체계의 미중경쟁과 한국"(고봉준)은 복합지정학의 대표적 사례라고 할 수 있는, 자율무기체계 도입과 관련된 미국과 중국 사이의 경쟁을 다루었다. 이 분야의 미중경쟁은 전통 지정학적 경쟁의 물질적·지리적 집중성을 넘어서는 신흥안보적 요소들에 집중하여 진행되고 있다. 중국을 수정주의 국가로 지목한 미국은 기존의 균형을 깨려는 중국의 움직임에 대해 스핀온 방식의 대응을 통해 이미 선진적인 군사과학기술의 효율화를 도모하고 있고, 이는 관련 조직의 신설과 국방예산 투입, 그리고 민간 개발 기술의 적극적 활용으로 구체화되고 있다.

그 결과 미국은 다양한 자율무기체계 플랫폼을 구축하고 실전에 배치하는 단계에 있다. 다만 완전자율형 무기체계에 대한 미국의 유보적 태도는 아직까지는 자율무기체계가 활용되는 미래전이 세계정치의 혁명적 전환을 초래하리라고 전망하기 어렵게 만들고 있다. 중국도 2010년대 중반 이후 군사지능화와 군민융합의 기치하에 인공지능 및 자율무기체계를 미국과의 격차를 줄이거나 앞설 수 있는 분야로 직시하고 전 사회적인 개발 노력을 기울이고 있다. 이런 노력은 드론 등 일부 무기체계 분야에서 미국에 대한 경쟁력을 확보하는 수준으로 이어지고 있다.

한국은 미국과 중국 사이의 경쟁 속에서 자율무기체계가 가지는 함의를 적절히 고려하여 한반도의 전략적 안정성을 해치지 않는 수준에서 한국의 국가비전에 부합하는 대응을 준비할 필요가 있다. 그런 준비가 반드시 자율무기체계의 개발에의 경쟁적 참여일 필요는 없다. 군사력의 증강은 필수불가결 할 수 있지만, 신장된 군사력이 반드시 생산적인 성과를 제공하지는 않는다는 점을 고려해야 할 것이다.

제9장 "디지털 안보 동맹외교의 미중경쟁과 한국: 탈냉전기 미국 대외전략과 '디지털 자유연합'의 등장"(정성철)은 '미중경쟁 시대 국제관계 속 동맹정치는 어떠한 변화를 겪고 있는가?', '코로나19와 기후변화의 불확실성 속에서 강대국 경쟁은 우리에게 무엇을 요구하는가?'라는 질문을 제기하며 논의를 시작한다. 단극체제 등장 후 '자유패권'을 추구했던 미국은 이라크전쟁과 글로벌 금융위기를 겪으면서 '자유연합'을 강조하는 대외전략을 추진했다. 이러한 미국의 대외전략의 이면에는 '민주평화론'과 '민주승리론'이 대표하는 자유주의 동맹론이 자리 잡고 있었다. 최근 중국과 러시아의 지정학 도전과 디지털 권위주의의 부상으로 미국은 안보적 위협뿐 아니라 기술과 가치를 공유하는 디지털 자유연합을 추구하는 모습을 보여주었다. 자국우선주의를 내세웠던 트럼프 행정부는 중국의 도전을 경제·가치·안보 차원에서 정의하며 경제번영과 정보공유를 함께하는 민주진영의 필요성을 강조한 바 있다.

'외교의 귀환'을 선언한 바이든 행정부는 위협·기술·가치를 공유하는 자유연대의 필요성을 한층 부각하면서 동맹규합을 본격화하고 있다. 이러한 디지털 자유연합은, ① 중국의 미국 따라잡기를 사전에 차단하고자 ② 민주국가의 건실한 연대를 활용하여 ③ 중국의 잠재력을 후퇴시키려는 미국의 전략을 반영한다. 하지만 미국의 효율적 리더십과 민주국가 간 성숙한 연대가 결여될 경우 권력·기술·가치를 연계한 복합동맹은 어려움을 맞이할 수 있다. 이러한 국제정치의 현실을 담아낸 새로운 동맹론을 모색·구축하는 지혜와 더불어 안보위협·기술혁신·가치공유의 연계를 능동적으로 구상·실천하는 의지가 필요하다.

제10장 "디지털 안보 규범외교의 미중경쟁과 한국: 데이터 규범경쟁의 쟁점과 시사점"(유준구)은 데이터 규범 경쟁의 안보적 함의와 주요국 전략·정책을 분석함으로써 이 분야의 향후 전망과 정책적 시사점을 제시했다. 최근 4차 산업혁명의 주도권을 둘러싸고 미중 간 디지털 패권 경쟁이 전개되고 있는 가운데 디지털 경제의 핵심을 차지하는 데이터는 더 이상 단순 정보가 아닌 핵심 자원으로 인식되고 있다. 데이터의 사회경제적 중요성이 증대되는 상황에서 데이터 역시 신기술과 같이 국가 및 국제안보 차원의 새로운 도전 요인으로 작용하고 있다. 데이터 안보 이슈는 결국 데이터의 총체적인 관리체제를 구축하는 데이터 규범 문제이고 데이터 개발·축적·이전·유통 및 데이터 현지화 등 데이터 주권 문제로 구체화되고 있다.

이러한 상황에서 주요 디지털 강국들은 데이터에 관한 포괄적인 전략·정책 수립은 물론 이를 지역화·다자화하기 위한 데이터 안보 이니셔티브를 경쟁적으로 추진하고 있다. 데이터의 국제안보적 함의는 디지털 패권을 둘러싼 미중경쟁의 새로운 전선으로 전이·확장될 가능성이 높다. 또한 기술패권 경쟁 차원에서 데이터 규범 논의는 미중경쟁은 물론 미국, 일본, EU 간에도 마찰이 상존하고 있는바, 경쟁 구도 역시 다층적이고 복잡화될 것이다. 한편, 데이터 규범을 둘러싼 복합적인 갈등 구도는 제2차 세계대전 후 독자적으로 형성되고 확대해 온 자유무역레짐과 국가안보에 기반한 무역규제레짐 간 충돌 현상을 가속화할 것이다.

이 책이 나오기 도움을 주신 분들께 감사드린다. 무엇보다도 어려운 코로나19의 발생으로 인한 이례적 상황에서 다소 늘어지는 진행 일정에도 불구하고 열의를 잃지 않고 연구에 참여해 주신 필자 선생님들께 깊은 감사의 마음을 전하고 싶다. 2020년 1학기에 진행된 중간발표 모임에 참여해서 알찬 질문과 열띤 토론에 벌인 서울대학교 미래전연구센터 2020년 프로그램 수강생들께 더 감사한다. 코로나19로 인해서 당초 예정했던 이 책의 출판 일정을 한 학기 정도 늦출 수밖에 없었던 사정이 있었음도 밝혀둔다. 이 책에 담긴 초고들은 2021년 4월 23일 비대면으로 진행된 정보세계정치학회 춘계학술대회에서 발표되었는데, 당시 사회자와 토론자로 참여해 주신 김수은(외교부), 김유은(한양대), 김진아(국방연구원), 김태형(숭실대), 설인효(국방연구원), 성기은(육군사관학교), 손열(연세대), 양종민(서울대), 이신화(고려대), 장기영(경기대), 정헌주(연세대), 차정미(국회미래연구원), 하영선(동아시아연구원)께도 감사를 전한다(직함과 존칭 생략, 가나다순). 이 책을 출판하는 과정에서 교정과 편집 총괄을 맡아준 석사과정 최정훈 조교에 대한 감사의 말도 잊을 수 없다. 끝으로 출판을 맡아주신 한울엠플러스(주)의 관계자들께도 감사의 말씀을 전한다.

2021년 9월
서울대학교 미래전연구센터장
김상배

1 디지털 안보의 세계정치
이론적 분석틀의 모색

김상배 | 서울대학교

1. 서론

미래의 글로벌 패권을 놓고 벌이는 미국과 중국의 경쟁이 점점 더 복잡한 양상으로 전개되고 있다. 두 강대국의 경쟁은 다양한 분야에서 벌어지고 있지만, 그중에서도 핵심은 첨단 부문의 기술 패권경쟁이다. 이른바 4차 산업혁명으로 알려진 분야의 주도권을 둘러싼 두 나라의 힘겨루기가 한창이다. 첨단 부문의 기술경쟁은 민간 부문에서 기업들이 벌이는 경쟁의 차원을 넘어선다. 양국의 정부, 경우에 따라서는 양국의 국민들이 참여하는 다차원적인 국력경쟁이다. 또한 좁은 의미의 기술과 산업을 넘어 무역과 금융, 그리고 정책과 제도 등을 포괄하는 복합경쟁이다. 최근 미중 무역갈등이 다소 완화되는 경향을 보이고 있음에도, 오히려 양국의 기술경쟁은 더욱 가속화될 것으로 예견되는 것은 바로 이러한 이유 때문이다.

미중 기술경쟁에서 최근 두드러지게 나타나는 현상은 기술변수와 안보 문제의 만남이다. 첨단기술 분야의 주도권을 놓고 벌이는 양국의 경쟁이 국가안보에 대한 위협이라는 구도에서 이해되고 있다. 4차 산업혁명으로 대변되는 신흥기술emerging technologies의 변수가 미래 국력경쟁에서 차지하는 비중이 커지는 것만큼, 기술경쟁력이라는 변수가 안보 문제라는 프레임에 투영되어 해석되고 있다. 실제로 최근의 미중경쟁을 보면 기술변수가 경제와 산업의 경계를 넘어 안보와 외교의 문제로 자리매김하고 있으며, 이러한 과정에서 기술안보는 '지정학적 위기'를 야기하는 요인으로 부각되는 양상을 보이고 있다.

최근 기술변수가 안보 문제와 만난 대표적인 사례는 사이버 안보였다(김상배, 2018a). 2010년대 들어 해킹 공격과 방어의 문제는 단순한 기술과 공학의 문제를 넘어 군사와 외교, 그리고 국가안보의 쟁점으로 급속히 떠올랐다. 완벽한 방어가 어려울 뿐만 아니라 공격자를 밝히기조차 쉽지 않은 특성상 사이버 안보는 일찌감치 국가안보 이슈로 '안보화'되었다. 2020년대로 넘어오면서 기술안보의 화두는 드론과 같은 무인무기체계가 장식하고 있다. 기술발달은 군사혁신을 촉진할 뿐만 아니라 미래 전쟁의 승패를 가를 변수로 자리매김해 가고 있다. 그럼에도 기술변수가 야기하는 안보 문제는 해킹 공격이나 드론 작전과 같은 좁은 의미의 군사안보에 머물지 않고 좀 더 포괄적인 의미의 안보 문제를 야기하는 것으로 보아야 한다.

이 글은 넓은 의미의 기술안보를, 신흥기술로서 디지털 기술의 발달이 야기하는 안보, 즉 '디지털 안보'라는 개념으로 이해했다. 디지털 안보의 세계정치를 극명하게 보여주는 사례들이 최근의 미중경쟁 과정에서 출현하고 있다. 이러한 사례가 양적으로 늘어나면서, 경쟁 초기의 쟁점이었던 사이버 안보를 넘어 여타 다양한 이슈와도 연계되고 있다. 최근 미중경쟁의 불꽃이 무역을 넘어 관세, 환율, 자원, 그리고 군사안보와 동맹외교, 국제규범 등이 관련된 분야로 번져가고 있다. 이러한 과정에서 미중경쟁은 일부 분야에 국한된 이해 갈등이 아니라, 미래 글로벌 패권경쟁을 거론할 정도로 양국의 사활을 건 국가안보의 문제로 진화하고 있는 모습이다.

이러한 신흥기술과 디지털 안보의 세계정치는 미시적 차원의 문제일지라도 그 수량이 늘어나고 여타 이슈들과 연계되면서 거시적 차원의 난제로 창발創發하는 '신흥안보emerging security'의 속성을 지닌다. 다시 말해, 디지털 안보는 초기에는 '개인 안전'이나 '기관 보안' 정도로만 이해되는 문제였을지라도 그 양이 늘어나면서 '국가안보'의 문제로 비화되는 성격을 지닌다. 또한 기술안보의 문제가 오프라인 공간의 무역이나 금융과 같은 경제안보 문제와 만나고, 더 나아가 사이버 공간의 데이터 안보 문제 등과 만나면서 안보 문제로서의 폭발력이 커진다. 결국 이러한 디지털 안보의 양적·질적 창발 과정이 군사나 외교와 같은 전통안보의 영역에 이르게 되면 기술안보의 문제는 지정학적 경쟁의 대상으로 자리매김하게 된다.

디지털 안보가 지정학적 문제가 되었다지만, 이것이 단순히 '전통 지정학'으로의 회귀를 의미하는 것은 아니다. 디지털 안보는 사이버 공간을 매개로 이루어지는 탈脫지리적 공간의 안보 문제이다. 또한 아무리 영토국가들의 이해 갈등이 부각되더라도, 디지털 안보를 이해함에 있어서 첨단 부문에서 초국적 자본이 추동하는 지구화의 추세를 무시할 수는 없다. 게다가 디지털 안보의 창발 과정에서는 객관적으로 실재하는 위협의 존재만큼이나 그 위협을 주관적으로 구성해 내는 담론정치의 과정도 매우 중요한 부분을 차지한다. 이런 점에서 이 글은 지정학적 시각의 유용성을 인정하면서도 전통 지정학을 넘어서는 다양한 시각을 엮어낸다는 의미에서 개념화된 '복합지정학complex geopolitics'을 원용하고자 한다(김상배, 2015a).

복합지정학의 시각에서 이해한 미중 디지털 안보경쟁은, 좁은 의미의 자원경쟁이나 기술경쟁을 넘어서 표준경쟁 또는 플랫폼경쟁의 형태로 전개되고 있다. 이러한 경쟁에 관여하는 행위자들도 전통적 국가 행위자가 아니라 '국가-비국가의 복합 행위자'라는 시각에서 보아야 한다. 또한 경쟁의 결과로 발생하는 세계질서의 구조 변동도 전통 지정학이 상정하는 '세력균형balance of powers의 전이'라기보다는 좀 더 복잡한 형태로 그려지는 '세력망network of powers의 재편'이다. 이러한 디지털 안보의 세계정치에 대응하는 한국의 전략적 선택은 미중 사이에 낀 중견국의 중요한 국가안보적 사안이 아닐 수 없다(김상배, 2014).

　이 글은 신흥안보와 복합지정학의 시각에서 신흥기술과 디지털 안보의 세계정치를 살펴보았다. 2절은 신흥안보로서 디지털 안보를 이해하는 복합지정학의 분석틀을 제시했다. 3절은 '양질전화量質轉化'의 시각에서 사이버·전자전, 우주 안보·산업, 사이버 심리전 등의 사례를 살펴보았다. 4절은 '이슈연계'의 시각에서 첨단기술과 보안 제품의 수출입 통제, 민간 및 군사 분야의 데이터 안보, 밀리테크와 첨단 방위산업 등의 사례를 살펴보았다. 5절에서는 '(복합)지정학'의 시각에서 자율무기체계 도입과 미래전의 창발, 디지털 안보의 동맹 및 연대외교, 디지털 안보 거버넌스와 국제규범 등의 사례를 살펴보았다. 끝으로, 결론에서 이 글의 주장을 종합·요약하고, 신흥기술과 디지털 안보의 세계정치에 대응하는 한국이 고려해야 할 미래전략의 방향을 간략히 짚어보았다.

2. 신흥안보와 복합지정학의 분석틀

1) 신흥안보로서 디지털 안보

　4차 산업혁명 시대의 기술안보는 기술 시스템 그 자체가 생성하는 위험의 문제인 동시에 이에 관여하는 인간 행위자들이 야기하는 위협의 문제이다. 특히 미래 국력경쟁에서 기술변수가 차지하는 비중이 커지면서, 여기에 국가 및 비국가 행위자들이 직간접적으로 개입하는 안보위협이 늘어나고 있다. 다음의 **그림 1-1**에서 보는 바와 같이, 다양한 분야에서 시작된 기술 관련 안보위협이 창발創發, emergence의 메커니즘을 따라서 양적·질적으로 진화하면서 국가 행위자들 간의 이해 갈등과 물리적 충돌을 예견케 하는 지정학적 이슈로 발전하고 있다. 이런 점에서 디지털 안보는 미시적 안전安全, safety의 문제가 거시적 안보安保, security 문제가 되는 '신흥안보新興安保, emerging security'의 대표적 사례

그림 1-1 신흥안보로서 디지털 안보의 창발

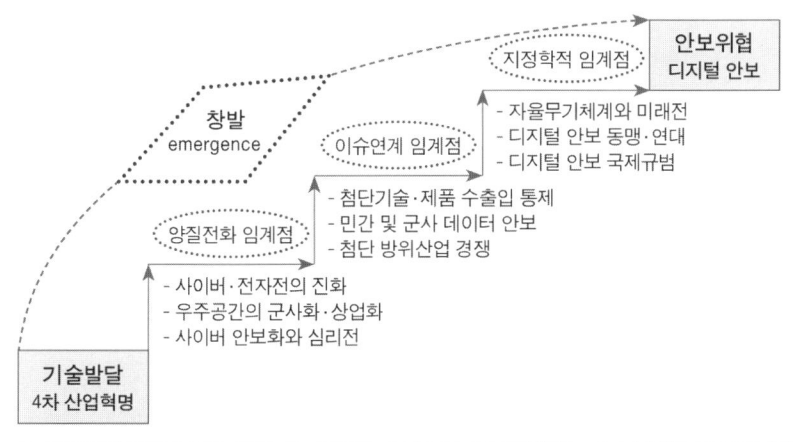

자료: 김상배(2018b: 5)에서 응용.

라고 할 수 있다.

첫째, 디지털 안보 문제는 양적 증대가 질적 변화를 야기하는 '양질전화量質轉化'의 과정을 거쳐서 발생한다. 기술발달은 육·해·공을 넘어서 4차원의 우주 공간과 5차원의 사이버 공간에서도 안보위협이 증대되는 환경을 조성하고 있다. 최근 사이버 공격의 건수는 매년 가파르게 증가하고 있으며, 그 목적도 국가 기간시설의 교란과 시스템 파괴에서부터 금전 취득을 위한 해킹, 개인·기업 정보의 절취 등에 이르기까지 다변화되고 있다. 또한 그 공격수법도 디도스 distributed denial of service: DDoS 공격에서부터 악성코드의 침투, 랜섬웨어의 유포 및 전자전·우주전과의 결합 등으로 진화하고 있다. 사이버 공격의 주체도 단순한 해커의 장난이나 테러리스트의 저항 수단에서 국가 지원 해킹으로 다양화되고 있다. 더 나아가 사이버 공격은 타국의 선거 개입 등과 같은 사이버 정보·심리전과도 연계되면서 그 위험성이 증폭되고 있다.

둘째, 디지털 안보 문제는 미시적인 안전의 문제로 시작하지만 다양한 '이슈 연계'의 메커니즘을 따라서 복잡화되는 성격을 띤다. 최근 사이버 안보는 국가 기밀을 담은 데이터의 유출과 경제적 가치가 높은 지적재산의 절취와 연계되어 통상마찰을 야기하는 문제로 인식되고 있다. 최근 미국과 중국, 그리고 러시아 등 강대국들이 사이버 안보와 IT 보안 제품의 수출입 문제를 연계시키면서 이 분야의 다국적 기업들에 대한 규제를 강화하려는 시도도 벌이고 있다. 게다가 이러한 사이버 안보 관련 통상 문제는 민간 분야 빅데이터의 국경 간 이동 문제나 군사 분야의 첩보 등과도 연계되는 양상을 보이고 있다. 더 나아가 민군겸용기술dual-use technology의 함의가 큰 첨단 방위산업의 국가 간 경쟁도 유발하고 있다. 이러한 과정에서 기술안보는 오프라인과 온라인의 통상과 산업의 문제와 연계되며 포괄적인 디지털 안보의 문제로 상승한다.

끝으로, 디지털 안보 문제가 기술안보와 경제안보에서 시작하여, 양적으로 늘어나고 질적으로 변화하는 과정을 밟게 됨으로써, 그것이 군사나 외교 분야의 경계를 넘어 지정학적 분쟁으로 발전할 가능성 또한 높아지고 있다. 사이버 공격은 재래식 전쟁과 연계되어 수행되고 있으며, 인공지능과 같은 4차 산업혁명 분야의 기술과도 연동되고 있다. 최근에는 드론을 활용한 군사작전이 수행되면서 논란이 벌어지기도 했다. 이러한 맥락에서 강대국들은 군사전략 추진의 일환으로 자율무기체계의 도입을 위한 경쟁을 벌이고 있으며, 이와 병행하여 신흥기술 및 디지털 안보 분야의 동맹 및 연대외교의 움직임도 활발히 진행되고 있다. 또한 이러한 변화가 근대 전쟁과는 구별되는 새로운 전쟁 양식의 출현을 예견케 하는 가운데, 디지털 안보 관련 기술의 미래를 규제하는 국제규범을 마련하려는 시도도 진행되고 있다.

이러한 관점에서 보면 신흥안보로서 디지털 안보는 전통안보의 지정학적 문제들로 귀결되는 속성을 내포하고 있다. 그러나 디지털 안보를 단순히 전통적인 지정학의 시각에서만 규정하기는 어렵다. 4차 산업혁명 시대의 디지털 안보 문제는 기본적으로 영토국가의 경계를 넘어서는 과정에서 발생하는 성격을 지닌다. 그러나 좁은 의미의 지정학을 넘어서려는 시도를 강조하는 것이 자칫 기존의 (고전)지정학의 시각을 폐기하는 데로 기울어서는 안 된다. 오히려 디지털 안보의 세계정치를 제대로 이해하기 위해 필요한 것은 기존의 지정학을 포괄하면서도 새로운 시각을 품어내는 좀 더 복합적인 분석틀의 개발이다.

2) 디지털 안보의 복합지정학

기본적으로 디지털 안보가 창발하는 과정은 우리가 알고 있던 지정학의 시각을 넘어선다. 무엇보다도 안보위협의 기반이 되는 신흥기술 변수, 즉 인터넷과 악성코드, 인공지능이나 로봇 등과 같은 첨단기술은 기본적으로 지리적 공간을 초월하는 사이버 공간을 배경으로 작동한다. 이러한 사이버 공간은 정보통신과 인터넷의 복합 네트워크가 만들어내는 '흐름으로서의 공간space as flows' 또는 탈脫지정학적 공간이다(Castells, 2000). 이러한 탈지정학적 사이버 공간을 배경으로 발생하는 디지털 안보의 세계정치에는, 앞서 **그림 1-1**에서 제시한, 세 가지 차원의 임계점을 넘는 '복합지정학'의 메커니즘이 작동한다.

첫째, 디지털 안보의 위험이 '양질전화 임계점'의 문턱에 접근하는 과정에서 '안보화securitization' 담론 생성의 '비판지정학'이 작동한다. 비판지정학은 특정한 발언이나 재현을 통해 영향력을 갖게 되는 담론적 실천이 지정학적 현실을 구성 및 재구성하는 과정에 주목한다. 지정학적 지식이 어떤 특정 정치집단에 의해 이용되고 생산되고 왜곡되는지와 관련된 권력 과정의 분석이 비판지정학의 주관심사이다(Ó Tuathail, 1996). 이런 점에서 비판지정학은 구성주의 국제정치이론과 맥이 닿는다. 사실 디지털 안보는 객관적으로 '실재하는 위험'만큼이나 위험을 주관적으로 '구성하는 과정,' 즉 국제안보 연구의 코펜하겐 학파에서 말하는 '안보화'가 중요한 게임이다(Hansen and Nissenbaum, 2009).

둘째, 디지털 안보의 세계정치는 글로벌 차원에서 발생하는 갈등을 영토의 발상을 넘어서는 협력으로 풀어야 하는 비非지정학적 문제이기도 하다. 이러한 시각은 국가 영토의 경계를 넘어서는 흐름의 증대에 주목하는 '상호 의존'과 글로벌 거버넌스의 논의와 일맥상통하며, 국제협력과 규범 형성을 강조하는 자유주의 국제정치이론의 시각과 맥이 닿는다(Ikenberry, 2014). 디지털 안보는 지정학적 공간에 고착된 일국적 시각을 넘어 글로벌 차원에서 이해당사자들의 긴밀한 협력을 통해서 초국적 해법을 모색해야 하는 문제이다. 최근 디지털 안보 문제가 통상, 데이터, 산업, 외교 등과 같은 다양한 차원에서 '이슈연계 임계점'을 넘나들고 있는 상황은 이러한 인식을 뒷받침한다.

끝으로, '지정학적 임계점'의 문턱에까지 다다른 디지털 안보의 위협은 영토적 발상을 기반으로 하는 고전지정학적 사안으로 이해할 수밖에 없다. 고전지정학은 권력의 원천을 자원의 분포와 접근성이라는 물질적 또는 지리적 요소로 이해하고 이를 확보하기 위한 경쟁이라는 차원에서 국가전략에 접근한다(지상현·플린트, 2009; Mead, 2014). 이는 물질적 권력의 지표를 활용하여 국가 행위자 간의 패권경쟁과 세력전이를 설명하는 현실주의 국제정치이론의 인식과 통한다(Gilpin, 1981; Organski and Kugler, 1980). 고전지정학의 시각에서 본 디지털 안보 게임의 핵심은 기술과 인력의 역량 개발을 통해 영토와 자원을 확보하기 위한 경쟁에서 우위를 점하고, 이로써 기술 패권경쟁에서 앞서나가는 것이다.

요컨대, 신흥기술과 디지털 안보의 세계정치는 전통안보 분야의 (고전)지정학적 시각뿐만 아니라 여타 다양한 시각을 원용해서 이해해야 하는 복합지정학의 게임이다. 탈지정학적 공간으로서 사이버 공간의 부상은 비국가 행위자들에 의해 도발될 '비대칭 안보위협'의 효과성을 크게 높여놓았다. 이러한 과정에서 보이지 않는 디지털 안보위협을 경고하는 안보화의 세계정치도 출현하고 있다. 또한 이들 기술이 살상무기로 활용되는 과정은 국제질서의 안정성 확보를 위한 국제협력의 거버넌스와 국제규범의 형성을 거론케 한다. 이 글에서 주요 연구 대상으로 삼은 미중 디지털 안보경쟁은 이상에서 설명한 신흥안보의 복합지정학을 극명하게 보여주는 대표적인 사례라고 할 수 있다.

3. 디지털 안보의 양질전화 과정

1) 사이버전과 전자전의 진화

지난 수년 동안 양적인 차원에서 사이버 공격의 건수는 꾸준히 증가하고 있으며, 그 공격의 패턴도 질적으로 변화하고 있다. 사이버 공격의 양상을 보면, 국가 기간시설의 교란과 시스템 파괴에서부터 금전 탈취와 정보 절취 등에 이르기까지 다변화되고 있다. 사이버 공격에 동원되는 수법이라는 측면에서도 디도스 및 봇넷botnet 공격, 악성코드 침투, 가상화폐를 노린 해킹과 랜섬웨어 유포, 인공지능AI을 활용한 사이버 공격의 자동화 등으로 다양화되고 있다. 특히 최근 가장 많은 횟수를 차지하는 금전 탈취나 정보 절취의 경우, 그 수법도 다양하게 진화하여 기관 사칭 공격, 취약 기관 연계 침투, 정치외교적 사건을 전후한 국가안보 관련 정보 절취 등이 크게 늘어나고 있다.

공격 주체 면에서도 초창기에는 해커나 테러리스트와 같은 비국가 행위자들이 나섰다면, 최근에는 국가 지원 해킹이 두드러지고 있으며 오프라인 작전과 사이버 작전을 병행하여 그 효과를 극대화하고 있다. 2007년 에스토니아와 2008년 조지아에 대한 러시아의 사이버 공격, 2010년과 2012년 미국·이스라엘과 이란 간에 오고 간 사이버 공방, 2013년 이후 부쩍 논란이 된 미국과 중국 간의 사이버 공방 등이 대표적인 사례이다. 이렇듯 국가 행위자가 지원하여 수행되는 사이버전이 독자적인 작전의 형태를 띠면서 물리적 군사력과 통합된 '사이버-물리전cyber-kinetic warfare'의 도래가 점쳐지고 있다. '다영역 작전multi-domain operations: MDO' 또는 '5차원 전쟁'이라는 개념의 출현은 사이버 공간이 육·해·공·우주 작전 운용의 필수적인 변수가 되었다는 인식을 반영한다(김상배, 2019a).

사이버 위협이 증가함에 따라 세계 주요국들은 자국의 환경에 맞는 사이버 안보 정책을 마련하려는 노력을 다차원적으로 경주하고 있다. 특히 미국과 서방 진영 국가들의 경우 러시아, 중국, 이란, 북한 등으로부터 가해지는 사이버 공격에 능동적으로 대응하는 조치를 취해왔다. 미국은 자국의 사법체계를 활용하여 해커를 공개수배 하기도 했으며, 이스라엘은 무장 테러조직인 하마스 그룹의 해킹 거점을 공습하여 파괴하는 무력 대응책을 동원하기도 했다. 또한 미국은 북한의 3대 해킹그룹을 정조준하여 국제 제재의 칼날을 뽑아 들기도 했다. 아울러 미국은 자국의 사이버 안보 관련 조직 정비에 적극 나서고 있으며, 영국도 2016년 브렉시트 이후 사이버 안보에 적극적이고 능동적인 방어 전략을 추진하고 있다.

이러한 사이버전에 대한 논의는 전자기펄스electromagnetic pulse: EMP나 고출력 마이크로파high power microwave: HPM 등을 사용하는 전자전의 전개와도 연결된다. 미국은 2013년 2월 북한의 미사일 발사를 무력화하려는 목적으로 '발사의 왼편left of launch'이라는 사이버·전자전을 감행한 것으로 알려져 있다. 최근 개발되는 민간 또는 군사 부문의 기술과 서비스들은 사이버·우주 공간의 복합성을 전제로 하고 있다. GPS와 드론 등을 활용한 지상무기체계의 무인화와 위성기술을 활용한 스마트화 등을 통해서 사이버·우주 공간을 연결하는 복합시스템이 등장하고 있다. GPS 신호를 방해하는 전자전 수단인 GPS 재밍Jamming은 바로 이러한 환경을 배경으로 출현한 비대칭 위협 중의 하나이다(김상배, 2019a).

4차 산업혁명 시대의 기술발달과 관련하여 사이버 공격과 방어에 인공지능을 활용하는 문제가 관건으로 부상하고 있다. 사이버전이 독자적인 군사작전으로 부상하는 가운데 인공지능을 활용하여 무차별적으로 악성코드를 전파하는 사이버 공격을 가하거나, 혹은 반대로 알고리즘 기반 예측과 위협정보 분석, 이상 징후 감지 등의 수단으로 사이버 방어를 수행하는 사례가 등장하고 있다. 지속적으로 진화하는 악성코드를 사용하는 사이버 공격에 대해서 과거 수행된 공격 패턴을 파악하는 식의 통상적인 방어책은 점점 그 효과를 상실하고 있다. 게다가 자동화된 방식으로 사이버 공격이 이루어지고 있는 상황에서 인간 행위자가 이를 모니터링하는 것은 거의 불가능하다. 이런 맥락에서 인공지능을 사용하여 기존의 취약점을 확인하고 보완·수선하는 자율방식이 모색되고 있다(김상배, 2019a).

이른바 5G 이동통신 시대의 도래는 사이버전이나 전자전의 수행에도 큰 영향을 미칠 것으로 예견된다. 사이버 안보와 미래전 환경은 5G에 의해 근본적으로 바뀔 수 있다. 5G 환경에서는 인터넷에 연결된 사물이 기하급수적으로 늘어나기 때문에 파급력도 기하급수적으로 확장될 것으로 예상된다. 예를 들어, 4G에서는 1km^{2}당 2000개의 사물을 연결할 수 있었다면, 5G는 100만 개의 사물을 연결할 수 있으며 여기에는 군용 장비도 포함된다. 5G 기술이 상상했던 것보다 더 많은 대역폭을 제공하게 되면서 사물인터넷internet of things: IoT을 일상의 현실로 만들기에 충분하다는 전망을 낳고 있다. 이런 맥락에서 최근 미국은 5G 분야에서 약진하는 중국 기업인 화웨이를 견제한 바 있다.

2) 우주 공간의 군사화와 상업화

최근 우주 공간의 군사화와 상업화 문제가 새로이 조명을 받고 있다. 4차 산업혁명 시대의 기술·정보·데이터 환경을 배경으로 우주 공간의 상업적 활용에 대한 논의가 활성화된 것이 계기이다. 아울러 인공위성 및 GPS 장치를 이용한 사이버·우주전의 가능성에 대한 우려도 커지고 있다. 예를 들어, 위성을 활용한 정찰, GPS를 이용한 유도제어와 군 작전 수행 등 민간 및 군사 분야에서 우주 자산이 큰 관심을 끌고 있다. 이러한 시각에서 볼 때, 우주 공간은 육·해·공·사이버 공간의 연속선상에서 나열되는 또 하나의 별개 공간이 아니라 전통적인 공간과 복합적으로 연동되면서 미래 인류 공간을 입체화하는 '확장된 신新 복합공간'의 일부로서 이해되어야 한다. 군사안보의 관점에서 볼 때, 우주 복합공간의 등장은 미래전의 일환으로서, 앞서 언급한, 다영역 작전의 출현과 맥이 닿는다(김상배, 2021a).

고도의 과학기술과 자본이 필요한 분야라는 특성 때문에 과거 우주개발은 참여국의 숫자가 극히 제한되어 있었다. 우주 진입 초기에는 미국과 구소련 간의 양자 경쟁이 진행되었으며, 최근에는 중국의 진입으로 경쟁 구도가 확장되었다. 이들 우주강국들은 우주 공간에서 전쟁 수행 능력을 확보하기 위한 경쟁을 벌여왔다. 특히 최근 중국의 위성 역량 증대는 미국에게 새로운 위협으로 인식되었다. 또한 중국이 2019년 1월 인류 최초로 달의 뒷면에 탐사선 '창어嫦娥 4호'를 착륙시키자, 미국은 우주군 창설을 공포하는 등의 반응을 보이기도 했다. 2000년대 이후에는 기존 우주강국뿐만 아니라 독일, 일본, 인도, 한국 등도 우주개발에 본격적으로 참여하면서 우주경쟁이 가속화되고 있다. 오늘날 전 세계적으로 단독 혹은 국제협력을 통해 우주개발에 참여하고 있는 국가는 50개국이 넘으며, 이 중에서 15개국 정도는 독자적인 우주군사 프로그램을 수행 중인 것으로 알려져 있다.

오늘날 우주경쟁은 인공위성, 우주과학 및 우주 탐사 등 우주시스템 등의 연구개발 경쟁을 근간으로 한다. 우주개발 경쟁이 본격화되면서 상업적 목적의 우주산업이 차지하는 비중이 급격히 증가하고 있다. 그런데 이러한 추세는 역설적으로 우주 공간과 관련된 새로운 안보위협의 요인으로 작용하기도 한다. 우주 공간에서의 상업적 활동은 사실상 군사적 활동을 전제하거나 또는 수반하는 측면이 강하기 때문이다. 이러한 점에서 우주산업 관련 민군겸용기술에 특히 주목할 필요가 있다. 모든 국가를 통틀어 군과 정부가 상업적 우주산업에 의존하는 정도가 날로 증대되고 있다(유준구, 2016). 이러한 변화는 과거 정부 주도의 '올드 스페이스 모델'로부터 민간 업체들이 신규 시장을 개척하는 '뉴 스페이스' 모델로의 패러다임 전환을 바탕에 깔고 있다(한국항공우주연구원, 2019).

4차 산업혁명 시대를 맞이하여 특히 주목을 받는 우주 관련 기술은 글로벌 위성항법시스템global navigation satellite system: GNSS이다. 위성항법시스템은 4차 산업혁명 시대의 사회 기간시설을 지원하고, 개인의 편익을 증진하는 국가의 주요 인프라로 부상하고 있다. 또한 위성항법시스템은 항법, 측지, 긴급구조

등 공공 부문뿐만 아니라 스마트폰 등과 같은 국민 개개인의 생활 속까지 그 활용 영역이 급속히 확대되고 있다. 게다가 최근 현대전이 인공위성의 위성항법장치를 이용한 우주전의 형태를 띠고 있다는 점에서 그 디지털 안보적 함의가 크다. 이러한 추세에 부응하여 미국과 유럽 국가들뿐만 아니라 러시아, 중국, 일본 및 인도 등의 국가도 독자적인 위성항법시스템을 구축했거나 또는 구축하기 위한 준비를 펼치고 있다(주정민, 2019).

이 밖에 급속한 개발에 따른 우주 공간의 체증 현상 발생, 우주 쓰레기의 위험, 전자간섭 문제 등도 우주 공간에서 제기되는 안보 문제이다. 이처럼 최근 인공위성과 우주활동국의 수가 증가하면서 우주환경이 피폐화 및 과밀화되는 문제가 발생하고 있다. 다만, 사이버 안보 분야와는 달리 우주의 경우 아직까지는 우주 물체의 제조·발사·항행 등이 정부에 의해서 통제 가능하다. 기본적으로 우주 공간은 일국의 주권적 영유가 인정되지 않는 '국제공역international commons'으로서 사용자의 자유로운 접근을 위해 국제사회가 효율적 규범을 마련해야 할 공간이다. 실제로 국제사회는 우주활동의 목적, 즉 상업적 활동 또는 군사적 활동의 여부를 불문하고 지속 가능한 우주환경 조성과 우주에서의 군비경쟁 방지를 위하여 정책적·규범적 방안을 동시에 모색하고 있다.

3) 사이버 안보화와 사이버 심리전

신흥안보, 그중에서도 특히 사이버 안보는 그 특성상 안보화의 과정이 매우 중요한 변수가 된다(Hansen and Nissenbaum, 2009). 특히 2010년대로 넘어오면서 양적으로 늘어난 사이버 공격은 미국 오바마 행정부로 하여금 적극적인 안보화의 과정을 통해서 대응하는 카드를 꺼내들게 했다. 특히 중국발 사이버 공격이 논란거리였으며, 이른바 '중국해커 위협론'은 2010년대 초중반 미중관계를 달구었던 뜨거운 현안 중의 하나였다. 이때에 즈음하여 오바마 행정부는 국가 기간시설에 대한 해킹을 국가안보 문제로 안보화하고 때로는 미사일을 발사해서라도 대응하겠다는 '군사화'의 논리를 내세우며 사이버 안보를 국가 안보전략의 핵심 항목으로 격상시켰다. 급기야 사이버 안보 문제는 2013년 6월 미중 정상회담의 공식의제로 채택되는 상황에까지 이르렀다(김상배, 2015b).

2017년 트럼프 행정부 출범 이후 미중 사이버 갈등은 좀 더 복합적인 양상으로 전개되었다. 예상과는 달리 미중 사이버 공방은 군사적 충돌로 비화되기보다는 오히려 산업과 통상 문제와 긴밀히 연계되는 양상을 보였다. 트럼프 행정부는 이른바 '중국산 IT 보안 제품 위협'이라는 안보화 담론을 내세워 중국 기업들의 IT 보안 제품에 대한 규제를 강화했다. 특히 5G 이동통신 분야와 같은 4차 산업혁명 분야에서 기술경쟁력을 쌓고 있는 중국 기업들에 대해 미국의 견제가 가해졌다. 실제로 화웨이, ZTE, 차이나모바일, DJI, 하이크비전, 푸젠진화 등과 같은 중국 IT 기업들이 미국 시장에 진출하는 과정에서 다양한 이슈들이 문제시되어 해당 기업들이 규제를 받는 일이 다수 발생했다. 기술경쟁과 통상마찰의 외양을 한 이들 문제는 사이버 안보나 데이터 주권 등의 쟁점과 연계되면서 그 복잡성이 더해갔다.

이 중에서도 제일 문제가 된 기업은 5G 분야의 선두주자인 화웨이였다. 화웨이의 장비를 쓰는 것이 위험하다는 안보화 담론의 근거는, 백도어backdoor라는 것이 지금은 아니더라도 언제든지 심어 넣을 수 있는 미래의 위협이기 때문이다. 특히 5G 시스템은 공급업체가 제공하는 소프트웨어 업데이트에 크게 의존하기 때문에 언제든지 악성코드를 심는 것이 가능하다는 것이었다. 게다가 화웨이라는 기업의 성장 배경이나 성격을 보면, 화웨이라는 기업의 배후에 중국 정부가 있다는 미국 정부의 주장은 나름대로의 '합리적 의심'이었다. 이러한 상황에서 화웨이가 5G 이동통신망을 장악할 경우 이는 미국의 핵심적인 국가정보를 모두 중국 정부에게 내주는 꼴이 될 것이라는 우려가 제기되었다(김상배, 2019b).

이러한 '안보화 정치'와 동전의 양면과도 같은 관계에 있는 것이 사이버 루머와 가짜 뉴스fake news이다. 최근 미국이나 서방 진영 국가들의 선거 과정에서 수행된 러시아발 가짜 뉴스 공격은 인터넷과 소셜미디어상에서 여론을 왜곡하고 사회분열을 부추기며 서구 민주주의 체제의 정상적인 작동을 방해하는 효과를 빚어냈다(Walker and Ludwig, 2017). 러시아 정부가 수행한 전술은 고도화된 설득 전략을 바탕으로 정교하게 구사되었을 뿐만 아니라, 인공지능을 활용한 다양한 정보 확산의 기술을 사용하고 있는 것으로 알려져 있다. 아울러 최근 인공지능과 가상현실virtual reality: VR 등을 사용해 만든 '딥페이크deep fake'도 최근 쟁점으로 떠올랐다. 2020년 코로나19 사태와 미국 대선 등을 거치면서 사이버 공간에서 유포되는 허위 정보와 가짜 뉴스를 디지털 안보의 관점에서 보아야 한다는 인식이 확산되었다(김상배, 2020a).

이러한 가짜 뉴스를 디지털 안보의 시각에서 봐야 하는 이유는, 소셜미디어나 인공지능과 같은 기술이 사이버 심리전과 연계되는 양상을 보이기 때문이다. 이러한 비군사적 교란행위는 단순히 경쟁국이나 적국의 사회혼란을 야기하는 여론전만을 목표로 하지 않는다. 다시 말해, 소셜미디어의 전략적 효과를 노리고 언론매체에 빈번한 역정보 또는 허위 정보를 유포하는 행위는 미래전의 한 양식을 보여준다. 이는 현실공간의 무력분쟁과 연계되면서 이른바 하이브리드전hybrid warfare으로 비화될 가능성을 보여준다. 하이브리드전은 고도로 통합된 구상 속에서 노골적이거나 은밀한 형태로 군사·준군사 또는 민간 수단들이 광범위하게 운용되는 전쟁의 양상을 의미한다. 최근 하이브리드전은 전투원과 민간인이 구분되지 않는 구도에서 상대국의 군사적 대응을 촉발하기 직전에 멈추도록 교묘하고 신중하게 감행되고 있다.

예를 들어, 2014년 우크라이나에 대해서 사이버 공격과 병행하여 감행된 러시아의 하이브리드전은 새로운 분쟁 양식의 등장이라는 점에서 학계의 주목을 끌었다. 또한 2018년 나토NATO가 시리아 정부의 화학무기 사용에 대해서 인도주의적 명분을 내세워 시리아에 대한 공습을 감행했을 때, 러시아가 취한 대응도 하이브리드전의 맥락에서 이해된다. 당시 러시아가 취한 반격은 군사적 대응이 아니라 사이버 공간에서 정보·심리전을 수행하는 활동이었다. 구체적으로 말해, 러시아는 서구 국가들의 인터넷과 소셜미디어를 목표로 하여 트롤군troll army의 활동을 증대시켰다. 러시아의 이러한 행동은 향후 사이버 심리전을 겸비한 하이브리드전이 미래전의 한 양식으로 자리 잡을 가능성을 보여주었다(송태은, 2019).

4. 디지털 안보의 이슈연계 메커니즘

1) 첨단기술과 보안 제품의 수출입 통제

앞서 언급한 사이버 안보화의 문제가 이슈연계된 대표적인 영역은 수출입 통제를 둘러싼 통상 문제이다. 특히 미국은 중국 기업, 특히 화웨이에 대해서 수입규제의 카드를 꺼내들었다. 사실 미국과 화웨이(또는 ZTE) 간 갈등의 역사는 꽤 길다. 2003년 미국 기업 시스코Cisco는 자사의 네트워크 장비 관련 기술을 부당하게 유출했다는 의혹을 제기하면서 화웨이를 고소했다. 2012년 미 하원 정보위원회는 화웨이 통신장비들이 백도어를 통해서 정보를 유출하고 랜섬웨어 공격을 가한다며 안보위협의 주범으로 지적했다. 2013년 미국 정부도 나서서 중국산 네트워크 장비 도입이 보안에 위협이 될 수 있음을 인정했는데, 2014년에는 화웨이와 ZTE 설비의 구매를 금지한다는 발표가 있었다. 2016년에는 미국 내 화웨이 스마트폰에서 백도어가 발견되는 사건이 발생하기도 했다.

이러한 분위기는 2018년 들어 급속히 악화되었다. 2018년 1월 미국 이동통신 업체인 AT&T가 화웨이의 스마트폰을 판매하려던 계획을 전격 취소했다. 2월에는 CIA, FBI, NSA 등 미국의 정보기관들이 일제히 화웨이와 ZTE의 제품을 사용하지 말라고 경고했다. 3월에 연방통신위원회Federal Communications Commission: FCC는 화웨이 등 중국 업체들에 대해 '적극적 조치'를 취하겠다고 발표했다. 4월에는 ZTE가 대對이란 제재 조치를 위반했다는 혐의로 미국 기업들과 향후 7년간 거래 금지라는 초강력 제재를 받았다가 6월에 구사일생했다. 7월에는 중국의 이동통신 전문업체인 차이나모바일의 미국 시장 진입이 불허되었다. 8월에 미국 정부는 '2019년 국방수권법'을 통과시키며 화웨이와 ZTE 등 5개 중국 기업의 제품을 정부 조달품목에서 원천 배제하기로 했다. 12월에는 화웨이 부회장 겸 최고재무책임자CFO인 멍완저우가 대異이란 제재 위반 혐의로 체포되었다. 2019년 2월 마이크 펜스 미국 부통령은 뮌헨안보회의Munich Security Conference에서 미국의 동맹국들에게 화웨이 제품을 사용하지 말 것을 촉구했다(김상배, 2019b).

이러한 수입규제 행보는 수출규제 조치로 이어졌다. 2019년 5월 트럼프 대통령의 행정명령은 주요 IT 기업들에게 화웨이 등 주요 중국 기업과의 거래 중지를 요구했다. 이에 따라 구글, 마이크로소프트, 인텔, 퀄컴, 브로드컴, 마이크론, ARM 등이 화웨이와 제품 공급 계약을 중지하고 기술 계약을 해지했다. 이러한 조치는 화웨이 제품의 수입중단 조치와는 질적으로 다른 파장을 낳았다. 글로벌 공급망에 크게 의존하고 있는 상황에서 부품 공급에 차질이 발생해 하드웨어 공급이나 소프트웨어 업데이트가 차단된다면, 화웨이는 미국의 의도대로 5G 이동통신 시장에서 완전히 축출될 가능성도 배제할 수 없기 때문이다(≪파이낸셜뉴스≫, 2019.5.17). 게다가 2019년 6월에는 중국에서 설계·제작되는 5G 장비를 미국 내에서 사용 금지하는 방안의 검토가 보도되었는데, 이러한 방안이 현실화된다면 미국의 통신장비 공급망이 완전히 새롭게 짜이는 것을 의미한다는 점에서 파장이 컸다(연합뉴스, 2019.6.24).

한편, 2019년 5월 미국의 화웨이 제재가 정점으로 치닫던 시기, 중국 국가인터넷정보판공실은 미국의 수출입 규제 조치에 맞불을 놓는 성격의 새로운 규제 방안을 발표했다. 그 내용은, 중국 정부가 자국 내 정보통신 인프라 사업자가 인터넷 관련 부품과 소프트웨어를 조달할 때 국가안보에 위해를 초래할 위험 여부를 점검하여 문제가 있다고 판단되면 거래를 금지할 수 있다는 것이었다. 이는 미국 첨단기술 제품의 중국 수출을 막을 수 있다는 신호를 보낸 것이었다(연합뉴스, 2019.5.25). 또한 2019년 12월 초 중국 정부는 모든 정부 부처와 공공기관에 3년 안에 외국산 컴퓨터와 소프트웨어를 자국산으로 교체하도록 지시함으로써, 델과 HP의 PC와 마이크로소프트의 윈도 운영체제 등 미국 기업 제품을 겨냥한 조치를 취했다. 미국이 국가안보를 이유로 중국 통신장비 업체 화웨이와 ZTE 등을 제재하자 비슷한 방법으로 대응한 것이었다.

군사적 유용의 가능성이 있는 첨단기술의 수출통제는 냉전 시대부터 있어 왔던 이슈이다. 코콤Coordinating Committee for Multilateral Export Controls: CoCom이 해체되고 난 후 1996년 7월에 출범한 바세나르 협정Wassenaar Arrangement은 재래식 무기와 민군겸용기술의 투명성을 제고하고 책임성을 강화하기 위한 조치였다. 특히 국가안보를 위협하는 재래식 무기의 과잉 축적을 방지하고 이러한 물자들에 책임을 부여함으로써 안정성을 확보하는 것을 목적으로 했다. 그 이후 미국과 유럽연합EU은 수출통제 레짐에 대한 논의와 규범 형성을 주도하고 있는데, 특히 중국의 부상으로 인해 이 분야에서 비서구적 규범과 표준이 대두될 가능성을 경계했다. 트럼프 행정부가 신흥기술의 대두와 미중 기술경쟁의 가속화라는 빠른 환경 변화를 반영한 수출통제 레짐의 개혁 필요성을 절감하고, 2018년 8월 '수출통제개혁법Export Control Reform Act: ECRA'을 발표한 것도 바로 이러한 맥락에서 이해될 수 있다. 이러한 행보의 바탕에는 신흥기술의 수출통제를 기술경쟁력의 보호 차원을 넘어서 국가안보의 문제로 인식하는 광범위한 합의가 깔려 있었다.

2) 민간 및 군사 분야의 데이터 안보

사이버 안보화에서 시작되어 수출입 통제 문제로 비화된 미중 갈등의 불똥은 최근 데이터 안보 분야로 옮겨 붙고 있다(김상배, 2020b). 화웨이 다음으로 표적이 된 대상은 민간 드론 시장을 석권한 중국 업체 DJI였다. 미국 국토안보부DHS 사이버 안보·기간시설 안보국CISA은 2019년 5월 중국의 드론이 민감한 항공 정보를 중국 본국으로 보내고, 중국 정부가 이를 들여다본다고 폭로했다. 이를 두고 CISA는 국가기관의 정보에 대한 '잠재적 위협'이라고 경고했다. CISA가 특정 드론을 거론한 것은 아니었지만, 사실상 중국의 DJI를 염두에 둔 발표였다. 이와 관련해서 DJI는 즉각 '우리 기술은 안전하다'고 반박했으나, CISA는 자국 소비자들에게 중국산 드론을 구입할 경우 신중해야 하며 인터넷 장비를 분리해야 한다는 방침까지 내놓았다. 화웨이에 대해서 제기되었던 기술안보 공방을 연상케 하는 조치였다.

또한 미국 정부는 2017년부터 하이크비전, 다후아 등과 같은 중국 CCTV 업체들이 수집하는 데이터가 중국 정부로 유출될 수 있다는 의혹을 제기하고 있다. 특히 하이크비전은 CCTV 제작 기술에서 세계적으로 앞서갈 뿐만 아니라 안면 인식을 비롯해 사람들의 버릇과 신체 특성 등을 고려해 특정 인물을 식별하는 기술로 유명하다. 중국 정부는 이러한 기술을 감시도구로 활용해서 소수 민족이나 반체제 세력을 통제하는 데 적극 활용하고 있다. 하이크비전에 대한 압박은 미국이 중국의 기술굴기를 견제하고 중국 정부와 IT 기업의 유착을 문제시하는 차원을 넘어서, 천안문 사태 30주년을 맞이한 중국의 인권 문제를 겨냥했다는 해석을 낳았으며, 이는 당시 뜨거운 쟁점이 되었던 홍콩 시위 사태와도 무관치 않다.

2019년 말에 새로이 미국의 경계 대상 목록에 등장한 중국의 인터넷 관련 서비스는 15초짜리 짧은 동영상을 공유하는 앱인 틱톡TikTok이다. 중국의 스타트업인 바이트댄스의 틱톡은 전 세계 5억 명 이상의 사용자를 자랑하며, 미국에서만도 가입자가 2500만 명에 달한다. 미국 정부는 2019년 2월 틱톡에 대해 아동 개인정보 불법 수집 혐의로 과징금을 부과한 바 있고, 최근에는 미국 상원의원들이 틱톡의 국가안보 위험 여부를 조사해 달라고 공식 요청했으며, 외국인투자위원회CFIUS는 바이트댄스가 미국의 뮤직 앱인 뮤지컬.리musical.ly를 인수한 데 대해 조사하고 있는 것으로 알려졌다. 미 육군과 해군도 사이버 안보에 위협이 될 수 있다며 소속 장병들에게 정부가 지급한 휴대폰에서 틱톡의 사용을 금지하고, 앱 자체도 삭제하라고 지시했다(≪아주경제≫, 2020.1.2).

안보와 무관해 보이는 데이터 문제에 대해서 국가안보를 논하게 되는 배경에는 데이터 안보가 지니는 특성, 즉 개인정보의 보호 문제가 양질전화와 이슈 연계 임계점을 넘어서 조직 보안과 국가안보의 문제로 창발하는 신흥안보로서의 성격이 있다(김상배, 2021b). 이는 스몰데이터 환경에서 야기되는 안보 문제가 아니라 빅데이터에서 발생하는 안보 문제로서, 국가안보 또는 군사안보와 무관해 보이는 데이터라도 그 양이 늘어나고 이슈가 복잡하게 연계되면, 새로이 국가안보의 함의를 지닌 패턴이 드러나는 신흥안보의 문제이다. 이런 시각에서 보면 다국적 기업들이 수집하는 비군사적이고 경제적인 데이터일지라도, 때에 따라서는 매우 중요한 군사안보의 논란을 일으킬 수도 있다. 실제로 이와 관련하여 최근 일국 단위에서 데이터 주권을 어떻게 수호할 것이냐의 논쟁이 일고 있다. 4차 산업혁명 시대를 맞이하여 민간의 데이터 안보 문제가 군사 분야의 정보·데이터 안보 문제와 연계될 가능성이 커졌기 때문이다.

군사 분야에서 정찰위성이나 정찰기 등의 기술을 활용한 군사정보·데이터의 수집은 전략적 우위를 점하는 것을 넘어 전쟁의 승패까지 가를 수 있는 중요한 능력으로 이해되어 왔다. 예를 들어, 미군은 정찰위성이나 무인정찰기 및 드론 등을 활용하여 북한의 대륙간탄도미사일Intercontinental Ballistic Missile: ICBM 이동발사 차량을 정확하게 추적·파악하고 있는 것으로 알려져 있다(Lieber and Press, 2017). 최근 논란이 되었던 지소미아GSOMIA에 의거하여, 일본은 북핵·미사일 기술 관련 정보를 제공해 왔는데, 일본의 위성은 하루에 3~4차례 한반도 상공을 지나가는 미국의 첩보위성이 감시를 수행하지 못하는 시간대의 공백을 일부 보완했다고 한다. 2019년 12월에는 미국이 북한의 추가 실험과 도발 동향 징후를 파악하기 위해서 한반도 상공에서 운용하는 특수정찰기가 하루 동안 3대나, 그것도 위치발신장치를 켠 상태로 비행하며 대북 감시 활동을 벌인 것으로 드러나 논란이 되기도 했다(연합뉴스, 2019.12.11).

4차 산업혁명의 진전으로 인하여 좀 더 포괄적인 의미에서 데이터의 중요성이 군사 분야에서 점점 더 커지고 있다. 인공지능 기술의 발달로 인해 더 강력해진 (빅)데이터 처리 능력은 군사안보를 위해 필요한 핵심능력으로 확고하게 자리 잡을 것이다. 이러한 과정에서는 전장 센서로부터 데이터를 수집하고, 더 많은 처리능력으로 보강한 알고리즘으로 데이터를 처리하고, 결과적으로 적보다 빠르게 침투하는 것이 핵심이다. 모든 전장정보를 데이터화해서 클라우드 서버에 저장·분석하여 필요 부대에 정보를 제공하는 '지능형 데이터 통합체계'를 구축·활용하여 각종 정보와 데이터를 분석하고, 실시간으로 인간 지휘관의 지휘결심체계를 지원할 수 있을 것으로 기대되고 있다. 이러한 과정에서 인공지능이 전장 빅데이터를 바탕으로 워게임과 모의실험 등 지휘결심 과정을 거쳐 최적의 대안을 제시한다는 것이다.

3) 밀리테크와 첨단 방위산업 경쟁

4차 산업혁명 시대의 도래라는 맥락에서 민군겸용기술과 첨단 방위산업 분야의 경쟁도 가속화되고 있다(Kurç and Neuman, 2017; 장원준 외, 2017). 냉전기에는 주로 군사 분야의 수요에 부응하여 기술발달이 이루어졌다면, 오늘날에는 역으로 민간 분야의 기술혁신이 방위산업에 영향을 미치고 있다. 좀 더 엄밀히 말하면, 4차 산업혁명 시대에는 군사기술과 민간기술을 구분하는 것이 불가능할 정도로 양자가 밀접히 결합되어 있다. 현재 민수와 군수 분야에서 주목하는 기술들도 상당 부분이 겹치는데, 군사 분야에서 주목하는 기술이 민간 분야에서도 혁신을 추동하고 있다. 예를 들어, 안면 인식, 가상현실, 인공지능, 로봇, 자율주행차 등과 관련된 기술들은 상업적으로는 물론 군사적 목적으로도 활용되는, 이른바 밀리테크militech의 사례들이다(매일경제 국민보고대회팀, 2019).

이렇게 군사기술과 민간기술의 경계를 허문 일종의 하이브리드형 기술로서 밀리테크의 역량을 구비하는 것은 미래전과 4차 산업혁명을 동시에 준비하는 지름길로 인식된다. 밀리테크를 확보하는 나라가 미래전에서 승리하게 될 것이며 경제성장을 누리고, 더 나아가 글로벌 패권까지 장악할 수 있다는 의미이다. 특히 군사안보의 측면에서 볼 때, 일종의 '게임 체인저game changer'로서 거론되는 첨단 무기체계의 개발 능력을 보유하는 것은, 국방력 강화를 통한 선진 군대의 육성을 의미한다. 또한 이러한 능력의 보유는 실제 전쟁의 수행이라는 군사적 차원을 넘어 무기 판매, 기술이전 등과 같은 경제·산업적 차원의 경쟁에서도 앞서감을 의미한다. 요컨대, 첨단 방위산업의 기술력 보유는 기술을 바탕으로 한 군사력 경쟁의 의미를 넘어서 종합적인 의미에서 본 디지털 부국강병의 달성을 의미한다(김상배, 2020c).

미국, 중국 등 주요국들은 첨단 방위산업이 새로운 국력의 원천이라는 점을 인식하고, 이 분야에 대한 투자를 늘리고 있으며 이를 통해서 4차 산업혁명 분야의 기술을 활용한 첨단무기 개발에 나서고 있다. 다시 말해, 민간기술을 군사 분야에 도입하고, 국방기술을 상업화하는 등의 행보를 적극적으로 펼치고 있다. 특히 첨단화하는 군사기술 트렌드에 대응하기 위해서 민간 분야의 4차 산업혁명 관련 기술 성과를 적극 원용하는 데 앞장서고 있다. 사이버 안보, 인공지능, 로보틱스, 양자컴퓨팅, 5G 네트웍스, 나노소재 등과 같은 기술이 대표적인 사례이다. 이러한 기술에 대한 투자는 국방 분야를 4차 산업혁명 기술의 테스트베드로 삼아 첨단 민간기술의 군사적 활용을 도모하는 것을 의미한다.

좀 더 넓은 의미에서 볼 때, 밀리테크 경쟁은 미래 무기체계의 표준 또는 플랫폼을 장악하기 위한 경쟁이다. 실제로 세계 최대 무기 수출국인 미국의 행보를 보면, 단순히 첨단무기만 파는 것이 아니라 그 '운영체계'를 함께 판다. 다시 말해, '제품 수출'을 넘어서 '표준 전파'와 '플랫폼 구축'을 지향한다. 특히 4차 산업혁명 관련 기술을 탑재한 무기체계의 작동 과정에서 플랫폼의 장악은 매우 중요하다. 방위산업은 승자독식의 논리가 통하는 분야이다. 국제 방위산업 시장에서 구매자들은 우선 '전쟁에서 이기는 무기'를 구입하려 하고, 한 번 구입한 무기는 호환성 유지 등의 이유로 계속 사용할 수밖에 없게 된다. 미국이 글로벌 방위산업을 주도하는 근간에는 이렇듯 무기와 표준을 동시에 제공함으로서 플랫폼을 구축하려는 전략, 그리고 더 나아가 전쟁 수행 방식의 원리와 개념 및 담론까지도 장악하려는 전략이 자리 잡고 있다(김상배, 2020c).

최근 이러한 양상을 보여주는 사례 중의 하나가 드론 산업이다. 드론 기술은 민군겸용기술의 대표적인 사례인데, 단순한 무기기술만을 의미하는 것이 아니라 다양한 분야에 활용되는 민간기술들이 만나는 접점에서 발전해 왔다. 또한 드론 경쟁은 단순히 드론을 제조하는 기술경쟁의 의미를 넘어서 드론을 운용하는 데 필요한 소프트웨어와 서비스의 표준을 장악하는 경쟁이다. 사실 드론의 개발과 운용 과정을 보면 제품-표준-플랫폼-서비스 등을 연동시키는 것이 중요하다. 군사적인 관점에서 볼 때 이러한 드론 표준이 내포하고 있는 것은 미래 무기의 표준인 동시에 미래 전쟁의 표준이다. 실제로 드론을 중심으로 미래전의 무기체계와 작전 운용방식이 변화하고 전쟁을 수행하는 주체와 전쟁의 개념 자체도 변화할 조짐을 보이고 있다.

한편 첨단 방위산업 경쟁의 이면에 밀리테크의 개발과 확산을 둘러싼 제도 모델의 변화가 자리 잡고 있음을 놓치지 말아야 한다. 이는 기술혁신의 주체라는 측면에서, 4차 산업혁명이 주로 민간 행위자들에 의해서 주도된다는 특징에서 비롯된다. 오늘날 인공지능, 빅데이터, 로봇 등의 기술혁신은 지정학적 경계를 넘어서 민간 부문을 중심으로 초국적으로 이루어지고, 이후에 군사 부문에 적용되는 '스핀온spin-on'의 양상을 보인다. 좀 더 엄밀하게 말하면, 4차 산업혁명 시대의 기술은 그 복잡성과 애매모호성으로 인해서 민군의 용도를 구분하는 것 자체가 쉽지 않다. 이러한 양상은 20세기 후반 냉전기의 '스핀오프spin-off' 모델, 즉 기술혁신이 주로 군사적 목적에서 이루어지고 이후 민간 부문으로 확대되던 것과 대비된다(김상배, 2020c).

5. 디지털 안보의 (복합)지정학적 차원

1) 자율무기체계의 도입과 미래전의 창발

이상에서 살펴본 디지털 안보의 창발은 지정학적 임계점을 넘어서 물리적 전쟁으로 비화될 가능성을 안고 있다. 실제로 사이버 공격이 재래식 전쟁과 연계되는 사건이 발생했는데, 2007년 에스토니아, 2008년 조지아, 2014년 우크라이나 등에 대한 러시아의 사이버 공격, 그리고 2010~2012년 미국·이스라엘과 이란의 사이버 공방을 사례로 들 수 있다. 이렇게 지정학적 갈등을 내포한 사이버 공격에 대응하기 위해서 주요국들은 사이버전 부대를 신설하거나 확대 및 격상하는 조치를 취하고 있다. 역으로 이러한 전개 양상은 사이버 안보 문제가 전통 군사안보 전반에 연계될 가능성을 높이고 있다. 이러한 과정에서 인공지능을 탑재하여 자율기능을 확보한 첨단 무기체계가 해킹 공격을 당할 사태 등이 우려되고 있다.

세계 산업 분야 전반에서 자동화와 무인화가 꾸준히 진척되고 있어 결국 멀지 않은 장래에 무인무기체계가 실제 작전에도 투입될 것으로 예견된다. 인공지능, 빅데이터, 가상현실, 드론, 사물인터넷, 3D 프린팅 등과 같은 4차 산업혁명의 거대한 물결이 사회 전반을 덮치고 있는 상황을 염두에 둘 때 군사 분야도 예외는 아닐 것이다. 그중에서도 미래전의 혁신적 변화를 야기할 기술로 인공지능이 손꼽힌다. 인공지능 기술은 위험지역에서의 폭발물 제거, 군수물자 수송 등과 같이 인간의 생명을 보호하고 군사적 비용을 낮추는 방향으로 활용될 것이 기대된다. 이처럼 군사기술의 급속한 발달은 전장 지형의 큰 변화를 예고한다.

특히 드론 기술의 적용이 논란거리이다. 장난감 같았던 드론이 치명적인 살상무기로 진화하여 전통적인 전쟁의 공식을 뒤흔드는 상황이 벌어지고 있다. 2020년 9월 예멘 반군의 소행으로 추정되는 드론 공격이 사우디 국영회사 아람코ARAMCO의 석유시설과 유전에 대해 가해지면서 그 위협에 대한 우려가 커졌다. 2020년 1월에는 이란 혁명수비대의 솔레이마니Qasem Soleimani 사령관이 미군의 공습으로 사망하는 사건이 발생했다. 미군의 공습에는 2001년 첫 비행을 한 드론 MQ-9 리퍼Reaper가 동원된 것으로 알려졌는데, 미국이 한창 개발 중인 드론은 이미 리퍼를 뛰어넘는 성능을 갖추었으며, 게다가 군집기술과 인공지능을 접목해 그 기능이 큰 폭으로 강화되었다는 사실이 알려지면서 드론 공격에 대한 공포가 더욱 커지고 있다(≪중앙일보≫, 2020.1.6).

사정이 이렇다 보니 드론을 포함한 자율무기체계를 도입하려는 강대국들의 경쟁이 치열하게 벌어지고 있다. 미국은 중국과 러시아의 추격으로 군사력 격차가 좁혀지는 상황에 대처하기 위해서 이른바 '3차 상쇄전략'을 추진하는 차원에서 일찍이 무인무기체계의 중요성을 인식하고 연구개발을 추진해 왔으며, 다양한 무인무기를 개발해 실전 배치하고 있다. 예를 들어, 전 세계 군용 무인항공기의 60%를 미군이 보유하고 있다. 한편, 중국군도 4차 산업혁명의 첨단기술을 활용한 군 현대화를 적극적으로 추진하고 있다. 후발 주자인 중국은 미국을 모방한 최신형 무인기를 생산·공개하고, 저가의 군용·민간용 무인기 수출을 확대하는 등 기술적 측면에서 미국의 뒤를 바짝 쫓고 있다. 향후 자율무기체계 개발경쟁은 미국과 중국이 벌이는 글로벌 패권경쟁과 연계되어 더욱 가속화될 것으로 예견된다.

4차 산업혁명 시대의 기술발달은 군사혁신을 유발하고 더 나아가 전쟁 수행 방식의 진화를 야기할 것으로 전망된다. 실제로 최근의 변화를 보면, 기술발달을 바탕으로 한 자율무기체계의 도입은 단순한 무기체계 변환의 차원을 넘어서 군사안보 분야의 작전운용과 전투공간, 그리고 전쟁 양식에 대한 개념까지도 변화시키고 있다. 2000년대 이래로 제기되었던 네트워크중심전network centric warfare: NCW, 스워밍swarming, 모자이크전mosaic warfare, 다영역 작전, 5차원 전쟁, 하이브리드전 등의 개념은 바로 이러한 맥락에서 이해할 수 있는 사례들이다. 1990년대와 2000년대의 초기 정보화(또는 3차 산업혁명)가 인간의 정보능력을 확장시켜 네트워크 지휘통제를 가능케 하는 작전 개념을 이끌어냈다면, 최근의 4차 산업혁명은 새로운 데이터 환경에서 인공지능과 로봇을 활용한, 이른바 '사이버-물리전'의 출현을 예견케 한다.

4차 산업혁명 분야의 기술발달이 근대 전쟁의 기본적인 전제와 공식을 완전히 바꿔놓을 가능성도 없지 않다. 예를 들어, 자율무기체계의 도입은 클라우제비츠Carl von Clausewitz가 말한 전쟁의 세 가지 속성, 즉 폭력성과 정치성, 불확실성을 재고케 한다. 기술발달 그 자체가 폭력행사의 절대능력을 증대하는 방향으로 영향을 미칠 것이다. 자율무기체계에 의지하는 전쟁이 무력 사용의 범위를 결정하는 인간의 정치적 의지 안에 머무른다는 보장도 없다. 기술발달의 복잡성이 증대하는 상황에서 자율무기체계를 활용하는 미래전의 불확실성은 더 커졌다고 할 수 있다. 이와 더불어 자율무기체계의 도입은 군사조직과 제도의 혁신을 유발하고, 더 나아가 미래 세계정치의 주체와 구조, 그리고 그 작동 방식과 구성 원리까지도 변화시킬 가능성도 없지 않다(김상배, 2019a).

4차 산업혁명의 진전은 인간이 아닌 행위자들이 벌이는 전쟁의 가능성도 거론케 한다. 이러한 과정에서 인간 중심의 지평을 넘어서는 '포스트 휴먼post-human' 세계정치의 부상이 거론된다. '먼 미래' 전망의 관점에서 볼 때, 비인간 행위자로서 인공지능 기반의 자율로봇은 인류의 물질적 조건을 변화시킬 뿐만 아니라 인간을 중심으로 편제되었던 군사작전의 기본 개념을 바꾸고 근대 국제정치의 기본 전제들에 의문을 제기하고 있다. 이러한 과정에서 자율무기체계로 대변되는 기술변수는 단순한 환경이나 도구 변수가 아니라 주체변수로서, 미래전의 형식과 내용을 결정하고, 더 나아가 미래 세계정치의 조건을 규정할 가능성이 있다(김상배, 2019a).

2) 디지털 안보의 동맹 및 연대외교

화웨이 사태는 사이버 안보를 둘러싼 동맹 및 연대외교의 동학을 부각시켰다. 2018년 말 트럼프 행정부는 '파이브 아이즈Five Eyes'로 대변되는 미국의 주요 정보동맹국들에게 화웨이 보이콧에 동참할 것을 촉구하며 화웨이 장비가 발붙일 곳을 아예 없애려는 듯 강경 행보를 보였다. 영국의 경우 대형 통신업체인 BT그룹이 화웨이와 ZTE 제품을 5G 사업에서 배제하려는 움직임을 보였다. 캐나다는 중국과의 무역마찰을 무릅쓰고 미국의 요청에 따라 화웨이의 부회장인 멍완저우를 체포했다. 호주와 뉴질랜드는 5G 이동통신 사업에 중국 업체가 참가하지 못하도록 하는 방침을 내렸다. 여기에 일본까지 가세해서, 정부 차원의 통신장비 입찰에서 중국 화웨이와 ZTE를 배제하기로 결정했으며, 일본의 3대 이동통신사도 기지국 등의 통신설비에서 화웨이와 ZTE 제품을 배제하기로 했다. 이러한 행보를 보고 일본, 독일, 프랑스 등 3개국이 합류한 '파이브 아이즈+3'의 출현이 거론되기도 했다(김상배, 2019b).

그런데 2019년 2월 말을 넘어서면서 영국과 뉴질랜드 등이 '사이버 동맹전선'에서 이탈하는 조짐을 보였다. 영국 국가사이버보안센터National Cyber Security Centre: NCSC는 화웨이 장비의 위험을 관리할 수 있어 그 사용을 전면 금지할 필요는 없다는 잠정 결론을 내렸다. 미국의 요청에 따라 화웨이를 배제했던 뉴질랜드도 저신다 아던 총리가 직접 나서 화웨이를 완전히 배제하지 않았다는 점을 분명히 했다. 이 밖에 독일 역시 특정 업체를 직접 배제하는 것은 법적으로 가능하지 않다는 점을 밝혔고, 프랑스도 특정 기업에 대한 보이콧은 하지 않겠다는 입장을 내놓았으며, 이탈리아도 화웨이를 5G 네트워크 구축 사업에서 배제하겠다는 보도를 부인했다. 또한 일찍이 화웨이 장비의 배제 입장을 내놓았던 일본 역시 그러한 제한은 정부기관과 공공 부문 조달에만 해당되며, 5G 네트워크 구축에는 포함되지 않는다고 한발 빼기도 했다(김상배, 2019b).

이러한 전개는 한미 관계에도 영향을 미쳤다. 실제로 화웨이 사태는 단순한 기술 선택의 문제가 아닌 동맹외교의 문제로 한국에 다가왔다. 2019년 6월 주한 미국대사가 직접 나서 화웨이에 대한 제재에 한국이 동참할 것을 공개적으로 요구하기도 했다. 이와 마찬가지로 데이터의 초국적 이동 문제도 향후 한미

관계를 긴장시킬 가능성이 제기되었다. 2016년 한국 정부는 국가안보를 이유로, 구글이 요청한 1 : 5000 축척의 국내 지도 데이터의 해외 반출 요청을 거부하기도 했다. 2018년 10월에는 국회에서 구글, 아마존 등 미국 IT 기업들에게 국내에 데이터센터용 서버를 설치할 의무를 지도록 하는 법안이 발의되자, 주한 미국대사가 "클라우드의 장점을 가로막는 데이터 현지화 조치를 피해줄 것"을 요구하기도 했다.

사이버 안보를 내세운 미국의 동맹결속 전략은 인도·태평양 전략Indo-Pacific Strategy에서도 나타났다. 2019년 4월에는 미국을 위협하는 북한과 중국의 사이버 공격에 대응하기 위한 국제협력체 신설을 골자로 하는 '인도·태평양 국가 사이버 리그CLIPS' 법안이 상원에서 발의되었다. 클립스CLIPS에는 인도·태평양 지역의 미국 동맹국과 파트너 국가들이 참여한다(Voice of America, 2019.4.9). 한편 미 국방부는 2019년 6월 공개한 「인도·태평양 전략보고서Indo-Pacific Strategy Report」에서 중국의 일대일로 구상에 맞서 인도·태평양 전략을 강화했으며, 화웨이 사태를 정치·경제 등 비군사적 요소와 사이버전·심리전 등을 포함한 '하이브리드 전쟁'의 개념을 빌려 이해하는 모습을 보였다.

미국의 화웨이 견제에도 불구하고 중국은 일대일로 구상의 추진 차원에서 해외 통신 인프라 확충을 가속화하고 있다. 2018년 4월 시진핑 중국 국가주석은 일대일로 건설을 계기로 관련 국가들, 특히 개도국에 인터넷 기반시설을 건설하고 디지털 경제와 사이버 보안 등 다방면에서 협력을 강화하여 '21세기 디지털 실크로드'를 건설해야 한다고 강조한 바 있다. 이러한 맥락에서 보면 동남아 국가들이 화웨이를 선호하는 조치를 취한 행보를 이해할 수 있다. 태국은 2019년 2월 8일 5G 실증 테스트를 시작하면서 화웨이의 참여를 허용했으며, 말레이시아, 싱가포르, 인도 등도 화웨이 장비로 5G 테스트를 진행할 계획을 밝혔다.

이러한 사태의 전개는 2020년 후반기에 들어서면서 미중 간의 디지털 안보 동맹 및 연대외교의 경쟁으로 비화되었다. 특히 2020년 8월 마이크 폼페이오

Mike Pompeo 미국 국무장관은 중국으로부터 중요한 데이터와 네트워크를 수호하기 위한 '클린 네트워크Clean Network' 구상을 발표했다. 클린 네트워크 프로그램은 이동통신사와 모바일 앱, 클라우드 서버를 넘어서 해저케이블에 이르기까지 중국의 모든 IT 제품을 사실상 전면 금지하는 내용을 담고 있다. 미국 국민의 개인정보 보호 등을 위해 사실상 전 세계 인터넷 비즈니스와 글로벌 통신업계에서 중국 기업들을 몰아내겠다는 뜻이다(김상배, 2021b).

이에 대해 중국은 '글로벌 데이터 안보 이니셔티브Global Initiative on Data Security, 全球数据安全倡议'로 맞대응했다. 2020년 9월 왕이王毅 중국 외교부장은 다자주의, 안전과 발전, 공정과 정의를 3대 원칙으로 강조했다. 데이터 안보에 대한 위협에 맞서 각국이 참여하고 이익을 존중하는 글로벌 규칙을 만들어야 한다는 것이었다. 이 구상은 데이터 안보와 관련해서 다자주의를 견지하면서 각국의 이익을 존중하는 글로벌 데이터 보안 규칙이 각국의 참여로 이루어져야 한다고 주장했다. 아울러 일부 국가가 일방주의와 안전을 핑계로 선두기업을 공격하는 것은 노골적인 횡포이므로 반대해야 한다며 미국을 겨냥했다(김상배, 2021b).

이러한 과정에서 미국은 '클린clean'이라는 말에 담긴 것처럼 '배제의 논리'로 중국을 고립시키는 프레임을 짜려 하고, 중국은 새로운 국제규범을 통해 동조세력을 규합해 미국 일방주의의 덫에서 벗어나려 하고 있다. 향후 바이든 행정부에서는 그러한 경쟁의 양상은 지속되는 가운데, 기술보다 가치를 강조하고 안보보다 규범을 강조할 것으로 예상된다. 실제로 바이든 행정부는 인권과 민주주의를 명분으로 동맹 전선을 고도화하여 미국의 국제적 역할을 강화하고 리더로서의 지위를 회복하려는 의도를 드러내면서, 그와 동시에 다자주의를 강조하고 있다. 개인정보를 보호하고 국가 기반시설 수호를 위해 다른 국가와의 협력을 표명하며, '하이테크 권위주의'에 대한 대응의 차원에서 '사이버 민주주의 동맹'을 추진할 가능성이 크다. 이러한 미국의 공세에 대응하여 중국도 보편성과 신뢰성, 인권 규범의 문턱을 넘어서야 한다. 보편 규범과 가치의 플랫폼 경쟁이 본격적으로 벌어지게 되는 것이다(김상배, 2021b).

3) 디지털 안보 거버넌스와 국제규범

디지털 안보 문제가 세계정치의 현안으로 부상하면서 다자외교의 장에서 국제규범을 마련하기 위한 논의도 한창이다. 1990년대 후반 이후 디지털 안보 분야의 규범 형성 문제는 독립적 어젠다로 다루어졌다기보다는, 포괄적 맥락에서 본 글로벌 인터넷 거버넌스의 일부로서 취급되었다. 그러다가 2010년대에 들어서면서 사이버 안보의 전략적 중요성이 크게 부각되면서 국가 행위자들이 나서서 국제규범을 모색하려는 양상이 나타났다. 이와 병행하여 우주안보, 자율무기체계 등과 같은 여타 디지털 안보 국제규범을 다루는 국제기구 차원의 논의도 진행되었다. 그럼에도 아직까지 디지털 안보의 규범에 대한 국제적 합의는 마련되지 않았으며, 오히려 최근에는 좀 더 복잡해지는 양상마저 드러나고 있다.

사이버 안보 국제규범은 국제기구나 국제법 차원의 논의뿐만 아니라 정부 간 협의체나 지역협력체, 민간 행위자들이 참여하는 글로벌 거버넌스의 장을 빌려서 모색되었다(김상배, 2018a: 제9장). 특히 2013년 이후 국제기구의 프레임을 빌려 사이버 안보의 국제규범을 마련하려는 시도가 국제적으로 주목을 받은 바 있다. 이 중에서도 특히 제3차 유엔 정부전문가그룹group of government experts: GGE의 합의가 주목을 받았으나, 그 이후 2018년에 마무리된 제5차 GGE 회의에서는 합의문조차 도출하지 못했으며, 이러한 상황은 2019년 12월에 개최된 제6차 GGE에서도 지속되었다. 유엔 GGE의 틀을 빌려 초국적이고 탈영토적인 사이버 위협에 대응하는 규범적 해법을 찾으려는 시도는 향후 당분간 그 활로를 찾기가 쉽지 않아 보인다.

유엔 GGE 활동 이외에도, 2010년대에 들어서 서방 진영 국가들이 주도한 사이버공간총회나 유럽 사이버범죄협약Convention on Cybercrime과 같은 정부 간 협의체 모델, 그리고 비서방 진영 국가들이 공을 들이고 있는 상하이협력기구와 같은 지역협력기구 모델이 사이버 안보 국제규범 논의의 전면으로 나선 바 있다. 이 밖에도 서방 진영 국가들을 중심으로 한 이른바 사이버 안보 분야의 유사입장국like-minded countries 회의가 지속적으로 열리고 있다. 좀 더 넓은 시각에서 본 글로벌 인터넷 거버넌스 분야의 규범 형성 노력도 간과해서는 안 된다. 아이칸Internet Corporation for Assigned Names and Numbers: ICANN이 주도해 온 글로벌 인터넷 거버넌스 체제의 변환과 국제전기통신연합International Telecommunication Union: ITU의 새로운 관할권 주장의 과정에서도 사이버 안보의 국제규범을 모색하기 위한 움직임들이 진행되고 있기 때문이다(김상배, 2017).

현재 우주 분야 규범화 논의는 사이버 안보의 경우와는 사정이 좀 다른데, 주로 유엔에서 우주개발 역량이 있는 선진국들을 중심으로 국제규범에 대한 논의가 진행되어 왔다. 이 과정에서 아래로부터의 국제규범 형성 작업과 위로부터의 국제조약 창설 모색의 두 가지 트랙이 병행해서 진행되고 있다. 유엔 총회 산하에 우주 문제를 논의할 수 있는 위원회는 유엔 우주의 평화적 이용 위원회Committee on the Peaceful Uses of Outer Space: COPUOS와 유엔 군축회의 Conference on Disarmament: CD가 있다. COPUOS는 지속 가능한 우주환경 조성에 관한 방안을, 군축회의는 우주에서의 군비경쟁 방지를 위한 방안을 논의하고 있다. 이 과정에서 유엔의 여러 다자협의체에서 미국과 유럽의 서방 진영과 중·러 등의 비서방 진영 간의 이해 대립이 첨예하게 벌어지고 있다(유준구, 2016).

COPUOS는 국제조약 채택을 주도하기보다는 국가 간 공동의 합의를 유도하는 방향으로 최근 선회했으며, 이는 아래로부터의 공동합의를 통한 국제규범 형성을 모색하려는 서방 진영, 특히 미국의 사실상de facto 접근과 맥이 닿는다. 군축회의에서의 우주에 대한 논의는 일종의 위로부터의 국제조약 또는 국제우주법 모색의 논의로서 이해되며, 이는 중국과 러시아 등 비서방 진영이 주도하는 법률상de jure 접근과 맥이 닿는다. 이 밖에 현재 우주 관련 국제규범의 형성 및 창설과 관련된 쟁점으로 논의되는 사항은 우주의 군사화·무기화, 자위권의 적용, 우주파편의 경감 등 위험요소 제거, 투명성 및 신뢰구축 등이 있으며, 각 쟁점들에서 각국은 자국의 이익을 반영하기 위해서 서로 다른 입장을 드러내고 있다(유준구, 2016).

자율무기체계의 전략적 함의가 커지면서 이 분야를 장악하기 위한 경쟁이 치열해질 뿐만 아니라 다른 한편으로는 자율살상무기, 이른바 킬러로봇에 대한 규범적 통제에 대한 논의도 출현하고 있다. 이러한 우려를 바탕으로 기존의 국제법을 원용하여 킬러로봇의 사용을 규제하는 문제가 논의되어 왔다. 예를 들어 킬러로봇이 군사적 공격을 감행할 경우, 유엔헌장 제51조에 명기된 '자기방어self-defense'의 논리가 성립하는지, 좀 더 넓게는 킬러로봇을 내세운 전쟁이 '정당한 전쟁'인지 등의 문제가 논의되었다. 좀 더 근본적으로 제기되는 쟁점은 전장에서 삶과 죽음에 관한 결정을 기계에게 맡길 수 있느냐는 윤리적 문제였다(김상배, 2019a).

이러한 문제의식을 바탕으로 킬러로봇의 금지를 촉구하는 글로벌 시민사회 운동이 진행되고 있다. 예를 들어, 2009년에 로봇 군비통제 국제위원회International Committee for Robot Arms Control: ICRAC가 출범했다. 2012년 말에는 국제 인권 감시 기구 휴먼라이츠워치Human Rights Watch: HRW가 완전자율무기의 개발을 반대하는 보고서를 냈다. 2013년 4월에는 국제 NGO인 킬러로봇중단운동Campaign to Stop Killer Robots: CSKR이 발족되어, 자율살상무기의 금지를 촉구하는 서명운동을 진행했는데, 2016년 12월까지 2000여 명이 참여했다. 이는 대인지뢰금지운동이나 집속탄금지운동에 비견되는 행보라고 할 수 있는데, 아직 완전자율무기가 도입되지 않은 상황임에도 운동이 진행되고 있음에 주목할 필요가 있다(김상배, 2019a).

이러한 운동은 결실을 거두어 2013년에는 23차 유엔총회 인권이사회에서 보고서를 발표했고, 유엔 차원에서 자율무기의 개발과 배치에 대한 토의가 시작되었다. 자율무기의 금지 문제를 심의한 유엔 내 기구는 특정재래식무기 금지협약Convention on Certain Conventional Weapons: CCW이었다. 2013년 11월 완전자율살상무기에 대해 전문가 회합을 개최하기로 한 이후, 2014년 5월부터

2016년 12월까지 여러 차례 회합이 개최되었으며, 그 결과로 자율살상무기에 대한 유엔 GGE가 출범했다. 한편, 2017년 8월에는 자율주행차로 유명한 일론 머스크와 알파고를 개발한 무스타파 술레이먼Mustafa Suleyman 등이 주도하여, 글로벌 ICT 분야 전문가 116명(26개국)이 유엔에 공개서한을 보내 킬러로봇을 금지할 것을 촉구하기도 했다(김상배, 2019a).

6. 결론

2019년 1월 다보스포럼은 4차 산업혁명으로 인한 기술발달 문제를 '지정학적 위기'의 관점에서 볼 것을 제안한 바 있다. 오늘날 기술발달이 불균등 성장과 사회적 불평등을 심화시키고, 더 나아가 정치적 갈등과 지정학적 위기를 증폭시킬 수 있다는 문제 제기였다. 실제로 4차 산업혁명 분야에서 벌어지는 선진국들의 경쟁은 이러한 불평등과 갈등 및 위기를 더욱 조장하는 방향으로 치닫고 있다. 특히 최근 벌어지고 있는 미중 패권경쟁의 양상은 기술변수가 국가안보의 프레임으로 착색되면서 지정학적 위기를 낳을 조짐을 여실히 보여주었다. 이러한 문제의식을 바탕으로 이 글은 신흥안보와 복합지정학의 시각을 원용하여 4차 산업혁명 시대의 신흥기술 변수가 야기하는 안보 문제, 즉 디지털 안보의 세계정치를 살펴보았다.

지정학적 위기를 야기하는 디지털 안보의 이슈는 전통안보와는 다른 성격을 지닌다. 디지털 안보는 기본적으로 양질전화의 과정과 이슈연계의 메커니즘을 따라서 지정학의 임계점을 넘어서 창발하는 신흥안보의 이슈이다. 양적으로 늘어나고 있는 사이버 공격은 최근 전자전과 우주전, 사이버 심리전 등과 연계되면서 패턴 변화를 보이고 있다. 최근에는 첨단기술과 보안 제품의 수출입 통제, 민간 및 군사 분야의 데이터 안보, 민군겸용기술과 첨단 방위산업 분야의 경쟁 등도 상호 연계되어 발생하고 있다. 이러한 디지털 안보의 문제는 장차 군사안보 분야로 확대되어 실제 전쟁을 수행하는 문제로 촉발될 가능성이 있으며, 이러한 문제를 둘러싼 강대국들의 동맹 및 연대외교 등과 관련된 지정학적 갈등의 대상이 될 가능성이 크다.

이러한 양상은 이미 미국과 중국이 첨단 부문에서 벌이는 패권경쟁의 과정에서 나타나고 있다. 이 글은 이러한 미중경쟁의 양상을 전통적인 (고전)지정학의 시각뿐만 아니라 여타 다양한 국제정치이론, 특히 복합지정학의 시각을 원용하여 담아내기 위한 시도를 펼쳤다. 복합지정학으로 본 미중경쟁은 전통적인 자원권력론의 맥락에서 이해된 기술경쟁의 차원을 넘어서 디지털 안보 분야에서의 표준과 플랫폼을 장악하기 위한 경쟁으로 발전하고 있다. 이러한 경쟁에 관여하는 주체도 전통적인 국가 행위자가 아닌 국가-비국가의 복합 행위자의 성격이 강하다. 이러한 경쟁의 결과로 출현할 세계질서의 모습도 전통지정학이 상정하는 세력전이의 모습이라기보다는 좀 더 복합적인 공존의 질서일 가능성이 크다.

신흥기술과 디지털 안보 분야에서 벌어지는 미국과 중국의 복합지정학적 패권경쟁에 대응하여 한국은 앞으로 어떠한 전략을 펼쳐나가야 할까? 우선, 양질전화의 과정을 통해서 창발하는 디지털 안보의 특성을 고려할 때, 각 분야별로 이에 대처하는 양적·질적 역량을 개발해야 하는 과제가 제기된다. 넓은 의미에서 본 사이버 안보의 역량은 미래전뿐만 아니라 미래 국력경쟁 전반에서 중요한 의미를 갖는다. 강대국의 몫으로만 간주되었던 우주개발도 4차 산업혁명 시대를 맞이하여 중견국으로서 한국이 역점을 두어야 할 분야가 되었다. 이들 디지털 안보 분야에서 선진 역량을 갖추기 위해서 기술개발, 인력 양성, 제도 개혁 등의 노력을 벌여야 할 것이다. 이러한 과정에서 한 가지 더 염두에 둘 것이 있다면, 디지털 안보의 양적 증대가 질적 위기로 치닫지 않도록 예방하는 신흥안보 거버넌스의 메커니즘을 갖추는 일이다.

둘째, 복잡한 이슈연계가 발생하는 디지털 안보의 특성을 고려할 때, 필요에 따라 다양한 이슈들을 '맺고 끊기' 하는 포괄적이고 유연한 접근이 필요하다.

최근 기술과 안보의 문제는 통상과 데이터 및 산업의 이슈와 연계되고 더 나아가 군사와 외교 및 정치의 이슈와도 연계되는 양상을 보이고 있다. 디지털 안보 전략의 관점에서 볼 때, 이들 이슈를 적절히 연계하는 전략을 구사할 수도 있으며, 각 이슈들의 연계를 차단하는 전략이 필요할 수도 있다. 이러한 '연계'와 '차단'의 전략을 효과적으로 추진하기 위해서는 정부와 군, 그리고 민간의 다양한 행위자들이 협업하는 시스템을 설계하는 것이 중요하다. 이러한 맥락에서 오늘날 디지털 안보의 혁신모델이 종전의 '스핀오프'에서 '스핀온' 모델로 이행하고 있음을 명심할 필요가 있다.

끝으로, 향후 디지털 안보의 창발 과정이 지정학적 임계점을 넘어설 가능성을 인식하고 이에 대비하는 대응책을 마련해야 할 것이다. 무엇보다도 자율무기체계의 도입이 야기할 지정학적 지평의 변화를 정확히 이해해야 한다. 그러나 (고전)지정학적 측면에만 경도되지 말고, 다양한 변수들이 관여하는 복합지정학적 차원을 놓치지 말아야 할 것이다. 특히 최근 디지털 안보를 중심으로 발생하고 있는 동맹 구도의 변화와 국제규범의 형성을 정확히 이해하고 이에 적극 참여하는 외교적 역량을 갖추어야 할 것이다. 더 나아가 디지털 안보 분야의 경쟁으로 인해 결과적으로 기존 국제질서의 전제가 되었던 관념과 정체성 및 윤리마저도 변화할 조짐을 보이고 있음을 알아야 한다(김상배, 2019c).

향후 디지털 안보의 미래전략을 추진함에 있어서 강대국들의 군사·안보 담론과 표준을 그대로 따라가지 않고 한반도의 안보환경에 맞는 담론과 표준을 개발하려는 고민도 필요하다. 사실 4차 산업혁명이나 사이버 안보 분야에서 나름대로의 성과를 거둔 한국의 입장에서 볼 때, 이 글에서 살펴본 디지털 안보 분야는 다른 어느 분야에 비해서 나름대로 승산이 있는 분야라고 할 수 있다. 예전처럼 강대국이 주도하는 안보 패러다임을 수용하는 관행에서 벗어나 온전히 중견국의 입장에서 새로운 안보의 청사진을 그려봐야 한다는 문제 제기에 힘이 실리는 것은 바로 이러한 이유 때문이다.

김상배. 2014. 『아라크네의 국제정치학: 네트워크 세계정치이론의 도전』. 한울엠플러스.

_____. 2015a. 「사이버 안보의 복합지정학: 비대칭 전쟁의 국가전략과 과잉 안보담론의 경계」. ≪국제·지역연구≫, 제24권 3호, 1~40쪽.

_____. 2015b. 「사이버 안보의 미중관계: 안보화 이론의 시각」. ≪한국정치학회보≫, 제49권 1호, 71~97쪽.

_____. 2017. 「사이버 안보 국제규범의 세계정치: 글로벌 질서변환의 프레임 경쟁」. ≪국가전략≫, 제23권 3호, 153~180쪽.

_____. 2018a. 『버추얼 창과 그물망 방패: 사이버 안보의 세계정치와 한국』. 한울엠플러스.

_____. 2018b. 「트럼프 행정부의 사이버 안보 전략: 국가지원 해킹에 대한 복합지정학적 대응」. ≪국제·지역연구≫, 제27권 4호, 1~35쪽.

_____. 2019a. 「미래전의 진화와 국제정치의 변환: 자율무기체계의 복합지정학」. ≪국방연구≫, 제62권 3호, 93~118쪽.

_____. 2019b. 「화웨이 사태와 미중 기술패권 경쟁: 선도부문과 사이버 안보의 복합지정학」. ≪국제·지역연구≫, 제28권 3호, 125~156쪽.

_____. 2019c. 「사이버 안보와 중견국 규범외교: 네 가지 모델의 국제정치학적 성찰」. ≪국제정치논총≫, 제59권 2호, 51~90쪽.

_____. 2020a. 「코로나19와 신흥안보의 복합지정학: 팬데믹의 창발과 세계정치의 변환」. ≪한국정치학회보≫, 제54권 4호, 53~81쪽.

_____. 2020b. 「데이터 안보와 디지털 패권경쟁: 신흥안보와 복합지정학의 시각」. ≪국가전략≫, 제26권 2호, 5~34쪽.

_____. 2020c. 「4차 산업혁명과 첨단 방위산업 경쟁: 신흥권력론으로 본 세계정치의 변환」. ≪국제정치논총≫, 제60권 2호, 87~131쪽.

_____. 2021a. 「우주공간의 복합지정학: 전략·산업·규범의 3차원 경쟁」. 김상배 엮음. 김상배 외 지음. 『우주경쟁의 세계정치: 복합지정학의 시각』. 한울엠플러스. 6~35쪽.

_____. 2021b. 「디지털 플랫폼 경쟁의 국제정치경제: 미중 기술패권 경쟁의 진화」. ≪국제·지역연구≫, 제30권 1호, 41~76쪽.

매일경제 국민보고대회팀. 2019. 『밀리테크4.0: 기술전쟁시대, 첨단 군사과학기술을 통한 경제혁신의 전략』. 매일경제신문사.

송태은. 2019. 「사이버 심리전의 프로퍼갠더 전술과 권위주의 레짐의 샤프파워: 러시아의 심리전과 서구 민주주의의 대응」. ≪국제정치논총≫, 제59권 2호, 161~203쪽.

≪아주경제≫. 2020.1.2. "美 육군, 중국 15초 동영상앱 '틱톡' 사용 금지 … '사이버 위험 우려'".

연합뉴스. 2019.12.11. "'첩보 위성급' 美 글로벌호크 한반도 비행 … 15km 상공서 감시".

_____. 2019.5.25. "中, IT인프라 부품 도입 때 '국가안보위해' 심사 예고 … 美에 맞불".

_____. 2019.6.24. "미국, 중국에서 만든 5G장비 미국 내 사용금지 검토".

유준구. 2016. 「최근 우주안보 국제규범 형성 논의의 현안과 시사점」. ≪IFANS 주요국제문제분석≫.

국립외교원 외교안보연구소.

장원준·정만태·심완섭·김미정·송재필. 2017. 「4차 산업혁명에 대응한 방위산업의 경쟁력 강화 전략」. 한국산업연구원.

주정민. 2019. 「위성항법시스템과 국제협력」. 우주복합공간의 미래전략 1차 간담회. 서울대학교 국제문제연구소.

≪중앙일보≫. 2020.1.6. "전 세계 경악시킨 이란 사령관 '드론 참수' … 이젠 떼로 공격한다".

지상현·콜린 플린트. 2009. 「지정학의 재발견과 비판적 재구성: 비판지정학」. ≪공간과 사회≫, 제31권, 160~199쪽.

≪파이낸셜뉴스≫. 2019.5.17. "화웨이 규제 보복땐 中이 더 타격 … 부품 막히면 퇴출될 수도".

한국항공우주연구원. 2019. 「국내외 우주산업·기술 동향과 정책 대안」. "이제 대한민국도 우주시대를 열자". 김세연 의원실.

Voice of America. 2019.4.9. "미 상원, 인도태평양 사이버 연합체 '클립스' 설립 법안 발의 … '북한 범죄 지속 가능성'".

Castells, Manuel. 2000. *The Rise of the Network Society*. 2nd edition. Oxford: Blackwell.

Gilpin, Robert. 1981. *War and Change in World Politics*. Cambridge: Cambridge University Press.

Hansen, Lene and Helen Nissenbaum. 2009. "Digital Disaster, Cyber Security, and the Copenhagen School." *International Studies Quarterly*, Vol.53, No.4, pp.1155~1175.

Ikenberry, G. John. 2014. "The Illusion of Geopolitics: The Enduring Power of the Liberal Order." *Foreign Affairs*, Vol.93, No.3, pp.80~90.

Kurç, Çağlar and Stephanie G. Neuman. 2017. "Defence Industries in the 21st Century: A Comparative Analysis." *Defence Studies*, Vol.17, No.3, pp.219~227.

Lieber, Keir A. and Daryl G. Press. 2017. "The New Era of Counterforce: Technological Change and the Future of Nuclear Deterrence." *International Security*, Vol.41, No.4, pp.9~49.

Mead, Walter Russell. 2014. "The Return of Geopolitics: The Revenge of the Revisionist Powers." *Foreign Affairs*, Vol.93, No.3, pp.69~79.

Organski, A.F.K. and Jack Kugler. 1980. *The War Ledger*. Chicago: University of Chicago Press.

Walker, Christopher and Jessica Ludwig. 2017. "The Meaning of Sharp Power: How Authoritarian States Project Influence." *Foreign Affairs*, pp.8~25.

Ó Tuathail, Gearóid. 1996. Critical Geopolitics. Minneapolis, MN: University of Minnesota Press.

디지털 안보의 양질전화

2 사이버·전자전/안보의 미중경쟁과 한국

이중구 | 한국국방연구원

1. 서론

'사이버전·전자전 영역에서의 미중경쟁은 어떻게 전개되고 있으며, 우리는 이 영역에서 펼쳐지는 미중경쟁에 어떻게 대응해 가야 할 것인가?' 1990년대 이래 정보통신기술의 군사적 활용이 증대되면서, 사이버전 및 전자전 능력의 중요성에 대한 인식이 확대되어 왔다. 2009년에 창설된 미국의 사이버사령부와 2016년 발족한 중국의 전략지원부대를 볼 때, 이미 사이버전 공격 및 방어, 전자전 공격 및 방어 능력은 주요국 군사력의 한 축으로 자리 잡았다고 할 수 있다. 사이버 영역에서의 군비경쟁은 이미 시작되었다는 평가도 제시되고 있다(Siroli, 2018: 15). 아울러, 전자전은 이미 1940년대부터 태동된 개념이었지만, 전략경쟁 속에서 미국의 군사적 우위를 유지하는 데 있어 그 중요성이 더욱 강조되고 있다. 2021년에는 미 해군의 EA-18G 그라울러growler 전자전기에 차세대 전자전 체계next generation jammer: NGJ가 도입되어 중국, 러시아의 현대화된 방공망을 침투해야 하는 전투기들의 임무를 지원할 것으로 전망되고 있다(연합뉴스, 2016.10.6). 한반도도 미국, 중국 등의 사이버·전자전 발전 노력과 무관하지 않다. 중국과 러시아의 군용기가 동해 상공을 비행하는 이유는 한반도 주변의 전자정보 수집이 목적인 것으로 논의되며, 북한의 미사일 발사를 어렵게 하려는 미국의 '발사의 왼편left of launch' 작전은 전형적인 사이버·전자전 활동인 것이다.

군사적 차원에서 사이버 우세의 중요성에 대한 인식이 자리하면서, 사이버전과 전자전을 상호 보완적인 요소로 연결 짓는 접근 방식도 형성되어 왔다. 사이버 활동은 유무선 통신망을 매개로 하며, 이 가운데 무선통신망은 전자기 스펙트럼electromagnetic spectrum: EMS 영역에 있다. 이 점에서 사이버 우세를 위한 주요한 요소 중 하나가 무선통신망에 대한 보호와 공격이 되기 때문에, 전자기 스펙트럼 작전은 사이버 우세의 유지와 달성에 기여할 수 있는 요소라고 볼 수 있는 것이다. 더욱이 4차 산업혁명과 함께 무선통신의 잠재력과 비중이 확대되고 있기 때문에, 전자전과 사이버전을 연결 짓는 전략적 사고는 더욱 뚜렷해질 것으로 보인다. 그에 따라, 군사적 사고 속에서도 두 영역을 연결 짓는 개념들도 제시되어 왔다(U.S. Army, 2014).

이 글에서는 사이버전/안보와 전자전/안보의 개념을 개관하고, 사이버와 전자기 스펙트럼 공간에서 미국과 중국이 추진 중인 전략과 조직 마련 노력을 살펴본 후, 사이버·전자기 영역에서 미중 전략경쟁이 어떻게 전개될지에 대해 고찰해 보고자 한다. 사이버 영역과 전자전 영역에서 미중이 구축하려는 강점은 향후 전략경쟁의 양상을 전망하는 데 단초가 될 수 있을 것이다.

2. 사이버·전자전/안보의 개념과 영역

사이버전/안보와 전자전/안보는 각각 의미 있는 전투 영역으로서 서로 영향을 주고받을 수 있다는 특징이 있다. 우선 사이버전, 전자전의 개념을 검토하고, 사이버·전자전/안보의 개념을 고찰해 볼 것이다. 사이버·전자전/안보의 영역도 역시 사이버전과 전자전의 영역을 검토한 바탕에서 생각해 볼 수 있다.

1) 사이버·전자전/안보의 개념

우선, 사이버전cyber warfare: CW은 행위자가 사이버 공간에서의 행위를 통해 국가안보 위협에 대응하거나 정치적 이득을 얻는 행위로 정의할 수 있다. 파울로 샤카리안(Shakarian·Shakarian and Ruef 2013: 2)은 사이버전을 "국가안보에 심각한 영향을 미치거나 국가안보에 대한 위협에 대응하여 국가 또는 비국가 행위자가 사이버 공간에서 취한 행동에 의한 정책의 연장"으로 정의했다. 미국 합동참모본부는 "사이버 수단만을 혹은 그 일부를 사용하여 수행되는 무장 분쟁"이라고 규정했다(U.S. Joint Chiefs of Staff, 2010). 이러한 정의는 사이버전의 행위자에는 비국가 행위자가 포함될 수 있으나, 사이버전은 본질적으로 국가 안보상의 목적과 사이버 공간에서의 행동으로 구성된다는 의미일 것이다. 또한 사이버전은 국가의 사이버 체계를 행동의 대상으로 한다. 국내 학계에서도 사이버전은 "한 나라가 의도적으로 다른 나라의 컴퓨터시스템 또는 디지털 기간시설에 대하여 사이버 공격을 가함으로써 정치적 이득을 얻거나 보복을 가하는 행위"로 규정하고 있다(민병원, 2015: 3). 같은 맥락에서 한국 국방부에서도 사이버전을 "사이버 공간에서 일어나는 새로운 전쟁수단으로서 컴퓨터시스템 및 데이터통신망 등을 교란, 마비 및 무력화함으로써 적의 사이버 체계를 파괴하고 아군의 사이버 체계를 보호하는 것"으로 정의하고 있다(엄정호·김남욱·정태명, 2020: 29).

보다 구체적으로, 사이버작전은 공세적 사이버작전offensive cyber operations: OCO, 방어적 사이버작전defensive cyber operations: DCO 그리고 네트워크 작전 혹은 국방부 정보망작전Department of Defense information operations: DODIN으로 구분된다(U.S. Army, 2014: 3-1). 공세적 사이버작전이란 다른 나라의 사이버 공간

을 통해 사이버 전력을 투사하는 것이며, 방어적 사이버작전은 국방부 정보망을 보호하기 위한 임무로 규정된다. 아울러, 네트워크 작전 혹은 국방부 정보망작전은 국방부 정보망을 보장·설정·운용·확장·관리·지속시키고 국방부 정보망의 기밀성·가용성·통합성을 창출하고 보존하기 위한 작전을 의미한다 (Joint Chiefs of Staff, 2018: xi).

한편, 전자전electronic warfare: EW은 전자기파 위협에 대응하거나 그를 통해 군사활동에서 이익을 얻는 것을 의미한다. 일반적으로 전자전은 "전자 스펙트럼에 대한 적 이용의 파악·역이용·방해를 위한 전자 에너지의 사용과 우군의 전자 스펙트럼 이용을 확보하기 위한 수단을 포함하는 군사행동"(장수덕, 2000: 1)으로 정의된다. 참고로, 정보통신기술의 발달과 더불어 사이버전의 개념이 본격적으로 형성되었다면, 전자전의 개념은 레이더와 무선통신이 군사활동에 광범위하게 이용되기 시작하면서 태동되었다. 한국전쟁 시기 조기경보레이더 등이 도입되자 미군은 상대방의 전파 이용을 방해하기 위해 전자대항장치 electronic counter-measures를 도입했던 것으로 알려져 있다. 본격적인 전자전 운용 사례로는 1990년대 걸프전 당시 미군이 이라크의 대공무기체계와 통신시설에 전자공격을 가한 후 이들 시설을 공군전력으로 무력화한 경우가 꼽힌다. 다만, 전자전이 전쟁수행에 본격적으로 도입된 것은 사이버전의 기원과 맞물리는데, 최초로 사이버전이 수행되었던 것으로 알려진 걸프전 당시(김상배, 2018: 118~119), 미국은 체계적인 형태의 전자전을 수행했다. 이라크의 지대공 미사일 기지, 방공체계 등에 전자공격을 실시하고 이러한 시설을 파괴하는 데 전자전기를 투입했던 것이다.

전자전 역시 목적에 따라 전자전 지원electronic support: ES, 전자공격electronic attack: EA, 전자보호electronic protection: EP로 구분될 수 있다. 이 가운데, 전자전 지원은 상대방의 전자공격 위협을 탐지 및 식별하거나 상대측의 군사력 구조와 위치를 탐지하는 것을 목표로 하며, 전자공격은 상대방의 전자무기체계를 교란하거나 파괴하는 것을 추구하는 작전영역을 의미하고, 전자보호는 상대방의 전자공격에 대한 대응책을 통해 아군의 전자무기체계를 보호하는 것을 뜻한다(아다미, 2010: 11).

사이버·전자전/안보는 사이버 공간의 대상에 영향을 미치기 위한 수단으로 전자전 무기에 주목하는 개념이다. 첨단무기의 등장과 네트워크중심전의 등장 하에 사이버 공간에서의 우세는 전쟁의 승패를 결정할 수 있는 요인이 되었고, 이러한 배경에서 전자기 스펙트럼에 대한 이용을 제어하는 전자전은 사이버 공간의 물리적 층위를 통제하는 싸움으로서의 성격도 뚜렷하게 가지게 된 것이다. 미 육군 교범도 전자전이 전자기 스펙트럼을 사용하는 사이버 공간 기능에 영향을 준다는 점으로부터 사이버전과 전자전을 단일하고 통합되며 동기화된 방법론을 통해 다루는 '사이버 공간·전자전Cyberspace and Electronic Warfare' 개념의 필요성을 제기하고 있다(U.S. Army, 2014). 다만, 이러한 사이버·전자전/안보의 개념은 상대방의 사이버 체계에 대한 하드웨어 측면의 전자기 공격만 고려하는 것이 아니라, 아군의 사이버 체계에 대한 전자기파 공격을 방어하는 측면을 동시에 고려한 것이다. 즉, 사이버전과 전자전을 통합적으로 다루어야 한다는 접근에서 사이버·전자전/안보의 개념이 제시되고 있는 것으로 볼 수 있다.

2) 사이버·전자전/안보의 영역

사이버 영역은 "인터넷, 정보통신 네트워크, 컴퓨터시스템과 내장형 프로세서 및 제어장치를 포함하는 정보기술 인프라와 내부의 데이터로 구성된 정보 환경 내의 지구적 영역"을 의미하는 것으로 규정될 수 있다(U.S. Army, 2017: 1~2). 이러한 사이버 공간에 대한 이용 능력은 시스템 내의 논리층만이 아니라 (그러한 기능을 가능하게 하는 하드웨어적 조건인) 물리층에 대한 파괴로도 제한될 수 있기 때문에, 사이버전의 영역에는 물리층에 대한 파괴도 포함될 수 있다 (김상배, 2018: 121).

동시에, 포괄적인 의미에서 사이버 전력은 일반적으로 사이버 무기로 이해되는 소프트웨어 방식의 무기와 더불어 하드웨어 방식의 무기로 구성된다. 소프트웨어 방식의 사이버 무기는 감염 방식에 따라서는 웜worm, 바이러스virus 그리고 트로이 목마trojan 등으로 구분되고, 행위 방식에 따라서는 스파이웨어 spyware, 애드웨어adware, 랜섬웨어ransomware, 루트킷rootkit, 파일리스 악성코드fileless malware 크립토재킹cryptojacking 등으로 분류될 수 있다. 그리고 전자전 무기의 범주와도 일부 겹칠 수 있는 하드웨어 방식의 무기 범주에는 전자기파 폭탄EMP bomb, 전자총HERF(high energy radio frequency) Gun, 전파교란jamming, 칩핑chipping, 나노머신nanomachine, 템피스트TEMPEST 등이 있다(엄정호·김남욱·정태명, 2020: 44~51). 사이버체계에 대한 물리적 파괴 역시 사이버 공격의 하나로 이해되고 있으며, 사이버체계를 물리적으로 파괴하는 하드웨어 방식의 무기가 사용되는 경우는 사이버 위협이 국가 간의 분쟁으로까지 고조된 상황임을 함축한다(김상배, 2018: 122).

특히, 각국은 소프트웨어 영역에서 다양한 사이버 무기를 개발하는 데 주력해 왔다. 대표적인 소프트웨어 무기로는 2010년 이란의 나탄즈Natanz 핵시설 해킹에 사용된 스턱스넷Stuxnet이 있는데, 스턱스넷은 웜이기도 하면서 루트킷으로 분류될 수 있는 프로그램이다. 이 스턱스넷 웜은 발전소와 같은 국가 기반시설 운영에 많이 사용되는 지멘스 산업제어시스템을 공격하는 것으로 알려져 있다. 이 외에도 플레임Flame, 두쿠Duku 등도 잘 알려진 사이버 공격 소프트웨어 무기체계이다(장노순, 2012: 8; 조성렬, 2016: 403). 방어용 소프트웨어 체계로는 이스라엘의 사이버 아이언돔, 중국의 만리방화벽, 그리고 각종 추적 파괴 멀웨어와 독자개발 운영체계 및 라우터 등이 있다.

한편, 전자전의 영역은 현대전에서 전장의 차원이 사이버 공간과 우주 공간으로 확대되면서 함께 확장되고 있다. 기존의 전자전이 지상·해상·공중 무대의 재래식 전투를 지원하기 위한 전자기 관련 활동을 의미했다면, 현재는 사이버·우주 전장까지 포괄하여 전자기 스펙트럼을 관리하는 활동으로 그 임무 영역이 확대되고 있다. 이때, 전자기 스펙트럼은 가능한 주파수의 모든 범위를 포괄하는 개념이다(Joint Chiefs of Staff, 2012b: I-1). 오늘날의 전쟁수행체계에서는, 사이버영역을 포함하여 무선으로 데이터를 주고받는 지상·해상·공중의 재래식 무기와 우주 센서/무기체계까지 전자기 스펙트럼에 의존하고 있다고 할 수 있다.

일반적으로, 전자전 무기는 전자공격과 전자보호, 전자지원 등 작전의 목적에 따라 개발·운용된다. 대표적인 전자공격 기술로는 대방사유도탄[1], 전자기 펄스 폭탄, 전자기 재밍[2], 전자기만을 꼽을 수 있으며, 전자방어 기술로는 주파수 변조, 방사통제, 저피탐低被探, Low Probability of Intercept: LPI 기술을 들 수 있다. 전자전 무기체계의 발전 추세에서 특징적인 것은 전자공격 매체가 지향성 에너지와 전자기 펄스eletromagnetic Pulse: EMP 무기로 확장되고 있다는 점과 더불어(≪사이언스 타임즈≫, 2010.12.3), 첨단무기체계에 대응하는 과정에서 미코닝meaconing, 스푸핑spoofing 등으로 GPS 전파교란 기법이 더욱 발전하고 있는 것이다(황선한, 2018: 19).

사이버전과 전자전 사이에는 서로 겹치는 사이버·전자전의 영역이 존재한다. 전술한 바처럼, 사이버전 영역에서도 전자전 무기체계가 하나의 수단으로 고려되고 있다. 이러한 경향은 앞으로 더욱 확대될 것으로 전망된다. 사이버영역에서 무선통신의 비중이 증가하면서 전자기 스펙트럼을 효율적으로 사용할 필요가 있다는 점이 고려되고 있는 것이다(U.S. Army, 2014: 1~6). 사이버전 영역에서도 전자기 스펙트럼 기술이 사용된 결과, 사이버전 영역이 전자전 영

---

1 대방사유도탄(Anti-radiation Missile)이란, "적 레이더에서 방사되는 전파신호를 탐지하고, 해당 레이더를 추적하여 파괴하기 위한" 미사일을 의미한다. 이를 사용하여 적의 레이더 사용을 무력화함으로써 감시 및 방공체계를 와해시킬 수 있다(김문조·유석봉, 2019: 106).

2 전자기 재밍(electronic jamming)이란, "수신자의 전자파 수신을 저하 또는 방해하기 위하여 고의적으로 전자파를 방사 또는 재방사하여 적 장비에 원하지 않는 전자신호의 수신을 강요하는 활동"을 의미한다(김문조·유석봉, 2019: 106).

그림 2-1 사이버전-전자전-신호정보 간 기능적 측면의 중첩 영역

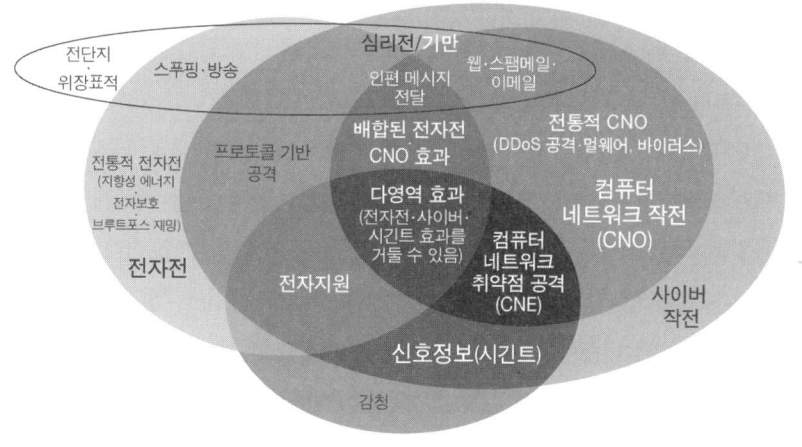

자료: Porche III et al.(2013: 51).

그림 2-2 사이버전-전자전-신호정보 간 기술적 측면의 중첩 영역

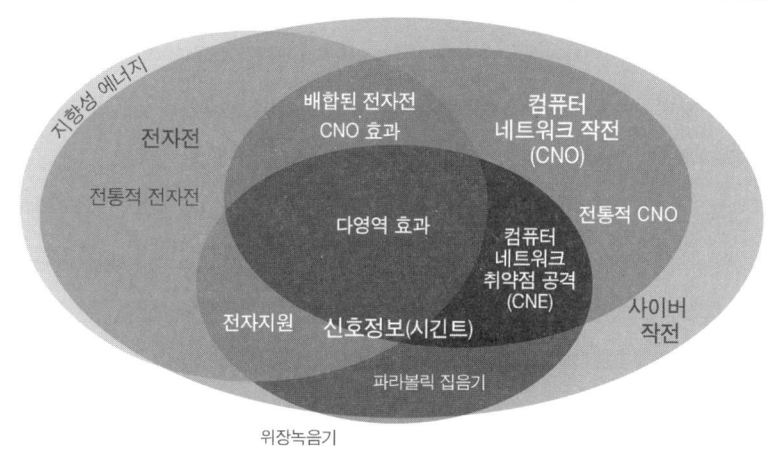

자료: Porche III et al.(2013: 53).

역을 대체적으로 포괄하는 성격을 갖게 될 것이라고 예측할 수 있다. 일부에서는 기능적 측면에서 사이버전 영역이 전자전 영역의 약 60%를, 기술적 측면에서 사이버전 영역이 전자전 영역의 거의 모든 부분을 포함한다고 평가한다(그림 2-1, 그림 2-2 참조). 기능적 측면에서 지향성 에너지directed energy와 브루트포스 재밍brute-force jamming 기능 등 전통 전자전 영역을 제외하고는 전자전과 사이버전 영역이 겹쳐 있고, 기술적 측면에서는 지향성 에너지를 제외하고는 전자전의 나머지 모든 영역이 사이버전의 영역과 중첩된다는 뜻이다.

물론, 사이버전과 전자전의 영역 간에는 차이점도 존재하지만, 둘은 서로를 지원해 줄 수 있는 관계에 있다. 사이버전은 전시뿐만 아니라 평시에도 발생할 수 있는 것으로 컴퓨터와 서버를 표적으로 하지만, 전자전은 군사적 활동과 관련하여 수행되면서 레이더나 그와 관련된 통신시설 및 데이터 링크에 대해 수행된다. 그와 동시에, 사이버작전의 대상인 유무선 통신체계는 전자전 수단에 취약하기 때문에, 공세적·방어적 사이버작전에 전자전 수단이 동원될 수도 있다(Hoehn, 2019: 3~4).

또한 4차 산업혁명은 사이버전과 전자전이 하나의 작전으로 수렴되는 변화를 촉진할 것이다. 기술의 발달로 네트워크 자산이 전자전 자산이 되어가고, 전자전 장비가 동시에 네트워크 자산일 수 있게 되기 때문이다. 무선 네트워크에 무인무기체계들이 연결되어 있기 때문에, 전자기파로 악성코드나 거짓 표적 정보를 전송하여 이들 무기체계의 오작동을 일으키는 방안도 탐색되어 왔다. 실제로도 현대적인 무기체계에 대한 대응에 사이버·전자전이 활용되고 있다. 2011년 12월에는 이란이 사이버·전자전 장치로 미국 측 RQ-170 무인기를 해킹하여 착륙시킨 사건도 발생했다. 2017년 북한에 대한 미국의 '발사의 왼편left of launch'도 사이버·전자전 수행의 예이다(생어, 2019: 405~440). 이러한 흐름은 미 육군의 '사이버 전자기 활동cyber electromagnetic activities: CEMA' 개념, 호주 국방부의 '사이버-전자전 연속체Cyber-EW Continuum' 개념을 통해서도 드러나고 있다(Defence Science and Technology Group, 2014: 26).

3. 미국의 사이버·전자전/안보 전략과 조직 체계

1) 사이버·전자전/안보 전략

　탈냉전 이래 미국은 사이버전략을 사이버 방어의 필요성에 주목하여 발전시켜 왔다. 1991년 걸프전 직후부터 사이버 공간 방호의 전략적 필요성에 주목하여 관련 연구를 개시했고, 9·11 테러 이후에도 국가 기반시설 보호의 중요성을 인식했다(신규용 외, 2016: 136). 부시 행정부 시기부터 국토안보부의 사이버안보 관련 책임을 강조하는 「사이버안보국가전략The National Strategy to secure Cyberspace」를 발간했던 것이다(이강규, 2011: 4). 이뿐만 아니라 부시 행정부 말기에는 국가안보 차원의 사이버안보 문제에 대한 대응책을 제시한 「국가 사이버안보 종합계획Comprehensive National Cybersecurity Initiative」을 발표했고(김상배, 2018: 145~153), 2008년 악성코드에 의한 시스템 교란 사고를 겪으면서 미국은 오바마 행정부 시기에 걸쳐서도 사이버사령부 설치 등 사이버위협에 대한 대응을 강화해 갔다(김상배, 2017: 140). 특히, 오바마 행정부 시기 미국은 사이버안보 전략 수립에 적극적인 태도를 보였고, 2009년 「사이버 정책 검토보고서Cyberspace Policy Review: Assuring a Trusted and Resilient Information and Communication Infrastructure」, 2011년 5월 「사이버 공간에 대한 국제전략International Strategy For Cyberspace」, 2011년 7월 「사이버 공간에서의 국방부 작전 전략Department of Defense Strategy for Operating in Cyberspace」을 각각 공개했다(이강규, 2011: 4). 이후 미국은 사이버안보 전략을 공세화해 갔고, 이러한 변화는 2015년 「국방부 사이버 전략The DOD Cyber Strategy」에 반영되었다.

　앞서 트럼프 행정부에서도 안보환경이 급속한 기술적 변화와 전쟁의 변화하는 성격에 영향받고 있다는 점에 주목하면서 사이버 공간에 대한 위협에 대응해야 할 필요성을 강조했다. 2017년 12월에 발표된 「국가안보전략National Security Strategy」은 사이버 공간이 국가 및 비국가적 행위자들이 미국의 정치·

경제·안보 이익에 반하는 캠페인을 벌일 수 있는 상황이 되었다고 경고하면서, 사이버·물리·전자 공격에 대한 미국의 핵심 인프라의 취약성은 적대국이 미국의 군사 지휘통제에 위협을 가하고, 금융과 재정 활동 및 전력·통신망에 장애를 야기할 수 있음을 의미한다고 설명했다(The White House, 2017: 12). 이에 따라 미국 정부는 데이터를 보호하는 데 있어 개선된 태세를 갖추어야 한다면서, 핵심 부문3에 대한 위협 평가, 방어 가능한 정부 네트워크의 구축, 적대적 사이버 행위자에 대한 억제 및 차단, 정보 공유와 감지능력의 개선, 중층적 방어의 배치 등을 추구할 것임을 밝혔다(The White House, 2017: 13). 특히, 미국의 2018년 「국가국방전략National Defense Strategy」은 공중·육상·해상·우주 및 사이버 공간과 같은 모든 영역에서 경쟁 구도가 나타나고 있음을 언급하는 동시에(The Department of Defense, 2018: 3), 급속한 기술적 진전과 (그에 따른) 전쟁 양상의 변화에도 안보환경이 영향받고 있다고 지적했다. 더욱 많은 나라들이 고등 컴퓨팅, 빅데이터 분석, 인공지능, 자율무기체계, 로봇, 지향성 에너지, 극초음속 비행체, 생명공학biotechnology과 같은 새로운 기술의 개발을 추구하고 있는 것이 미국 안보환경에도 변화를 가져오고 있다는 의미이다. 그리고 이러한 새로운 환경에 대처하기 위한 전력 현대화 방향의 하나로 사이버 방어 및 복구, 군사작전 전반과 사이버 역량의 통합에 대한 투자를 언급했다(The Department of Defense, 2018: 6).

사이버전과 전자전을 통합적으로 바라보는 군사적 사고는 2012년 이후에 구체화되어 왔다. 2011년 국방부 차원의 사이버작전 전략이 제시된 다음에 사이버·전자전의 개념도 다듬어져 온 것이다. 2012년 미 합동전자전 규범JP 3-13.1은 컴퓨터 네트워크 작전과 전자전 간의 상호 보완적인 성격과 잠재적인 시너지 효과를 고려할 때, 두 영역의 작전이 조율되어 진행되어야 함을 강조했다.

---

3   국가안보, 에너지, 전력, 은행, 재정, 보건·안전, 통신, 수송 분야 등이 이에 속한다.

전자전 활동은 사이버 공간의 인프라와 국방부 정보 네트워크에 미칠 수 있는 영향까지 기본적으로 고려해야 한다고 지적하면서, 합동군 사령부의 전자전 담당자Joint Force Commander's EW Staff: JCEW나 전자전 조직Electronic Warfare Cell: EWC으로부터 전투지휘부, 사이버사령부에까지 순차적으로 조율과 지도가 이루어져야 한다는 점을 제시했다. 또한, 전자전 차원에서 국방 네트워크의 보호도 제공해야 한다는 점도 요구했다. 이뿐만 아니라 2012년 합동 전자전 스펙트럼 관리 작전JP 6-01에서도 전자기 작전 환경에는 지상·공중·해상·우주의 물리적 요소만이 아니라 사이버 공간과 같은 정보환경도 포함된다는 점을 명시했다. 나아가, 미 육군은 2014년에 사이버·전자전 관련 야전 교범FM-3-38을 미군 최초로 발간했다. 여기서 사이버작전과 전자전, 스펙트럼 관리 작전을 통합한 '사이버전자기 활동'이라는 새로운 개념을 제시하고, 이를 "사이버 공간과 전자기 스펙트럼 모두에서 적에 대한 우위를 장악·유지·활용하고, 적이 그렇게 하는 것을 거부하고 약화시키며, 아군의 지휘체계를 보호"하는 것으로 규정했다.

한편, 미국은 다양한 사이버 무기를 보유·운용하고 있으나, 주로 알려진 것은 사이버 공격 등에 사용되는 수단들이다. 스틱스넷Stuxnet은 가장 널리 알려진 사이버 무기로, 독일의 전기전자 기업인 지멘스가 만든 제어시스템을 감염시킴으로써 국가 기반시설의 운영을 마비시키거나 오작동을 유발하는 웜 바이러스이다. 이란의 나탄즈Natanz 핵시설에 대한 사이버 공격에 사용되었다. 또한 플레임Flame 역시 미국과 이스라엘이 함께 개발한 것으로 알려진 정교한 스파이웨어로서, 윈도우 업데이트 방식으로 정보를 빼내는 역할을 수행한다. 그리고 에드워드 스노든의 폭로로 그 실체가 논란이 되었던 에셜론Echelon은 국가안보국NSA이 중심이 되어 운용하는 것으로 알려져 있는데, 통신 내용을 광범위하게 감청할 수 있는 사이버 감시정찰체계이다. 나아가 미국은 2012년 5월 발표한 코드명 '플랜-X' 프로젝트를 통해서 재래식 전투를 지원하기 위한 사이버 무기 개발을 진행했다. 이를 통해, 전투기의 작전을 지원하기 위해 상대방의 통신망과 레이더를 방해하는 등의 사이버 무기체계를 개발하고, 사이버전에 대비하기 위해 사이버 지도를 제작하고자 하는 것이다(연합뉴스, 2012.5.31).

동시에, 미국은 전자전 지원과 전자공격 차원에서 전자전기 등을 운용하고 있다. 전자전 공격체계 가운데 가장 대표적인 것으로는 보잉의 EA-18G 그라울러Growler가 있다. EA-18G는 항공모함 탑재기로도 활용될 수 있으며, 상대방의 레이더를 탐지하고 전파방해jamming하는 것을 주된 임무로 한다. EA-18G는 AN/ALQ-99 전자전 교란장치jammer와 ALQ-218 윙팁 레이더를 장착하고 있는데, 이는 향후 개발될 차세대 재머로 대체될 전망이다. 또한 전자공격에 관여하는 무기체계로 원격지원 전자교란기인 EC-130H 컴퍼스 콜Compass Call도 꼽을 수 있다. 상대방의 지휘통제 통신을 방해함으로써 지상·해상·공중의 작전을 지원한다. 미국은 이를 대체하기 위한 EC-37B 컴퍼스 콜Compass Call 전자전기도 개발 중인 것으로 알려졌다. 이 외에도 잘 알려진 F-35 합동타격기 역시 전자전 역량AN/ASQ-239을 내장하고 있으며(Hoehn, 2019: 4~17), 무장감시 무인기인 MQ-1C 그레이 이글Grey Eagle과 MQ-9 리퍼에도 각각 2013년과 2017년에 전자전 능력이 추가되었다. 또한 대瓩레이더 미사일인 AGM-88 제압유도탄 등도 전자공격 무기에 해당한다. 덧붙여, 전자전 지원 무기체계로는 대표적으로 RC-135V/W 리벳 조인트Rivet Joint 전자정찰기 등이 있다.

2) 사이버·전자전/안보 조직 체계

미국은 앞서 오바마 행정부에서 백악관에 사이버안보 관련 보좌관직을 신설한 데 이어, 2010년 5월 전략사령부 예하에 사이버사령부도 창설했다. 사이버사령부 사령관으로는 4성 장군이 임명되었고, 사이버사령부의 규모도 IT 및 전자전 전문 인력 5000명을 포함해 총 4만 명에 이르렀다(김상배, 2017: 151). 사이버사령부는 사이버 공간에 대한 일상적 방어체계 구축·지원·관리를 맡고,

그림 2-3 미군 사이버사령부 조직 체계

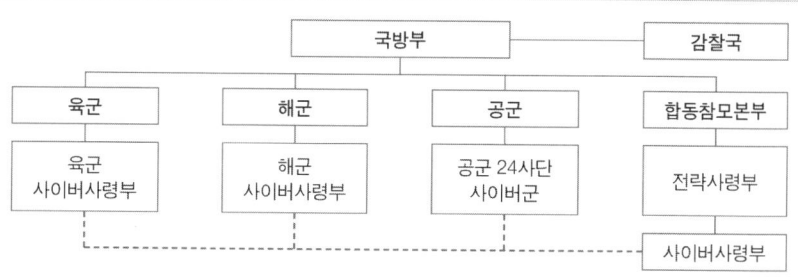

자료: 한국인터넷진흥원(2014) 참조.

육군 사이버사령부, 제24공군, 함대 사이버사령부, 해병대 사이버사령부로 구성되어 미군 전체에 걸친 사이버전 자원을 단일 지휘계통으로 관리하며, 대내외 협조체계를 구성하고 있다(김상배, 2017: 151~152). 나아가 사이버사령부는 2017년 8월 통합전투사령부로의 격상이 승인되었고(김상배, 2018: 154), 그에 따라 2018년 5월 전략사령부에서 독립하여 독자적인 지휘체계도 갖추게 되었다(차정미, 2019: 51).

　사이버전 전력과 전구의 전자전 무기가 서로를 지원하며 운용되는, 사이버·전자전 수행을 위한 미국의 부대 구조는 사이버사령부보다는 각 군 차원에서 발전되고 있는 것으로 보인다. 앞서 사이버전자기 활동CEMA 개념을 제시한 미 육군은 사이버작전과 전자전을 통합하기 위하여 5개 조치를 고안했다고 알려졌다. 첫째, 여단에서 구성군까지 CEMA 조직을 신설하여 사이버전과 전자전 작전을 계획·동기화·통합하게 하고 전자기 스펙트럼도 관리하게 한다는 것이다. 둘째, 군사정보 중대 내에 전자전 소대를 새로이 설치하여 육군의 감시능력을 강화한다는 구상이다. 셋째, 전자전 중대를 원정 군사정보여단 내에 창설함으로써 정찰대항 임무counter reconnaissance mission를 수행하게 할 것이다. 넷째, 신설 다영역intelligence, cyber, electronic warfare, space: ICEWS 파견대를 포트 루이스Fort Lewis의 다영역 임무부대에 설치함으로써 다영역 작전의 추진 방향을 파악하고, 마지막으로 육군 사이버사령부 내에 새로운 사이버전 지원대대를 창설할 계획이다(c4isrnet, 2018.9.5). 실제로 이 구상들 가운데 넷째로 언급된 신설 다영역 부대 설치 방침에 따라, 2019년 초 I2CEWS Intelligence, Information, Cyber, Electronic Warfare and Space 대대(제915 사이버전 지원대대)가 루이스맥코드 합동기지Joint Base Lewis-McChord에 창설됨으로써(Armytimes, 2019.3.27) 사이버·전자전 수행을 위한 육군의 조직 구상이 현재 이행 중이라는 점을 보여주었다.

4. 중국의 사이버·전자전/안보 전략과 조직 체계

1) 사이버·전자전/안보 전략과 능력

중국의 군사교리는 개혁개방 이후 인민전쟁에서 국지 제한전쟁으로, 걸프전 이래 군사기술의 발달을 감안한 변화를 보여왔다. 1980년대 초 중국의 전통적인 인민전쟁 교리는 '현대적 조건하 인민전쟁'으로 변화했으며, 1985년에서 1991년 사이에는 국지 제한전쟁 교리로, 1990년대 중반에는 고기술 제한전쟁(고기술 조건하의 유한 국부전쟁전략)으로 변천해 갔던 것이다(Gurtov and Hwang, 1998: 제4장). 특히 1990년대 중반 중국의 교리 변화에서는 걸프전의 영향에 따라 현대전의 주요 환경은 하이테크 기술의 도입이라는 점이 강조되었는데, 걸프전을 목도한 장쩌민江澤民은 걸프전에서 보여진 미국 측의 전자기술 및 정밀폭격에 유의하고, 첨단기술 조건하 국부전쟁을 준비할 것을 지시했다(성인모, 2014: 42). 이후 미국이 주도하는 테러와의 전쟁을 전후하여 중국은 정보 및 첨단기술의 영향에 유의하면서 미래전의 주요 양상은 정보전이 될 것이라고 판단했고, 중국 지도자들이 정보전 수행을 위한 군사혁신을 요구함에 따라 '정보화 조건하 국부전쟁전략'이 발전되었다(성인모, 2014: 43). 2004년 『국방백서』에 명시되었던 이 전략은 첨단무기로 해군과 공군을 강화하고 적극적 방어를 수행한다는 것이었는데, 정보화 전쟁의 핵심 요소로는 적대국의 정보체계를 파괴하고 아군의 정보체계를 보호하는 것이 꼽혔다(이창형, 2021: 70). 이에 따라 인민해방군은 2010년 『국방백서』를 통해 2020년까지의 목표로 기계화의 기본적 실현 및 정보화의 중대한 발전을 제시했었다(Information Office of the State Council, 2011).

이후에도 중국은 정보화informationization의 개념 속에서 사이버전장의 중요성을 강조해 갔다. 2015년의 중국 『국방백서』는 군사혁신이 새로운 단계로 접어들고 있다고 지적하면서, 무기체계의 장거리화, 정밀화, 지능화, 스텔스화 등이 추진되는 동시에 우주와 사이버 전장이 전략경쟁의 핵심적 고지가 되고 있다고 설명했다. 이로부터 강조된 것은 전쟁의 형태가 "정보화로의 진화를 가속"하고 있다는 점이었다(The Information Office of the State Council, 2015). 2019년 중국 『국방백서』 역시 인민해방군이 중국 특색의 군사혁신을 추진해 왔지만, 기계화를 아직 달성하지 못한 상태에서 정보화를 개선해야 할 긴급한 임무를 지니고 있다고 언급했다(The State Council Information office of the People's Republic of China, 2019). 이러한 인식은 중국이 정보화전에 필요한 군사혁신을 장기적으로 추진하는 토대가 되고 있다. 시진핑 시기에는 중국이 대비하는 전쟁이 '정보화 국지전'에서 '정보화 전쟁'으로 이동했기 때문에, 특정 지역에 국한하기 어려운 정보화된 전쟁을 수행하기 위한 다양한 작전 방법도 고민되었다. 그 연장선에서 2019년 중국 『국방백서』는 정보화 전쟁에 대한 논의를 심화시켜 '지능화 전쟁' 개념을 제시했다(이창형, 2021: 73~75).

중국은 2000년대 이래 망전일체전integrated network electronic warfare: INEW, 网电一体의 개념과 같은, 네트워크4 전력과 전자전 전력을 통합적으로 운용하는 방안을 발전시켜 온 것으로 보여진다(Costello and McReynolds, 2018: 7). 물론

---

4   중국에서는 '사이버'라는 표현 대신 '네트워크(網絡)'라는 표현을 사용한다. 김태호(2018.2.26) 참조.

중국은 1980년대 중반에도 '점혈전략'의 일환으로 사이버전에 주목했었으나, 망전일체전 개념 등장 이후 본격적으로 사이버전과 전자전을 공격과 방어 양 측면에서 결합시켜 갔던 것이다(조성렬, 2016: 406~407). 중국의 망전일체전은 상대방의 데이터 수신과 처리 능력을 파괴·방해하는 것을 주요한 목표로 하며 (Sharma 2010, 36), 분쟁 초기 단계에 상대방의 정보체계에 대해 사이버전 수단 과 전자전 무기를 결합하여 사용하는 것을 특징으로 한다고 알려져 있다. 중국 은 기본적으로 정보화 조건하 유한 국부전쟁 교리에 따라서 지상·해상·공중· 전자기 영역에서 동시에 조율된 작전을 수행하는 것을 목표로 하고, 그를 위해 전자기 등 새로운 영역에서 작전 수행 능력을 갖추는 데 초점을 두어왔다 (Sharma 2010, 38). 중국의 망전일체전 개념은 사이버작전, 전자전, 우주 통제 및 물리적 타격을 통해 상대방의 C4ISRcommand, control, communications, computers, intelligence, surveillance and reconnaissance 체계에 사각지대를 창출하여 승리의 기 회를 만들어내겠다는 것으로 이해되며, 특히 분쟁 초기에 이러한 망전일체전 을 수행함으로써 네트워크 능력에 기반한 상대방의 군사력을 마비시키고 군사 활동의 목적을 달성하는 데 초점을 두려는 것으로 추정된다.

중국의 망전일체전은 사이버 전력과 전자전 전력만이 아니라 대우주 전력 과 장거리 타격 능력을 동시에 운용해야 한다는 점을 강조한다. 망전일체전에 대한 사고는 소위 중국의 '네트워크 스워밍 전쟁network swarming warfare' 논의 에도 반영되어 있다. 중국은 이를 통해 소규모 및 다기능 작전 부대, 전자전, 대우주전, 사이버부대, 장거리 정밀타격 수단을 동시 운용해야 한다는 사고를 드러내고 있다. 또한 중국은 정보우세를 달성하기 위해서 우주 기반 정보자산 을 1차 장악 대상으로 상정하고, 우주 기반 정보자산의 영역을 통제해야 한다 고 간주한다. 우주 우세가 합동작전의 수행과 전장에서의 주도권 유지에 필수적 이라고 강조하는 것이다. 이를 위해 우주 공간의 위성만이 아니라 지상의 발사 대, 원격측정telemetry 기지 등 관련 시설도 공격 및 방어 대상으로 상정하고 있 다(Raska, 2017 참조).

아울러, 중국의 사이버능력은 2000년대 중반 이래 국제적 관심의 대상이 되어왔다. 중국발 사이버 정찰활동 혹은 사이버 첩보활동은 제로데이 취약성 zero-day vulnerabilities[5]에 대한 공격에 초점을 두어왔는데, 미국 국방부는 2013년 이러한 중국발 사이버 해킹에 중국 정부가 관여하고 있다고 판단하고 그러한 입장을 발표한 바 있다(≪서울신문≫, 2013.5.7). 특히, 체제수호의 차원에서, 중국 정부는 정보안보information security의 중요성을 강조하고, 자국의 사이버 공간에 해외의 정보가 자유롭게 유포되어 자국의 체제가 위협받게 될 가능성을 막기 위해 인터넷 검열 프로그램Great Firewall of China을 운영 중이다(김상배, 2017: 199~200). 한편, 공격의 차원에서, 중국의 사이버 공격 프로그램에 해당하는 '만리대포Great Cannon'는 해당 IP 주소의 트래픽을 가로채 내용을 변경시키는 중간자 공격을 취하는 프로그램으로 알려져 있다. 2015년 공개 개발자 소프트웨어 커뮤니티인 깃허브GitHub에 대한 대규모 디도스 공격도 만리대포에 의해 이루어진 것으로 알려져 있다(≪전자신문≫, 2015.4.14). 최근에는 홍콩의 시위대가 자주 방문하는 온라인 포럼인 'LIHKG'를 공격하기 위해 재가동된 것으로 관측된다(Winder, 2019 참조).

또한, 중국은 2009년경에 미국의 우주 기반 C4ISR과 항법체계를 거부하거나 방해할 수 있는 전자전 체계도 배치한 것으로 알려져 있다(Costello and McReynolds, 2018: 8). 중국이 이미 배치하고 있는 전자전기나 전자전 장치도 있으나, 주목해야 할 점은 전자전 능력을 기술적으로 계속 신장시키고 있다는 점이다. 중국의 전자전기인 J-16D는 미국의 대표적인 전자전기 기종인 EA-18G 그라울러에 비교되기도 하며, 구체적인 정보는 공개되어 있지 않으나 전파교란이나 대레이더 공격을 수행할 수 있다고 전해진다. 또한, 중국은 Y-9 수송기의 기체를 개조한 신형 전자전기인 GX-11도 개발하고 있다(*The National Interest*,

---

5 보안 취약점이 발견되었으나, 아직 해당 취약점에 대한 패치가 나오지 않은 시점에서의 취약점을 의미한다.

2019.10.29). 이는 조기경보와 정찰, 대잠작전에 투입될 수 있고, 기존의 구형 전자전기인 GX-4를 대체할 것으로 추정된다(Defense World.net. 2019. 3.11). 이 외에도 중국이 2015년 9월 열병식에서 공개한 바 있는 CH-5 무인기 역시 전자전 장비를 탑재해 전자정보 수집 및 전파방해 기능을 수행할 수 있는 것으로 평가된다(≪아주경제≫, 2017.7.6).

2) 사이버·전자전/안보 조직 체계

중국이 2015년 12월 31일 창설한 전략지원부대Strategic Support Force, 中国人民解放军战略支援部队，는 분산되어 있던 사이버전, 전자전, 우주전, 심리전 전력의 조직 체계를 통합하여 만들어진 조직이다. 중국은 이전부터 사이버전 등에 관심을 보였고, 1997년 인민해방군 아래에 해커 관련 조직을 창설했으며, 전문적인 교육과 훈련을 통해 100만 명 이상의 유관 인력을 양성한 것으로 알려져 있다(나영주, 2009: 64). 아울러, 중국은 총참모부 3부와 4부가 전자전과 사이버전 수행을 담당하도록 했다. 총참모부 3부를 통해서는 방어적 사이버작전과 신호정보 수집 및 분석을 수행하도록 하고, 최소 1999년부터 총참모부 4부가 공세적 사이버작전과 전자전을 수행하도록 임무를 배분했던 것이다(Sharma, 2010: 39). 이후 중국은 2009년 미국 국방장관이 사이버사령부의 창설을 지시하자 그에 상응하는 조직개편을 모색했다. 그에 따라 2010년대 초반 중국 측 전문가들은 중국이 정보화 전쟁의 관련 요소인 네트워크전, 전자전, 심리전 전력을 개념적이고 조직적인 측면에서 통합할 필요가 있다고 강조했고(Costello and McReynolds, 2018: 8), 2015년 12월 31일에는 사이버전·우주전·전자전의 3대 부문으로 구성된 전략지원부대가 창설되었다. 전략지원부대의 창설로 중국은 기능과 투자의 중복을 없애고 사이버·전자·우주 전력의 합동작전 능력을 강화할 수 있을 것으로 기대하고 있다. 기존에는 각 단위가 각자의 전투지원부대를 갖춰 기능과 투자의 중복이 초래되었다는 인식하에, 전략지원부대 창설이 기존 체제의 비효율성을 해소하고 관련 요소 간의 통합을 심화하며 합동작전 능력을 강화할 수 있을 것으로 보고 있는 것이다(최현호, 2016: 42).

참고로, 중국의 전략지원부대 창설과 관련해서는, 중국이 미국의 전략사령부 United States Strategic Command: USSTRATCOM를 본떠서 전략지원부대를 창설한 것이라는 주장도 있다. 미국의 전략사령부 역시 우주·사이버·전자 전략 및 전략적 전자전·전략 정보 지원 임무에 대한 포괄적 책임을 지니고 있기 때문에, 전략지원부대가 미국의 전략사령부와 유사하다는 주장이다(Costello and McReynolds, 2018: 9). 하지만, 중국 전략지원부대와 미국 전략사령부 간의 차이점도 간과할 수 없다. 전략지원부대는 전략사령부와 달리, 통합 군사령부가 아니라 하나의 군종이다. 나아가, 핵무기 사용과 직접 관련된 임무를 수행하지는 않는다. 그리고 전략지원부대의 사이버영역 접근 방식도 정보화 전쟁에 대한 통합적인 시각을 더욱 전향적으로 반영하고 있다. 사이버전과 전자전 관련 임무를 하나의 부서가 다루도록 했기 때문이다. 이 점에서, 중국 전략지원부대의 사이버전 관련 접근 방식은 미국 사이버사령부의 시각보다 광범위하고 포괄적인 것으로 이해된다(Kania and Costello, 2018: 108).

특히 중국의 사이버·전자전 임무는 전략지원부대의 네트워크계통부Network Systems Department, 网络系统部 아래로 통합되었다. 전략지원부대는 참모부, 정치공작부, 후근부, 장비부를 제외하고 임무 관련 조직으로 항천계통부, 네트워크계통부를 설치하고 있는데, 이 가운데 항천계통부는 우주 영역 관련 임무를 수행하며, 네트워크계통부가 사이버·전자전·심리전 임무를 담당하는 조직이다. 이 네트워크계통부는 기존의 총참모부 3부와 4부가 통합된 조직으로 여겨지고 있다. 총참모부 3부의 기술적 정찰과 사이버 첩보활동 임무와, 총참모부 4부의 전자전 여단이 네트워크계통부로 통합되었다는 것이다. 아울러, 사이버 및 전자전 역량 강화에 필요한 연구기관들인 54연구소 및 56·57·58연구소도 네트워크계통부로 이전된 것으로 알려져 있다(Kania and Costello, 2018: 111).[6] 이러한 조직개편은 정찰·공격·방어 등 임무의 유형과 상관없이 전투수행 영역을

그림 2-4 전략지원부대의 임무 관련 조직 체계(추정)

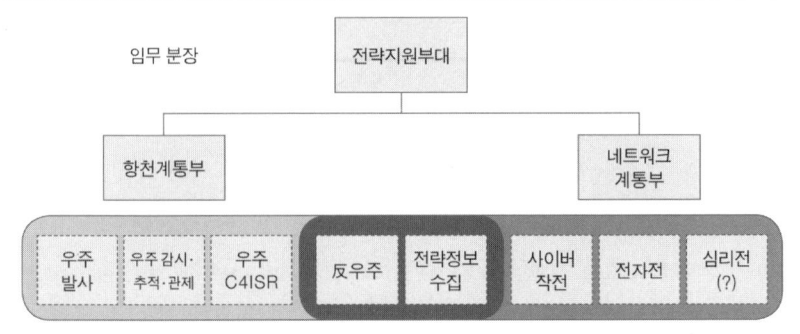

자료: Costello and McReynolds(2018: 11).

중심으로 한 재조직화를 도모한 결과로 이해되고 있기 때문에, 중국 전략지원부대의 네트워크계통부는 중국이 사이버와 전자기 영역을 서로 떼어내기 어려운 하나의 전투수행 영역으로 바라보고 있음을 이해할 수 있게 해준다(Kania and Costello, 2018: 109).

동시에, 중국의 정보화 작전 전력은 전략지원부대에만 집중되어 있는 것이 아니라, 국가기구 및 군대 내의 전구에까지 복합적·다층적으로 나뉘어 있다. 중국 인민해방군의 각 전구와 전구 휘하의 육·해·공군도 각자의 사이버 혹은 네트워크·전자 작전 역량을 갖추고 있으며, 사이버 방어 임무에는 총참모부와 중국 사이버공간청도 일익을 담당한다. 또한 기존에 전자전 대항과 레이더 관련 임무를 맡았던 총참모부 4부가 전부 전략지원부대로 이전되지 않고, 4부의 본부조직이 총참모부 산하에 네트워크·전자국으로 남아 있다. 이에 따라, 전략지원부대의 창설 이후에도 다양한 수준의 사이버작전 및 전자전 전력이 나

---

6 이뿐만 아니라, 네트워크계통부의 담당 영역에는 과거 총정치국이 수행하던 '삼전(三战: 心理战, 舆论战, 法律战)' 임무 가운데 작전 수준의 임무도 포함된 것으로 논의되고 있다(김태호, 2018.2.26). 삼전 관련 전략적인 사안은 군사위원회 정치공작부에서 지도된다.

뉘어 있으며, 본격적인 사이버·전자전 수행을 위해서는 여러 사이버·전자전 자산의 운용을 조율하는 메커니즘이 마련될 필요가 있다. 그러나 아직 그에 필요한 기능적 메커니즘은 마련되지 않은 것으로 관측된다(Kania and Costello, 2018: 112~113).

5. 사이버·전자전/안보 영역의 미중경쟁 전망

미국과 중국의 사이버 역량에 대한 평가와 관련된 의견 차들에도 불구하고, 전반적으로 기반능력과 방어능력은 미국이 우위에 있고, 사이버 공격능력은 중국이 우세한 것으로 평가할 수 있다(표 2-1 참조). 흥미로운 것은 2010년대 초중반부터 미국이 사이버 공격에 대한 관심과 투자를 확대하고 있다는 것이다. 이는 다른 나라의 공격능력이 증대되고 있기 때문에 사이버 방어 역량만이 아니라 사이버 공격능력을 정교화하여 타국의 대규모 사이버 공격을 억지하려는 노력으로 이해된다. 향후에는 무선 네트워크로 사이버 공간의 기반이 더욱 더 확장될 것이라는 관점에서, 사이버·전자전의 활용이 공격과 방어 양 측면에서 중요해질 것이다. 이러한 배경에서, 사이버전과 전자전의 통합을 모색함에 있어 미국과 중국이 보이고 있는 강점과 취약점을 살펴보고, 미중경쟁의 향후 전망을 생각해 볼 필요가 있다.

표 2-1 미중의 사이버전 역량 평가

구분	사이버 기반능력	사이버 공격능력	사이버 방어능력	종합 점수
미국	4.96	3.87	4.73	4.51
중국	3.35	3.93	3.42	3.62

자료: 박찬수·박용석(2015: 1256).
　　http://oak.go.kr/central/journallist/journaldetail.do?article_seq=17413 참조.

1) 미국의 강점과 취약점

미국의 사이버·전자전 준비는 작전 차원에 강점을 지니고 있다고 생각해 볼 수 있다. 특히, 미 육군은 '사이버전자기 활동CEMA' 개념 등을 통해 작전적 수준에서 다영역의 공격 및 방어 조치들을 조율하는 메커니즘을 개발하기 위한 노력을 보여주고 있다. 이뿐만 아니라 미 공군도 다영역 지휘통제multi-domain command and control의 개념을 발전시키고 있다(Zadalis, 2018: 10~15). 또한 (육군 차원에서 우선 드러난 것이지만) 미군은 각 부대들이 사이버 및 전자기파의 정보 환경이 중요한 다영역작전 환경에서 작전임무를 수행할 수 있도록 부대의 구조와 시스템도 변화시키려는 노력을 보여주고 있다(주정율, 2020: 17).

다만, 미국의 취약점은 사이버·전자전을 위한 군사전략 프레임과 컨트롤타워가 부재하다는 것이다. 물론, 미 육군은 사이버전 전력과 전자전 전력을 통해 재래식 군사활동의 효과를 배가시키는 다영역 전투 개념을 제시했으나, 육군의 이해관계를 반영하듯 무력분쟁의 핵심적인 단계에서 타 영역 작전보다 육군 포병의 타격능력을 더욱 부각시키고 있다. 따라서 사이버전과 전자전 영역의 무기체계를 통해 우세를 확보하고 다른 경합 영역의 전투에 영향을 미치려는 노력은 충분히 강조되고 있지 못하다. 한편, 미군의 사이버 전력도 육군, 공군, 해군, 해병대 등으로 분산되어 있고, 전자전 전력은 임무의 성격에 따라 다소 차이가 있기는 하지만 그 운용은 결정적으로 전투사령관의 판단에 따라 이루어진다. 이 때문에 미군 내 사이버 전력 간의 상호 통합이나 사이버 수단과 전자기 수단의 동시 운용에는 일정한 한계가 존재할 수 있다고 생각된다.

2) 중국의 강점과 취약점

중국의 경우에는 작전 차원보다는 전략과 조직 차원, 즉 군사전략의 통합적 프레임과 전략지원부대의 조직 체계에 미래의 사이버·전자전 수행과 관련한 강점을 보유하고 있다고 생각된다. 다시 말해서, 방선일체전 개념을 통해 전략적인 차원에서 반접근 전략을 위해 사이버·전자전을 적극적으로 활용하겠다는 통합적 군사전략을 지니고 있고, 전략지원부대 내의 네트워크계통부가 사이버·전자전을 관할함으로써 두 영역 간의 정보장벽을 극복하려는 해법을 모색하고 있다.

중국의 사이버·전자전 관련 취약점은 작전 수준의 조율 능력과 관련된 불확실성에서 노출되고 있다. 중국은 망전일체의 관점에서 사이버·전자전의 통합을 위한 노력을 경주해 왔으나, 육·해·공·사이버·우주의 다양한 전투무대에서 서로 상이한 종류의 전력을 동시에 운용하기 위해서는 각 전력들 간의 조율 메커니즘도 필요하다. 현대전의 영역이 사이버·전자전을 포함하는 방향으로 넓어짐에 따라, 군사작전과 그 임무의 복잡성이 매우 커졌기 때문이다. 그에 따라, 복잡해진 전쟁 수행방식은 실제 작전 시의 혼란과 혼선을 막기 위한 세밀한 조율 노력을 더욱 중요한 과제로 만들고 있는 것이다.

3) 미중 상호 경쟁과 향후 전망

미국과 중국이 서로에 대해 경쟁적인 태도를 가시화해 가는 가운데, 향후 미국과 중국은 각자의 약점은 극복하고 강점은 배가하기 위한 방향에서 경쟁적으로 사이버·전자전의 발전을 도모해 갈 것이다. 우선, 미국은 정교한 사이버 방어와 사이버 무기를 동시에 발전시키는 방식으로 사이버 억지 체계를 수립하고, 전략적인 수준에서도 사이버·전자전, 나아가 우주전까지 포괄하는 전략적 차원의 다영역 전투 개념을 모색해 갈 것으로 생각된다. 현재 미 육군의 다영역 전투 개념이 육군의 이해관계를 반영하고 있다면, 향후에는 사이버전·전자전·우주전의 가능성을 반영한 다영역전의 합동작전 개념이 출현할 수 있다는 것이다. 아울러, 미국은 어떠한 방식으로든 사이버·전자전·우주전 전력을 통합하는 컨트롤타워를 구축하려는 모습을 보일 수도 있다.

한편, 중국도 취약성을 극복하기 위해 실제 작전 수행 과정에서 사이버·전자전·우주전 및 재래식 전력의 활동을 원활하게 하기 위한 작전 매뉴얼을 발전시키려는 동향을 보일 것으로 전망된다. 동시에 미국의 사이버 공격능력이 강화되는 데 반응하여 사이버 방어능력을 재정비하면서 방어적 사이버작전을 위한 능력과 더불어 체제 안정을 위한 대내적 검열정책을 강화해 갈 것이라 전망할 수 있다.

물론, 미중 간의 사이버·전자전 경쟁의 결과는 미지수이지만, 향후 미중경쟁의 영향은 사이버·전자전 분야의 통합을 가속할 것이라는 점은 분명하다. 아직 위성감시능력과 정보·감시·정찰ISR, 첨단 무기체계와 공중과 해상에서 미국의 우위는 지속 중이며 이러한 우위를 따라잡기 위해 중국이 보다 전략적인 투자를 사이버·전자전 분야에 투입하고 있으나, 중장기적으로 양국 간의 군사력 격차가 줄어든다면 미국도 사이버·전자전 분야의 통합과 군사적 운용에 중국 못지않은 국가적 관심을 투입하게 될 것이다. 그 결과, 미국과 중국 모두 전략적 수준에서 분쟁 초기에 사이버·전자전 전력을 운용하는 개념의 전략 방향으로 나아가고, 사이버·전자전을 전쟁의 승패를 가르는 핵심변수로 주목하게 될 것이다.

6. 결론

미국과 중국의 경쟁이 단시일 내에 군사적 경쟁으로 비화되지는 않겠지만, 미중 간의 장기적 경쟁은 4차 산업혁명으로 인한 전쟁과 군사작전 양상의 변화를 촉진할 것이다. 2020년대로 접어들면서 빈번해진 중국 군용기와 러시아 군용기의 동해 진입도 전자정보 수집을 위한 것으로서, 주변 강대국들이 이미 구축한 사이버전 능력을 바탕으로 전자전 능력을 군사활동에 활용하려는 의도를 가지고 있음을 보여준다(≪국방일보≫, 2021.3.11). 이러한 상황에서 전략적 요충지에 위치한 한국은 미래의 전쟁방식이 어떻게 정립되는지를 면밀히 파악하면서, 국가적 안전을 유지·확대하기 위한 구상을 가다듬어가야 한다. 이를 위해서는 사이버·전자전에 대한 방어 역량을 우선적으로 제고하면서 적극적 방어의 개념을 모색해야 할 필요성도 있어 보인다. 나아가 사이버·전자전을 위한 전략과 작전의 수행에 필요한 컨트롤타워의 수립도 선제적으로 고민할 필요도 있다. 작전과 전술 차원에서 세밀한 조율 방식도 고려하여, 복합적인 미래 전쟁에서 최대 효과를 달성하기 위한 방안도 고찰해야 한다. 일본 역시 전자전 능력이 주변 강대국에 비해 열세라는 판단하에서, 대대적으로 전자전 능력을 발전시키고 있다.

한국의 사이버·전자전 능력 확보 노력도 이제 가시화되고 있으며, 이러한 성장 노력은 미중경쟁을 배경으로 한국의 전략적 가치에 영향을 미칠 것이다. 육군은 2025년까지 사이버·정보전 개념연구를 마무리 짓고, 2030년까지는 우주정보통합체계 및 소형위성지상발사체를 확보하겠다는 목표를 밝힌 바 있다. 이러한 노력의 향배는 사이버전과 전자전 능력이 결정적인 역할을 할 미중경쟁의 맥락에서 한국의 중요성과 영향력을 더욱 확대하는 요소가 될 것이다. 예컨대, 중국의 동·서해 전자정보 수집 활동에 대한 기만능력 확충 등 한국의 대응책은 한미동맹의 시설 및 세력 보호에 도움이 될 수 있다. 오늘날에는 디지털 기술의 발전에 따라 지리적인 거리를 뛰어넘는 동맹활동이 가능해지고 있고, 다영역전투의 개념 속에서 사이버·전자기파 공간의 중요성이 더욱 증대되고 있다. 이러한 차원에서 근거리 및 원거리 사이버·전자전 역량의 확대 역시 한국의 전략적 가치를 높이는 방향의 노력이 될 것이다.

≪국방일보≫. 2021.3.11. "일본 자위대의 미래 전자전(EW) 준비 현황".

김문조·유석봉. 2019. 『최신 무기체계학』. 진영사.

김상배 엮음. 2017. 『사이버 안보의 국가전략: 국제정치학의 시각』. 사회평론.

김상배. 2018. 『버추얼 창과 그물망 방패: 사이버 안보의 세계정치와 한국』. 한울엠플러스.

김태호. 2018.2.26. "비밀스런 중국군 개혁 진행 중…신형 미래전 준비에 박차". ≪중앙일보≫.

나영주. 2009. 「개혁 개방 30년 중국의 군사안보 개혁과 발전」. ≪아시아연구≫, 제12권 2호, 41~70쪽.

노훈·이재욱. 2001. 「사이버전의 출현과 영향, 그리고 대응방향」. ≪국방정책연구≫, 제53권, 177~201쪽.

민병원. 2015. 「사이버 공격과 사이버억지: 국제정치적 의미와 대안적 패러다임의 모색」. ≪JPI 정책포럼≫(2015-19).

박찬수·박용석. 2015. 「사이버전의 역량평가 개선과 역량 강화 방안에 관한 연구」. ≪한국정보통신학회논문지≫, 제19권 5호, 1251~1258쪽.

≪사이언스 타임스≫. 2010.12.3. "미래의 전장환경을 지배할 전자전: 적의 눈과 귀를 멀게 하는 전자전 장비".

생어, 데이비드. 2019. 『퍼펙트 웨폰: 핵보다 파괴적인 사이버 무기와 미국의 새로운 전쟁』. 정혜윤 옮김. 미래의창.

≪서울신문≫. 2013.5.7. "중국정부가 사이버 해킹 관여 … 정보수집 목적".

성인모. 2014. 「중국 인민해방군의 현대화 및 전문화 추진: 군사교리 변화를 중심으로」. ≪전략연구≫, 제62호, 35~61쪽.

신규용·전병진·강정호·박복기·이인수·유진철. 2016. 「효과적인 사이버전 수행을 위한 육군사관학교 사이버전 교육현황 분석 및 발전방향 연구」. ≪한국군사학논집≫, 제72권 2호, 131~167쪽.

아다미, 데이비드 엘. 2010. 『전자전 모델링과 시뮬레이션 기초』. 김하철·홍우영·최현철 옮김. 도서출판 아진.

≪아주경제≫. 2017.7.6. "中, 리퍼 버금 전투무인기 양산체제".

엄정호·김남욱·정태명. 2020. 『제4차 산업혁명 시대의 사이버전 개론』. 홍릉과학출판사.

연합뉴스. 2012.5.31. "美 사이버무기 개발 '플랜 X' 연내 가동".

_____. 2016.10.6. "美, 러·中 방공망 뚫는 차세대 전자전체계 배치 서둘러".

이강규. 2011. 「세계 각국의 사이버 안보 전략과 우리의 정책방향: 미국을 중심으로」. ≪정보통신방송정책≫, 제23권 16호, 1~27쪽.

이창형. 2021(출간 예정). 『중국인민해방군』. GDC Media.

장노순. 2012. 「사이버 무기와 국제안보」. ≪JPI 정책포럼≫(2012-19).

장수덕. 2000. 「레이더 전파방해 기법과 전자공격 기술」. ≪주간국방논단≫, 제566호.

≪전자신문≫. 2015.4.14. "中 사이버 공격 시스템, 구조는?" https://www.etnews.com/20150414000025

조성렬. 2016. 『전략공간의 국제정치: 핵, 우주, 사이버 군비경쟁과 국가안보』. 서강대학교출판부.

주정율. 2020. 「미 육군의 다영역작전(Multi-Domain Operations)에 관한 연구: 작전수행과정과 군
사적 능력, 동맹과의 협력을 중심으로」. ≪국방정책연구≫, 127호, 9~41쪽.

차정미. 2019. 「미중 사이버 군사력 경쟁과 북한 사이버 위협의 부상: 한국 사이버안보에의 함의」.
≪통일연구≫, 제23권 1호, 43~93쪽.

최현호. 2016. 「중국, 군사굴기를 드러내다. 중국 국방 개혁의 의미」. ≪국방과 기술≫, 제445권,
34~43쪽.

한국인터넷진흥원. 2014. 「주요 국가별 사이버방어 체제 및 대응 동향」. ≪Internet & Security
Bimonthly≫, 제4호.

황선한. 2018. 「GPS 전파교란 동향 및 대응 기술」. ≪주간기술동향≫, 14~24쪽.

Armytimes. 2019.3.27. "This new Army unit could help the US win the next Cold War."
https://www.armytimes.com/news/your-army/2019/03/27/this-new-army-unit-could-help-the
-us-win-the-next-cold-war/ (검색일: 2020.5.28).

c4isrnet. 2018.9.5. "5 ways the Army will keep pace in cyber and electronic warfare."
https://www.c4isrnet.com/show-reporter/technet-augusta/2018/09/04/here-are-5-army-moder
nization-efforts-to-keep-pace-in-cyber-and-electronic-warfare/ (검색일: 2020.5.28).

Costello, John and Joe McReynolds. 2018. *Chinese Strategic Force: A Force for a New Era*.
Washington, D.C.: National Defense University Press.

Defence Science and Technology Group. 2014. "Cyber 2020 Vision: DSTO cyber science and
technology plan." https://www.dst.defence.gov.au/sites/default/files/publications/documents/
Cyber-2020-Vision.pdf (검색일: 2020.6.1).

Defense World.net. 2019.3.11. "China Develops New Electronic Warfare Aircraft." https://www.
defenseworld.net/news/24435/China_Develops_New_Electronic_Warfare_Aircraft#.XtdHr2Z7ncs
(검색일: 2020.6.3).

Gurtov, Melvin and Byong-Moo Hwang. 1998. *China's Security: the new roles of the military*.
Boulder: Lynne Rienner Pub.

Hoehn, John R. 2019. *U.S. Airborne Electronic Attack Programs: Background and Issues for
Congress*. Washington D.C.: Congressional Research Service.

Information Office of the State Council. 2011. "China's National Defense in 2010." https://media.
nti.org/pdfs/1_1a.pdf (검색일: 2020.5.29).

Joint Chiefs of Staff. 2012a. "JP 3-13.1 Electronic Warfare." https://info.publicintelligence.net/
JCS-EW.pdf (검색일: 2020.6.2).

_____. 2012b. "JP 6-01 Joint Electromagnetic Spectrum Management Operations." https://www.
jcs.mil/Portals/36/Documents/Doctrine/pubs/jp6_01.pdf (검색일: 2020.6.2).

_____. 2018. "JP 3-12 Cyber Operations." https://www.jcs.mil/Portals/36/Documents/Doctrine/
pubs/jp3_12.pdf (검색일: 2020.6.2).

Kania, Elsa B. and John K. Costello. 2018. "The Strategic Support Force and the Future of

Chinese Information Operations." *The Cyber Dfense Reviwe*, Vol.3, No.1, pp.105~121.

Porche III, Isaac R. et al. 2013. *Redefining Information Warfare Boundaries for an Army in a Wireless World.* Santa Monica, CA: Rand Corporation.

Raska, Michael. 2017. "How China Plans to Win the Next Great Big War in Asia." *The National Interest.* https://nationalinterest.org/blog/the-buzz/how-china-plans-win-the-next-great-big-war-asia-19733 (검색일: 2020.5.31).

Shakarian, Paulo·Jana Shakarian and Andrew Ruef. 2013. *Introduction to cyber-warfare.* Amsterdan: Morgan Kaufmann Publishers, an imprint of Elsevier.

Sharma, Deepak. 2010. "Integrated Network Electronic Warfare: China's New Concept of Information Warfare." https://www.isda.in/system.files.jds_4_2_dsharma.pdf (검색일: 2021.7.20)

Siroli, Gian Piero. 2018. "Consideratoins on the Cyber Domain as the New Worldwide Battlefield." *The International Specter*, Vol.53, No.2, pp.111~123.

The Department of Defense. 2015. "The DOD Cyber Strategy." https://archive.defense.gov/home/features/2015/0415_cyber-strategy/final_2015_dod_cyber_strategy_for_web.pdf (검색일: 2020.6.2).

_____. 2018. "Summary of the 2018 National Defense Strategy of the United States: Sharpening the American Military Competitive Edge." https://dod.defense.gov/Portals/1/Documents/pubs/2018-National-Defense-Strategy-Summary.pdf (검색일: 2020.6.2).

The Information Office of the State Council. 2015. "China's Military Strategy." http://english.www.gov.cn/archive/white_paper/2015/05/27/content_281475115610833.htm (검색일: 2020.5.29).

The National Interest. 2019.10.29. "Meet the J-16D: The Real Chinese Plane America Should Fear (Forget Stealth)." https://nationalinterest.org/blog/buzz/meet-j-16d-real-chinese-plane-america-should-fear-forget-stealth-91641 (검색일: 2020.6.3).

The State Council Information office of the People's Republic of China. 2019. "China's National Defense in the New Era." http://english.www.gov.cn/archive/whitepaper/201907/24/content_WS5d3941ddc6d08408f502283d.html (검색일: 2020.5.29).

The White House. 2017. "National Security Strategy of the United States." https://www.whitehouse.gov/wp-content/uploads/2017/12/NSS-Final-12-18-2017-0905.pdf (검색일: 2020.6.2).

U.S. Army. 2014. "FM 3-38 Cyber Electromagnetic Activities." https://fas.org/irp/doddir/army/fm3-38.pdf (검색일: 2020.6.2).

_____. 2017. "FM 3-12 Cyberspace and Electronic Warfare Operations." https://fas.org/irp/doddir/army/fm3-12.pdf (검색일: 2020.6.2).

U.S. Joint Chiefs of Staff. 2010. "Joint Terminology for Cyberspace Operations." http://www.nsci-va.org/CyberReferenceLib/2010-11-joint%20Terminology%20for%20Cyberspace%20Operations.pdf (검색일: 2020.6.2).

Winder, Davey. 2019. "China Fires 'Great Cannon' Cyber-Weapon At The Hong Kong Pro-Democracy Movement." https://www.forbes.com/sites/daveywinder/2019/12/05/china-fires-great-cannon-cyber-weapon-at-the-hong-kong-pro-democracy-movement/#2cfcc7567c85 (검색일: 2020.5.29).

Zadalis, Timothy M. 2018. "Multi-Domain Command and Control: Maintaining Our American Advantage." *The Journal of the JAPCC Edition,* Vol.26, pp.10~15.

3

21세기 미국과 중국의 우주개발
지구를 넘어 우주 패권경쟁으로

신성호 | 서울대학교

1. 서론

트럼프 행정부에서 가속화되는 모습을 보인 미중경쟁은 양자 간 무역전쟁과 아시아 지역에서의 인도·태평양 전략을 통한 지역 패권경쟁을 넘어 사이버의 가상공간과 우주 분야로 확대되고 있다. 우주는 21세기 새로운 첨단기술이 집약되고 인간의 본격적인 진출이 시작되고 있는, 새로우면서도 무한한 확장 가능성이 있는 분야이다. 아직까지 우주 분야에서 인간의 활동은 미국이 인간을 달에 착륙시킨 이후 지구를 중심으로 한 공간에 머물러 있었다. 그러나 최근 들어 지구 환경의 악화, 자원의 고갈 등으로 인해 지구를 넘어선 새로운 공간에 대한 관심이 증가하면서 우주 분야에 대한 관심이 다시 고조되고 있다. 여기에 이제까지 정부를 중심으로 진행되어 온 우주개발에 아마존의 제프 베이조스Jeff Bezos, 테슬라의 일론 머스크Elon Musk, 버진 애틀랜틱 항공의 리처드 브랜슨Richard Branson 회장 등 대기업을 중심으로 한 민간과 기업이 뛰어들면서 우주는 21세기 산업과 경제의 새로운 개척지로 떠오르고 있다. 우주 공간이 이제 단순히 인간의 상상력을 자극하는 미지의 공간이 아니라 실제 새로운 사업과 인류 생활에 기여할 새로운 가능성과 기회의 장을 여는 분야로 인식되고 있는 것이다.

우주 분야로의 진출은 그에 필요한 로켓 제조, 로켓 발사, 우주 탐사, 그리고 인간의 우주여행을 지원할 금속 및 기계공학, 컴퓨터, 바이오, 연료 등 21세기 첨단기술의 복합적인 응용이 바탕이 되어야 한다. 동시에 이를 선점하는 것은 21세기 경제와 안보를 위시한 패권경쟁에서도 핵심 분야로 인식된다. 우주 공간이 군사기술과 전략에 있어서도 새로운 중요성을 가지는 분야로 떠오르고 있기 때문이다. 21세기 패권을 다투는 미중이 이 분야에 주목하는 이유이다. 이 글은 현재 진행 중인 미중 패권경쟁의 새로운 분야로 떠오른 우주 분야의 중요성을 알아보고, 이를 선점하기 위해 진행되고 있는 미국과 중국의 우주정책과 그것이 미중 패권경쟁에 가지는 함의를 논의코자 한다.

2. 21세기 우주경쟁의 중요성

1) 우주 공간의 상업화

미국 국방정보국에 따르면 "우주는 미국 번영의 기본으로서 커뮤니케이션, 금융거래, 공공 안전, 날씨, 농업, 항공기 운영에서 우주의 중요성이 점점 커지고 있다"라고 정의한다(Defense Intelligence Agency, 2019). 또한 우주는 앞으로 상업적 기술과 투자에 있어서도 무궁무진한 잠재적 기회가 존재한다고 판단된다. 우주산업의 규모는 2016년 기준으로 약 3천 4백 50억 달러에 이르며, 이 중 정부예산이 4분의 1, 나머지 4분의 3이 민간사업으로 구성된다. 약 50개국 가운데 9개 국가가 우주산업에 관련한 정부예산에 10억 달러 이상을 사용하고 있으며, 20여 개국이 1억 달러 미만을 배정하고 있다. 21세기 우주산업의 다섯 가지 새로운 트렌드가 눈에 띄는데, 첫째가 기술발달로 인한 보다 효율적이고 이윤이 많은 우주활동의 가능성, 둘째, 우주 분야에 대한 새로운 민간 부문의 투자와 진출의 증대, 셋째, 데이터 의존도가 높아지고 있는 세계경제가 우주와 시장에 가지는 다양한 효과, 넷째, 인류의 삶에 미치는 우주의 보다 근본적인 역할 가능성에 대한 인식의 증가, 다섯째, 우주가 군사/전략 부문에서 가지는 역할과 중요성의 증가이다(Bryce Space and Technology, 2017). 2018년 현재 1800개가 넘는 인공위성이 지구궤도에서 활동하고 있으며, 50개 이상의 국가와 다국적 기구에서 이들 위성을 운영하고 있다. 현재 독자적인 위성 발사 능력을 가진 국가는 미국을 위시하여 중국, 인도, 이란, 이스라엘, 일본, 러시아, 북한, 한국 등 9개 국가로 파악되며 프랑스와 영국, 독일 등 유럽 국가들은 컨소시엄을 구성하여 위성을 발사하고 있다.

20세기 냉전 시기 우주 공간에서의 활동이 미국과 소련의 정부 주도로 전개되었다면, 21세기 우주개발은 민간 기업이 이 분야에 적극적으로 진출하면서 급속하게 상업화되는 새로운 모습을 보인다. 상업용 우주 부문은 우주 발사, 통신, 우주상황인식, 원격 감지, 심지어 인간의 우주 비행 분야까지 확장하고 있다. 민간 우주 기업들은 정부에 제품을 공급할 뿐만 아니라 상업적으로 치열한 경쟁을 벌이고 있다. 현재 우주 분야에 관한 관심은 크게 우주 공간에서의 제조업, 우주여행, 인공위성 발사, 그리고 달과 화성 등으로의 우주 이주의 네 분야를 중심으로 나타나고 있다.

우주 분야의 기술은 내비게이션, 통신, 원격 감지, 과학과 탐사의 크게 네 가지 영역에서 우리의 일상에 중요한 역할을 하고 있다. 첫째로, GPS와 같은 우주 기반 PNTpositioning, navigation, timing 서비스는 위성 내비게이션을 통해 위치 및 내비게이션 데이터를 제공함으로써 해상·지상 및 항공 운송에서 보다 효율적인 경로를 계획하고 경로 정체를 관리하는 서비스를 제공한다. 이 체계들은 위치나 항법뿐 아니라 정확한 시간 측정을 통해 일반인이 금융거래에서 사용하는 ATM 및 신용카드 결제, 전력회사의 효율적인 송전 등에 필수적이다.

군사 영역에서 PNT 데이터는 무엇보다 적의 화력이나 항공·육상 및 해상의 목표물에 대한 정확한 타격능력을 제공한다. 현재 글로벌 차원의 위성항법체제는 미국과 유럽연합, 러시아에 의해 운용되고 있다. 일본과 인도는 일부 지역 시스템을 운영하는 가운데, 중국은 지역은 물론 글로벌 차원의 위성항법시스템을 운영 중이다(GPS, www.gps.gov).

둘째로, 궤도에 떠 있는 대부분의 인공위성이 통신기능을 갖추고 있는데, 이들은 전 세계 통신을 지원하고 지상 통신 네트워크를 보조하는 기능을 수행한다. 실제 이들이 수행하는 역할은 막대한데, 1998년 미국의 통신위성이 컴퓨터 장애로 인해 마비되면서 사람들은 주유소를 이용할 수 없었고, 병원에서는 의사들이 진료가 불가능해졌으며, 방송국도 방송을 멈추는 상황이 벌어진 바있다. 군사 부문에서도 통신위성은 전장 상황 파악을 수행함은 물론 지상 기반 탐지의 필요성을 제거함으로써 군사작전에 더 큰 신속성과 운용성을 제공한다 (United Nations Office for Outer Space Affars[1]; Zuckerman, 1998.5.21).

셋째로, 지구 대기권과 지형이나 지물에 대한 정보를 제공하는 원격 감지 위성이 없는 경우 급변하는 날씨를 포함한 일기예보가 불가능하며 광물 자원의 탐사나 시추, 그리고 농업에 주요한 여러 가지 정보를 얻을 수 없게 된다. 이 위성들은 또한 군사작전에서 적의 능력을 식별하고 부대의 움직임을 추적하며 잠재적인 목표를 찾을 수 있는 정보·감시·정찰intelligence, surveillance and reconnaissance: ISR 데이터를 제공한다(United Nations Office for Outer Space Affars[2]).

마지막으로, 우주 기반 능력은 지구와 우주의 본질에 대한 통찰력을 제공하는 과학 연구뿐 아니라 우주 연구 및 우주 탐사 활동 과정에서 얻은 과학 지식이나 기술을 통해 혁신함으로써 신산업 발전과 기술개발로 일상생활에도 여러 혜택이 파급되는 효과를 가져온다(United Nations Office for Outer Space Affars [3]). 우주의 극한 환경에 적응하는 기술을 활용하여 가볍고 강한 신소재를 개발하는 것 등이 이에 해당한다. 또한 높은 온도에서도 견딜 수 있는 소방복, 제트엔진 터빈에 필요한 우수한 금속 합금, 태양 전지판, 휴대용 컴퓨터 및 소형 정수 시스템, 물체의 형상을 인식하는 메모리폼은 물론 휴대폰 카메라, 라식 수술, 전자레인지, LED 전구, 적외선 온도 측정기, 과일 당도 측정 기계, 포스트잇, 어린이 이유식, 탱주스 가루 등에 이르는 다양한 물질과 일상 생활용품들이 우주개발 과정에서 상용화된 제품의 대표적인 사례다(NASA; 이주량, 2012).

우주 공간의 상업화는 4차 산업혁명을 주도하는 미국 기업들이 여기에 뛰어들면서 새로운 전기를 맞이하고 있다. 우주로의 수송비용을 획기적으로 절감하고 화성을 식민지화하겠다는 목표 아래 2002년 설립된 스페이스X SpaceX는 온라인 전자 결제 시스템을 운영하는 미국의 기업 페이팔PayPal의 창업자이자 자율주행 전기차 개발을 선도 중인 테슬라의 일론 머스크 회장이 설립한 대표적인 민간 우주항공 기업이다(Chang, 2016.9.27). 설립 이래 스페이스X는 지구 궤도로 인공위성 등을 쏘아 올리기 위한 팰컨 발사체와 화물 및 인간을 우주로 수송하기 위한 드래건 우주선 시리즈를 개발하여 상용화 단계에 이르렀다.

이 과정에서 스페이스X는 민간 항공우주 기업으로써 지금까지 수많은 업적을 거두어왔다. 2008년에는 세계 최초로 민간 액체 추진 로켓 팰컨 1 Falcon 1을 지구궤도에 도달시켰고, 2010년에는 드래건 1을 개발하여 민간 최초로 발사와 궤도 비행, 회수에 성공했으며, 다시 2012년에는 드래건 1을 민간 최초로 국제 우주정거장에 도킹했다(Clark, 2008.9.28; Chang, 2012.5.25). 특히 2015년에는 우주항공 시장에서 가장 수요가 많은 위성의 발사 비용 절감을 위해 자신들이 개발한 팰컨 로켓을 세계 최초로 1단 부스터를 역추진해 착륙시키는 데 성공해 로켓을 재사용할 수 있는 길을 열었다. 실제 2017년부터 스페이스X는 이 재사용 로켓을 통해 인공위성을 발사함으로써 미국은 물론 저가 경쟁을 펼치던 중국과 러시아의 경쟁사에 비해 비용 면에서 큰 경쟁력을 확보하게 되었다(Weaver, 2015.12.22; Amos, 2017.3.31).

스페이스X와 일론 머스크 회장은 저렴한 위성 발사 능력을 활용하여 전 지구적 인터넷 사용이 가능하도록 거대한 위성연결망을 구축하는 스타링크Starlink 프로젝트를 추진하고 있다. 한 번 발사에 60여 개의 소형 인공위성을 지구궤도에 올려놓을 수 있는 능력을 확보하여 2019년 이후 매달 1~4번꼴로 인공위성을 쏘아 올리고 있다. 2021년 4월 현재 총 23번의 로켓 발사를 통해 1400여 개의 통신위성을 설치했다. 궁극적으로 지구궤도에 1만 2000개에서 4만 개의 위성을 설치하여 전 지구적 인터넷 서비스를 제공하여 수십 조의 수익을 창출하겠다는 계획이다(Wattles, 2020.4.22; ≪동아사이언스≫, 2021.4.8).

스페이스X의 경쟁력은 NASA로 하여금 2011년 NASA가 운영하던 유인우주선 프로젝트인 스페이스 셔틀을 취소하고 대신 스페이스X를 상업용 유인우주선 개발 프로젝트의 추진 계획 지원 대상자로 선정하게 했다. 이후 9년 만인 2020년 6월에 드디어 NASA의 우주인 2명을 우주정거장에 운송하는 임무를 수행하게 되었는데, 이는 2011년 이후 중단된 미국 우주비행사들의 우주 수송이 처음으로 재개되는 계기가 될 것으로 기대를 모았다(Wattles, 2020.6.1). 스페이스X는 조만간 민간인을 대상으로 지구궤도의 우주여행을 제공하는 사업을 기획하고 있으며, 2021년에 4명의 민간인을 우주궤도에서 5일간 체공한 후 지구로 돌아오는 첫 상업 우주비행을 시행할 예정이다(Malik, 2020.2.19).

또한 일론 머스크 회장은 2024년을 시발로 화성에 탐사단을 보내 궁극적으로 화성에 식민지를 건설하는 계획을 추진하고 있다(Amos, 2017.9.29; Etherington, 2017.9.29). 한편 아마존 회장 제프 베이조스와 버진 애틀랜틱 항공의 리처드 브랜슨 회장과 같은 다른 억만장자 사업가들도 각기 블루 오리진Blue Origin과 버진 갤럭틱Virgin Galactic이라는 회사를 창립하여 비슷한 우주 사업을 추진하고 있다. 바야흐로 21세기 인류의 미래를 개척할 우주산업을 놓고 민간 분야의 치열한 경쟁이 이미 시작된 것이다(CBS NEWS, 2019.7.20).

2) 우주 공간의 군사화

우주 공간의 군사적 중요성 또한 날로 증가하고 있다. 앞서 설명한 위치추적이나 통신위성의 경우를 포함하여 미사일 조기경보 시스템, 지리적 위치 및 내비게이션, 표적 식별 및 적의 활동 추적을 포함한 많은 군사작전에서 우주 공간의 활용이 핵심으로 부상하고 있다. 상대 국가의 민감한 군사실험, 평가 활동, 군사훈련 및 군사작전을 탐지하는 데 있어서 정부 및 상업용 원격 감지 위성이 제공하는 군사정보 수집 기능이 더욱 중요해지고 있는 것이다. 이에 따라 많은 국가들이 자신들의 군사태세 준비에 대위성 공격능력과 같은 우주 공간에서의 군사적 작전을 중요하게 여기고 있다(*Military Balance 2020*, 2020). 현대전에서 중요한 군사 부문의 우주 영역과 분야를 정리하면 다음과 같다.

첫째로, 사이버 공간을 통해 우주 자산을 교란하고 파괴하는 위험이 제기된다. 사이버 공간은 우주를 포함한 다른 모든 전투 영역에 영향을 미친다. 특히 우주 분야의 많은 기술과 활동들이 사이버 공간에 의존하며 동시에 사이버 분야 역시 우주 분야에 의존하기는 마찬가지이다. 예를 들어 위성통신 및 데이터 분배 네트워크, 우주 시스템 관련 지상 인프라와 이를 연결하는 링크 등은 사이버 공간을 이용한 공격에 의해 치명적인 손상을 입을 수 있다.

둘째로, 키네틱kinetic 에너지 위협이 있다. 키네틱 에너지 위협 또는 대위성 공격anti-satellite: ASAT 미사일은 무기 시스템이나 그 구성 요소를 궤도에 배치하지 않고도 위성을 파괴하도록 설계된 무기이다(*Defense Daily*). 일반적으로 고정식 또는 기동식 발사 시스템, 미사일 및 키네틱 킬 운반체로 구성되며 항공기에서 발사할 수도 있다. 키네틱 킬 운반체는 발사 후 자체 장착 추적 장치를 사용하여 상대 위성을 파괴하는데, 공격자를 식별하기 쉽고 우주에 많은 파편이 생성된다는 단점이 있다.

셋째로, 지향성 에너지 무기directed energy weapons: DEW로, DEW는 레이저나 고출력 마이크로파, 기타 유형의 무선주파수를 에너지로 사용하여 적의 장비와 시설을 방해·손상 또는 파괴한다. 키네틱 에너지 무기에 비해 공격 형태나 그 위치 식별이 어렵다는 장점이 있다. 레이건 행정부 당시 '스타워즈' 구상에서 시작된 이러한 무기체계의 개발이 당시에는 비현실적인 것으로 여겨졌으나, 현재는 기술의 발달로 수백 미터 밖의 로켓이나 드론을 파괴할 수 있는 고

에너지 레이저파 공격 등의 실험이 미 국방부 등에서 진행되고 있다(Hecht, 2019.6.28).

넷째로, 재밍jamming 및 스푸핑spoofing 기술을 사용하여 전자기 스펙트럼을 제어하는 전자전electronic warfare: EW 무기가 있다. 전자전 무기의 경우 공격자의 식별이 어렵고 또 우발적인 사고와도 구분이 어렵다. 재밍에는 우주에 있는 위성을 아래에서부터 교란하여 위성 수신 지역의 모든 사용자에 대한 서비스를 손상시키는 업 링크 재밍과 공중의 위성을 사용하여 지상 부대와 같은 지상 사용자를 대상으로 하는 다운 링크 재밍이 있다. 스푸핑은 잘못된 정보가 포함된 가짜 신호를 주입하여 교란을 야기하는 기능이다(Von Spreckelsen, 2018).

다섯째로 지구궤도상의 위성을 사용하여 상대 위성을 공격하는 궤도 위협 orbital threats이 있다. 이 경우 상대 위성에 일시적 또는 영구적 손상을 주기 위한 다양한 방법이 쓰인다. 여기에는 키네틱 킬 운반체, 무선 주파수 재머jammer, 레이저, 화학 분무기, 고전력 마이크로파 및 로봇 기기와 같은 다양한 수단이 동원된다. 특히 로봇 기기는 위성 서비스 및 수리 또는 잔해물 제거 등의 평화적 목적과 동시에 군사적 목적으로도 사용되는 이중성을 가진다(DIA, 2019: 10).

마지막 여섯째로, 우주상황인식space situational. awareness: SSA 기능이 있다. SSA는 상대 목표물의 현 위치는 물론 그 궤도를 추적하여 미래의 위치까지도 예측할 수 있는 능력을 지칭한다(Space Foundation, 2019). SSA는 우주전에서 상대 목표물의 위치를 파악하고 동시에 공격의 성과를 판단하는 데에 중요하다. 이를 위해 망원경, 레이더 및 우주 기반 센서 등을 사용하여 상대 목표물에 대한 감시 및 식별을 수행한다.

지금까지 각국의 우주개발은 정부 정책과 지원에 의존하는 정부 주도 형식을 띠었다. 그에 비교해 21세기의 우주개발은 그 주체와 사업 추진 양상이 더욱 다양해지고 분화되는 모습을 보인다. 이러한 변화는 우주가 국가안보와 과학기술 영역에서뿐 아니라 국가경제 미래성장의 중요한 분야로 부상하고 있음을 암시한다. 그 결과 과거 개별 국가 중심, 비밀주의, 군 주도, 정부 의존성,

소량 및 대형 플랫폼, 하향식 접근의 특징을 보이던 우주 분야가 국제 다자, 투명과 개방, 민간 상업 주도, 민관 네트워크성, 대량 및 소형 플랫폼, 상향식 접근의 새로운 특징을 보인다(National Air and Space Intelligence Center, 2018).

3. 트럼프 행정부의 신우주정책

미국은 냉전 기간 동안 오늘날 사용되는 많은 우주안보 관련 프로그램을 개척하며 대부분의 우주 분야에서 기술적 리더 역할을 수행했다. 그 결과 미국은 군 작전에 직접 투입되는 항법위성, 조기경보위성, 통신위성 등과 더불어 반우주 전력에 대응할 수 있는 여러 운영체계를 갖추고 있다. 미국은 우주 전력을 군사작전에서 운영 및 통합하는 데 있어 독보적으로 세계 최고의 능력과 경험을 보유하고 있다. 그럼에도 최근 미국의 우주 자산에 대한 공격 가능성과 이에 대한 대응책 마련에 관련한 새로운 우려가 제기되고 있으며, 이는 주로 중국과 러시아의 우주 전력 증강에서 기인한다.

트럼프 행정부는 우주 분야를 "대통령 프로젝트"라고 지칭하며 국가의 미래를 좌우할 미국의 전략적 분야로 규정했다. 2014년 이후 미국은 우주안보에 초점을 맞추어 잠재적 '우주전쟁' 준비의 필요성을 강조하기 시작했다. 트럼프 행정부는 집권 초기인 2017년부터 국가우주위원회National Space Council: NSC를 부활시키고 정부 부처 간 우주 분야 정책을 조정하고 민간의 협력을 촉진하는 등의 역할을 부여하며 미국의 제2의 우주 진출 도약을 추구했다. 그 일환으로 전문가들로 구성된 자문그룹Users' Advisory Group을 설치했고 이 그룹에서 민간의 혁신적 우주활동을 촉진할 개혁안을 준비하는 작업을 벌였다. 그 결과 나온 개혁안에서는 기본적으로 상무부와 교통부 주도로 각종 우주활동 관련 규제를 간소화하고 정비하는 것이 제시되었다.

특히 트럼프 행정부는 2017년 대통령 주관의 「우주정책 행정명령Space Policy

Directive」 1호를 발효하며 우주정책에 새로운 중점을 두기 시작했다. 연이어 2018년 5월 행정명령 2호와 2018년 3월의 「국가우주전략National Space Strategy」 보고서 등을 통해 우주를 미국 국가안보의 핵심으로 정의하며 새로운 기술개발에 대한 의지를 천명했다. 트럼프 행정부의 「국가우주전략」은 다음 4개의 핵심축에 기초한 통합적 접근 방식을 제시한다. ① 우주 분야의 탄력성, 방어체제와 불완전한 역량의 향상을 위한 우주시스템 구축, ② 전쟁 억제와 우주전쟁 수행 수단의 강화, ③ 우주상황인식 향상과 효율적 우주작전 능력 담보, ④ 규제와 제도, 절차의 간소화를 통한 민간 우주산업 부문 활성화이다(The White House, 2018.3.23). 이 중 처음 3개 분야는 우주 분야의 군사 및 국가안보에 관한 것이고 마지막 항목은 우주 분야의 상업성과 관련되어 있다.

앞의 4대 핵심 영역을 바탕으로 트럼프 행정부의 「국가우주전략」은 ① 안전하고 안정적이며 지속 가능한 우주활동 강화, ② 미국과 동맹국, 파트너의 국가안보 이익에 대한 적대적인 위협의 억제, ③ 적대세력의 핵심기술 접근을 차단하고 역량을 제한하는 조치를 포함한 미국의 상업적 이익의 유지, ④ 미국의 탐사 역량 지속 및 지식 확대의 4개의 항목을 핵심 전략적 목표로 설정했다. 이후 트럼프 행정부는 유인 우주 탐사와 지구 저궤도의 상업적 이용 촉진을 위해 NASA로 하여금 유인 달 탐사 재개 및 향후 화성 탐사 추진을 지시하고, 동 프로젝트 추진을 위한 민간·국제 협력 강화 등을 위해 2018년 NASA에 210억 달러의 예산을 배정하여 승인되었다. 이어서 2019 회계연도에는 우주방어프로그램 관련 10억 달러 증액과 향후 5년 동안 8억 달러의 예산증액 건을 제출했다. 또한 「국가우주전략」의 수행을 위한 탐사활동 확대를 위해 NASA에 2019년 105억 달러의 탐사 캠페인Exploration Campaign을 제안했고 향후 5년간 520억 달러의 대폭적인 예산증액을 제시했다(유준구, 2018).

이러한 움직임은 우주 공간을 21세기 안보 분야의 새로운 각축장으로 인식하는 미국의 인식을 반영한다. 트럼프 행정부는 「국가안보전략」 보고서에서 사이버 공간과 더불어 우주를 국가안보전략의 새로운 중점 영역으로 적시하고 이 분야에서 미국의 리더십 유지를 천명했다(The White House, 2017: 31). 우주 영역은 통신 및 금융 네트워크, 군사 및 정보 시스템, 기상 모니터링, 내비게이션 등의 영역에 걸쳐 핵심적인 요인으로 작용한다는 것이다. 우주에 대한 의존도가 높아지고 기술이 발달함에 따라 미국 이외의 국가나 민간 부문에서도 점점 더 저렴한 비용으로 위성을 우주에 발사할 수 있는 상황이 전개되고 있다. 이로써 이전에는 미국 정부 외에는 불가능했던 정보에 대한 접근을 이미지·통신 및 지리적 위치 서비스에서 데이터를 통합하여 접근하는 능력이 다른 행위자들에게도 가능해지고 있다. 이른바 "우주 공간의 민주화"가 진행되고 있는 것이다(The White House, 2017: 31).

이는 군사작전에 심오한 영향을 미치면서 미국의 전쟁 지배능력에 새로운 도전을 제시한다. 실제 많은 국가가 자국의 전략적 군사활동을 지원하기 위해 위성을 구매하고 있다. 특히 우주 자산을 공격할 수 있는 능력이 주요 비대칭 군사 위협으로 활용될 수 있다는 점에서 다양한 범위의 대위성 공격무기를 개발하고 있다. 이러한 상황에서 우주 공간의 자유로운 활용과 접근은 미국의 핵심적인 이익에 속하며 미국의 우주 자산에 대한 어떠한 형태의 간섭이나 공격도 미국의 안보이해에 심각한 위협이 된다고 미국은 인식하고 있다.

2019년 12월 트럼프 행정부는 미국우주군U.S. Space Force: USSF를 창설하여 우주의 새로운 군사적 위협에 적극적으로 대응하려는 노력을 과시했다. '2020 국방수권법'의 권한에 따라 창설된 우주군은 기존의 육해공군에 상응하는 독자군으로 기능하며, 군사 우주 전문가를 개발하고, 군사 우주 시스템을 습득하고, 우주 패권을 위한 군사 교리를 완성하며, 우주군을 조직하는 역할을 수행한다(U.S. Space Force Public Affairs, 2019.12.20).

트럼프 대통령은 우주군 창설에 대해 "우주는 세계에서 가장 최신의 전쟁 영역이기 때문에 여러 심각한 국가안보 위협 가운데 우주에서 미국의 우월성이 절대적으로 중요하다"라고 강조했다. 그러면서 현재 미국이 선도하고 있지만 충분하지는 않다고 하면서 우주군이 적의 침략을 억제하고 궁극적으로 전략적 고지를 선점하는 데 기여할 것이라고 선언했다(David, 2019.12.21). 마크 밀리Mark A. Milley 합참의장은 우주군 창설에 대해 군사작전에서 우주는 이제 단순히 다른 영역의 전투 작전을 지원하는 영역일 뿐 아니라 그 자체로도 전투를 수행하는 영역이며, 미국의 적들이 새로운 위협 능력을 구축하고 배치함에 따라 우주 공간에서의 우위를 자신해서는 안 된다고 선언했다. 우주군의 창설은 오늘날과 미래의 우주 공간에서 미국의 국익을 지키기 위해 필수적이고 근본적인 조치라고 평가했다(Secretary of the Air Force Public Affairs, 2019.12.20).

트럼프 행정부의 신우주전략은 단순히 군사 분야에만 한정되지 않는다. 21세기 우주개발의 무한한 가능성을 새로이 인지하고 미국의 전방위적인 지도력을 유지·발전시킬 것을 추구한다. 우주 공간에서의 미국의 이해를 보호하고 증진하기 위해 트럼프 행정부는 펜스 부통령을 의장으로 하는 국가우주위원회 National Space Council를 부활시켜 미국의 장기 우주개발 목표를 토의하고 관련 모든 기관을 통합하여 우주 분야의 혁신과 지도력 유지를 위한 전략을 개발하고 있다. 이를 위해 상업 부문의 규제를 단순화하고 업데이트하여 경쟁력을 강화하고 국가안보 분야에서의 민간과 정부의 협력을 확대하고자 했다. 또한, 민간과 정부의 파트너 협력을 통해 태양계에 대한 인간 탐사를 본격적으로 가동함으로써 우주 분야에서의 새로운 지식과 기회를 선도하는 미국의 역할을 촉진코자 했다.

마이크 펜스 부통령은 2019년 3월 앨라배마 헌츠빌의 로켓 센터 연설에서 기존 계획보다 3년 빠른 2024년까지 달 표면에 다시 미국 우주인을 착륙시킬 것을 선언하며 새로운 우주 시대 개척을 선언했다. 이러한 일정 변경은 최근 가쁘게 진행되고 있는 중국의 우주 분야 개발에 대해 미국이 본격적인 경쟁을 벌이는 것으로 분석된다. 원래 우주 분야의 경쟁은 냉전 시대 미소 경쟁을 상징하는 분야였다. 소련이 1957년과 1961년에 최초의 인공위성 스푸트니크 1호 Спутник-1와 사람(유리 가가린)을 태운 우주선 발사에 성공하자 미국은 1969년 7월, 아폴로 11호를 달에 착륙시키면서 본격적인 우주경쟁을 벌어나갔다. 그러나

1972년 12월 5명의 우주인을 달에 보낸 아폴로 17호를 끝으로 아폴로 계획이 철회되면서 이후 달 착륙은 전무했다. 이날 펜스 부통령은 "우리는 1960년대와 마찬가지로 오늘날 치열한 우주경쟁에 처해 있으며 그 중요성이 훨씬 더 높다"라고 말했다. 이어서 2019년 1월의 달의 뒷면에 세계 최초로 연착륙을 달성한 중국의 로켓과 로봇 사례를 들며 "미국은 경제와 안보 분야뿐 아니라 우주에서 최우선 순위를 유지해야 한다"라고 강조했다(Pence, 2019.3.26).

4. 중국의 우주굴기와 우주몽

미국이 새로이 우주 분야에 대한 중요성을 강조하는 것은 이 분야에서 중국과 러시아의 거센 추격을 의식한 결과이다. 실제 트럼프 행정부는 중국의 우주분야 진출에 강한 우려를 표명해 왔다. ≪워싱턴 포스트The Washington Post≫에 따르면, 펜스 부통령이 "새로운 전장의 영역"으로 지칭한 우주에서 2019년, 인도가 인공위성을 파괴할 수 있는 능력을 과시했으며, 중국은 이미 2007년에 같은 실험을 진행해 미 국방 관계자를 긴장시켰다(Alanbach, 2016.4.26). 트럼프 행정부의 마크 에스퍼 국방장관과 조지프 던포드 합참의장도 의회 청문회에서 "중국과 러시아는 미국이 우주에 의존하고 있는 것을 간파하고 새로운 기술·전략·전술 및 비대칭 기능 개발을 통해 우주를 새로운 전쟁의 영역으로 만들었다"라고 증언했다. 이를 위해 중국과 러시아는 대인공위성 레이저 무기, 초음속 미사일 등과 같은 능력을 적극적으로 개발·배치하고 있다는 것이다(The Senate Armed Services Committee, 2019.4.11).

미 국방정보국이 2019년 발표한 「우주안보에 대한 도전Challenges to Security in Space」이라는 보고서는 "우리의 적들은 우주를 무기화하고 있지만, 미국은 이에 대응해야 할 군이나 관계 조직들이 관료적 행태를 보이면서 획득 프로그램이나 인사정책 등의 비효율성으로 인해 빠르게 진화하는 우주 분야의 위협에 대응할 수 있는 능력이 감소하고 있다"라고 경고했다(DIA, 2019: 7). 동 보고서는 먼저 우주 공간이 미국 생활의 모든 측면에서 핵심 요소로 등장하면서 상업용 및 민간 응용 분야에서 우주의 역할이 커지고 있으며 미군은 이를 활용하는 것이 절대적으로 중요하다고 지적했다. 우주를 활용하는 여러 기술이 더욱 저렴해지고 그 기술적 설치 및 배치가 쉬워지고 있다는 것이다.

보고서는 특히 중국과 러시아가 이러한 기술발달을 활용하여 미국의 우주 지배력을 빠르게 약화시키고 있다고 분석한다. 러시아와 중국은 매우 공격적인 우주개발 계획을 운영하면서 "두 나라 모두 강력하고 효과적인 우주 서비스를 개발했으며, 최근 자체적인 GPS 위성 네트워크 구축을 통해 지구적인 차원에서 자신들의 군대를 지휘하고 통제할 수 있는 능력을 확보하고 향상된 정보 자산을 통해 미국과 연합군을 감시·추적하고 타격 목표로 삼는 능력을 확보하고 있다"(DIA, 2019: iii)라고 미군 관계자들은 분석한다.

중국은 2020년 3월 54번째의 베이더우北斗 위성을 쏘아 올리면서, 미국의 전 지구적 위성항법장치에 상응하는 베이더우 자체 위성시스템의 완성 단계에 와 있는 것으로 알려졌다(*Xinhua*, 2018.12.27; Howell, 2020.3.13). 이를 통해 위치·항해·시간 측정을 독자적으로 수행함으로써 현재 추진 중인 일대일로에 참여하는 국가들에 대한 영향력을 더욱 높이려 하는 것으로 파악된다(Wilson, 2017.1.5; Howell, 2020.3.13). 즉 중국은 미국의 GPS 네트워크가 전 세계에 무료로 제공되는 것과 같이 베이더우 네트워크를 무료로 제공하고 있으며, 일대일로에 참여하는 국가에 대해 적극적인 사용을 권장하고 있다. 특히 민간 용도뿐 아니라 고정밀도의 군사용 신호에도 접속을 허용하는 정책을 채택하여, 2013년부터 파키스탄이 참여하는 등 국제 네트워크 수립에도 힘쓰고 있다(Abi-Habib, 2018.12.19).

특히 중국은 현대전에서 정보 영역을 장악하는 수단의 핵심으로 우주의 중요성을 강조하고, 미국과 동맹국의 군사적 능력을 감소시키기 위한 주요 대응 수단으로서 접근하는 새로운 군사적 교리를 채택하고 있다고 분석된다. 이를 위해 중국은 다양한 우주 공간의 정찰, 정보위성, 적 위성을 겨냥한 지상 미사일, 위성 신호 송수신 체계 교란을 위한 전자파 무기, 적 우주 무기 체계에 대한 사이버 공격능력, 키네틱 킬 운반체, 궤도 위협 수단, 대우주 기반 무기를 포함한 다양한 대응 능력을 개발하고 있다. 중국은 2015 군사개혁을 통해 우주 작전의 중요성을 강조하고 우주·사이버 공간 및 전자 기능을 통합하기 위해 새로이 '전략지원부대Strategic Support Force'를 창설하고 사령부를 독립적으로 출범시켰다(DIA, 2019: 13~14; Costello and McReynolds, 2018). 트럼프 행정부의 '우주군'보다 먼저 이 분야의 명실상부한 '우주사령부'를 창설함으로써 미중 간 우주 전략경쟁의 불을 당긴 것이다.

중국의 인민해방군은 1991년 걸프전에서 미국의 첨단무기 시스템이 정보와 공군력의 우세를 기반으로 보여준 압도적 전투 능력에 주목해 왔다. 중국은 전투 능력의 차이를 극복하기 위해 우주 분야에서의 우월성, 정보 영역을 제어하는 능력 및 적에게 현대의 '정보화'전쟁을 수행하는 주요 구성 요소를 거부하는 것을 강조하는 새로운 전략을 수립한다. 이후 우주 및 대우주 작전의 중요성이 중국이 추진하는 국방개혁의 핵심 요소로 부상했다. 특히 중국군은 아시아 지역 내에서 군사 분쟁 시 미국의 개입을 저지하고 대응하기 위한 주요 수단으로 대우주작전의 중요성을 강조한다. 즉 정찰·통신·항법 및 조기경보 체제의 주요 수단인 적의 위성을 파괴함으로써 미군의 정밀유도무기 사용을 어렵게 할 수 있다는 것이다. 다음 **그림 3-1**에 보듯이 중국은 현재 미국에 이어 두 번째로 많은 120여 개의 정찰 관련 인공위성은 물론 30개의 통신위성을 보유하고 있다(DIA, 2019: 18~19). 2018년에 38개의 상업용 인공위성을 성공적으로 발사하고 2019년에는 서해상의 이동식 발사대에서 5대의 상업 위성을 새로이 발사하는 등 기술적 진전을 꾸준히 이루고 있다.

중국의 우주개발 노력은 시진핑 정부의 '중국몽中国梦' 선언과 더불어 보다 광범위하고 포괄적으로 진행되고 있다. 우주 분야는 앞으로 과학기술은 물론 국제 관계와 군사 부문의 전반에 걸쳐 민간과 군사 분야의 이익을 증진하는 데

그림 3-1 궤도상의 중국 위성 현황(2018년 5월 1일 기준)

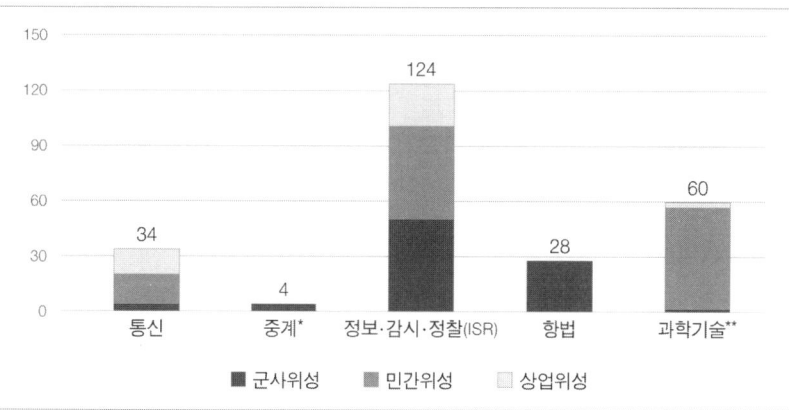

주: * 중계위성은 지상 관제소 범위 밖의 다른 위성과의 교신을 가능케 하는 위성이다.
    ** 과학기술 위성은 과학적 연구 또는 우주 기술 시험을 위한 위성을 지칭한다.
자료: DIA(2019: 18).

핵심 분야가 될 것으로 판단한다. 시진핑 정부는 "우주와 관련된 모든 분야에서 중국이 선도할 것"을 목표로 '거대한 우주를 탐사하고, 우주항공 기업을 발전시키며, 강력한 항공우주 국가를 건설'하는 '우주몽space dream'을 추구한다 (Space Security Research Center of the Aerospace Engineering University, 2019.3.7; Xinhua, 2016.4.24). 구체적으로는 2030년까지 중국이 우주 분야의 주요 선진국으로 도약하고 2045년에는 우주 장비와 기술면에서 최고의 선진국으로 부상하는 것을 목표로 하고 있다(Beall, 2017.11.18; Chi, 2017.11.17; Xinhua, 2017.1.30). 이를 위해 중국은 우주 시스템과 우주 관련 기술의 연구개발에 집중하는 정책을 펴고 있다.

중국은 2019년 1월에 달의 뒷부분에 로봇을 착륙시켜 탐사를 진행하는 데 세계 최초로 성공했다. 또한 10년 안에 로봇 달 기지와 자체 우주정거장을 건설하고 2030년대 중반까지 달에 인간을 착륙시키고, 화성은 물론 목성과 천왕성에도 탐사선을 보내는 것을 새로운 목표로 삼고 있다. 특히 2019년 중국은 1월의 달 착륙 실험에 이어 연말인 12월 27일에는 역대 최강의 우주로켓 창정 5

호Changzheng-5, 长征五号를 쏘아 올리면서 2020년대의 우주 탐사에 대한 의욕을 보였다. 중국 국가항천국 주도로 남부 하이난섬 원창 우주발사센터에서 발사된 창정 5호는 발사 37분 만에 무게 8톤의 시험 통신위성을 고도 3만 6000km의 정지궤도에 올려놓는 데 성공했다. 중국이 지금까지 개발한 로켓 중 가장 강력한 창정 5호는 높이 57미터로 저궤도에는 최대 25톤, 정지궤도엔 최대 14톤의 위성을 운반할 수 있다. 미국 보잉과 록히드마틴의 합작사인 유나이티드 론치 얼라이언스United Launch Alliance: ULA의 델타 4 로켓, 유럽우주국European Space Agency: ESA의 아리안 5 로켓과 동급이다(최지영, 2015; Jones, 2017.7.7; State Council Information Office, 2016; Zaho, 2017.9.29; Wall, 2016.11.3).

창정 5호 발사로 중국은 2019년에만 미국의 23회, 러시아의 20회를 훨씬 능가하는 34번의 로켓 발사를 실시했다. 이 중 두 차례의 실패 발사를 포함해도 중국은 2018년에 이어 2년 연속 세계 최대 로켓 발사국 자리를 지켰다. 동시에 중국은 2019년 3월에 로켓 누적 발사 횟수 300회를 돌파했다. 발사 횟수는 해를 거듭할수록 늘어나 창정 로켓의 첫 100회 발사까지는 37년이 걸렸으나, 이후 100회까지는 7.5년, 최근 100회까지는 약 4년이 걸렸다. 이에 따라 연간 평균 발사 횟수도 2.7회에서 13.3회, 23.5회로 늘어났다. 지금까지 창정 로켓은 506개의 중국 및 외국 우주선을 우주로 보냈다. 여기에는 6개의 유인우주선과 2개의 우주실험실, 4개의 달 탐사선이 포함되어 있다.

최근 중국의 도약은 2000년대에 들면서 본격화된 우주개발 노력의 연장선 상에 있다. 중국은 1999년 첫 우주선 '선저우神舟 1호'를 발사했고, 2003년에는 첫 유인우주선 '선저우 5호' 발사에 성공했다. 2008년엔 선저우 7호를 발사하여 세계에서 3번째로 우주 유영에 성공했다. 또한, 2007년에는 달 탐사 궤도선 창어嫦娥 1호를 발사하여 달 전체 화상을 전송했고, 표면에 존재하는 화학원소 분포 조사 등을 수행했다. 2011년에는 무인우주선 선저우 8호와 소형 우주실험실 톈궁天宮 1호가 343km 상공의 우주 공간에서 도킹에 성공했다. 총알보다 10배나 빠른 시속 2만 8800km로 움직이는 두 물체를 허용 오차 18cm 이내로 우주 공간에서 결합시킨 나라는 당시 미국과 러시아뿐이었다. 당시 중국의 우주 도킹 성공은 "중국판 스푸트니크 쇼크"라는 말이 나올 만큼 충격적인 사건으로 받아들여졌다(이주량, 2012: 18).

2020년은 1970년 중국이 최초로 독자 개발한 창정 1호로 첫 인공위성 둥펑훙東方紅 1호를 발사한 중국 우주개발 역사의 50주년이 되는 해였다. 창정 5호 발사를 기반으로 중국은 2020년을 우주굴기의 제2원년으로 삼고 야심 찬 3대 우주 탐사 프로젝트를 진행했다. 첫째로 중국우주정거장China Space Station: CSS '톈궁' 프로젝트의 시작이다. 중국은 옛 소련의 우주정거장 기술과 모델을 기반으로 2011년에 이미 소형 우주실험실을 쏘아 올린 적이 있다. 중국은 이를 기반으로 장기적으로 우주인이 머물 수 있는 대형 정거장 건설을 추진 중이다. 2016년 발간된 중국『우주백서2016年中国的航天 白皮书』에 의하면 그해 가을 천궁 2호 실험실과 유인우주선 선저우 11호가 도킹 후 부품 조립에 성공함으로써 본격적인 우주정거장 건설에 필요한 기본 기술과 능력을 구비한 것으로 평가하고, 2020년을 시작으로 최초의 우주정거장 건설을 계획하고 있다. 이를 위해 필요한 부품 중 핵심모듈 '톈허天和'의 무게가 20톤에 이르는데, 창정 5호의 성공으로 톈허의 운반이 가능해졌다. 중국은 2022년까지 우주정거장 완성을 목표로 하고 있다(State Council Information Office, 2016; Zhang, 2018.10.29; *Xinhua*, 2018.11.6; *Xinhua*, 2018.8.18).

둘째로 중국은 1976년 미국의 달 탐사 이후 최초로 달 표본을 수집해서 돌아올 달 탐사선 '창어嫦娥 5호' 발사를 계획하고 시행했다. 창어 5호는 원래 지난 2019년 가을에 발사할 계획이었으나 창정 5호 제작이 늦어져 연기된 바 있다(Jones, 2019.11.1). 2020년 11월 24일 발사된 창어 5호는 지구를 출발한 지 23일 만에 달 표본을 채취해 귀환함으로써 중국은 미국, 러시아에 이어 세 번째 달 표면 수집 국가가 되었다(≪한겨레신문≫, 2020.12.17). 이를 기반으로 중국은 2025년까지 달에 실험기지를 설치하고, 2036년까지 달에 사람을 보내는 한편 2050년까지 사람이 연구를 수행할 수 있는 R&D 기지를 건설하는 프로젝트를 추진 중이다(*Science and Technology Daily*, 2018.3.13; National Air and Space Intelligence Center, 2018.12.24).

셋째로 중국은 달 탐사의 성공을 기반으로 보다 깊은 우주로 진출을 시도하고 있다. 이를 위해 2020년 7월에 중국 최초의 화성 탐사선 '훠싱火星' 발사를 시도했다(Jones, 2020.3.25). 화성 주변을 도는 궤도 탐사선과 지상을 탐사할 로버로 구성된 화성 탐사선은 만약 성공한다면 미국이 1976년에 바이킹 탐사선을 보낸 이후 세계 두 번째의 화성 탐사가 될 것이다. 화성 탐사선을 발사하기 위해서는 지구와 화성 사이의 거리가 가까워지는 시기가 중요하며 2020년 7월을 놓치면 2년을 더 기다려야 한다. 미국 항공우주국의 '마스 2020Mars 2020'과 유럽우주국과 러시아 국가우주공사의 '엑소마스ExoMars'도 2020년 7월 발사를 계획하면서, 미중의 화성 탐사 경쟁은 이미 시작되었다(*Xinhua*, 2018.4.25; ≪한겨레신문≫, 2019.12.28). 실제 2020년 7월 23일 중국은 궤도선과 착륙선, 탐사 차량으로 구성된 트리플 탐사선 '톈원天問 1호'를 발사했다. 이후 7개월간의 항해 끝에 2021년 설 명절을 앞둔 2월 10일에 화성 궤도에 진입했다. 미국의 퍼시비어런스Perseverance 로버에 연이어 중국이 화성에 탐사 차량을 착륙시킬 경우, 미국과 러시아에 이은 세 번째 화성 착륙이 될 것으로 예고되었다(≪한겨레신문≫, 2021.2.11).

달 탐사를 주관하는 중국의 관계자는 중국의 달과 화성 탐사를 각기 동중국해의 센카쿠와 남중국해의 스프래틀리 군도에 비유하며 이들을 탐사하지 않는 것은 중국의 우주 '주권과 이익' 수호에 실패하는 것이라고 했다. 중국이 우주개발을 자신들이 핵심이익으로 정의하는 지정학적 이해관계에 못지않은 중요한 사안으로 접근한다는 반증이다(*China Youth Daily*, 2015.3.5).

중국의 우주굴기 노력은 국제사회에 자국의 영향력과 위상을 제고하려는 외교적 노력과 함께 진행되고 있다. 2018년 중국의 우주개발을 주도하는 국방부는 향후 중국이 건설하는 중국 우주정거장에 유엔 회원국들이 과학적 연구를 위한 목적으로 사용할 수 있는 기회를 제공할 것이라고 발표했다(UN Office for Outer Space Affairs, 2015.5.28: 2~5; *Xinhua*, 2018.4.19; 2016.10.16). 중국의 이러한 움직임은 2024년에 우주정거장에 대한 예산 지원이 끝나는 미국과 대조를 이루면서 우주에서의 정치적 위상을 강화하려는 의도를 보여준다(*Xinhua*, 2016.10.7).

중국은 민간 분야의 우주 진출에도 힘쓰고 있다. 민간 우주산업은 정부의 지원에 힘입어 최근 급성장하고 있는 인공위성 발사 시장을 저가로 장악하려는 노력을 기울이는 가운데, 아이스페이스I-Space와 같은 민간 기업이 미국의 아마존이나 테슬러와 같은 민간 선두기업의 우주산업 진출에 새로운 경쟁자로 뛰어들고 있다. 시장의 보도에 따르면, 최근 우주산업에 중국 정부가 승인한 민간 기업의 수가 2018년 30개에서 현재 거의 100개로 급속히 증가하는 모습을 보이고 있다. 이 중에서도 원스페이스OneSpace, 랜드스페이스LandSpace, 링크스페이스LinkSpace 및 아이스페이스와 같은 선도적인 기업은 2019년 민간 최초로 독자적으로 로켓을 궤도에 성공적으로 발사하기도 했다. 또한 링크스페이스는 2018년 여름에 일론 머스크의 스페이스X와 같이 재사용 가능한 로켓 실험을 성공적으로 시행하는 등 높은 기술력과 빠른 성장 가능성을 과시하기도 했다(Huang, 2019.7.25; He, 2019.9.4).

중국의 민간 우주산업은 아직은 미국이나 유럽에 비해 규모나 기술력에서 많은 제약을 갖고 있는 것이 현실이다. 중국 정부는 2014년에 상업적 우주 회사에 대한 민간 투자를 공식적으로 허용하기 시작했지만, 여전히 엄격한 규제를 적용하고 있다. 그러나 최근 중국 정부가 민간 투자를 장려하면서 정부 시설과 발사 장소에 대한 접근을 제공하고 있다. 이들 신생 기업은 국가적 사업과는 경쟁을 피하면서 주로 초소형 위성, 재사용 가능한 로켓 및 저가 운송 서비스와 같은 효율적이고 저렴한 기술에 사업 중점을 두고 있다. 그럼에도 향후 시장 상황에 따라 이들이 가진 기술적 잠재력과 비용 면에서의 매력이 점점 부각될 것으로 기대된다(Brown, 2020.1.7).

5. 결론

최근 트럼프 행정부의 무역 전쟁에 이어 인도·태평양 전략, 화웨이에 대한 제조업과 5G 기술 전쟁, 그리고 금융 부문에 대한 개방 압박으로 이어지는 미중의 경쟁은 중국의 부상과 이를 견제하려는 미국 간 패권경쟁의 전형을 보여준다. 이러한 미중의 패권경쟁은 향후 21세기 인류 신산업의 미래와 군사기술의 주요 분야로 여겨지는 우주 분야에서도 본격화되는 모습을 보인다. 트럼프 행정부는 우주 분야를 사이버 분야와 더불어 21세기 안보위협의 가장 중요한 분야로 지정하고 우주군을 창설하는 과정에서 중국의 위협을 가장 중요한 이유로 내세웠다. 중국의 시진핑 정부는 이보다 앞선 2015년 중국 로켓군을 독자적인 전략군으로 승격시키는 한편 우주몽을 선포하면서 2050년까지 최고의 우주 기술 선진국이 되려는 우주굴기를 추구하고 있다.

앞서 살펴본 미중의 21세기 우주경쟁은 다음의 몇 가지 특징을 보인다. 첫째, 우주 분야의 군사적 중요성이 증대하고 있다. 우주는 군사위성 등을 통해 지상의 전투를 지원하는 보조적인 차원을 넘어서고 있다는 것이다. 대신 우주공간에서의 전투 지원과 정보 제공, 상황인식 등은 오늘날 현대전에서 더 큰 핵심 역할을 수행하며, 따라서 이들 자체에 대한 파괴와 공격능력은 물론 우주에 기반을 둔 전장 작전 능력이 더욱 중요해질 것이다. 따라서 우주에서의 군사작전이 패권경쟁의 중요한 분야로 인식된다.

둘째, 우주는 군사뿐 아니라 21세기 경제와 산업 발전에도 더욱 중요한 분야로 부상하고 있다. 우주를 기반으로 한 통신은 전 지구적 인터넷과 통신망의 구축을 통해 새로운 경제적 기회와 지배력을 제공한다. 우주여행과 탐사도 더이상 공상과학이 아닌 새로운 비즈니스의 영역으로 떠오르고 있다. 미국의 최신 민간 기업들이 여기에 엄청난 자본과 인력을 투자하며 뛰어들고 있다. 여기에 중국 기업들도 가세하면서 미중의 21세기 우주 신산업 패권경쟁도 가열될 것으로 보인다.

셋째, 21세기 우주는 단순히 현재 지구를 중심으로 한 군사·경제 패권을 넘어서 인류가 당면한 기후, 환경, 자원 등의 궁극적 문제 해결을 위한 새로운 장을 여는 분야가 될 잠재성이 무한하다. 21세기에는 인류가 지구를 벗어나 새로운 영역과 공간을 개척하는 새 역사가 쓰일 수 있다. 미국과 중국이 앞다투어 달 탐사는 물론 화성 탐사에 나서는 이유이다. 바야흐로 미중 패권경쟁이 지구를 넘어 우주로 확산한다면 21세기는 국제정치에 이어 우주정치의 시대가 도래할지도 모른다.

마지막으로 우주 분야는 지구에서의 패권을 다투는 미중의 위상경쟁에도 중요한 의미를 가진다. 우주 분야에서의 기술력과 새로운 분야 개척이 양국의 자부심과 리더십에 큰 영향을 줄 것이다. 미국과 중국의 우주경쟁은 과거 미소 간의 자존심 경쟁과 비슷한 양상을 보이고 있다. 중국의 우주 기술력은 아직 미국에 비해 그 역사와 수준이 대부분의 분야에서 뒤처져 있지만, 적극적인 투자와 집중력을 발휘하여 미국이 40년에 걸쳐 이룬 것을 20년에 이루는 식의 무서운 속도로 추격 중이다(Bowe, 2019.4.11: 2). 이러한 두 거인 간의 경쟁이 인류의 우주 개척과 기술개발에 유효한 촉진제가 된다면 미중의 우주경쟁이 꼭 우려스러운 것만은 아니다. 과거 미소 우주인이 우주정거장에 함께 도킹하여 조우하며 협력하는 모습을 미중이 다시 재현한다면 양국뿐 아니라 인류의 미래도 밝아질 것이다.

≪동아사이언스≫. 2021.4.8. "스페이스X "위성 5번 더 쏘면 전 세계 우주 인터넷 서비스 가능해"."
  http://dongascience.donga.com/news.php?idx=45505 (검색일: 2020.4.28).
유준구. 2018. 「트럼프 행정부 국가우주전략 수립의 의미와 시사점」. ≪IFANS 주요국제문제분석≫
  (2018-47). 1~19쪽. http://www.ifans.go.kr/knda/ifans/kor/pblct/PblctView.do?clCode=P01&pblct
  DtaSn=13310&koreanEngSe=KOR (검색일: 2020.4.28).
이주량. 2012.1.19. 「중국의 거침없는 우주개발 행보: 세계, 놀라움과 우려의 엇갈린 시선」. ≪Chindia
  Journal≫. 18~20쪽. https://www.posri.re.kr/files/file_pdf/53/222/1388/53_222_1388_file_pdf_

1201-04_05_Issue.pdf (검색일: 2020.4.28).

최지영. 2015. 「중국의 새로운 우주개발 계획」. 한국항공우주연구원. e-정책정보센터.

≪한겨레신문≫. 2019.12.28. "중국, 2020년 우주 '세마리 토끼'에 도전".

_____. 2020.12.17. "중국 창어5호, 달 표본 싣고 지구에 안착". https://m.hani.co.kr/arti/science/science_general/974620.html#cb (검색일: 2020.4.28).

_____. 2021.2.11. "중국도 화성 궤도 진입에 성공, 세계 6번째". https://www.hani.co.kr/arti/science/future/982705.html (검색일: 2020.4.28).

Abi-Habib, Maria. 2018.12.19. "China's 'Belt and Road' Plan in Pakistan Takes a Military Turn." *The New York Times*. https://www.nytimes.com/2018/12/19/world/asia/pakistan-china-belt-road-military.html (검색일: 2020.4.28)

Alanbach, Joel. 2016.4.26. "Trump and Pence push 'America First' agenda to the moon and outer space." *The Washington Post*. https://www.washingtonpost.com/national/health-science/trump-and-pence-push-america-first-agenda-to-the-moon-and-outer-space/2019/04/25/61ce9df4-5f98-11e9-9ff2-abc984dc9eec_story.html (검색일: 2020.4.28).

Amos, Jonathan. 2017.3.31 "Success for SpaceX 're-usable rocket'." *BBC News*. https://www.bbc.com/news/science-environment-39451401 (검색일: 2020.4.28).

_____. 2017.9.29. "Elon Musk: Rockets will fly people from city to city in minutes." *BBC NEWS*. https://www.bbc.com/news/science-environment-41441877 (검색일: 2020.4.28).

Beall, Abigail. 2017.11.18. "Everything You Need to Know about China's Ambitious Space Plans." *Wired*. http://www.wired.co.uk/article/chinas-space-plans (검색일: 2020.4.28)

Bowe, Alexander. 2019.4.11. "China's Pursuit of Space Power Status and Implication, US-China Economic and Security Review Commission." p.2 https://www.uscc.gov/sites/default/files/Research/USCC_China's%20Space%20Power%20Goals.pdf (검색일: 2020.4.28).

Brown, Tanner. 2020.1.7. "Private sector is no longer a bit player in China's big space plans." Market Watch. https://www.marketwatch.com/story/private-sector-is-no-longer-a-bit-player-in-chinas-big-space-plans-2020-01-06 (검색일: 2020.4.28).

Bryce Space and Technology. 2017. "Global Space Industry Dynamics: Research Paper for Australian Government, Department of Industry, Innovation and Science." p.1. https://www.industry.gov.au/sites/default/files/2019-03/global_space_industry_dynamics_-_research_paper.pdf (검색일: 2020.4.28).

CBS NEWS. 2019.7.20. ""Corporate astronaut": How billionaires are joining the space race." https://www.cbsnews.com/news/elon-musk-jeff-bezos-richard-branson-how-billionaires-are-joining-the-space-race-2019-07-20/ (검색일: 2020.4.28).

Chang, Kenneth. 2012.5.25. "SpaceX Dragon Docks With International Space Station." *The New York Times*. https://www.nytimes.com/2012/05/26/science/space/space-x-capsule-docks-at-space-station.html (검색일: 2020.4.28).

_____. 2016.9.27. "Elon Musk's Plan: Get Humans to Mars, and Beyond." *The New York Times.* https://www.nytimes.com/2016/09/28/science/elon-musk-spacex-mars-exploration.html (검색일: 2020.4.28).

Chi, Ma. 2017.11.17. "China Aims to Be World-Leading Space Power by 2045." *China Daily.* http://www.chinadaily.com.cn/china/2017-11/17/content_34653486.htm (검색일: 2020.4.28).

China Youth Daily. 2015.3.5. "Ye Peijian: If We Don't Go to Mars Today, It Will Be Difficult to Go in the Future." http://politics.people.com.cn/n/2015/0305/c70731-26638965.html. (검색일: 2020.4.28).

Clark, Stephen . 2008.9.28. "Sweet success at last for Falcon 1 rocket." SPACEFLIGHT NOW. https://spaceflightnow.com/falcon/004/index.html (검색일: 2020.4.28).

Costello, John and Joe McReynolds. 2018. *China's Strategic Support Force: A Force for a New Era.* National Defense University Institute for National Strategic Studies, 1.

David, Leonard. 2019.12.21. "Trump Officially Establishes US Space Force with 2020 Defense Bill Signing." Space.Com https://www.space.com/trump-creates-space-force-2020-defense-bill.html (검색일: 2020.4.28).

Defense Daily. "Kinetic Energy Anti-Satellite (KE-ASAT)." https://www.defensedaily.com/kinetic-energy-anti-satellite-ke-asatmanufacturerboei/ (검색일: 2020.4.28).

Defense Intelligence Agency(DIA). 2019. "Challenges to Security in Space." p.7. https://www.dia.mil/Portals/27/Documents/News/Military%20Power%20Publications/Space_Threat_V14_020119_sm.pdf (검색일: 2020.4.28)

Etherington, Darrel. 2017.9.29. "Elon Musk shares images of "Moon Base Alpha" and "Mars City" ahead of IAC talk." TechCrunch. https://techcrunch.com/2017/09/28/elon-musk-tweets-image-of-moon-base-alpha-concept-ahead-of-mars-talk/ (검색일: 2020.4.28).

GPS: The Global Positioning System. www.gps.gov. (검색일: 2020.4.28).

He, Barry. 2019.9.4. "China's booming private aerospace industry." *China News.* http://www.china.org.cn/opinion/2019-09/04/content_75170364.htm (검색일: 2020.4.28).

Hecht, Jeff. 2019.6.28. "A "Star Wars" sequel? The allure of directed energy for space weapons." Bulletin of the Atomic Scitientists. https://thebulletin.org/2019/06/a-star-wars-sequel-the-allure-of-directed-energy-for-space-weapons/ (검색일: 2020.4.28).

Howell, Elizabeth. 2020.3.13. "China's new navigation system is nearly complete with penultimate Beidou satellite launch." Speace.Com. https://www.space.com/china-long-march-3b-rocket-launches-54th-beidou-satellite.html (검색일: 2020.4.28).

Huang, Echo. 2019.7.25. "A private Chinese space firm successfully launched a rocket into orbit." Quartz. https://qz.com/1674426/ispace-to-attempt-chinas-third-private-rocket-launch/ (검색일: 2020.4.28).

Jones, Andrew. 2017.7.7. "Why China's Long March 5 Is Crucial to Its Space Ambitions." *GB Times.* https://gbtimes.com/whychinas-long-march-5-crucial-its-space-ambitions (검색일: 2020.4.28).

_____. 2019.11.1. "China targets late 2020 for lunar sample return mission." *SpaceNews*. https:// spacenews.com/china-targets-late-2020-for-lunar-sample-return-mission/ (검색일: 2020.4.28).

_____. 2020.3.25. "Here's Where and How We Think China Will Land on Mars: China's 2020 HX-1 Mars mission will draw on previous lunar explorations and human spaceflights." Spectrum. https://spectrum.ieee.org/tech-talk/aerospace/robotic-exploration/where-how-china-mars-mission-news (검색일: 2020.4.28).

Malik, Tariq. 2020.2.19. "SpaceX will fly space tourists on Crew Dragon for Space Adventures." Space.Com https://www.space.com/spacex-crew-dragon-will-fly-space-tourists.html (검색일: 2020.4.28).

Military Balance 2020. 2020. "The space domain: towards a regular realm of conflict?" IISS, pp.17~20. https://www.iiss.org/publications/the-military-balance/military-balance-2020-book/ the-space- domain-towards-a-regular-realm-of-conflict (검색일: 2020.4.28).

NASA. "NASA Technologies Benefit Our Lives." NASA Technology Transfer Program. https:// spinoff.nasa.gov/Spinoff2008/tech_benefits.html (검색일: 2020.4.28).

National Air and Space Intelligence Center. 2018.12.24. "Competing in Space." https://media. defense.gov/2019/Jan/16/2002080386/-1/-1/1/190115-F-NV711-0002.PDF (검색일: 2020.4.28).

Pence, Mike. 2019.3.26. "Remarks by Vice President Pence at the Fifth Meeting of the National Space Council." Huntsville, AL https://www.whitehouse.gov/briefings-statements/remarks-vice-president-pence-fifth-meeting-national-space-council-huntsville-al/ (검색일: 2020.4.28).

Science and Technology Daily. 2018.3.13. "China Plans to Launch Chang'e-4 This Year: Let the Moon Show Its True Colors." Translation. http://www.xinhuanet.com/politics/2018-03/13/c_ 1122528356.htm (검색일: 2020.4.28).

Secretary of the Air Force Public Affairs. 2019.12.20. "With the stroke of a pen, U.S. Space Force becomes a reality." U.S. Air Force. https://www.af.mil/News/Article-Display/Article/2046061/ with-the-stroke-of-a-pen-us-space-force-becomes-a-reality/ (검색일: 2020.4.28).

Space Foundation. 2019. "The Space Briefing Book, A Reference Guide to Modern Space Activities." p.19. https://www.spacefoundation.org/wp-content/uploads/2019/10/SpaceFoundation_ Space101.pdf (검색일: 2020.4.28).

Space Security Research Center of the Aerospace Engineering University. 2019.3.7. "Firming Up the High Ground of National Security in Outer Space." China Military Online. Translation. http://www.qstheory.cn/llwx/2019-03/07/c_1124202138.htm (검색일: 2020.4.28).

Space.Com. https://www.space.com/trump-creates-space-force-2020-defense-bill.html (검색일: 2020.4.28).

State Council Information Office. 2016.12.27. "China's Space Activities in 2016." U.S.-China Economic and Security Review Commission 19. http://english.gov.cn/archive/white_paper/ 2016/12/28/content_281475527159496.htm (검색일: 2020.4.28).

The Senate Armed Services Committee. 2019.4.11. "STATEMENT OF ACTING SECRETARY OF DEFENSE PATRICK M. SHANAHAN & CHAIRMAN OF THE JOINT CHIEFS GENERAL JOSEPH F. DUNFORD, BEFORE THE SENATE ARMED SERVICES COMMITTEE." https://www.armed-services.senate.gov/imo/media/doc/Shanahan_Dunford_04-11-19.pdf (검색일: 2020.4.28).

The White House. 2017. "National Security Strategy of the United States of America." http://www.whitehouse.gov/wp-content/uoloads/2017/12/NSS-final-12-18-2017-0925.pdf (검색일: 2020.4.28).

_____. 2018.3.23. "Fact Sheet: President Donald J. Trump is Unveiling an America First National Space Strategy." https://www.whitehouse.gov/briefings-statements/president-donald-j-trump-unveiling-america-first-national-space-strategy/ (검색일: 2020.4.28).

U.S. Space Force Public Affairs. 2019.12.20. "U.S. Space Force Fact Sheet." WASHINGTON, DC, UNITED STATES. https://www.dvidshub.net/news/356875/us-space-force-fact-sheet (검색일: 2020.4.28).

UN Office for Outer Space Affairs. 2018.5.28. "First Announcement of Opportunity." United Nations/China Cooperation on the Utilization of the China Space Station. pp.2~5. http://www.unoosa.org/documents/doc/psa/hsti/CSS_1stAO/CSS_1stAO_Announcement_2018.pdf (검색일: 2020.4.28)

United Nations Office for Outer Space Affars[1]. "Benefits of Space: Communication." https://www.unoosa.org/oosa/en/benefits-of-space/communication.html (검색일: 2020.4.28).

_____[2]. "Sustainable Development Goal 13: Climate Action." https://www.unoosa.org/oosa/en/ourwork/space4sdgs/sdg13.html (검색일: 2020.4.28).

_____[3]. "Sustainable Development Goal 9: Industry, Innovation and Infrastructure." https://www.unoosa.org/oosa/en/ourwork/space4sdgs/sdg9.html (검색일: 2020.4.28).

von Spreckelsen, Malte. 2018. "Electronic Warfare−The Forgotten Discipline: Why is the Refocus on this Traditional Warfare Area Key for Modern Conflict?" *The Journal of the JAPCC*, No.27, Joint Airpower Competence Center. pp.41~45. https://www.japcc.org/wp-content/uploads/JAPCC_J27_screen.pdf (검색일: 2020.4.28).

Wall, Mike. 2016.11.3. "China Launches Heavy-Lift Long March 5 Rocket for 1st Time." Space. https://www.space.com/34601-china-launches-longmarch-5-heavy-lift-rocket.html (검색일: 2020. 4.28).

Wattles, Jackie .2020.4.22. "SpaceX moves ahead with Starlink satellite launch amid pandemic." *CNN Business*. https://edition.cnn.com/2020/04/22/tech/spacex-starlink-satellite-launch-scn/index.html (검색일: 2020.4.28).

_____. 2020.6.1. "SpaceX's Crew Dragon took flight in historic mission. What's next?." *CNN Business*. https://edition.cnn.com/2020/06/01/tech/spacex-crew-dragon-mission-whats-next-scn/index.html (검색일: 2020.4.28).

Weaver, Matthew. 2015.12.22. "'Welcome back, baby': Elon Musk celebrates SpaceX rocket launch-and landing." *The Guardian.* https://www.theguardian.com/science/2015/dec/22/welcome-back-baby-elon-musk-celebrates-spacex-rocket-launch-and-landing (검색일: 2020.4.28).

Wilson, Jordan. 2017.1.5. "China's Alternative to GPS and Its Implications for the United States." U.S.-China Economic and Security Review Commission, pp.2, 7. https://www.uscc.gov/sites/default/files/Research/Staff%20Report_China%27s%20Alternative%20to%20GPS%20and%20Implications%20for%20the%20United%20States.pdf (검색일: 2020.4.28).

Xinhua. 2016.10.16. "China Manned Space Agency Will Shift from Exploration Experiments to the Phase of Normalized Space Station Operation: Visiting China Manned Space Engineering Office Deputy General Director and Central Military Commission Equipment Development Department ViceChairman Zhang Yulin." Translation. http://www.xinhuanet.com//politics/2016-10/16/c_1119726209.htm (검색일: 2020.4.28).

_____. 2016.10.7. "China May Be Only Country with Space Station in 2024." http://www.xinhuanet.com/english/2016-10/07/c_135736657.htm (검색일: 2020.4.28).

_____. 2016.4.24. "Xi Jinping: Persist with Innovation to Drive Development, Bravely Climb to the Technical Peak, and Compose a New Chapter of China's Aerospace Endeavors." Translation. http://www.xinhuanet.com//politics/2016-04/24/c_1118719221.htm (검색일: 2020.4.28).

_____. 2017.1.30. "Towards the Depths of the Cosmos! China Will Carry Out Four Major Deep Space Exploration Missions in the Future." http://www.xinhuanet.com/politics/2017-01/30/c_1120394632.htm (검색일: 2020.4.28).

_____. 2018.11.6. "Full-Size Model of China's Core Space Station Module Debuts in Zhuhai." http://www.xinhuanet.com/english/2018-11/06/c_137586609.htm (검색일: 2020.4.28).

_____. 2018.12.27 "China's Beidou Officially Goes Global." http://www.xinhuanet.com/english/2018-12/27/c_137702956.htm. (검색일: 2020.4.28).

_____. 2018.4.19. "China Strengthens International Space Cooperation." http://www.xinhuanet.com/english/2018-04/19/c_137123117.htm (검색일: 2020.4.28).

_____. 2018.4.25. "China Outlines Roadmap for Deep Space Exploration." http://www.xinhuanet.com/english/2018-04/25/c_137136188.htm (검색일: 2020.4.28).

_____. 2018.8.18. "China Tests Propulsion System of Space Station's Lab Capsules." http://www.xinhuanet.com/english/2018-08/18/c_137399873.htm. (검색일: 2020.4.28).

Zhang Zhihao. 2018.10.29. "Tiangong II Pushes New Research Boundaries," *China Daily.* https://www.chinadailyasia.com/articles/13/8/3/1540785090156.html (검색일: 2020.4.28).

Zhao Lei. 2017.9.29. "Long March Rocket Launch a Success." *China Daily.* http://www.chinadaily.com.cn/a/201709/29/WS5a0be6b6a31061a738404fe1.html (검색일: 2020.4.28).

Zuckerman, Laurence. 1998.5.21. "Satellite Failure Is Rare, And Therefore Unsettling." *The New York Times.* https://www.nytimes.com/1998/05/21/business/satellite-failure-is-rare-and-therefore-unsettling.html (검색일: 2020.4.28).

4 사이버 심리전의 미중경쟁과 한국*
미국과 유럽의 대응과 함의

송태은 | 국립외교원

1. 서론

　최근 전투원 간의 직접적인 교전 혹은 가시적인 군사활동이 부재하거나, 전통적인 무력 수단과 비전통적 위협 수단을 복합적으로 사용하며 국가 시스템과 정부의 의사결정을 무력화하려는 '하이브리드 위협hybrid threats' 혹은 '하이브리드전hybrid warfare'이 빈번하게 발생하고 있다. 대개 소셜미디어 플랫폼social media platform에서 대규모의 허위 조작 정보를 유포disinformation campaign하는 방법이 빈번하게 이용되는 사이버 심리전psychological warfare은 하이브리드 위협의 한 형태로서 다른 형태의 위협과 결합될 때 파괴력이 배가될 수 있다. 지상·해상·항공·사이버 공간 등 복합적인 전장을 사용하는 하이브리드 위

***

* 이 글은 《세계지역연구논총》 제39권 1호(2021)에 게재한 저자의 논문 「디지털 시대 하이브리드 위협 수단으로서의 사이버 심리전의 목표와 전술」에 중국에 대한 분석을 추가하여 편집·수록한 것임을 밝힌다. 또한 이 글은 저자의 견해를 바탕으로 집필한 저작으로 외교부의 공식 입장과는 무관하다.

협은 테러, 생화학 및 핵 위협, 해적 행위, 주요 에너지 자원 및 전략자원에 대한 접근 차단, 국가 주요 기관이나 기반시설에 대한 사이버 공격이나 해킹 등을 통해 전개되고, 여기에 사이버 심리전이 결합됨으로써 국가안보와 사회 전체의 회복력resilience을 심각하게 약화시킬 수 있다.

이러한 사이버 심리전은, 대규모의 군사력을 동원하지 않고, 공격 의도를 은폐하기 위해 공격 주체의 노출을 최소화하면서 전략적 목적을 달성하려는 현대 하이브리드전의 효과적인 위협 수단으로 부상하고 있다. 전통적인 전쟁과 달리 공격 주체의 공식적인 선전포고와 전장이 부재하고 군사적 수단과 비군사적 수단이 다전장에서 혼합되어 동시다발로 사용될 수 있는 하이브리드전에서 사이버 심리전은 여론을 쉬운 공격 대상으로 삼으며 공격의 유무 자체를 쉽게 은폐할 수 있다. 사이버 심리전은 공격 대상으로 삼는 사회 내에 이미 존재하고 있는 갈등과 분열을 효과적으로 활용할 수 있는 가장 모호한 형태의 하이브리드 전술이라고 볼 수 있다.

2014년 크림반도 합병 당시 러시아가 전개한 여론전은 우크라이나 대중을 공격 목표로 삼았기 때문에, 당시 미국과 유럽의 러시아발發 하이브리드 위협 대응에 대한 논의는 사이버 심리전에 초점을 둔 것은 아니었다. 하지만 2016년 영국의 브렉시트Brexit 국민투표와 미국 대선을 시작으로 하여 2020년 미 대선에 이르기까지 미국과 유럽의 거의 모든 주요 선거가 외부로부터의 사이버 심리전 공격을 받게 되면서 서구권은 심리전의 하이브리드 위협에 주목하기 시작했다. 최근 중국도 홍콩이나 대만 등 중국어권을 비롯하여 미국과 유럽 대중을 상대로 러시아의 심리전과 비슷한 방식으로 소셜미디어 플랫폼을 통해 허위 조작 정보를 대규모로 유포하는 활동을 전개함에 따라 그동안 러시아의 심리전에 주목해 온 미국이 중국의 심리전에도 주목하게 되었다.

2021년 3월 16일 바이든 행정부 출범 이후 신설된 미 하원 군사위원회 산하 정보·특수전 소위원회House Armed Services Subcommittee on Intelligence and Special Operations는 "회색지대의 허위 조작 정보: 기회, 한계, 도전Disinformation in the

Gray Zone: Opportunities, Limitations, and Challenges"이라는 주제하에 청문회를 개최하고 중국과 러시아의 심리전 활동에 대한 국방부의 보고를 청취했다. 제임스 설리번James Sullivan 국방정보국Defense Intelligence Agency: DIA 사이버 담당관 Defense Intelligence Officer for Cyber은 소셜미디어와 인공지능을 이용한 심리전 활동에 있어서 현재 러시아의 심리전 역량이 가장 강력하지만 중국도 인공지능artificial intelligence: AI 기계학습machine learning을 통해 러시아의 심리전 기술력을 추월할 것으로 내다봤다(House Armed Services Committee, 2021).

미국과 유럽이 타국발㉗ 사이버 심리전에 예민한 반응을 보이고 있는 것은 이러한 심리전이 서구권의 대중을 직접적인 공격 상대로 삼고 있고, 평시에도 사회교란과 민주주의 제도의 약화 등 악의적인 공격을 수시로 전개할 수 있기 때문이다. 러시아, 중국, 이란 등 권위주의 진영이 전개한 사이버 심리전은 서구권 온라인 공론장의 연결성connectivity과 개방성openness이 갖는 취약성을 이용하여 여론을 왜곡하고 사회분열을 극대화하며 선거 과정의 정당성, 더 나아가 정부의 정당성까지 공격하는 등 민주주의 제도의 핵심 기능과 가치를 집중적으로 훼손하려는 시도를 보였던 것이다. 미국과 유럽은 자국의 선거 여론이 허위 조작 정보의 공격만으로도 심각하게 교란되는 상황을 직접 경험하면서 이러한 공격을 단순히 여론 왜곡 시도를 넘어선 서구권의 주권과 민주주의 제도에 대한 직접적인 파괴행위로 간주하게 되었고, 다양한 조사를 통해 그러한 심리전이 AI 알고리즘 기술이 동원된 디지털 프로파간다 활동임을 발견했다(송태은, 2019: 180~190).

이러한 맥락에서 이 글은 최근 세계 정보 커뮤니케이션 환경의 변화와 함께 빈발하고 있는 사이버 심리전이 어떤 방식으로 공격 대상 국가의 위기를 유발하며, 어떤 전술을 사용하고 있는지 살펴본다. 2절과 3절에서는 사이버 심리전이 하이브리드 위협의 한 수단으로서 어떤 목표를 갖고 있으며, 어떤 공격 행태 및 전술을 보여주는지 짚어본다. 4절에서는 최근 중국이 러시아의 방식을 모방하여 중국어권과 서구권을 대상으로 소셜미디어 공간에서 허위 조작 정보를 확산시키며 자국의 체제우위를 선전하려 했던 시도들을 살펴본다. 5절에서는 사이버 심리전 공격에 대해 가장 먼저 체계적으로 군사적 태세를 마련하고 있는 미국과 유럽이 어떤 방식으로 대응 태세를 갖추고 있는지 구체적으로 짚어본다. 끝으로 6절은 사이버 심리전에 대한 대응을 강화하고 있는 서구권의 조치가 우리에게 주는 함의를 짚어보는 것으로 이 글을 마무리한다.

2. 사이버 심리전의 목표

21세기로의 진입 시점에서 빈발하고 있는 사이버전은 초연결 시대의 현대 국가 시스템을 효과적으로 무력화할 수 있는 위협 수단이며, 대개 허위 조작 정보의 유포 형태를 띠는 사이버 심리전은 사이버 공격에 수시로 동반되는 주요한 위협 수단이다. 심리전은 목표 청중의 생각·감정·행동에 영향을 끼치려는 체계적인 형태를 갖춘 의도적이고 조직적인 설득 행위로서, 전하려는 메시지를 미디어를 통해 통제된 방식으로 전달하는 프로파간다 활동이다. 특히 전시wartime 심리작전psychological operation은 적의 사기나 전투 및 저항 의지를 꺾고 아군 및 동맹의 결의와 사기는 강화시켜 자국의 위치를 우월하게 만드는 것을 목표로 한다(CIA, 1948). 심리전 공격 주체는 특정한 정치적 혹은 이념적 메시지를 전파할 수도 있지만, 공격 대상이 되는 정부의 정당성과 제도의 권위를 훼손하여 상대적인 정치적 우위political dominance, political supremacy를 확보하는 것이 일차적 목표이다.

2006년 이스라엘-레바논Lebanon 전쟁, 2007년 러시아-에스토니아Estonia 분쟁, 2008년 러시아-조지아Georgia 분쟁, 2012년 가자-이스라엘 분쟁, 2013년 이스라엘-하마스 교전 및 2014년 러시아-우크라이나 분쟁은 모두 사이버 공격에 사이버 심리전이 동반된 대표적인 하이브리드전 사례이다(Hoffman, 2007: 7~8; McCulloh and Johnson, 2013; Calha, 2015). 2014년 우크라이나 침공에서 러시아는 국가보안위원회KGB의 후신인 연방보안국FSB과 군사정보국GRU뿐 아니라 민간 기업인 '인터넷연구소Internet Research Agency: IRA'와 같은 '트롤팜troll farm' 등의 비국가 행위자를 동원하여 우크라이나에 대한 정보활동과 여론 공작 등 사이버 심리전을 전개했다. 러시아는 2016년부터 서구권 선거를 심리전의 공격 대상으로 삼고 민간 기업과 계약을 맺어 대리 공격을 수행하도록 했고, 이후에도 비슷한 방식으로 서구권에 대해 사이버 심리전을 전개하며 책임 소재를 피해나갔다. 이렇게 사이버 심리전은 일반적인 사이버 공격과 마찬가지로 국가와 계약을 체결하고 정보·군사 활동을 수행하는 민간 기업도 이용되는 등 '전쟁의 외주outsourcing'가 가능하다(조한승, 2012: 25~26).

사이버 심리전은 공격 주체를 은폐하고 책임 소재를 불분명하게 만드는 데에 유리하고, 개방된 온라인 공론장과 소셜미디어 플랫폼은 사실상 언제든지 공격을 취할 수 있는 열린 전장이나 다름없다. 비가시적 영역인 디지털 커뮤니케이션 공간에서 전개되는 사이버 심리전은 공격 주체의 모호성을 극대화하고 공격을 받은 대상의 즉각적인 복수가 불가능하며 적절한 복수 수단도 부재하다. 2016년 이후 러시아가 동유럽과 서구권에서 구사한 가짜 뉴스 유포를 통한 사이버 심리전에 대해 미국과 유럽은 선거 이전 그러한 공격 정황을 인지하고 있었음에도 불구하고 신속한 대응을 취하지 못했다. 사이버 공간에서의 국가·비국가 행위자의 행위를 규제할 국제규범과 레짐이 제대로 형성되어 있지 않은 데다가, 인명 피해를 발생시키지 않는 사이버 심리전은 무력 공격으로 인식되지 않으므로 공격을 받은 대상의 즉각적인 군사적 보복이 어렵기 때문이다(Carment and Belo, 2018).

하이브리드전은 국가 행위자의 정책결정을 지연시키고 국가 시스템을 마비시키며 정치제도의 정상적인 기능을 방해하는 등 전복적인 목표를 추구한다. 이러한 하이브리드전의 목표를 달성하기 위해 사이버 심리전은 사회교란과 분열을 극대화하여 공격자가 정치적 우위를 달성하는 과정을 용이하게 만들어준다. 2014년 크림반도 합병 과정에서 러시아는 군사적·비군사적 수단을 혼합하여 압도적인 군사력 사용의 필요성을 축소시키고, 전면적인 공격을 통해 상대방을 패배시키기보다 비전통적·비대칭적·간접적 군사행동으로 정치적 우위를 달성할 수 있었다. 즉 러시아는 심리전을 통해 우크라이나 사회의 혼란과 불안을 유발하고 대리전을 수행하면서 우크라이나 침공의 최종 국면에서 결정적인 군사행동을 전개하는 전략을 취했다(김경순, 2018: 64~90).

심리전은 권위주의 레짐의 고유한 전술이 아니다. 프로파간다 활동 자체가 과거 양차대전과 냉전기를 더 거슬러 올라가 중세시대의 가톨릭교회 등 다양한 정치세력이 사용한 전술이기 때문이다. 러시아의 시각에서 소련의 붕괴와 아랍의 봄, 오렌지 혁명은 서구 민주주의 진영에 의한 전복적인 프로파간다 활동이다. 따라서 러시아 입장에서는 대중에게 끼친 정보의 위협적인 전략을 러시아의 세력권인 우크라이나에서 전개한 것이라고 주장할 수 있다(Horybho 2015, 10~11; 신범식·윤민우, 2020: 170). 특히 디지털 정보통신기술information and communication technology: ICT의 발전과 온라인 네트워크 및 사물인터넷internet of things: IoT에 의한 초연결 사회hyper-connected society의 연결성은 사이버전 수행 주체의 시각에서는 공격의 파괴력을 최대화할 수 있는 취약점으로 인식하게 만들었다. 결과적으로 시간과 장소에 구애받지 않고 언제든지 선제공격이 가능한 사이버 심리전은 공격 대상 사회에 상시적 위기를 유발할 수 있는 효과적인 위협 수단이다.

표 4-1에서 보는 바와 같이 2000년대에 들어 발생한 대부분의 하이브리드 위협은 사이버 공격이나 사이버 심리전을 반드시 동반했다. 사이버 심리전은 국내외 여론에 영향을 끼치고 사회분열과 갈등을 촉발시키는 '소프트파워soft power' 혹은 '샤프파워sharp power' 위협이며,[1] 직접적인 군사공격인 탱크, 전투

---

1 주로 권위주의 레짐이 추구하는 경향이 있는 '샤프파워'는 국가가 국내외 청중의 자유로운 표현을 제약하고 검열하며 조작된 정보를 확산시키는 등의 방식으로 사회의 혼란을 부추기고 민주주의 정치제도의 정상적인 기능을 방해하는 영향력을 일컫는다.

표 4-1 2000년대 사이버전 및 사이버 심리전 사례

2006년 7월 이스라엘-레바논 전쟁	• 이스라엘의 레바논에 대한 폭격에 대해 헤즈볼라(Hezbollah)는 이스라엘에 대한 미사일 공격 전 이스라엘 육군 컴퓨터시스템을 해킹하여 군의 무선통신에 침투하고 미국 웹서버 업체들을 강탈(hijacking)하여 이스라엘의 인터넷망 공격. • 헤즈볼라는 이스라엘 군인들의 휴대폰 통화를 도청하여 군사정보를 수집하고 가짜 시체와 폭격 장면을 연출하는 등 사이버 심리전 전개.
2007년 4월 러시아의 에스토니아 사이버 공격	• 러시아는 에스토니아의 대통령궁, 의회, 정부기관, 금융기관, 언론기관, 이동통신 네트워크 등에 대해 3주간 지속적으로 디도스(DDos) 공격을 수행하여 에스토니아의 금융거래와 행정 업무가 일주일 이상 중단되는 등 국가 시스템 전체 마비 및 공포심 유발.
2008년 6월 러시아-조지아 5일 전쟁	• 러시아는 조지아에 대해 대규모의 지상군을 투입하는 정규전 외에 바이러스 프로그램에 감염되어 있는 컴퓨터네트워크인 봇네트(botnets)를 이용하여 사흘간 '메일폭탄(Mail-bombing)', '디도스 공격'으로 에스토니아 전산망 무력화. • 민간 사이버 범죄조직 '러시아비즈니스네트워크(RBN)'를 이용한 디도스 공격은 조지아 대통령 홈페이지, 국방부, 외교부, 의회 웹사이트에 대해 수행되었고, 이들 정부기관 및 언론사, 포털 등이 평균 2시간 15분, 최장 6시간 동안 공격받음.
2012년 11월 가자-이스라엘 분쟁	• 이스라엘 군사령부는 트위터(Tweeter)를 통해 선전포고를 했으며, 페이스북(Facebook), 트위터, 인스타그램(Instagram), 유튜브(Youtube)를 활용하여 가자지구 공습에 대한 우호적 여론을 조성. • 하마스 해커들은 이스라엘 장교 소유 휴대전화 5천여 대 해킹, 협박 메시지 발신.
2013년 11월 이스라엘-하마스 교전	• 하마스는 이스라엘에 대해 1400회의 로켓 공격과 4400만 회의 사이버 공격 수행. 이스라엘은 하마스와 이슬람 지하드(Jihad)의 라디오 방송을 강탈하여 테러리스트를 돕지 말라는 심리전 수행. • 이스라엘 방위군과 하마스 무장세력 간 트위터상 설전.
2014년 3월 러시아의 크림반도 합병	• 우크라이나의 친러 정권이 붕괴한 이후 우크라이나 동부 돈바스 지역(도네츠크주, 루간스크주)에서 친러시아 분리주의 반군과 정부군 간 무력분쟁 발생. • 2014년 3월 2000명의 러시아군은 소속부대나 계급, 명찰이 식별되지 않은 국적이 불분명한 군복을 착용하고 우크라이나 침공. 러시아 군은 우크라이나 군과 교전 없이 우크라이나의 군사기지, 의회, 대법원, 공항을 점령함. • 러시아 국가보안위원회(KGB)의 후신인 연방보안국(FSB)과 군사정보국(GRU)은 우크라이나에 대한 정보활동과 여론 공작 등 사이버 심리전 전개.
2016년 이후 사이버 심리전을 통한 선거 개입	• 2016년 미 대선, 영국 브렉시트 국민투표, 2017년 독일 총선, 프랑스 대선, 스페인 카탈루냐 독립 투표, 2018년 이탈리아 총선, 2019년 유럽의회선거(EU Parliamentary Election), 2020년 미 중간선거와 대선 등 서구권 소셜미디어 플랫폼에 AI 알고리즘 프로그램 가짜 계정 봇(bots)을 이용한 디지털 허위 조작 정보 대규모 유포.

자료: 송태은(2020b: 12).

기, 미사일 사용 등 하드킬hard-kill 형태의 공격과 대비되는 소프트킬soft-kill 형태의 공격이다. 사이버 공격은 국가 기반시설의 시스템을 정지시키거나 해킹을 통해 정보를 유출·조작함으로써 하드킬 수단에 동반될 경우 공격의 파괴력을

배가시킬 수 있고, 사이버 심리전은 사회 내에 잠재되어 있는 갈등이 표면적으로 분출되게 하고 사회 전체의 연대를 와해시키는 일종의 '티핑포인트tipping point' 역할을 수행할 수 있다.

사이버 심리전 메시지는 한 국가의 소셜미디어 공간에서 표면적으로는 국내 발신과 국외 발신이 구별되지 않고 어떤 개인도 목표 청중target audience으로 삼을 수 있다. 그러한 메시지에 설득되어 특정한 정치적 의견을 갖게 된 국내 청중이 시위와 같은 정치적 행위를 취해도 그러한 행위가 심리전 메시지에 의해서만 유발된 것인지 인과 관계를 밝히기는 어렵다. 개인의 정치적 의사와 여론에 영향을 주는 변수는 아주 다양하고, 국내에서 생산된 허위 조작 정보와 해외발 허위 조작 정보의 내용이 대개 유사한 경우가 많으며, 메시지 발신 방식도 국가 행위자를 철저히 은폐하므로 국가 간 문제로서 언급되려면 정밀한 조사가 수행되어야 하기 때문이다.

3. 사이버 심리전의 전술

전쟁의 시작과 종식에 있어서 '정보information'는 가장 중요한 변수이다. 전쟁 중 전장battlefield에서 직접 대결을 통해 얻게 되는 적에 대한 정보는 무력 충돌을 통해 전투 능력의 상대적 우열이 직접 드러나므로, 의도적으로 왜곡되거나 과장될 유인이 큰 협상 테이블에서의 정보와 다르다. 즉 전장에서 분쟁국은 물리적인 대결 전에는 가용하지 않았던 새로운 정보를 획득할 수 있다(Wagner, 2000; Fearon, 1995). 국가 간 사이버전에서도 상대국에 대한 공격은 곧 자국의 사이버전 전력과 공격 기술의 노출을 의미한다. 사이버 공격을 받은 국가가 상대방의 공격 기술과 방식을 분석할 수 있기 때문이다. 결과적으로 한 번 사용한 공격 기술은 방어자에게 차후 동일한 형태의 공격에 대한 방어 능력을 갖게 하는 등 사이버전에서도 정보의 역할은 핵심적이다.

반면 사이버 심리전에서 정보의 역할은 일반적인 사이버전에서의 정보의 성격과 다르다. 일반적인 사이버 공격은 컴퓨터네트워크 시스템에 대한 공격인 데 반해, 사이버 심리전의 공격 대상은 사이버 공간에서 정보를 얻고 커뮤니케이션 행위를 하는 사람들의 '생각'이나 '감정'이다. 공격을 받은 측이 사이버 심리전 메시지를 사후ex post 분석하여 거짓 정보의 성격을 파악해도 이후 공격을 받은 국가의 대중은 그러한 비슷한 거짓 정보에 또 다시 속을 수 있다. 즉 심리전 공격자는 동일한 심리전 전술을 반복해서 사용할 수 있고, 그러한 전술이 알려져도 메시지의 내용은 계속 바뀌므로 전술의 유효성이나 효과가 사라지지 않는다. 요컨대 심리전 공격자의 전투력은 메시지의 '내러티브narrative'가 갖는 설득력에 있으므로 동일한 설득 기제의 재사용은 무한대로 가능한 것이다. 메시지의 내러티브가 갖는 기만성이 밝혀지고 설득 전술이 공개되어도 대중이 스스로 정보를 분별할 수 있어야 한다. 그러나 사이버 심리전은 일반적인 사이버 공격과 달리 정보의 탈취나 유출 등의 피해를 발생시키지 않으므로 개인은 그러한 심리전 메시지의 악의적 의도를 의식하지 못할 가능성이 크다.

전시와 평시에 모두 전개할 수 있는 심리전이 의도하는 내러티브의 전략적 효과는 **표 4-2**에서 나열한 것과 같이 다양하다. 심리전 내러티브는 정책결정자의 정확한 정보 분별을 방해하여 속이고, 주의를 분산시키고 왜곡하며, 정보의 과부하를 유발하여 의사결정을 지연시키고, 경계심을 완화시키거나 좌절감을 유발하여 정책결정을 마비시키는 등 다양한 효과를 노릴 수 있다(Errey, 2019: 6). 심리전은 타국 정부의 의사결정자와 대중 모두가 공격 대상이므로, 적국 정부가 군사적으로 중요한 사안에 대해 스스로를 의심하게 만들어 의사결정에서의 실수를 유도하는 전략도 사용될 수 있으며, 공격을 받은 국가의 복수를 막기 위해 대중의 반전antiwar 여론을 유도할 수도 있다(McFate, 2019: 66). 또한 심리전은 공격 대상 사회의 내러티브와 유통되는 정보를 통제하면서 대리 행위자가 급진적·극단적 행동을 하도록 자극하여 산발적 혹은 대규모의 폭력도 촉발할 수 있다.

표 4-2 정책결정 교란을 위해 심리전 내러티브가 의도하는 효과

전략적 의도	공격자가 의도하는 효과
기만(deceive)	적국의 잘못된 판단을 유도하여 군대 자산을 재배치하게 만듦.
지연(delay)	적국의 시의적절한 의사결정을 지연시킴.
차단(deny)	중요 사안을 특정 프레임으로 보게 만들어 적의 정확한 정보 분별 차단.
억지(deter)	위협이나 장애 극복 가능성에 대한 좌절감 주입.
주의분산(distract)	적국이 공격 목표에 집중할 수 없도록 실제 혹은 가상의 위협·이슈·장애를 발생시킴.
분열(divide)	적국 정부가 동맹의 이익에 반대되는 행동을 하도록 유도.
왜곡(manipulate)	널리 알려져 있는 정보에 대한 고의적인 공작이나 왜곡.
과부하(overload)	대량의 정보 발신.
진정(pacify)	예상되는 위협이나 공격적 활동에 대한 적국의 경계심 완화(예: 공격적 대비 태세가 아니라 마치 예정된 통상적인 훈련이 진행되는 것처럼 인식하게끔 유도).
마비(paralyze)	적국에게 핵심 이익에 대한 위협이 발생한 것 같은 인식을 심어주거나 혹은 적국의 취약성을 이용해 적의 대응 움직임을 부분적 혹은 전체적으로 무력화함.
압박(pressure)	적국이 국익에 반하는 행동을 하도록 설득 혹은 위협.
자극(provoke)	공격 목표로 삼는 대상에 대해 적국도 공격적 행동을 하도록 유발.
정보 제시(suggest)	적국의 법·도덕·이념에 영향을 끼칠 수 있는 정보 유출.
손상(undermine)	적국 정부에 대한 대중의 신임이 줄어들도록 적국 정부의 정당성 약화.

자료: Errey(2019).

민주주의 제도와 시민사회에 대한 대중의 신뢰를 훼손시킬 수 있는, 저비용의 고효율 수단인 심리전은 공격 대상 정부의 정당성legitimacy과 법적 권위에 대한 현지 주민 혹은 시민의 지지를 제거하기 위한 효과적인 위협 전술이다. 특히 현대의 발전된 정보통신기술은 대규모의 특정 메시지를 실시간으로, 원하는 특정 기간에 유포·확산시키는 일을 기술과 비용 측면에서 수월하게 만들었으므로, 사이버 심리전은 게릴라전처럼 수시로 급작스럽게 수행되고 있고, 정보와 내러티브는 사이버 심리전의 효과적인 무기가 되었다. 사이버 심리전의 가장 큰 파괴력은 피해의 원상 복귀가 불가능하다는 데에 있다. 예컨대 선거철 급증하는 사이버 심리전으로 인해 유권자의 투표 행위와 선거 결과가 이미 영향을 받은 뒤, 그러한 심리전술이 밝혀져도 선거 결과에 대한 피해 구제

는 불가능하다. 또한 선거철과 같이 논쟁적인 정보와 의견이 풍부한 시기에 가짜 뉴스에 노출된 대중에 대해 팩트체크fact check 정보를 재유포해도 제공된 정확한 정보가 대중에게 제대로 전달될 가능성과 대중이 이러한 정보를 더 신뢰할지의 여부는 불확실하다. 팩트체크 정보는 본질적으로 가짜 뉴스 메시지가 확산된 이후 만들어지는 반응적인reactive 정보이므로 청중 확보에 불리하기 때문이다.

사이버 심리전은 현대의 인공지능AI 기술의 발전으로 더 지능화되고 있다. 오늘날의 인공지능은 '딥러닝deep learning'을 통해 내러티브를 이해하고 스토리텔링storytelling 기술을 구현하며 다양한 심리전술을 펼칠 수 있다. 예컨대 '정치봇political bot'으로도 불리는 인공지능 알고리즘인 소셜봇은 온라인 공간에서 특정 정보를 집중적으로 확산시켜 특정 이슈만이 언급되게 하여 소위 '반향실 효과echo chamber effect'(Jamieson and Cappella, 2008: 75~78), '필터버블filter bubble' 효과(Pariser, 2011: 2)를 비롯한 다양한 '봇 효과bot effect'를 부추기고 강화할 수 있다. 또한 소셜봇은 인지심리학이나 커뮤니케이션학에서 발전시킨, 설득 효과가 입증된 고도의 심리적 기제가 적용된 내러티브를 사용하며, 그러한 정보를 봇부대bot army를 통해 실시간으로, 대규모로 확산시킬 수 있다(송태은, 2020a: 20~21). 최근 AI의 정보 조작 기술 중 '딥페이크deep fake'는 AI 알고리즘을 이용해 동영상 원본에 등장하는 사람을 다른 사람의 모습으로 편집하여 마치 영상 속 인물이 실존하는 것처럼 조작해 진위 여부를 식별하기가 가장 어려운 형태의 허위 조작 정보를 만들 수 있다.

결과적으로 첨단 AI 기술이 사이버 심리전에 적용되면서 사이버 심리전의 공격 주체는 비인간 행위자non-human actors를 통해서도 자동화된 디지털 프로파간다 활동을 급작스럽게 선제공격처럼 수행할 수 있게 되었다. 또한 사이버 심리전은 국가 간 군사 긴장이 고조되어 무력 사용이 발생하기 직전, 적국에 대한 '경고warning'로서 수행되기도 한다(Hunter and Pernik, 2015: 7). 2018년 시리아 아사드Bashar Assad 정권이 반군에게 화학무기를 사용한 데 대해 미국·영

표 4-3 소셜미디어 공간의 편향된 커뮤니케이션 효과와 심리전의 설득 기제

반향실 효과(echo chamber effect)	봇 효과(bot effect)
유사한 관점·생각을 가진 사람끼리 반복 소통하여 편향된 사고가 고착되어 동의하는 의견만 수용하게 되는 현상.	정치적으로 편향된 정보와 메시지를 대규모로 확산시켜 여론을 특정 방향으로 유도하는 현상.
필터버블 효과(filter bubble effect)	트롤링(trolling)
인터넷 사용자에게 AI 알고리즘에 의한 맞춤형 정보만을 제공하여 사용자가 마치 거품에 가둬진 것 같은 현상. '반향실 효과'는 정보에 대한 인터넷 사용자의 주관적 선택에 의한 것이나, '필터버블'은 사용자의 선택이 덜 개입되어 더 개인화된 세계에 갇히는 효과를 만들 수 있음.	타인의 강한 감정적 반응을 유발하기 위해 적대감이나 화를 부추기거나 혹은 거짓 비난의 글을 온라인 공간에 의도적으로 게시하는 행위. 인터넷 트롤(troll)은 인터넷 사용자일 수도 있고 AI 알고리즘이 조종하는 봇(bots)일 수도 있음.
정보의 양(volume)에 의한 효과	진실 착각 효과(the illusory truth effect)
서로 다른 정보원(source)이 제공하는 정보가 일치하거나 서로 다른 논쟁이 동일한 결론에 이를 경우 사람들은 정보의 '질(quality)'보다 동일한 결론에 이른 정보의 '양(volume)'을 더 중시함. 알고리즘은 인기 있는(high ranking) 정보에 과도한 우선권을 주므로 허위 정보 확산에 악용될 수 있음. 정보가 풍부한 환경에서 사람들은 다수가 인정하는 정보를 전문가의 의견보다 더 신뢰하므로 소셜봇은 특정 여론 조성을 위해 팔로어 수나 '좋아요(likes)'를 생성하는 알고리즘을 사용함.	동일한 극단적인 메시지에 반복 노출될 경우, 사람들은 그러한 메시지를 신뢰하고, 처음 접한 정보를 이후에 접한 정보보다 신뢰하는 경향이 있음. 즉 사람들은 처음 접한 정보의 출처가 불분명하더라도 시간이 경과하면서 정보 자체만을 기억하여 사실로 착각하는 경향을 보임.
	비전통적 설득전략
	전통적인 설득전략은 메시지의 신뢰성을 높이기 위해 진실과 일관성을 강조하지만 심리전은 효과가 입증된 반대 전략을 취하기도 함. 거짓으로 밝혀진 정보를 재사용하거나 또 다른 거짓 정보를 수정된 정보로서 제공하기도 함.

자료: 송태은(2020a: 21, 24).

국·프랑스 연합군이 시리아를 공습하자 이에 반발한 러시아가 취한 서방에 대한 적대행위는 서구권 소셜미디어 공간에 AI 알고리즘 기술인 '로보트롤링 robotrolling' 활동을 하루 동안 2000% 급증시킨 일이었다. 당시 미 국방부는 미국과 유럽의 동맹국에게 러시아발 심리전 대비를 주의시킨 바 있다(Newsweek, 2018.4.14). 이렇게 사이버 심리전은 무력 충돌 초기 단계에서 경고신호로서 수행될 수도 있지만, 전시가 아닌 선거철과 같은 평시에도 상시적으로 공격을 은밀하게 구사할 수 있으므로 공격 대상 사회를 지속적으로 취약하게 만들 수 있다(Antonovich, 2011: 35~43; Heickerö, 2010: 20). 반면 이와 같이 디지털 정보 커뮤니케이션 공간에 대한 심리전 공격은 개인과 대중의 감정과 생각에 영향을

끼치는 활동이므로 심리전 공격에 대한 적절한 반격과 틋포탯tit-for-tat과 같은
상호성reciprocity에 입각한 복수 행위는 여전히 쉽지 않다.

4. 중국발 사이버 심리전의 양상

중국의 '영향공작influence operations'은 2003년부터 인민해방군People's Liberation
Army: PLA의 '3전3戰, three warfares', 즉 '심리전psychological warfare', '여론전public
opinion warfare', '법률전legal warfare'의 영역으로서 문화기관, 미디어, 비즈니스,
학계, 정책전문가 집단 및 국제기관 등을 대상으로 전개된다. 중국은 심리전을
프로파간다, 기만deception, 위협 및 강압 등의 성격을 갖는 활동으로 분류하여
국내외 여론에 영향을 끼치려는 여론전과 표면적으로는 구별하고 있으나, 사
이버 공간을 영향공작을 위한 주요한 플랫폼으로 간주하고 있으므로 두 활동
의 성격은 명확하게 분리되지 않는다(U.S. Department of Defense, 2020: 130).

중국이 목표 청중으로 삼는 대상은 외국인뿐 아니라 해외에 거주하는 중국
인 및 화교를 포함하며, 필요시 이들에 대한 위협도 영향공작의 방법이 된다.
해외 거주 중국인 학자나 학생 단체 및 공자학원 등의 교육기관은 해외에서 중
국 정부의 내러티브를 확산시키는 프로파간다 혹은 공공외교의 주체가 될 수 있
다. 영향공작과 관련된 정책결정은 통일전선공작부United Front Work Department,
국무원신문판공실State Council Information Office, 국가안전부Ministry of State Security
의 고위급에서 이루어진다. 미 국방부는 의회에 제출한 연례보고서 「2020
중국 군사안보 현황Military and Security Developments Involving The People's Republic
of China 2020」에서 중국이 미국과 같은 개방된 민주주의 국가를 영향공작에 취약
한 공격 대상으로 보고 있다고 기술했다(U.S. Department of Defense, 2020: 130).

중국은 미중경쟁 시대 전 세계 대중을 대상으로 자국이 책임감 있고 신뢰할
수 있는 글로벌 리더임을 설득하며 중국이 미국을 대신할 수 있는 대안적 패권

이 될 수 있음을 강조하고 있다. 특히 중국은 일대일로 사업이 대거 진출해 있는 아프리카와 중동, 동아시아의 개발도상국이나 권위주의 국가에 대해 중국이 미국처럼 민주주의와 인권 등 특정 가치와 사상을 강요하지 않고 각국의 체제를 인정하는 포용적인 강대국임을 각인시키는 체제 선전에 보다 중점을 두고 있다. 반면 대만과 홍콩 등 중국어권에서의 중국의 내러티브는 러시아가 동유럽에서 확산시키는 내러티브처럼 좀 더 강압적이고 공격적인 성격을 띤다. 즉 중국의 주변 국가들에 대한 내러티브는 글로벌 리더로서의 포용적 이미지를 내세우며 중국의 국제 평판을 증진시키려는 선전보다는 러시아가 동유럽에서 펼치는 심리전 메시지처럼 중국의 패권적 입지와 '하나의 중국' 원칙을 주입시키는 등 일종의 '길들이기'의 성격을 띤다.

인권단체 프리덤하우스Freedom House는 「2018 인터넷 자유: 디지털 권위주의의 부상Freedom on the Net 2018: The Rise of Digital Authoritarianism」과 「2019 인터넷 자유: 소셜미디어의 위기Freedom on the Net 2019: The Crisis of Social Media」에서 중국식 인터넷 검열 모델이 사이버 공간을 점점 권위주의 통치에 유리한 방향으로 만들고 있고, 러시아, 중국, 이란 등 권위주의 레짐들이 소셜미디어를 통해 타국의 선거에 지속적으로 개입하고 있다고 경고해 왔다(Freedom House, 2018; 2019). 프리덤하우스의 보고서 「2020년 세계의 자유Freedom in the World 2020」는 중국이 러시아의 심리전 방식을 모방하여 자국에서는 사용이 금지된 다양한 세계적 소셜미디어 플랫폼에 허위 조작 정보를 확산시키는 온라인 트롤troll 활동을 지원하고 있다고 지적했다. 소셜미디어 플랫폼뿐 아니라 중국은 자국 IT 기업이 진출해 있는 타국의 정보 인프라인 디지털 텔레비전 방송과 휴대전화의 모바일 커뮤니케이션 장치를 통해 다양한 정보활동을 전개하고 있다(Freedom House, 2020: 6~7).

한편 중국이 서구권에 대해 체제우위를 내세우는 선전 성격의 여론전은 지속되고 있으나 미국의 대통령 선거와 관련해서는 아직 그러한 심리전이 본격화되지 않은 것으로 보인다. 2016년 대선과 마찬가지로 2020년 미 대선은 러시아와 이란이 전개한 사이버 심리전의 공격 대상이 되었다. 미 국가정보위원회U.S. National Intelligence Council가 작성했으나 이후 비밀 해체된 보고서 「2020년 미 대선에 대한 해외위협Foreign Threats to the 2020 U.S. Federal Elections」은 2020년 미 대선의 투표 결과나 투표용지 등과 관련해서 타국 정부의 개입은 없었지만, 러시아와 이란의 온라인 여론에 대한 영향공작이 있었다고 밝히고 있다. 미 대선을 앞두고 9월 마이크로소프트Microsoft도 러시아 군사정보국GRU 해커들이 200개 이상의 미국 주요 기관 컴퓨터네트워크와 약 7000개의 이메일 계정에 대한 해킹을 시도했다고 밝힌 바 있으며, 미 국가정보국DNI 국장도 미 유권자 정보를 확보한 이란이 미국 우파 단체 프라우드 보이스Proud Boys를 사칭하여 이메일을 통해 유권자를 위협하는 활동을 벌이고 있음을 언급한 바 있다. 당시 로버트 오브라이언Robert C. O'Brien 국가안보보좌관은 중국의 미 대선 개입 프로그램의 존재를 경고했었다. 하지만 국가정보위원회의 보고서는 트럼프 전前 미국 대통령이 주장한 바와 달리 중국은 2020년 미 대선에서 심리전을 전개하지 않았으며, 미 대선에 대한 새로운 심리전 공격 주체로서 쿠바와 베네수엘라, 헤즈볼라가 활동한 사실을 확인했다(U.S. National Intelligence Council, 2021).

반면 대조적으로 역내 중국어권 국가의 선거에 대해서 중국의 심리전은 활발하게 전개되고 있다. 2004년 조직되어 온라인 공간에서 중국 당국의 프로파간다 활동을 활발하게 펼치고 있는 200만 명 규모의 댓글부대 '5마오군五毛軍, 5 cent army'은 중국 정부의 주요 정책을 지지하는 내러티브를 확산시키며 친중여론을 형성하는 활동을 하고 있다. 반정부 게시글이나 댓글을 당국에 신고하면 건당 5마오(약 85원)를 수당으로 받았던 데에서 이름 붙여진 이러한 댓글부대는 매년 평균적으로 4억 4천 8백만 개의 댓글을 올리고 있다. 미국 스탠포드 대학 인터넷 옵저버터리Stanford Internet Observatory 연구소가 분석한 결과, 2018년 대만의 통일 지방선거에서 중국 정부를 옹호하는 댓글 4만 3008개의 99% 이상이 이러한 댓글부대에 의해 작성되었음이 밝혀졌다(*Washington Post*, 2019.9.23).

중국은 2018년 11월 대만 통일 지방선거에서 차이잉원蔡英文 총통과 집권당인 민진당이 패배하게끔 가짜 뉴스를 대거 발신하는 프로파간다 활동을 왕성하게 전개했다. 대만 법무부 조사국은 코로나19 감염병 관련 가짜 뉴스의 발신원을 추적·조사한 결과 중국 정부의 해커 조직인 '망군網軍'이 2019년 6월부터 7월에 걸쳐 도메인 거래 플랫폼을 통해 대만인 소유 도메인 13개를 구입한 사실을 밝혀냈다. 이러한 활동은 2018년 선거 개입처럼 2020년 1월 대만 총통선거와 입법위원 선거를 앞두고 심리전을 개시하기 위한 사전 작업으로서, 중국은 인터넷 도메인 인수 뒤 페이스북과 웨이보weibo 및 대만 소셜미디어 가짜 계정을 이용하여 친중 후보가 선거에서 이기도록 여론을 조작하는 시도를 보여주었다(≪동아일보≫, 2020.3.9). 인터넷 옵저버터리 연구소가 조사한 결과, 소셜미디어의 중국 본토 가짜 계정이 대만 총통선거 기간 동안 '하나의 중국', '경제난' 등의 쟁점을 온라인 공간에 확산시켰고 이러한 활동은 2018년 대만 독립을 주장한 민진당의 실패에 기여한 것으로 분석되고 있다(*Washington Post*, 2019.9.23).

대만 정부는 2018년 중국의 심리전 공격이 2020년 1월 대만 총통선거에서도 반복될 것을 예상하여 2019년 4월 중국 인터넷 기업이 제공하는 동영상 서비스를 금지하는 방안을 마련했다. 이로써 대만에서 서비스를 제공하는 중국 최대 검색 업체 바이두百度 산하 아이치이愛奇藝는 서비스 제공이 금지되었고, 대만 진출을 모색하고 있던 텅쉰 비디오騰訊視頻도 금지 대상이 되었다(≪뉴시스≫, 2019.4.3). 2019년 홍콩 정부의 도주범죄인 및 형사법 관련 법률 지원 개정 법안이 도입되면서 6월 초부터 촉발된 홍콩 시민들의 '반反범죄인 인도법안(송환법)'에 대한 반대 시위도 중국 심리전의 직접적인 공격 대상이 되었다(≪데일리굿뉴스≫, 2019.8.23). 중국은 페이스북과 트위터에서 홍콩의 민주화 시위대를 악마화하는 메시지를 확산시켰고, 구글Google, 레딧Reddit, 유튜브YouTube의 콘텐츠가 노출되는 순위 시스템을 조작하여 그러한 메시지를 전방위로 유포하는 활동을 펼쳤다(Freedom House, 2020: 7).

이러한 홍콩 사태를 지켜본 대만 유권자들은 일국양제 체제인 홍콩에 대한 중국의 강압적인 태도와 홍콩 시위를 공격하는 중국의 심리전을 크게 경계했고, 대만 정부는 선거와 관련된 허위 조작 정보의 확산에 대비하는 대책 부서를 따로 설치하기도 했다. 흥미롭게도 2020년 1월 대만 총통선거에서 중국이 왕성한 심리전을 전개했음에도 불구하고 친중 후보가 패배하고 차이잉원이 승리하자 중국은 차이잉원이 표를 매수하고 인터넷 부대를 동원하여 중국에 대한 공포를 부추기는 가짜 뉴스를 확산시켰다고 주장했다(≪중앙일보≫, 2020.1.12). 이후 외교적 긴장 관계가 지속되고 있는 대만과 중국의 양안 관계 속에서 대만을 상대로 하는 중국발 허위 조작 정보가 지속적으로 확산되자 차이잉원 대만 총통은 민진당 내 미디어 담당 부서로 하여금 가짜 뉴스 문제에 신속하게 대응할 것을 주문한 바 있다(≪한국경제TV≫, 2020.11.26).

최근 중국의 허위 조작 정보 유포 활동은 정치적인 성격의 사이버 심리전 성격을 넘어 동아시아 국가의 문화와 역사를 왜곡하고 타국의 고유한 문화자산을 중국의 것으로 둔갑시키는 등 역내 대중을 대상으로 제국주의적인 태도를 드러내고 있다. 중국 관영 매체 ≪환구시보环球时报≫는 한국전쟁 70주년 관련 방탄소년단BTS의 밴 플리트상General James A. Van Fleet Award 수상 소감을 문제 삼았고, 중국의 소셜미디어인 웨이보와 위챗Wechat을 비롯해 트위터에서 가짜 뉴스를 확산시키며 BTS의 팬클럽 아미Army의 반발에 직면하기도 했다(≪조선일보≫, 2020.12.17). 또한 중국은 한국 시사 예능 프로그램의 역사 콘텐츠를 거짓 정보라고 주장하면서 이러한 프로그램에 등장한 한국 연예인들의 역사와 문화 지식에 대해 공격하고 한류에 대한 반감을 드러내고 있다(≪조선일보≫, 2020.12.17). 또한 중국은 김치와 한복과 같은 한국의 고유문화를 자국의 문화라고 주장하거나 중국 최대 포털 바이두에 윤동주 시인, 독립운동가 이봉창, 윤봉길의 국적을 중국으로, 민족을 조선족으로 표기하거나, 한류스타 이영애와 전 피겨스케이팅 선수 김연아도 조선족으로 표기하는 등 전방위적인 문화 동북공정을 온라인 공간을 통해 전개하고 있다(≪한국경제≫, 2021.2.21).

5. 미국과 유럽의 대응과 대비 태세

앞서 논의한 바, 사이버 심리전이 2000년대 초반부터 나타났음에도 불구하고 미국과 유럽이 최근에 와서야 군사안보 차원에서 이러한 심리전을 심각하게 인식하며 대응 태세를 갖추게 된 가장 중대한 이유는 허위 조작 정보 유포 활동을 통해 전개된 심리전이 선거 과정에 직접적인 영향을 끼치며 민주주의 제도의 정상적인 기능을 방해하는 등 주권의 영역에 위협이 되었기 때문이다. 또한 디지털 허위 조작 정보의 유포 활동이 세계적 권위주의 확산에 기여하며 진영 간 갈등에 영향을 끼치고 있는 것도 서구권의 경각심이 높아진 원인이다.

군사적인 차원에서 미국의 기존 전략문화는 '전통적인 국가 간 전쟁'이나 '대전쟁 패러다임big war paradigm'에 초점이 맞춰져 있었고 미 국방부의 '단일한 제한적인 형태의 전쟁a single preclusive form of warfare'에 대한 과도한 집중으로 인해 사이버 심리전과 같은 다차원적이고 다기능적인 하이브리드 위협에 충분히 대비되어 있지 않았다(Mattis, 2018). 현재 미국의 정보작전information operations은 특수작전사령부U.S. Special Operations Command: SOCOM에서 수행하고 있고, 2019년 4월 사령부는 정보작전 활동을 더 효과적으로 수행하기 위해 '합동웹작전본부Joint Web Ops Center'를 설치했다. 육군도 미래 사이버작전에 있어서 정보작전을 주요 활동으로 간주하고 있으며, 2020년 7월 육군 사이버사령부Army Cyber Command: ARCYBER를 이끌고 있는 중장 스티븐 포가티Lt. Gen. Stephen G. Fogarty는 육군의 정보공작을 사이버전, 영향공작, 전자전 역량으로 통합시켜 즉각적인 정보전 전투력을 갖추게 하는 계획에 착수했다(Tucker, 2021a; 2021b).

바이든 행정부 출범 이후 새로 신설된 미 하원 군사위원회 산하 정보·특수전 소위원회에 출석한 제임스 설리번James Sullivan 국방정보국DIA 사이버 담당관, 닐 팁턴Neil Tipton 국방차관실 직속 수집·특수프로그램Collections and Special Programs 담당 국방정보국장Director of Defense Intelligence: DDI을 비롯하여 크리스토퍼 마이어Christopher Maier 미 국방부 특수공작·저강도 분쟁 담당 차관보 대행Acting Assistant Secretary of Defense, Special Operations/Low-intensity Conflict은 미국이 러시아와 중국 등으로부터의 심리전에 대응할 정보작전을 재편할 필요를 강조했다. 마이어는 현재 미군이 폭력적인 극단주의 세력에 대응하는 데에 집중하고 있으나, 오늘날 정보를 위협 도구로서 사용하는 세력에 대응하기 위해 SOCOM의 군 인력이 행동과학, 문화, 언어, 디지털 미디어 기술 등 기존의 훈련 내용과는 매우 상이한 훈련 과정을 거치거나 혹은 그러한 기술을 갖춘 인력을 선발할 수 있어야 한다고 강조했다(Tucker, 2021a; 2021b).

미 국방부는 국무부 공공외교 정책 부서와 미국의 해외 방송을 관장하는 글로벌미디어국United States Agency for Global Media: USAGM과의 공조하에 적성국의 허위 조작 정보 유포에 대응할 것이며, 특수작전사령부SOCOM의 군사정보지원작전Military Information Support Operations: MISO이 이러한 정보공작에 대처할 것이라고 언급했다(*Washington Post*, 2021.3.16). 민주당의 루빈 가예고Ruben Gallego 소위원장은 2020년 9명의 전 군사령관들이 국방정보국장에게 중국과 러시아의 심리전에 대응할 긴급지원을 요청했음을 밝혔다(House Armed Services Committee, 2021). 이러한 긴급한 요구에 부응하여 2021년 3월 말 미 특수작전 사령관U.S. Special Operations Command Commander 리처드 클락 장군Army GEN Richard D. Clarke은 미 의원들에게 허위 조작 정보의 유포를 통한 심리전 대응에 있어 동맹국과 협력할 합동 태스크포스를 구성했음을 밝혔다(*divide*, 2021.3.25).

미국과 유럽은 2016년 이후의 서구권의 거의 모든 선거 여론이 러시아의 사이버 심리전에 의해 직접적으로 영향을 받자 NATO와 EU의 공조를 통해 다양한 대응 태세를 마련해 나가기 시작했다. 미국과 유럽은 사이버 심리전을 개별적으로 구사되는 단독적인 위협의 형태로 보기보다 하이브리드 위협의 한 형태로 간주하기 때문에 하이브리드 위협에 대한 대응 차원에서 사이버 심리전을 다루고 있다. 먼저 2014년 9월 영국 웨일스Wales에서 열린 NATO 정상회담에서는 하이브리드전에 대한 미국과 유럽의 우려가 공식적으로 처음 언급되어 하이브리드전에 대한 국제사회의 관심을 촉발하는 계기가 되었다. NATO는 하이브리드전을 사이버 공격과 같은 비군사 수단과 군사수단을 혼합하여 위협을 구사하는 '현대전'이며, '군사·준군사paramilitary·민간 수단이 노골적으로 혹은 은밀하게 사용되는 고도로 통합된 도발'로서 평가했다(NATO, 2014).

2014년 NATO 정상회담 선명을 통해 NATO는 하이브리드전이 공격 대상 국가의 정책결정을 혼란스럽게 만들어 정상적인 국정 운영을 방해하며 사회를 분열시키는 등 전복적인 목적을 갖는다고 지적하고, 공격 국가가 공격의 증거를 은폐하여 NATO의 보복과 군사개입 명분을 상실하게 만드는 전략을 사용한다고 언급했다. 미국과 유럽은 2018년 9월 폴란드 바르샤바Warszawa에서 개최된 NATO 군사위원회 컨퍼런스에서 미국 유럽사령부United States European Command: EUCOM와 유럽연합군 최고사령부의 최고사령관 커티스 스캐퍼로티Curtis M. Scaparrotti는 러시아의 하이브리드전이 서구의 가치와 서구 정부의 신뢰성credibility을 훼손하려 하고 군사적 충돌 없이 심리전으로써 정치적 목적을 획득하려 한다고 언급했다.

미국과 유럽이 하이브리드전 대응을 본격적·공식적으로 논의하기 시작한 2014년 웨일스 NATO 정상회담을 계기로 NATO는 하이브리드 위협 대응의 NATO와 EU 간 공조에서 가장 시급한 활동으로서 '전략커뮤니케이션strategic communication'의 역할에 주목했다. NATO는 2014년 9월 NATO 전략커뮤니케이션센터NATO Strategic Communication Centre of Excellence를 라트비아Latvia에 설립함으로써 유럽-대서양 역내에 전략커뮤니케이션 체제를 구축하는 일에 가장 먼저 착수했고, 이러한 전략커뮤니케이션 체제는 유럽의 사이버전 모의훈련에서도 핵심 역할을 담당하고 있다(North Atlantic Treaty Organization). 당시 유럽은 중동으로부터의 대규모 난민 유입, 이슬람 극단주의에 의한 유럽 내 테러 빈발 및 영국의 EU 탈퇴 가능성 등 역내 안보 불확실성이 증대되고 있었으므로 이 센터 설립의 필요가 절실한 때였다.

현재 사이버 심리전을 포함한 사이버전에 대비하는 사이버 방위cyber defence

는 NATO 회원국에 대한 집단방위collective defence의 주요 임무이다. 2016년 7월 NATO는 '사이버 방위협정Cyber Defence Pledge'을 통해 사이버 공간을 육·해·공과 아울러 독립된 제4의 작전영역이며 국제법이 적용되는 공간임을 재차 확인했고, 이러한 인식하에 사이버전과 하이브리드전 대응에 집중할 수 있는 조직을 다수 설립했다. 먼저 NATO는 2018년 브뤼셀 정상회담Brussels Summit에서 사이버 심리전을 포함한 사이버 공격에 대응할 조직이자 NATO의 강화된 명령체계의 일부로서 'NATO 사이버 공간작전센터NATO Cyberspace Operations Centre: COC'를 'NATO 연합변혁사령부Allied Command Transformation: NATO's ACT' 산하 'NATO 센터NATO Centres of Excellence: NATO COEs'에 설치할 것을 결정했다.[2] NATO는 이러한 새로운 조직을 통해 24시간 동맹국의 도움 요청에 응할 수 있는 'NATO 사이버 신속대응팀NATO Cyber Rapid Reaction teams'도 운영하고 있다.

NATO는 2000년대 초부터 사이버전을 대비하는 다양한 연례 군사훈련을 수행해 왔다. NATO가 새롭게 마련한 방위 태세와 군사훈련의 대부분은 평시와 전시를 구분하지 않는 사이버 심리전을 비롯한 다양한 사이버 공격 및 하이브리드전 상황을 상정한 군사적 대응 및 시민사회 보호에 집중되어 있다. 1992년 이래 NATO가 시행해 온 '위기관리훈련Crisis Management Exercise: CMX'은 2016년부터는 사이버 테러, 소셜미디어를 통한 허위 조작 정보의 유포 및 해킹, 테러 등이 복합적으로 일어날 수 있는 하이브리드 위협에 민간과 군이 함께 대응하는 훈련을 실시하기 시작했다(NATO, 2019a). 소위 '페이스Parallel and Coordinated Exercise: PACE'로 불리는 EU와 NATO의 합동 모의 군사훈련 중 'EU HEX-ML 18Hybrid Exercise - Multi Layer 18'도 사이버전과 허위 조작 정보 유

---

2 NATO COEs는 NATO의 지휘체계에 속하지 않으나 'NATO 명령협정(NATO Command Arrangements)'을 지원하는 기능을 수행하며 각각의 전문성과 기능을 갖춘 여러 기관의 네트워크 형태의 다국적 조직이다.

포를 통한 심리전 공격 및 범죄·밀수·테러와 관련된 복잡한 하이브리드 위기 상황이 일어나는 시나리오를 가정하고 정보교환 및 효과적인 위기 대응을 연습한다.

NATO의 '사이버방어협력센터Cooperative Cyber Defence Centre of Excellence: CCDCOE'는 이미 2010년부터 사이버 방위훈련인 '로키드 실드 훈련exercise Locked Shield'을 주도하고 있다. 로키드 실드 훈련은 최첨단 기술과 시뮬레이션을 통해 대규모의 사이버 공격하에서 국가의 IT 시스템과 주요 인프라를 방어하는 기술을 향상시키는 훈련을 수행하며, 이러한 훈련에는 각국이 당면할 전략적 의사결정과 법적·커뮤니케이션 상황을 포함하고 있다. 2008년부터 사이버 공격 상황에서 NATO 내 다양한 조직 간 공조와 전략적 의사결정을 모의연습 하기 위해 수행하고 있는 NATO의 연례 사이버 방위 주력훈련flagship exercise인 '사이버연대Cyber Coalition'에는 EU도 매년 참여하고 있다.

NATO 연합변혁사령부ACT가 주도하는 사이버연대 훈련은 사이버전에서의 기술적·절차적 체계를 구비하기 위한 모의훈련으로서 미국과 유럽은 사이버전 관련 주요 정보를 공유하고 상황을 함께 판단하며 사이버 작전을 조정·협력하여 군사작전 수행 능력을 향상시키고 있다. 2017년 사이버연대 훈련에는 특별히 사이버 심리전 상황을 염두에 둔 모의훈련이 진행되었으며, 2019년의 훈련은 급속도로 발전하는 디지털 기술 환경의 새로운 도전에 대응하고자 AI 기술을 이용한 다양한 시뮬레이션이 이루어졌다. 그러한 시뮬레이션 훈련에는 AI가 사람 대신 적의 행동을 분석하고 공격 및 이상 징후를 감지하여 대응 시간을 확보하는 실험, 적의 행위와 의도 간의 복잡한 인과 관계를 파악하거나 사이버 공간에서 발생하는 다양한 수준의 위험에 대해 적절한 의사결정 및 대응 행위를 취하는 알고리즘을 개발하기 위한 프로그램이 포함되었다.

EU도 2016년부터 사이버전 및 하이브리드 위협에 대응하는 일련의 제도적 이니셔티브와 절차를 적극적으로 마련하고 NATO와의 공조를 통해 대응책을 도모하기 시작했다. 2016년 2월 EU와 NATO는 'EU 사이버 방위정책 프레임워크EU Cyber Defence Policy Framework'에 근거하여 '사이버 방위 기술협정Tech-nical Arrangement on Cyber Defence'을 체결하고 사이버 공격과 관련된 정보 공유, 군사훈련, 연구 등의 분야에서 긴밀한 협력을 도모하기로 천명했다(NATO, 2016). 또한 EU는 'EU 정보정세센터EU Intelligence and Situation Centre: EU INTCEN'에 'EU 하이브리드퓨전반EU Hybrid Fusion Cell'을 설립하여 사이버전에 대비한 대응 체제를 갖춰나갔다. 이 조직들은 사이버 정보심리전 공격을 모니터링하고 관련된 주요 정보를 취합하고 분석하며 EU 정책결정자들에게 구체적인 정책을 제안하는 역할을 담당하고 있다(European Commission, 2016).

2016년 12월 6일 EU 이사회와 대서양위원회North Atlantic Council는 미국과 유럽 8개국(영국·프랑스·독일·폴란드·스웨덴·핀란드·라트비아·리투아니아)이 중심이 되어 2017년 10월 2일 핀란드 헬싱키Helsinki에 '유럽 하이브리드 위협 대응센터European Centre of Excellence for Countering Hybrid Threats: Hybrid CoE'를 설립했다. Hybrid CoE는 유럽의 하이브리드전 대응에 있어서 NATO와 EU 간 전략적 토론과 훈련을 촉진하며 하이브리드 위협 대응의 모범 사례를 개발하고 연구 결과를 역내에 공유하는 역할을 담당한다(Hybrid CoE). 이러한 Hybrid CoE의 설립 과정에서 유럽은 허위 조작 정보 유포를 통한 사이버 심리전이 하이브리드전의 주요 위협 수단이 되고 있음을 재확인했다(NATO, 2019b).

최근 러시아는 2021년 3월부터 우크라이나 국경 지역인 돈바스에 탱크와 군용차량 등 약 8만 명의 대규모 병력을 집결시키고 있으며, 이 병력 중 대대전술단 1만 4000명은 정보전과 포병 화력을 결합시킨 부대로서 드론이나 전술무인기 등 첨단무기를 사용하고 적의 통신망을 마비시킬 수 있다. 4월 12일 미국과 영국 등 G7 외무장관과 EU는 공식성명을 통해 러시아의 이러한 도발에 우려를 표명했고, 미국 유럽사령부EUCOM는 현 상황을 임박한 위협으로 보고 경계 태세를 최고 수준으로 격상한 상태이다. 2014년 크림반도 합병 과정에서 러시아가 보여준 심리전이 수반된 하이브리드전이 예상되는 상황에서 이번 러시아의 재도발은 상술한 미국과 유럽이 2014년 이후 마련해 온 다양한 대비 태세가 얼마나 효과적일 수 있는지 시험할 수 있는 첫 사례가 될 것으로 보인다.

6. 결론: 한국에 대한 함의

　21세기 디지털 기술의 고도화와 인터넷 네트워크의 전방위 연결 및 지구적 확장은 국가 간 갈등의 새로운 전장을 공격 비용이 낮으면서도 분쟁 상대국에 치명적인 피해를 입힐 수 있는 사이버 공간으로 이동시키고 있다. 특히 현대 AI 기술의 양방향 커뮤니케이션 기능을 비롯한 다양한 첨단 디지털 정보 커뮤니케이션 기술은 사이버 심리전을 과거 전시에 수반되었던 부차적 전술의 차원을 넘어 평시와 전시를 가리지 않고 전개되는 적대 국가에 대한 효과적인 위협 수단으로 만들고 있다. 사이버 심리전은 이제 현재 전방위로 확대되는 미중 전략경쟁, 4차 산업혁명의 진전에 따른 강대국들의 미래전 대비, 환경·보건·에너지·대량 난민·재난·테러·감염병 등 비전통안보non-traditional security 이슈의 부상과 함께 세계 안보환경을 더욱 복잡하게 만들고 있는 것이다.

　과거부터 존재한 심리전은 현대사회의 초연결성을 취약점으로 이용하면서 개방되어 있는 민주주의 사회의 온라인 공론장을 위험한 전장으로 변화시키고 있다. 러시아와 중국, 이란 등이 전 세계 민주주의 사회의 선거에 개입하며 소셜미디어 플랫폼을 통해 허위 조작 정보를 유포하는 심리전을 빈번하게 전개하자, 미국과 유럽은 세계 어느 지역보다도 대비 태세 마련을 서둘렀다. 미국과 유럽은 사이버 심리전이 사이버전에 동반되며 사회교란 및 국가 시스템 마비 등 공격의 파괴력을 배가시킬 수 있으므로 NATO와 EU 간 긴밀한 공조를 통해 사이버전에 중점을 둔 대응 체제를 마련하고 다양한 모의 군사훈련을 개최하고 있으며, 민관 및 민군 협력을 장려하는 제도적 이니셔티브를 다양하게 추진해 왔다. 미국과 유럽의 이러한 노력은 사이버 심리전을 동반하는 하이브리드 위협에 노출되고 공격받더라도 사회의 회복력을 유지하는 것을 목표로 삼고 있다.

중국은 러시아가 서구권과 동유럽에서 전개한 방식의 사이버 심리전 공격을 특히 동아시아 역내에서 전개하고 있으며, 앞으로도 그러한 전술을 미국과 유럽 등 서구권의 선거철에 전개할 가능성은 농후하다. 한국은 중국이 우리의 문화와 역사에 대한 왜곡된 정보를 유포하는 방식의 간접적인 형태의 정보공격을 경험하고 있다. 특히 미중 전략경쟁으로 인해 서구권 민주주의와 러시아·중국을 중심으로 한 권위주의 진영 간 경제와 안보 영역의 긴장과 갈등이 확대되고 심화되는 현 정세를 감안하면 앞으로 심리전은 진영 간 정치적 우위 확보와 경쟁 세력 간 위기 상시화의 전술적 수단으로 빈번하게 이용될 것으로 보인다.

이러한 맥락에서 미국과 유럽의 사이버 심리전에 대한 다차원의 대응 체계와 조직의 구축 및 NATO와 EU, EU 회원국 내의 협업과 공조의 노력은 한국과 동북아시아, 그리고 동아시아와 아시아-태평양 지역의 안보협력에도 시사하는 바가 크다. 특히 개방된 민주주의 국가인 미국과 EU가 하이브리드 위협 대응에 있어서 가장 먼저 서둘렀던, 전략커뮤니케이션 체제의 구축과 회원국 간 긴밀한 정보 공유 및 위기 상황에 대한 공동의 인식 수렴, 다양한 교류 및 연구 활동은 한국과 역내 주요국들이 어떤 협력 의제를 통해 공조하고 협력을 확대할 것인지 고찰하고 논의하는 데에 적용할 만한 유용한 사례가 될 것으로 보인다. 또한 최근 한국이 전통안보 및 신안보 영역에서 미국 및 유럽과 다양한 의제를 통해 교류·협력하고 하이브리드전 모의 군사훈련 및 다양한 협의체에 참여하며 구체적인 협력 의제를 발굴하려는 노력은 지속되고 확대될 필요가 있다. 더불어 한국은 더 다양한 정부 부처와 기관, 민간단체와 전문가들이 미국 및 유럽의 하이브리드 위협 대응과 관련된 교류, 훈련 및 협의체에 동참하고 아이디어를 공유하며 기여와 협력을 증진할 방안을 국가적·지역적·세계적 차원에서 마련하고 장려할 이니셔티브를 취할 필요가 있다.

한편 미국과 유럽 등 서구권 민주주의 국가에서 진행된 타국발 심리전에 대한 군사적 차원에서의 대응이 반드시 대중의 지지를 얻는 것만은 아니다. 국가가 온라인 공론장에서의 반정부 내러티브를 정부 행위자가 검열하며 일일이 대응하는 것은 대중의 입장에서는 표현의 자유에 대한 간섭이나 침해행위로 인식될 수 있기 때문에 민주주의 정부로서는 매우 조심스럽게 접근해야 할 부분이다. 잭 쿠퍼Zack Cooper는 상호성에 입각한 중국발 심리전에 대한 민주주의 국가의 정책이 다음과 같은 사안을 고려해야 함을 역설했다. 첫째, 중국과 같은 권위주의 국가에서는 국가에 의한 언론과 개인의 커뮤니케이션 행위에 대한 검열이 일상화되어 있고 정부의 프로파간다 내러티브는 정보 조작을 통해서 사회 속에 만연해 있으므로 중국발 메시지에 대한 검열과 규제는 자칫 자유로운 정치적 의사표현과 관련한 중국과 민주주의 국가의 차별성을 희석시킬 가능성이 있다. 둘째, 상호성에 입각한 미국의 중국에 대한 대응은 미국의 강점과 중국의 약점에 초점을 두어야 하며, 중국 행위에 대한 '반응적reactive' 정책은 중국이 미중경쟁 관계의 성격을 결정하게 만드는 우를 범할 수 있다. 민주주의 사회의 정보공간의 강점은 정보의 자유로운 이동에 있으므로 정보에 대한 제한과 검열이 중국에 대한 대응이 될 경우 민주주의 정보환경의 강점인 개방성과 투명성을 약화시킬 수 있다. 셋째, 중국의 정보심리전은 사실상 중국의 이미지와 평판을 훼손시키고 있으며, 미국은 타국으로 하여금 중국이 아닌 미국을 모범 사례로 삼도록 만드는 것이 중요하다(Cooper, 2020).

이와 같은 주장은 미국 내 많은 지식층이 공유하는 시각이지만 이러한 원칙에 입각한 접근법과 정공법이 과연 다양성과 포용성을 상실하고 분열하고 있는 현재의 미국과 서구 민주주의 사회에서 효과가 있을지는 의문스럽다. 더욱 우려스러운 바는 고도로 지능화되고 있는 정보 커뮤니케이션 기술과 치밀하게 고안된 설득 기제를 이용한 현대의 심리전이 '인지적 해킹cognitive hacking'으로 불릴 정도로 개인과 대중의 정보 분별을 어렵게 하고 있다는 점이다. 따라서 민주주의 사회의 개인과 대중의 정보 분별과 성숙한 시민의식 및 다양한 방식의 가짜 뉴스 탐지 및 팩트체크 기술의 발전에 기대고 있는 원칙주의적 접근법은 전술적·전략적 차원에서 볼 때는 심리전에 대한 다소 안이한 대응을 초래할 수 있다. 우리의 경우도 같은 언어를 사용하는 북한에 의한 심리전의 위협에 항시 노출되어 있고 현재 중국발 허위 조작 정보에 의해 피해를 경험하고 있으므로 미국과 유럽의 대응 사례와 같이 우리도 시급히 논의를 시작할 필요가 있다.

김경순. 2018. 「러시아의 하이브리드전: 우크라이나 사태를 중심으로」. ≪한국군사≫, 제4권, 63~95쪽.
≪뉴시스≫. 2019.4.3. "대만, 중국발 가짜뉴스 유입 차단 위한 규제 강화 추진". https://newsis.com/view/?id=NISX20190403_0000608795 (검색일: 2021.2.1).
≪데일리굿뉴스≫. 2019.8.23. "中, 홍콩 시위 겨냥해 '가짜뉴스' 공세 … '흡수통합' 목적". http://www.goodnews1.com/news/news_view.asp?seq=89972 (검색일: 2021.2.1).
≪동아일보≫. 2020.3.9. "중국, 대만서 도메인 대량 매수 … 선거 등 여론조작에 악용". https://www.donga.com/news/Inter/article/all/20200309/100077355/1 (검색일: 2021.2.1).
송태은. 2019. 「사이버 심리전의 프로퍼갠더 전술과 권위주의 레짐의 샤프파워」. ≪국제정치논총≫, 제59권 2호, 161~203쪽.
_____. 2020a. 「디지털 허위조작정보의 확산 동향과 미국과 유럽의 대응」. ≪IFANS 주요국제문제분석≫(2020-13). 국립외교원 외교안보연구소.
_____. 2020b. 「하이브리드 위협에 대한 최근 유럽의 대응」. ≪IFANS 주요국제문제분석≫(2020-31). 국립외교원 외교안보연구소.
_____. 2021. 「디지털 시대 하이브리드 위협 수단으로서의 사이버 심리전의 목표와 전술: 미국과 유럽의 대응을 중심으로」. ≪세계지역연구논총≫, 제39권 1호, 69~105쪽.
신범식·윤민우. 2020. 「러시아 사이버안보 전략 실현의 제도와 정책」. ≪국제정치논총≫, 제60권 2호, 167~209쪽.
≪조선일보≫. 2020.12.17. "'역사지식 없어' 中 매체들 이효리·이수근 등 계속 때린다". https://www.chosun.com/international/china/2020/12/17/KJFOTDHP6NHYFJCRQQMU62FDOY (검색일: 2021.3.5).
조한승. 2012. 「민간군사기업의 전쟁 외주가 전쟁 양상 변화에 미치는 영향」. ≪국방연구≫, 제55권 1호, 25~56쪽.
≪중앙일보≫. 2020.1.12. "대만 독립' 반기 든 차이잉원 … 中 "역사의 죄인" 경고 던졌다". https://news.joins.com/article/23679998 (검색일: 2021.1.13).

≪한국경제≫. 2021.2.21. "한복·김치도 모자라 '조선족 윤동주' … 中 도발 어디까지". https://
www. hankyung.com/life/article/202102199538H (검색일: 2021.4.1).

≪한국경제TV≫. 2020.11.26. "차이잉원 대만총통 '가짜뉴스로 사회혼란 … 신속 대응해야'". https://
www.wowtv.co.kr/NewsCenter/News/Read?articleId=AKR20201126087400009 (검색일: 2021.
1.13).

Antonovich, Pavel. 2011. "Cyberwarfare: Nature and Content." *Military Thought,* Vol.20, No.3.

Calha, Julio M. 2015. "Hybrid warfare: NATO's new strategic challenge?" General Report(NATO
Parliamentary Assembly, Defence and Security Committee).

Carment, David and Dami Belo. 2018. "War's Future: The Risks and Rewards of Grey-Zone
Conflict and Hybrid Warfare." Canadian Global Affairs Institute. pp.4~5. https://
d3n8a8pro7vhmx.cloudfront.net/cdfai/pages/4059/attachments/original/1539971167/Wars_Fu
ture_The_Risks_and_Rewards_of_Grey-Zone_Conflict_and_Hybrid_Warfare.pdf?1539971167
(검색일:2020.2.5).

Central Intelligence Agency(CIA). 1948. "Definition of the term 'psychological warfare'."
CIA-RDP84-00022R000400110010-8(1948). https://www.cia.gov/library/readingroom/docs/CIA-
RDP84-00022R000400110010-8.pdf (검색일: 2020.6.1).

Cooper, Zack. 2020. "How to respond to China's information warfare." American Enterprise
Institute. https://www.aei.org/op-eds/how-to-respond-to-chinas-information-warfare (검색일:
2021.2.21).

divide. 2021.3.25. "Senate Committee Reviews Authorization Request for Fiscal Year 2022."
https://www.dvidshub.net/video/788438/senate-committee-reviews-authorization-request-fisc
al-year-2022. (검색일: 2021.2.21).

Errey, M. Hammond. 2019. "Understanding and Assessing Information Influence and Foreign
Interference." *Journal of Information Warfare,* Vol.18, No.1, pp.1~22.

European Commission. 2016. "Joint Framework on countering hybrid threats." EU Cyber Direct.
https://eucyberdirect.eu/content_knowledge_hu/joint-framework-on-countering-hybrid-threats
(검색일: 2020.4.15).

Fearon, James D. 1995. "Rationalist Explanations for War." *International Organization,* Vol.49,
No.3, pp.379~414.

Freedom House. 2018. "Freedom on the Net 2018: The Rise of Digital Authoritarianism."
https://freedomhouse.org/sites/default/files/FOTN_2018_Final.pdf (검색일: 2019.7.21).

_____. 2019. "Freedom on the Net 2019: The Crisis of Social Media." https://freedomhouse.org/
sites/default/files/2019-11/11042019_Report_FH_FOTN_2019_final_Public_Download.pdf (검
색일: 2019.3.2).

_____. 2020. "Freedom in the World 2020: A Leaderless Struggle for Democracy." https://
freedomhouse.org/sites/default/files/2020-02/FIW_2020_REPORT_BOOKLET_Final.pdf (검색

일: 2021.2.7).

Heickerö, Roland. 2010. "Emerging Cyber Threats and Russian Views on Information Warfare and Information Operations." Swedish Defence Research Establishment. https://www.foi.se/ReportFiles/foir_2970.pdf (검색일:2020.6.7).

Hoffman, Frank G. 2007. *Conflict in the 21 Century: The Rise of Hybrid Wars*. Alington, Virginia: Potomac Institute for Policy Studies.

Horybho, Andrew. 2015. *Hybrid Wars: The Indirect Adaptive Approach to Regime Change*. London: International Institute of Strategic Studies.

House Armed Services Committee. 2021. "Subcommittee on Intelligence and Special Operations Hearing: "Disinformation in the Gray Zone: Opportunities, Limitations, and Challenges." https://armedservices.house.gov/2021/3/subcommittee-on-intelligence-and-special-operations-hearing-disinformation-in-the-gray-zone-opportunities-limitations-and-challenges (검색일: 2021.4.5).

Hunter, Eve and Piret Pernik. 2015. "The Challenges of Hybrid Warfare." International Center for Defence and Security. Tallinn: Estonia.

Hybrid CoE. https://www.hybridcoe.fi/what-is-hybridcoe.

Jamieson, Kathleen H. and Joseph N. Cappella. 2008. *Echo chamber: Rush Limbaugh and the conservative media establishment*. Oxford University Press.

Mattis, James N. 2018. "Roll Out Speech for National Defense Strategy." School of Advanced International Studies, Johns Hopkins University, Washington, D.C.

McCulloh, Timothy and Richard Johnson. 2013. "Hybrid Warfare." *ISOU Report*, Vol.13, No.4.

McFate, Sean. 2019. *The New Rules of War: Victory in the Age of Durable Disorder*. New York, NY: William Morrow.

NATO. 2014. "Wales Summit Declaration." Heads of State and Government participating in the meeting of the North Atlantic Council in Wales. NATO Press Release.

_____. 2015. "Next Steps in NATO's Transformation: To the Warsaw Summit and Beyond." NATO White Paper.

_____. 2016. "NATO and the European Union enhance cyber defence cooperation." https://www.nato.int/cps/en/natohq/news_127836.htm (검색일: 2020.3.4).

_____. 2019a. "Crisis Management Exercise 2019" Press Release." https://www.nato.int/cps/en/natohq/news_165844.htm (검색일: 2020.2.9).

_____. 2019b. "NATO's response to hybrid threats." https://www.nato.int/cps/en/natohq/topics_156338.htm (검색일: 2020.4.15).

Newsweek. 2018.4.14. "Russian Trolls Increased '2,000 Percent' After Syria Attack, Pentagon Says." https://www.newsweek.com/russian-trolls-increased-2000-percent-after-syria-attack-pentagon-says-886248 (검색일: 2019.6.10).

North Atlantic Treaty Organization. "NATO's response to hybrid threats." https://www.nato.int/

cps/en/natohq/topics_156338.htm (검색일: 2020.3.4).

Pariser, Eli. 2011. *The Filter Bubble*. New York: The Penguin Press.

Tucker, Patrick. 2021a. "Putin Authorized Smear Campaign Against Biden, US Intelligence Concludes." Defense One. https://www.defenseone.com/technology/2021/03/putin-authorized-smear-campaign-against-biden-us-intelligence-concludes/172715 (검색일: 2021.3.31).

_____. 2021b. "Key Official: Defense Information Operations 'Not Evolving Fast Enough'." Defense One. https://www.defenseone.com/technology/2021/03/key-official-defense-information-operations-not-evolving-fast-enough/172742 (검색일: 2021.3.31).

U.S. Department of Defense. 2020. "Military and Security Developments Involving The People's Republic of China 2020." Annual Report to Congress.

U.S. National Intelligence Council. 2021. "Foreign Threats to the 2020 US Federal Elections." ICA 2020-00078D(Declassified document) https://www.dni.gov/files/ODNI/documents/assessments/ICA- declass-16MAR21.pdf (검색일: 2021.4.15).

Wagner, Harrison. 2000. "Bargaining and War." *American Journal of Political Science*, Vol.44, No.3, pp.469~484.

Washington Post. 2019.9.23. "There's another expert player warming up to online election interference. We should worry." https://www.washingtonpost.com/opinions/global-opinions/theres-another-expert-player-warming-up-to-online-election-interference-we-should-worry/2019/09/22/76c8c870-d990-11e9-bfb1-849887369476_story.html (검색일: 2021.2.5).

_____. 2021.3.16. "'Three Warfares': U.S. pummeled by covert disinformation war waged by Russia, China." https://www.washingtontimes.com/news/2021/mar/16/us-pummeled-covert-disinformation-war-waged-china- (검색일: 2021.4.1).

디지털 안보의 이슈연계

5 미중 전략경쟁과 수출 통제의 정치경제

경제-안보 연계의 관점에서

이승주 | 중앙대학교

1. 서론

수출 통제는 전시에 상대국이 자국의 수출 제품을 무기화하여 안보위협을 가했던 과거 경험에서 비롯되었다. 제2차 세계대전 당시 Bf109 등 독일 전투기들이 영국의 기업 롤스로이스가 제작한 엔진을 장착한 사례와 제2차 세계대전 종전 이후 롤스로이스가 최신 엔진 '넨Nene'을 소련에 수출하고, 소련이 이를 무단 복제하여 MiG-15에 장착해 6.25전쟁에 투입한 사례 등에서 알 수 있듯이, 수출 통제가 이완되었을 때 발생하는 안보위협과 피해는 막대하다. 오늘날 수출 통제를 둘러싼 미중 관계는 과거 사례와 상당한 차별성을 보인다. 냉전기 미국이 소련과 공산권을 상대로 실행한 수출 통제는 군사기술의 통제를 주목적으로 한 것이었다. 이는 수출 통제가 효과적으로 이루어지지 않을 경우, 안보위협의 증대를 초래할 것이라는 미국과 자유 진영의 판단에 근거한 것이었다. 이후 미일 경쟁 시대에는 수출 통제가 민군겸용기술dual-use technology의 통제에 초점이 맞추어졌다. 일본이 미국에 비해 기초 연구개발이 열세함에도 불구하고, 미국의 군사기술을 상업적으로 활용하는 능력에서 미국에 우위를 점하는 분야가 증가했기 때문이다.

미중 전략경쟁 시대, 수출 통제는 미소와 미일 사례의 두 가지 측면을 모두 가지고 있다. 미중 패권경쟁이 가속화됨에 따라 미국과 중국이 상대로부터 느끼는 안보위협이 강화되고, 미래 경쟁력을 제고하기 위한 기술경쟁에도 돌입했다. 미국이 중국에 대해 산업정책, 보조금, 불공정 무역 행위, 국영기업 문제, 시장의 폐쇄성 등 다방면에 걸쳐서 중국을 압박하는 것은 무역 불균형 등 현재의 문제를 해결하려는 것뿐 아니라, 미래 경쟁력을 선제적으로 확보하려는 시도이다. 미국의 견제와 압박에 직면한 중국은 현재의 문제 해결을 위해서 일정한 타협적 자세를 보이고 있으나, 미래 경쟁력과 관련된 이슈에 대해서는 비타협적 입장을 견지하고 있다.

이 글은 전략경쟁이 미국과 중국의 수출 통제의 확대와 강화에 직간접적인 영향을 미치고 있다는 전제에서 출발한다. 미국은 수출 통제를 위해 다자 레짐에 적극적으로 참여하고 있음에도 전략경쟁의 영향으로 인해 자체적인 수출 통제를 강화하고 있다. 전략경쟁이 기술경쟁의 성격을 띠면서 겸용기술에 대한 수출 통제 필요성이 증대하고, 장기적으로 기술경쟁의 성패가 미국의 국가 안보에 미치는 영향이 지대하다는 판단에 따라 중국을 겨냥한 수출 통제를 전면적으로 강화했다. 중국 또한 전략경쟁이 본격화됨에 따라 토착 기술 혁신 역량을 강화해야 할 필요성이 빠르게 증대하고 있다. 중국의 '중국제조 2025 Made in China 2025, 中國制造'는 기술의 대외 의존도를 낮추고 토착 기술 역량을 제고하려는 중국 정부의 대표적인 시도이다. 중국 정부는 수출 통제를 미국에 대한 대응의 수단인 동시에, 혁신 역량을 강화하는 수단으로 활용하고 있다. 미국과 중국의 수출 통제가 동태적인 상호작용의 과정을 거치면서 변화하는 것은 이처럼 수출 통제가 전략경쟁과 불가분의 관계에 있기 때문이다.

이 글은 이러한 문제의식을 바탕으로 다음의 사항들을 중점적으로 검토한다. 2절에서는 다자 수출 통제 레짐의 성격을 우선 검토하고, 이를 바탕으로 그 성과와 한계를 고찰한다. 다자 레짐의 한계는 곧 미국과 중국이 수출 통제를 독자적으로 강화하는 배경이 된다. 3절에서는 미중 전략경쟁에서 기술이 갖는 의미를 중점적으로 검토한다. 미중 전략경쟁은 현 단계에서 기술경쟁을 중심으로 진행되고 있다. 기술경쟁에 대한 미중 양국의 전략에 대한 검토를 바탕으로 수출 통제의 강화 필요성을 검토한다. 4절에서는 전략경쟁의 맥락 속에서 추진된 미중 양국의 수출 통제 강화와 그 영향을 고찰한다. 마지막으로 5절에서는 미중 양국의 수출 통제의 효과와 지속 가능성을 제고하기 위해 필요한 사항들을 제시한다.

2. 다자 수출 통제 레짐의 국제정치

1) 성과와 한계

다자 차원의 수출 통제 레짐은 핵공급그룹Nuclear Suppliers Group: NSG, 호주그룹Australia Group: AG, 미사일기술통제레짐Missile Technology Control Regime: MTCR, 바세나르 협정Wassenaar Arrangement: WA으로 구성된다(eCustoms.com). NSG는 핵무기의 비확산, AG는 생화학무기의 확산 위험 최소화, MTCR는 대량살상무기를 운반할 수 있는 무인 운반 체계의 비확산, WA는 재래식무기와 민감한 민군겸용 제품 및 기술 이전의 투명성과 책무성의 증진을 목표로 한다. 4개의 레짐은 개별적으로 목적에 부합하는 통제 리스트를 보유하고 있다. 4개의 수출 통제 레짐에 모두 가입한 국가는 아르헨티나, 오스트레일리아, 오스트리아, 벨기에, 불가리아, 캐나다, 체코, 덴마크, 핀란드, 프랑스, 독일, 그리스, 헝가리, 아일랜드, 이탈리아, 일본, 룩셈부르크, 네덜란드, 뉴질랜드, 노르웨이, 폴란드, 포르투갈, 대한민국, 스페인, 스웨덴, 스위스, 터키, 우크라이나, 영국, 미국 등 30개국에 달한다.

다자 레짐은 다수의 국가들이 참여하여 수출 통제의 효과성을 높일 수 있고, 비공식적 연합의 방식을 취함으로써 환경 변화에 유연하게 적응할 수 있다는 장점이 있다. 45개국이 참여하는 핵공급그룹은 핵확산금지조약NPT 회원국이 아닌 핵공급국에 대한 통제를 위해 출범했지만, 걸프전 이후 모든 국가를 대상으로 하는 다자적인 수출 통제를 모색했다. 핵공급그룹은 1992년 겸용 품목의 수출 통제를 규정한 「NSG Part II」를 작성하고, 65개 품목의 부속서annex를 확정하고, 기술까지 통제 대상으로 지정하는 등 핵 관련 수출 통제에 상당한 성과를 거둔 것으로 평가된다(국제기구정책관, 2007a).

호주그룹은 공동 통제 리스트common control list를 작성하여 통제 리스트에 포함된 물질 및 기술 수출 시 사전에 정부의 수출 허가를 받도록 하는 등 대외적 차원에서는 비공식적 성격을 유지하지만, 국내적 차원에서는 법제화하도록 함으로써 일정한 구속력을 발휘할 수 있도록 설계되었다. 공동 통제 리스트를 다자 차원에서 작성하고, 그 실행은 개별 국가가 담당하도록 하는 이원적 구조를 취함으로써 제도 운영의 유연성과 구속력 사이의 균형을 취할 수 있게 되었다(국제기구정책관, 2007b).

1996년 출범한 바세나르 협정은 냉전의 산물인 코콤Ccoordinating Committee for Multilateral Export Control: CoCom이 1994년 종료됨에 따라 이를 대체하는 비공식 포럼이다(국제기구정책관, 2007c). "전통 무기 및 겸용 제품과 기술의 이전에 대한 투명성과 책무성의 확대를 통한 세계 안보와 안정의 확보를 목표로 한다"(The Wassenaar Arrangement)라고 천명한 데서 나타나듯이, 바세나르 협정은 냉전 종식 이후 겸용기술의 수출 확대를 선제적으로 차단하기 위해 형성되었다. 바세나르 협정이 무기 및 대량살상무기weapons of mass destruction: WMD 관련 이중용도 품목 통제 리스트의 통제·정보 교환·검토에 초점을 맞추고, 관련 정보 교환을 통해 수출 통제의 협력 범위를 결정하도록 한 것은 겸용기술에 대한 수출 통제에 우선순위를 부여했다는 점을 잘 보여준다.

다자 수출 통제 레짐이 비교적 성공적으로 성장할 수 있었던 것은 다자 레짐을 선호하는 다수 국가들의 선호를 반영한 결과이다. 수출 통제 면에서 다자 레짐이 양자 레짐에 비해 효과가 클 것으로 예상되었고, 실제로 상당한 성과를 거둔 것으로 평가되기도 했다. 또한 다자 레짐은 비공식적 연합으로서 수출 통제 관련 규범의 수립에서도 상당한 성과를 산출했다.

반면, 다자 레짐은 제도화에는 상대적으로 부진한 편이다. 핵공급그룹, 호주그룹, MTCR, 바세나르 협정은 모두 회원국이 수출 시 선적 전에 다른 회원국과 상의하도록 하고, '다른 회원국이 거부한 제품과 '기본적으로 동일한 essentially identical' 기술 또는 제품 이전 시 통보하도록 한 'no undercut' 규정을 포함하고 있으나, 구속력이 없기 때문에 이 규정이 개별 국가들의 자발적 선택과 이행에 맡겨져 있는 실정이다(Jaffer, 2002). 또한 CoCom의 후신인 바세나르 협정의 경우, 비공식 합의로서 CoCom보다 구속력이 약하다는 평가를 받고 있다. CoCom 체제에서는 회원국의 비회원국에 대한 기술 이전 금지가 가능했으나, 바세나르 협정 체제에서는 비토veto 메커니즘이 부재하다.

다자 레짐은 또한 수출 통제에 있어서 무기 통제에서는 일정한 성과를 거둔 반면, 겸용기술의 통제에는 한계를 드러냈다. 바세나르 협정의 경우, 겸용기술의 수출 통제에 상당한 노력을 기울이고 있으나, 투명성을 증진하는 데 부분적인 성과가 있을 뿐 겸용기술의 수출 통제 자체에는 많은 한계를 드러내고 있다. 이는 바세나르 협정이 기본적으로 통제 리스트 중심의 접근을 하는 것과 관련이 있다. 바세나르 협정은 다음과 같이 9개 분야에 걸쳐 광범위한 품목을 협약에 포함시키고 있다(Wassenaar Arrangement, 2019).

- 카테고리 1: 특수 소재 및 관련 장비(special materials and related equipment)
- 카테고리 2: 재료 처리(materials processing)
- 카테고리 3: 전자(electronics)
- 카테고리 4: 컴퓨터(computers)
- 카테고리 5: 파트 1 – 통신(telecommunications)

카테고리 5: 파트 2 – 정보 보안(information security)

- 카테고리 6: 센서와 레이저(sensors and lasers)

- 카테고리 7: 항법 및 항공전자(navigation and avionics)

- 카테고리 8: 해양(marine)

- 카테고리 9: 항공우주와 추진(aerospace and propulsion)

이 리스트가 매우 광범위한 것은 사실이나, 수출 품목의 최종 용도에 대한 검토와 분석이 체계적으로 이루어지지 않기 때문에 겸용기술의 수출을 관리하는 데 한계가 있을 수밖에 없다. 이러한 구조적 문제를 해결하기 위해서는 최종 용도에 대한 정밀 검사를 강화해야 할 필요가 있다.

2) 다자 수출 통제 레짐과 미중 전략경쟁

다자 레짐이 한계를 보이는 근본적 이유 가운데 하나는 미중 전략경쟁과 관련이 있다. 기존 다자 레짐은 냉전 또는 탈냉전 초기에 수립되었기 때문에 미중 전략경쟁이라는 구조적 변화를 담아내기에 한계가 있다. 미소 냉전이 군비경쟁을 중심으로 진행된 반면, 미중 전략경쟁은 경제와 안보 양면에서 동시다발적으로 진행되고 있다. 미중 전략경쟁에서는 현재의 문제를 해결하는 것뿐 아니라 미래 경쟁력의 확보를 위한 선제적 조치의 필요성이 증대되고 있기 때문에, 겸용기술에 대한 수출 통제의 중요성이 더욱 부각되고 있다. 그러나 앞에서 언급했듯이, 기존의 다자 레짐은 겸용기술에 대한 수출 통제를 강화하고 효과를 담보하는 데 상당한 어려움을 겪고 있다.

그 결과 미국은 중국과 전략경쟁을 하는 가운데 다자 레짐에만 의존하기보다 일방주의적 도는 양자주의적 접근을 우선하는 경향을 보이고 있다. 트럼프 행정부가 대외 정책에 있어서 다자주의를 비판하고 양자주의를 우선한 것은 잘 알려져 있다. 수출 통제 정책에 있어서도 트럼프 행정부는 중국에 대한 수출 통제를 독자적으로 단행하거나, 양자 차원에서 동맹 및 파트너 국가들의 협력을 요구하는 모습을 보였다.

미국은 또한 통제 리스트 중심의 접근을 하는 다자 레짐과 달리 최종 사용자에 대한 모니터링과 제한을 강화하는 차별화된 접근을 하고 있다. 트럼프 행정부는 중국에 대해 수출 통제 리스트를 지속적으로 확대하는 한편, 수출 통제의 효과성을 제고하기 위하여 최종 용도에 대한 검토를 함께 강화했다. 기존 다자 레짐은 최종 용도에 대한 검토 능력이 상대적으로 취약하기 때문에, 전략경쟁을 수행하는 미국의 입장에서는 독자적 또는 양자적 차원의 전략을 병행해야 할 필요성이 커지고 있다.

이 과정에서 미국은 중국의 미국 기술 접근을 제한하고 대미국 투자에 대한 검토를 강화하는 수세적 대응과 더불어, 자체적인 기술 혁신 역량을 강화하고 수출통제개혁법 제정을 통해 대중국 수출 통제를 확대·강화하려는 공세적 접근을 병행하고 있다. 수세적 대응과 공세적 대응의 병행은 다자 레짐에만 의존해서는 실행하기 어려운 전략이다. 이 과정에서 미국은 더 나아가 중국 체제의 구조적 문제점을 지속적으로 지적하고 시정을 요구하는 등 매우 능동적인 자세로 전환했다.

3. 미중 전략경쟁과 기술

1) 디커플링과 기술

미중 전략경쟁은 무역 제재, 투자 통제, 수출 통제, 기술 인력 교류 제한 등 기술경쟁을 수반한다(Sun, 2019). 미중 전략경쟁이 격화될수록 자립의 필요성은 더욱 커지며, 기술 분야도 예외가 아니다. 미국과 중국은 세계경제 질서의 재편 과정에서 우위를 확보하기 위해, 국가이익을 증진 및 수호하고 지정학과 지경학을 유기적으로 결합하는 한편, 기술혁신에서 우위를 점하기 위한 기술전쟁에 돌입했다. 기술경쟁은 미중 안보 관계뿐 아니라, 지역 질서와 지구적 차원의 기술 및 경제 거버넌스에도 상당한 영향을 미친다. 미중 전략경쟁은 단기간에 그 결말을 볼 수 있는 것이 아니라 장기간에 걸쳐 진행될 것이다. 따라서 미국과 중국은 전략경쟁을 수행하는 과정에서 자립 또는 자율적 공간을 확보하는 '자립권역spheres of independence'을 형성하기 위해 노력하고 있다(Wright, 2013). 한편 중국의 기술민족주의에 대응하기 위해서는 디커플링decoupling이 필요하다는 견해도 강력하게 제기되고 있다. 디커플링은 궁극적으로 상대에 대한 의존도를 낮추고 경제와 안보에서 자율성을 확보하는 데 필요하다.

트럼프 행정부의 수출 통제 강화 조치로 인해 공급사슬의 교란이 발생하고, 코로나19 사태로 인해 2000년대 진행되어 온 공급사슬의 재편이 더욱 가속화될 것으로 전망된다(Bermingham, 2020.4.29). 미국과 중국은 전략경쟁을 전개하는 가운데 핵심 기술 분야에서 자립을 확보하기 위해 일정 수준 디커플링을 추구할 것으로 예상된다. 그러나 미국과 중국은 상호 의존과 자립 사이에서의 선택보다는 적정 수준의 상호 의존을 관리하는 방식을 추구할 것으로 예상된다. 미국과 중국 모두에게 있어 완전한 디커플링은 가능하지도, 바람직하지도 않기 때문에, 전략경쟁을 수행하는 과정에서 상호 차별성을 관리하고 공동의 이해를 조정 또는 협력하며 기술과 무역 분야에서 경쟁하는 '경쟁적 분리와 연결competitive recoupling'을 추구할 것이다(Liang, 2021). 궁극적으로 미국과 중국은 경쟁과 협력이 공존하는 '관리된 상호 의존managed interdependence'을 추구할 것으로 예상된다(Moraes, 2020).

미국은 완전한 디커플링이 중국의 기술 자립을 지연시키는 효과를 낳을 것으로 기대하고 있다. 이에 대하여 중국은 시진핑 주석이 "경제안보를 확보하는 유일한 방법은 핵심 기술의 자립도를 높이는 것뿐"이라고 강조했듯이 '자력갱생自力更生'을 추구하고 있다. 이는 미중 전략경쟁에서 기술 자립이 차지하는 중요성을 상징적으로 보여준다. 미국의 수출 통제에 대응해 중국 정부는 자국 기업들이 공급선의 '탈미국화de-americanise'를 가속화하도록 촉구하는 한편, 외국 기업들에게도 유사한 조치를 취하도록 요구하는 등 미국에 상응하는 조치를 취할 것으로 전망된다.

2) 미중 기술경쟁의 상호작용

미중 전략경쟁은 기술경쟁을 불가피하게 수반하고 있으며, 수출 통제는 기술 경쟁의 다양한 방식 가운데 하나이다. 미국 내에서는 중국의 도전에 효과적으로 대응하기 위해서 미국도 기술민족주의technonationalism를 추구할 필요가 있다는 인식이 점차 강화되고 있다(Bermingham, 2020.4.29; Rasser, 2020). 중국의 기술 굴기는 미국에게는 안보위협의 증대를 의미하며, 이는 중국의 안보 이익의 증대로 연결된다는 인식이 형성되고 있기 때문에, 미국 내에서는 민감 기술의 수출이 곧 안보 위험의 증가를 초래한다는 대중 강경 인식이 강화되고 있다.

중국의 기술 굴기에 대한 대응은 방어shielding, 압박stifling, 촉진spurring을 유기적으로 조합하는 데 그 성패가 결정된다고 할 수 있다(Roberts·Moraes·Ferguson, 2019). 첫째, 방어는 국내 기술을 경쟁자로부터 보호하는 것이다. 미중 전략경쟁을 감안할 때, 방어에는 중국 국적 기업의 산업스파이 활동 제한, 기술 이전 강요 반대, 주요 기술(신기술 또는 원천 기술) 또는 '민감 개인 정보'를 취급하는 기업에 대한 외국인 투자 제한 등이 포함된다.

둘째, 압박은 기술 역량을 제한하는 전략으로 중국의 산업정책을 약화시키기 위한 관세 부과, 차세대 기술 이전을 금지하는 신기술 또는 원천 기술(양자 컴퓨팅, 로보틱스, AI 등)의 수출 통제, 화웨이 및 ZTE 등의 기업에 반도체와 같은 핵심 부품 판매 금지, 화웨이 또는 중국 5G 기술의 구매 및 채택 금지 등이 포함된다. 이러한 전략은 국제법적 분쟁의 소지가 없는 것은 아니나, 미중 간 전략경쟁이 강화됨에 따라 미국의 대중국 전략에서 그 중요성이 점차 강화되는 경향을 보이고 있다.

셋째, 촉진은 자체적인 기술 혁신 역량을 향상하는 것이다. 미국이 기술혁신을 촉진하는 데 영향을 미치는 핵심 동력은 '창조적 불안creative insecurity'이다(Taylor, 2016). 한 국가가 혁신 역량을 제고하는 데에는 국내외적으로 수많은 도전에 따른 불안 요인에 직면하게 되는데, 국내 경쟁과 외부 위협 사이의 균형이 어느 쪽으로 기울어지는지에 따라 기술혁신 능력에 차이가 발생할 수 있다. 외부로부터 가해지는 위협 인식이 국내 이해관계자들 사이의 이득의 배분을 둘러싼 갈등보다 중요해질 때, 기술혁신이 촉진된다(Taylor, 2016). 즉, 미중 기술경쟁은 다양한 이해관계자들이 중국과의 경쟁을 국가안보 및 산업 경쟁력에 대한 중대 위협으로 인식하게 됨으로써 기술혁신에 대한 기존의 분산적 접근에서 탈피하여 정부의 적극적인 역할을 가능하게 했다. 바이든 행정부가 3250억 달러 규모의 연구 및 혁신 기금을 투입하기로 결정한 것도 중국과의 기술경쟁에 수세적으로 대응하는 데서 탈피하여 보다 공세적으로 대응하겠다는 구상이다(Kelly and McCabe, 2021.4.1). 바이든 행정부는 이 외에도 첨단산업의 공급사슬 재편과 생산 능력 확충을 위한 재정 지원, 산업정책의 확대, 해외 인재 유치, 해외 시장에서 미국 기업의 경쟁 우위 확보 등을 위해 다양한 정책을 계획하고 있다.

물론, 방어·압박·촉진은 이론적 분류일 뿐 현실에서는 연속선상에서 존재하기 때문에 언제나 명확하게 구분되는 것은 아니다. 바이든 정부는 세 가지 전략 가운데 하나를 배타적으로 추구한다기보다 상호 중첩적으로 활용하되, 선택의 우선순위에 변화를 보일 것으로 예상된다. 미국 내 중국 유학생 또는 연구자들에 지식 및 기술 이전을 제한하는 것은 중국의 기술 탈취를 예방하고, 중국의 혁신 역량을 제한한다는 점에서 '방어와 압박'의 효과를 동시에 초래한다.

미국이 대중국 기술 전략을 수행하는 데 있어서 근본적으로 직면하는 도전은 개방성을 유지하는 가운데 전략적 경쟁을 지속할 수 있을 것인가의 문제이다. 세계 최고의 인재들을 유치함으로써 미국의 혁신 역량을 지속적으로 제고

할 수 있다는 점에서 개방적 접근의 우월성을 옹호하는 그룹이 여전히 있다는 점에 유의할 필요가 있다. 과도한 수출 통제는 미국 첨단 산업의 경쟁력을 손상시킴으로써 궁극적으로 안보에 부정적 영향을 줄 수도 있기 때문이다. 결국 미국의 대중국 기술경쟁의 관건은 폐쇄/통제와 개방 사이의 균형을 유지하는 가운데, 미국이 기술우위를 유지할 수 있도록 일관된 전략을 추진할 수 있는 역량에 달려 있다.

미국이 창조적 불안을 생산적으로 활용하여 기술경쟁에서 유리한 입지를 확보하기 위해 노력하는 반면, 부상하는 중국은 구조적 제약을 극복하기 위해 기술의 습득과 개발의 필요성을 뜻하는 '혁신 명령innovation imperative'의 과제에 직면한다. 이러한 필요에 기반하여 중국은 '제조making', '거래transacting,' '탈취taking'의 세 가지 기술경쟁 전략을 추구하게 된다(Kennedy and Lim, 2018). 첫째, 제조는 자립적 혁신과 제조 역량의 강화를 위해 국내 기업을 직간접적으로 지원하는 것으로, '중국제조 2025'로 집약된다. 둘째, 거래는 외국 기업과 기술 이전을 위한 상업적 교환으로 해외 기술 기업에 대한 투자 또는 인수를 통해 이루어진다. 중국 정부가 외국 기업에 대해 중국 기업에 지적재산권을 이전하도록 요구하는 것도 이에 해당한다. 셋째, 탈취는 외국으로부터 (대가를 지불하지 않고) 기존 기술을 도입·취득하거나, 합법적인 방법으로 오픈 소스를 활용하거나 불법적으로 지적재산권을 탈취하는 것을 말한다(Kennedy and Lim, 2018).

미국이 중국에 대하여 수출 통제를 추구하는 데는 '기술 이전 강요 또는 탈취,' '해외 진출走出去 전략', '미국/유럽 선진 기업 M&A' 등 중국이 다양한 방식을 동원하여 기술 자립 수준을 높여나가고 있기 때문이다. 특히, 미국의 시각에서 볼 때, 중국이 매우 다양한 방식으로 미국 법과 정책의 허점을 이용하여 기술 이전 시도를 하고 있기 때문에, 미국이 기술우위를 유지하기 위해서는 규제 장벽을 강화해야 할 필요가 있다. 그럼에도 수출 통제의 효과가 모든 분야에 나타나는 것은 아니며, 미국이 기술우위를 이미 확보하고 있는 기술 분야에서의 수출 통제가 미국이 우위를 유지하는 데 도움을 줄 수 있을 것으로 예상된다.

4. 미중 기술경쟁과 수출 통제

1) 미국

(1) 수출 통제 강화의 배경과 특징

수출 통제와 관련한 논쟁의 핵심인 국가안보와 수출 경쟁력 사이의 균형을 맞추는 문제는 미국에서 오랜 논란의 대상이었다. 미국의 수출 통제에 대한 권한은 전통적으로 상무부, 재무부, 국토안보부, 법무부 등에 분산되어 있다. 상무부는 겸용기술에 대한 수출 통제, 재무부는 미국 경제제재에 대한 수출 제한, 국토안보부과 법무부는 형사 관련 수출 통제, 기타 부서는 수출 통제의 실행을 담당하는 시스템이다(Congressional Research Service, 2020). 그러나 분산화된 시스템은 과도하게 엄격하고 비효율적이며 시대에 뒤처졌다는 평가를 받았다. 특히, 상무부와 국무부가 수출 통제 품목에 대한 이견을 보이면서 면허 허가 과정에서 지연과 비효율이 초래되었고, 수출 통제 시행에 대한 체계적인 평가 또한 제대로 이루어지지 못했다는 비판이 제기되었다.

오바마 행정부는 이러한 문제를 해소하기 위해 겸용기술 면허 관련 수출 통제의 단일화, 통합된 통제 리스트, 단일화된 실행 조정 기관, 통합된 IT 시스템의 구축 등을 목표로 수출 통제 체제에 대한 개혁을 단행했다. 더 나아가 오바마 행정부는 미국 제조업의 미래 경쟁력 강화를 위해 리쇼어링re-shoring을 추진하고, 수출 통제도 매우 공격적으로 강화했다(Industry today, 2014.6.26). 그러나 오바마 행정부의 이러한 시도는 생산의 가치사슬화와 디지털화가 가속화하는 현실을 감안할 때, 시대의 변화 추세를 거스르는 것이라는 비판에 직면했다. 또한 지구적 가치사슬 내에서 데이터가 유통되는 가운데, 비미국인과 데이터 공유를 제한하는 것은 비현실적이라는 비판도 제기되었다.

트럼프 행정부는 2018년 '수출통제법The Export Controls Act of 2018: ECA'을 개정하면서 겸용기술의 수출 통제를 실행할 수 있는 구체적인 법적 토대를 마련했다. 이 법안에 따라, 미 상무부가 ① 수출 통제 리스트 작성 및 관리, ② 수출면허, ③ 비인가 수출, 재수출, 통제 품목의 국내 이전 금지, ④ 선적 및 기타 이전 수단에 대한 감시 등을 담당하게 되었다(Congressional Research Service, 2020). 미국은 현재 무기수출통제법The Arms Export Control Act: AECA, 국제긴급경제권한법The International Emergency Economic Powers Act: IEEPA, 수출통제법을 중심으로 수출 통제 시스템을 운영하고 있다. 이러한 제도를 통해 미국은 겸용기술, 핵 물질 및 기술, 핵과 생화학무기 및 미사일 기술의 확산에 영향을 줄 수 있는 기술과 미국의 경제제재를 받는 국가들에 대해서도 수출 통제를 시행하고 있다(Congressional Research Service, 2020).

2018년 미 의회는 수출 통제를 개혁하면서 토대 기술foundational technologies과 신흥기술emerging technologies을 포함시켰다(Gkritsi, 2019). 여기에는 AI, 반도체, 자율주행자동차, 로보틱스, 바이오테크놀로지, 3D 프린팅과 양자컴퓨팅 등이 미국의 경제적 우위와 국가안보를 위한 핵심 기술로 선정되었다. 이 기술들은 '국방수권법National Defense Authorization Act'을 통해 법안으로 성립되었으며, 구체적인 수출 통제 대상 기술 품목은 상무부의 산업안보국Bureau of Industry and Security: BIS이 작성하는 리스트에 포함된다.

수출 통제 개혁을 계기로 미국 정부는 러시아, 베네수엘라, 중국에 수출되는 민간용 기술과 제품에도 수출 면허를 의무화할 수 있게 되었고, '수출 면허 예외'로 원상 복귀시킬 수 있었다. 특히 주목할 것은 수출통제개혁법Export Control Reform Act: ECRA에서 '군사적 최종 용도'의 정의가 확장되었다는 점이다. 기존에는 '군사용 품목의 이용·개발·생산을 목적으로 수출되는 품목'으로 규정되었으나, 새로운 수출통제개혁법에서는 '운용operation·설치installation·유지

maintenance·수선repair·정비·재가공overhaul and refurbishing을 지원하거나 기여하는 품목'으로 군사적 최종 용도의 범위가 확대되었다.

2019년 12월 법무부의 국가안보국National Security Division: NSD은 2016년 10월 제정된 '기업의 수출 통제 및 제재 위반 여부 조사에 있어서의 자발적 공개·협력·중재에 관한 지침Guidance Regarding Voluntary Self-Disclosures, Cooperation, and Remediation in Export Control and Sanctions Investigations Involving Business Organizations'을 대체하여 수출 통제와 제재 위반에 대한 자발적 공개를 주요 내용으로 하는 정책을 발표했다. 기업들이 수출 통제와 제재 위반을 즉각적이고 신속하게 자발적으로 신고할 경우, 형사상 기소와 벌금을 면제한다는 것이 주요 내용인데, 이는 민감 품목의 수출, 위험한 최종 사용자, 반복적 위반 등이 특히 중대한 문제라는 것이다.

수출통제개혁법이 제정된 이후 3개월 만에 상무부 BIS는 미국의 국가안보에 위험을 제기할 수 있는 14개 기술 분야를 발표했다. 그 항목은 다음과 같다.

인공지능AI, 양자 정보통신기술Quantum information and sensing technology, 적층제조기술(3D 프린팅)additive manufacturing(3D printing), 위치정보(PNT) 기술position, navigation and timing(PNT) technology, 데이터 애널리틱스 기술data analytics technology, 뇌-컴퓨터 인터페이스brain-computer interfaces, 첨단 소재advanced materials, 바이오테크놀로지biotechnology, 마이크로프로세서 기술microprocessor technology, 물류기술logistics technology, 로보틱스robotics, 첨단 감시기술advanced surveillance technologies, 초음속비행 관련 기술hypersonics.

BIS는 1년에 걸쳐 업계와 전문가는 물론, 동맹국들의 의견을 청취하여 민감기술을 분류했다. 이는 미국 정부가 수출 통제를 시행하는 데 있어서 민관 협력과 국제협력을 함께 강화하기 위한 사전 정지 작업으로 이해할 수 있다.

(2) 대중국 수출 통제: 수세적 대응에서 공세적 대응으로

ECA는 미국의 중국에 대한 수출 통제에 즉각적인 영향을 미쳤다. 미 상무부는 2019년 화웨이를 '수출제한리스트Entity List'에 포함시킴으로써 수출 제한 조치를 취했고, 이어 화웨이와 해외 자회사들이 국산화를 통해 수출 통제를 우회하고 있다는 지적이 제기되자 미국 기술을 25% 이상 사용하는 기업이 화웨이와 거래를 하지 못하도록 수출 통제의 범위를 신속하게 확대했다(SMARTRADE, 2020.5.15). 국내 정치적으로 트럼프 행정부는 의회의 광범위한 지지를 바탕으로 중국의 대미 투자와 기술 이전 심사 강화, 관세 부과를 통한 수입 제한, 중국 통신 장비의 정부 구매 금지 등 다양한 방식으로 중국과의 경제 관계를 제한해 왔다.

2018년 수출통제법의 개정을 계기로 미국은 중국에 대하여 수세적 대응에서 공세적 대응으로 전환했다(Barkin, 2020). 2018년 '해외투자위험검토현대화법Foreign Investment Risk Review Modernization Act: FIRRMA'과 2019년 '정보통신기술 및 서비스에 관한 행정 명령Executive Order on Information and Communications Technology and Services: ICTS'은 중국 투자자와 기업들이 미국의 기업·기술·주요 인프라를 취득하는 것을 제한하기 위해 도입된 수세적 대응 방안이다. 예를 들어, 미국 정부는 핵심 기술과 신흥기술에 대한 수출 통제와 외국 기업들의 미국 투자에 대한 심사를 지속적으로 강화해 왔다(Zack, 2020.1.6). 미국은 중국과 전략경쟁을 전개하는 데 있어서 수출 통제와 투자 제한을 새로운 수단으로 활용하고 있다.

수출통제개혁법은 행정부의 '수출제한리스트'와 결합되어 중국이 핵심 기술을 취득하려는 시도와 중국의 경제적·군사적 부상에 대하여 전정부적 대응을 할 수 있는 제도적 기반이 되었다(Barkin, 2020). 미 BIS는 중국 내 '군사적 최종 사용자military end users'에 대한 민감 기술 수출에 대한 사전 면허를 의무 요건으로 하는 규제 강화를 시행했다. 수출제한리스트는 제품이 아니라 최종 사용자를 타깃으로 하는 수출 블랙리스트이기 때문에 중국이 군사적 용도로 사용

할 수 있다는 우려가 있을 경우, 탄력적으로 수출을 제한할 수 있다는 점에서 보다 능동적인 대처가 가능하다. 군사적 최종 사용자에는 중국 인민해방군과 '직간접적인' 연계를 갖고 있는 국영기업은 물론 민간기업들도 포함되기 때문에 수출 통제의 범위가 매우 광범위하다(Panda, 2020).

미국 정부는 공세적 대응이 필요한 이유를 중국의 군민융합military-civil fusion에서 찾는다. 미국 정부의 입장에서 볼 때, 겸용기술의 평화적 이용 또는 민간 사용에 대하여 중국을 불신할 수밖에 없는 근본 원인이 군사 부문과 민간 부문의 경계를 불분명하게 하는 군민융합이기 때문이다(Barkin, 2020). 미국 정부는 중국의 군민융합을 민간 연구, 상업 부문, 군사 부문 간 장벽을 낮추어 첨단 군사력을 배양하려는 공세적 국가전략으로 이해한다. 미국 정부는 군민융합으로 인해 민간용 최종 사용에 대한 중국 측의 주장을 확인할 수 없다고 주장한다. 미국 정부는 중국 정부가 해외 첨단 기술의 불법적 탈취를 통해 군사적 지배력을 확대하려는 데 근본 문제가 있다고 본다(Department of State, 2020). 따라서 미국 정부는 기존의 분산적 접근은 중국과의 전략경쟁에서 우위를 확보하는 데 효과적인 전략이 아니라는 결론에 도달했다. 미국의 거대 기술 기업이라고 하더라도 중국 전체의 자원이 투입되는 경쟁에서는 이기기 어렵기 때문이다(NSCAI, 2021).

이러한 인식에 기반하여 바이든 대통령 취임 이후에도 미국 정부는 중국에 대한 수출 통제 기조를 유지하고 있다. 미 상무부는 2021년 4월 톈진 파이티움 정보기술Tianjin Phytium Information Technology, 상하이 고성능집적회로 디자인센터Shanghai High-Performance Integrated Circuit Design Center, 선웨이 마이크로일렉트릭스Sunway Microelectronics, 지난 국가슈퍼컴퓨팅센터the National Supercomputing Center Jinan, 선전 국가슈퍼컴퓨팅센터the National Supercomputing Center Shenzhen, 우시 국가슈퍼컴퓨팅센터the National Supercomputing Center Wuxi, 정저우 국가슈퍼컴퓨팅센터the National Supercomputing Center Zhengzhou 등 중국 슈퍼 컴퓨팅 7개 업체를 미국의 국가안보와 외교정책에 반한다는 이유로 수출제한리스트에 추가했다. 이 기업들이 중국 군대가 사용하는 슈퍼컴퓨터를 설치하는 데 관여하고 있다는 것이 미 상무부의 판단이다(Department of Commerce, 2021). 미 상무부는 중국이 미국의 기술을 중국 군대를 현대화하는 데 사용하지 못하도록 하기 위하여 최선의 노력을 기울일 것임을 명확히 했다.

기존에는 러시아와 베네수엘라가 최종 이용자로 규정된 반면, 개정안에는 중국이 새로 포함되었다. 트럼프 행정부가 시행한 수출 통제 조치는 러시아와 베네수엘라에도 적용되나, 중국의 군민융합에 대한 미국의 대응이라는 점에서 중국이 주요 대상이라는 것은 명확하다(Freifeld, 2020). 중국에 대한 미국의 수출 통제는 두 가지 유형으로 나누어진다(Roberts·Moraes·Ferguson, 2019). 화웨이와 ZTE 등 중국의 통신 장비 기업들이 미국 내에서 장비 판매와 서비스 제공을 제한하는 행정명령과, 미국 개인과 기업이 정부의 라이선스 없이 화웨이와 ZTE 등 중국 통신 장비 기업에 제품을 판매하는 것을 금지하는 상무부의 수출 통제 블랙리스트이다. "제품 판매 또는 이전이 미국 국가안보 또는 외교 정책 이익을 저해할 경우", 라이선스가 불허될 수 있다는 점에서 사실상 수출 통제의 효과를 갖는다.

트럼프 행정부의 대중국 수출 통제는 세 가지 점에서 매우 광범위한 통제로 평가된다. 첫째, 군사적 용도에 대한 정의가 중국 인민군의 구매를 훨씬 넘어서는 매우 광범위한 것이라는 점에서 트럼프 행정부가 중국의 군산융합의 해체를 겨냥하고 있다는 점이 명확하게 드러난다. 예를 들어, 군사적 최종 사용자가 군사조직에만 적용되는 것이 아니며, 중국 자동차 업체가 군사용 차량을 수리할 경우, 해당 기업은 '군사적 최종 사용자'로 지정될 수 있다. 둘째, 우크라이나 및 러시아와 함께, 중국의 수입 업체에 대한 민간 수출 면허 예외를 철폐했다는 점이다(Freifeld, 2020). 이로써 반도체, 통신 장비, 레이더, 고급 컴퓨터 등에 적용되었던 수출 면허 예외가 중지되었다. 셋째, 미국 제품을 중국에 선적하는 외국 기업도 자국 정부뿐 아니라 미국 정부의 승인을 획득하도록 했다.

이처럼 겸용 제품과 기술의 적용 주체 및 대상을 확대함으로써 미국은 군사적 최종 이용자뿐 아니라 중국 내 군사적 최종 이용을 지원하는 민간 기업에게도 수출 면허를 요구할 수 있게 되었다. 품목 리스트 기반의 수출 통제는 대부분의 첨단 겸용기술들이 상업적 용도로 쓰일 수 있기 때문에 최종 사용 또는 최종 사용자에 대한 통제가 최근의 기술혁신 추세를 적절하게 반영할 수 있다는 장점이 있다. 또한 최종 사용자에 대한 규제는 정부의 면허 발급과 같은 직접적인 규제가 아닌 기업들의 자율 인증 방식으로 시행될 수 있다는 점에서 수출 통제 과정의 지연과 불확실성을 감소시킬 수 있다는 장점이 있다.

(3) 화웨이와 플랫폼 경쟁을 위한 국제협력

트럼프 행정부의 수출 통제 강화 조치는 중국이 겸용기술을 군사적 용도로 사용하는 것과 화웨이에 미국 기술 기반의 반도체 공급을 제한하는 데 일차적 목적이 있다(Lu, 2020).[1] 화웨이에 대한 거래 제한과 관련해, '수출 제한이 미국 반도체 산업의 지배력에 부정적 영향을 미칠 수 있다'는 비판에도 불구하고, 미국 정부는 화웨이에 대한 수출 제한을 지속적으로 강화하고 있다. TSMC 등과 같은 외국 파운드리 업체가 화웨이의 자회사 하이실리콘를 위한 반도체 생산을 금지하도록 하고, 미국 기술을 25% 이상 사용하여 생산된 반도체도 수출 통제의 대상에 포함시키는 것 등이 대표적인 사례이다. 화웨이에 대한 수출 통제의 강화는 미국 반도체 기업들의 강력한 요구로 인해 제한적이나마 화웨이와 지속적인 거래를 가능하게 했던 기존 규정의 허점을 메우려는 것이다. 미국의 대중국 수출 통제는 미국 기업들이 중국과의 거래 방식을 근본적으로 바꾸어야 하는, 사실상의 수출 금지라고 할 수 있을 정도로 강

---

1 이에 대해서는 트럼프 행정부의 수출 통제 강화가 미국과 중국의 기술 디커플링을 가속화하고, 미국 기술 기업들이 제3국 기업과 경쟁하는 데 있어서 불리한 여건에 처하게 될 것이라는 우려가 제기되고 있기도 하다.

력한 조치이다(Behsudi, 2020).

미국은 중국의 반도체 설계와 생산에 대해 2세대 상당의 기술 격차를 유지하는 것이 필요하다고 판단하고 있는데, 이를 위해서는 범용 반도체에 대한 통제보다는 첨단 반도체를 제조하는 데 필요한 장비에 대한 수출 통제가 핵심이다. 문제는 미국이 독자적인 제재를 시행할 경우, 미국 기업들에 부정적 영향을 미칠 수 있기 때문에 미 국무부와 상무부는 네덜란드 및 일본 정부와 협력하여 첨단 반도체 생산 장비의 수출 면허 절차를 동조화하여 중국에 대한 수출 통제를 선제적으로 시행할 필요가 있다. 이러한 협력을 통해 미국은 중국이 7nm와 5nm 반도체의 대규모 생산 시점을 지연시키는 데 효과를 발휘할 것으로 기대된다(NSCAI, 2021). 2021년 4월 미 상무부 장관 지나 레이몬도Gina Raimondo가 일본 경제산업성 장관 카지야마 히로시와의 전화 회담에서 수출 통제와 반도체 공급사슬 등 향후 양국의 협력 의제에 대하여 광범위한 의견을 교환한 것은 이러한 맥락이다(Ministry of Foreign Affairs, 2021).

중국 기업들이 디지털 인프라, SNS 플랫폼, 전자상거래 등 플랫폼을 장악할 경우, 해외 사용자에 대한 데이터의 수집과 분석을 통해 중국식 통제 시스템을 확대하는 결과를 초래할 수 있다. 바이든 행정부는 중국의 이러한 시도에 효과적으로 대응하기 위해 민주주의 협력을 선도할 것임을 공언하고 있다. 데이터의 안전한 활용을 증진하기 위해서는 특히 개인정보 보호를 위한 기술 표준과 규범을 수립하기 위한 동지 국가들과의 지구적 파트너십이 필수적이다. 이러한 협력을 기반으로 미국은 디지털 기반의 세계경제 질서가 파편화되지 않도록 하는 데 노력을 경주할 것이다.

데이터가 새로운 전장으로 등장하면서 미중 기술경쟁이 더욱 격화될 가능성이 점증하고 있다. 미국 외국인투자위원회CFIUS가 중국 소유주에게 모바일 어플 그라인더Grindr와 의료 정보교환 플랫폼 페이션트라이크미PatientLikeMe를 매각하도록 요구한 데서 나타나듯이, 미국 정부는 국가안보를 점차 광범위하게 해석하고 있다. 특히, 미국 정부는 중국의 민감 데이터에 대한 접근을 우려하고 있다. 중국 정부는 이에 대응하여 '사이버 주권'을 주창하면서 외국 기업에게 데이터 국지화를 요구함으로써 데이터 보호를 강화하고 있다. 중국 정부가 데이터 국지화를 요구하는 것은 서구 기업들의 중국 데이터에 대한 접근을 제한하는 효과가 있다는 점에서 자국 기업을 실질적으로 지원하는 효과가 있을 뿐 아니라, 미국 등으로부터 자국 데이터를 보호하는 효과도 있다는 점에서 전략적 의미가 있다. 산업적 차원에서 데이터 국지화는 중국이 자국의 방대한 빅데이터를 활용해 AI 등 관련 산업의 발전을 추구하는 데 활용할 수 있다는 점에서 공세적 전략의 의미도 갖는다.

2) 중국

(1) 군민융합

군민융합은 민간과 군사 부문의 심층 통합을 통해 하나의 기술 생태계를 형성하려는 시도이다. 중국에서 군민양용軍民兩用, 군민결합軍民結合, 평전결합平戰結合, 우군우민寓軍于民 등 다양한 용어가 사용된 데서 알 수 있듯이, 군민융합의 역사는 상당히 길다. 군민융합은 겸용기술 능력과 인프라를 구축하여 경제와 군사력을 함께 향상시키는 데 목적이 있다. 시진핑 정부는 2049년 인민해방군을 세계적 군대로 육성한다는 목표 달성을 위해 경제력과 군사력의 동시 발전을 위한 혁신 역량을 확보하기 위해 제도 개혁을 단행했다. 특히, 시진핑 정부는 양자컴퓨팅, 빅데이터, 반도체, 5G, 첨단 핵기술, 항공우주 기술, AI 등에 초점을 맞추고 있다.

시진핑 정부의 군민융합은 민간 부문과 군사 부문 사이의 '심층 융합'을 지향한다는 점에서 과거의 시도와 차별화된다(Jash, 2020). 시진핑 정부는 민간 기업과 군사 부문이 인력·자원·혁신 역량 등 다양한 분야의 협력을 통해 경제 발전과 군사 현대화 사이의 시너지를 촉진하고자 한다(Kania and Laskai, 2021). 치열한 경쟁으로 활력이 넘치는 민간 부문으로부터 차단된 국영기업이 중국의 군사 부문을 장악한 결과에 따른 장기간 침체에 대한 해결책이기도 하다. 이를 위해 시진핑 정부는 2015년 이후 군민융합을 위한 35개 이상의 기금을 설치하여 관련 기업에 약 685억 달러(4471억 위안)를 투입한 것으로 추산된다(Kania and Laskai, 2021).

한편, 군민융합은 중국의 강점이라기보다는 장비 획득과 연구개발 생태계의 오랜 구조적 문제를 해결하기 위한 시도로 이해될 수 있다. 군민융합을 국가 전략으로 격상시킨 시진핑 정부의 결정은 1990년대부터 시작된 군사 부문과 민간 부문 사이의 장벽을 낮추려는 시도가 성과를 내지 못했음을 역설적으로 반영하며, 군민융합의 실행을 관장하는 국가위원회를 설치한 것은 구체적 성과를 달성하기 위한 의지를 드러내는 것으로 볼 수 있다.

(2) 수출 통제의 강화

미국의 수출 통제에 대응하여 중국 역시 2019년 수출통제법中华人民共和国出口管制法을 도입했다. 중국 정부는 차별적 수출 통제 조치를 취하는 국가에 대하여 그와 등등한 조치를 취할 수 있도록 했을 뿐 아니라 군사 용품, 핵 물질, 설비, 서비스, 겸용기술을 수출 통제 품목에 포함하는 등 통제 품목을 매우 광범위하게 지정함으로써 수출통제법을 미중 전략경쟁의 수단으로 활용할 것임을 명확히 하고 있다. 수출 통제를 국무원과 중앙군사위원회가 담당하는 것으로 규정하고, 품목에 따라 상무부 산업안전 및 수출통제국产业安全与进出口管制局, 공업정보화부의 국방과학기술공업국国家国防科技工业局, 국가원자력기구国家原子能机构, 외교부 등이 주무 부서의 역할을 하도록 되어 있다(김인식, 2019).

EU의 사례에서 나타나듯이, 대부분의 국가들이 별도의 리스트를 작성하는 대신 바세나르 협정의 통제 리스트를 준수하고 있으나, 중국은 산업 인프라 및 경쟁력에 미치는 영향을 고려하여 수출 통제 리스트를 작성 및 변경할 수 있도록 하고, '캐치올 규제catch-all controls'를 시행하고 있다. 이는 중국이 수출 통제 리스트를 불투명하고 주관적으로 운영할 위험성이 있다(김인식, 2019). 중국은 핵확산금지조약NPT, 생물무기금지협약BWC, 화학무기금지협약CWC 등 일부 비확산 레짐에는 참여하고 있으나, 수출 통제 관련 다자 레짐인 호주그룹AG, 미사일기술통제체제, 바세나르 협정에는 참가하지 않고 있다(WTS, 2021).[2]

이 때문에 중국 정부가 국제적으로 수출 금지가 합의된 품목을 유출할 가능성을 배제하기 어렵다. 중국은 국제적인 비확산 노력에 참여했으나, '중국제조 2025'를 추진하면서 겸용 제품과 기술에 대한 개정을 시행함에 따라 비확산에 대한 의지가 감소하고 있다는 평가를 받고 있다. '중국제조 2025'는 주요 인프라와 정보통신기술에 대한 해외 의존도를 낮추기 위해 토착 기술을 개발·육성하려는 데 초점을 맞추고 있기 때문에, 중국이 수출 통제 레짐 규정을 위반할 가능성이 높아지고 있다(WTS, 2021). 사이버 안보 분야에서 이미 중국 정부 당국은 데이터 이전에 대한 검사와 보안 평가를 의무화하는 등 프라이버시 및 보안에 대한 외국 기업들의 규제를 대폭 강화했다. 더욱이 중국 정부가 자국 외교정책에 비협조적인 역내외 국가들을 상대로 경제제재와 수출 통제를 실행한 사례가 다수 있기 때문에, 수출 통제를 자의적으로 활용할 가능성에 대한 우려가 증대되고 있다(김인식, 2019).

주목할 것은 중국의 수출 통제의 초점이 비확산과 국내 보안에서 미국과의 전략경쟁에 대한 대응으로 이동했다는 점이다. 이러한 점에서 중국의 수출 통제 강화는 반도체와 5G 분야 등에서 미국 정부의 중국 기업에 대한 제재와 수출 통제에 대응하는 '수출 통제 2.0'이라고 할 수 있다(WTS, 2021). 중국이 핵물질, 기술, 서비스뿐 아니라 겸용기술에 대한 통제를 강화하는 한편, 첨단 기술 도입 시 중국 기술 인프라를 일정 비율 이상 사용하도록 의무화했다는 점에서 중국 정부의 전략적 의도가 드러난다.

2 중국은 2004년 MTCR 가입을 시도했으나 실패했다(Arms Control Association, 2004).

5. 결론: 한국의 대응 전략

앞서 살펴보았듯이, 미국과 중국의 수출 통제 정책은 미중 전략경쟁과 불가분의 관계에 있다. 수출 통제를 위한 기존 다자 레짐이 일정한 성과를 산출하고 있는 것은 사실이나, 미중 전략경쟁의 현실을 적절하게 반영하지 못하는 한계를 보이고 있다. 다자 레짐에는 다수의 국가들이 참여하는 만큼, 국가 간 협력이 유기적으로 이루어질 경우 수출 통제의 효과를 극대화할 수 있다는 장점이 있다. 그러나 기존 다자 레짐은 규범의 수립에는 성과를 도출한 반면, 구속력을 부과할 수 있는 제도화에는 상대적으로 미진하다. 기존 다자 레짐은 주로 냉전기 또는 탈냉전 초기에 형성되었기 때문에 무기 통제에는 상당한 효과가 있는 반면, 겸용기술의 수출 통제에는 문제를 드러내고 있다.

미국과 중국이 다자 레짐에 의존하지 않고 독자적인 수출 통제를 강화하는 근본 원인은 여기에 있다. 미중 전략경쟁이 본격화되는 과정에서 겸용기술에 대한 수출 통제는 기술경쟁의 우위를 확보하는 동시에 국가안보에 대한 위협을 완화하는 중요한 수단이다. 이러한 현실을 반영하듯, 미국과 중국은 경쟁적으로 상대국을 겨냥한 수출 통제 체제를 확대·강화했다. 미국은 시진핑 정부가 추구하는 군민융합으로 인해 중국에 대한 수출 통제의 필요성이 점증하고 있다는 판단을 내리고 있다. 이에 대해 중국은 미국의 기술 제한과 통제가 강화되고 있기 때문에, 토착 혁신 역량을 강화하는 차원에서 군민융합은 불가피하다는 입장을 견지하고 있다. 중국 정부는 수출 통제의 강화 역시 미국의 수출 통제에 대응하는 동시에 자국의 기술 및 산업 경쟁력 강화 차원에서 필요하다고 역설한다.

미국과 중국이 수출 통제를 확대·강화하는 것은 전략경쟁이라는 특수성을 감안할 때 그 필요성이 인정되는 것은 사실이다. 그러한 미중 양국이 수출 통제의 효과를 제고하고 지속 가능성을 높이기 위해서는 고려해야 할 사항이 있다. 첫째, 수출 통제의 효과에 대한 체계적인 분석이 뒷받침되어야 한다. 미국 기술 기업들은 미국 정부에게 수출 통제 완화를 지속적으로 요청해 왔는데, 현재와 같은 방식의 수출 제한이 미국 국가안보를 저해한다는 주장을 제기했다 (Leonard and King, 2019). 과도한 수출 통제가 미국 기업에 대한 불신을 초래하여 산업의 경쟁력 저하를 일으키고, 궁극적으로 국가안보 위협으로 이어지게 된다는 것이다.

미국의 기술 기업들이 미국 상무부에게 수출 금지 완화를 요청한 데서 나타나듯이, 미국 기업들에게도 수출 금지의 피해가 발생하는 것이 불가피하다 (Nellis and Alper, 2019). 이러한 피해가 장기적으로 미국에 어떤 영향을 미칠 것인지에 대한 체계적인 분석과 그에 기반한 정책의 조정이 필요하다. 미국 '반도체산업협회The Semiconductor Industry Association: SIA'가 인텔, 퀄컴, 브로드컴 등 반도체 기업들의 이해관계를 대변하여, 화웨이에 대한 수출 금지가 매우 광범위하기 때문에 국가안보에 직접적으로 영향을 미치지 않는 제품에 대해서는 좀 더 정교한 방식으로 변경할 필요가 있다는 의사를 상무부에 전달한 것도 이러한 맥락이다.[3] 미중 무역전쟁 속에서 450개 이상의 미국 기업들이 관세 유예를 위한 로비를 강화한 것도 유사한 사례이다.

수출 통제가 미국의 연구개발 역량에 부정적 영향을 미쳐, 미국이 전략적으로 중요한 기술에서 우위를 유지하는 것을 어렵게 한다는 우려도 제기되고 있다(Waddell, 2018). 유전공학, AI, 양자컴퓨팅, 분자 로봇molecular robots 등이 이에 해당한다. 수출 통제 규정에 따르면 미국인들이 핵심 기술을 외국인, 심지어 미국 내 외국인들과도 공유하는 것을 금지하고 있다. 대학에서 이루어지는 외국 유학생과의 협동 연구에 대해서는 이러한 제한이 부과되지 않으나, 기업들이 대학의 연구에 참여할 경우에는 정부로부터 허가를 얻어야 한다. 이와 관

---

[3] 미국 상무부는 이러한 요청에 부응하여 '일시적 일반 면허(temporary general license)'를 발급하여 화웨이에게 미국 제품을 판매할 수 있도록 허용하기도 했으나, 2020년 상반기 이후 화웨이에 대한 제재는 더욱 강화되었다.

런, 미 국방부가 국방 관련 연구개발에 참여하는 개인에 대한 정보를 취득하는 과정을 대폭 간소화하는 조치를 취한 것처럼 수출 통제 강화는 국내적으로 혁신 역량을 제고하기 위한 규제 완화와 병행할 필요가 있다.

둘째, 미국의 제3국에 대한 수출 통제가 중국에 미치는 영향에 대해 보다 엄밀한 검토와 분석이 요구된다. 미국과 달리 일부 다자 레짐에만 가입한 중국은 겸용기술을 수출하는 데 있어서 상대적으로 자유로운 편이다. 이 경우, 미국의 제3국에 대한 수출 통제는 기술적으로 부상하고 있는 중국에게 새로운 시장을 독점적으로 지배할 수 있는 기회를 제공하는 결과를 초래할 수 있다. 이는 중동 국가들에 대한 중국의 드론 수출에서 이미 현실화되었다. 즉, 미국이 바세나르 협정 준수를 위해 일부 중동 국가들에 대한 드론 수출을 통제한 결과, 상업용 드론 시장에서 압도적인 시장 지배력을 이미 확보한 중국이 군사용 드론 시장에도 진출하는 기회를 제공했다(이승주, 2021). 다자 레짐이 장기적으로 미국에게 오히려 불리한 결과를 초래할 수 있음을 시사한다.

셋째, 바이든 행정부는 수출 통제를 자체적으로 강화하는 가운데 국제협력의 강화를 천명했는데, 국제협력의 지속 가능성을 위한 조건을 구체화할 필요가 있다. 미국의 수출 통제의 효과에 대해 다양한 관점에서 문제 제기를 하는 대표적인 국가는 EU이다. 우선, EU는 기업들이 지구적 가치사슬로 연결되어 있는 현실에서 수출 통제는 기술 이전을 제한하는 매우 무디고 낡은 방식이라고 비판한다. 둘째, 역사적으로 수출 통제는 경제전의 수단이었고, 명확한 '적 개념'에 기초해야 하는데, 전략경쟁에 돌입한 미국과 달리 EU가 중국을 '적'으로 상정하고 수출 통제 정책을 실행하는 것은 현실에 부합하지 않는다는 것이다. 미국이 수출 통제 시스템을 겸용기술이 군사적 용도로 사용될 것이라는 판단에 기초하기보다, 미중 전략경쟁의 일환으로 사용할 경우, EU를 포함한 동맹국들의 협력을 구하는 데 어려움이 가중될 수 있다. 중국을 봉쇄하는 수단 가운데 하나로 수출 통제를 활용하는 것은 중국을 아직 적국으로 상정하는 수준에 이르지 않은 국가들에게는 비효율적이기 때문이다. 셋째, 유럽 국가들은 미국이 수출 통제를 유럽에게도 강력하게 요구하는 것이 미국 기업들을 지원하는 '미국 우선주의America First'의 일환이라는 우려를 제기한다(Barkin, 2020). 미국 상무부 BIS가 작성한 14개 기술 분야 가운데 한 기술에 대해 논의하는 데 3년 이상을 소비한 데서 나타나듯이, EU는 수출 통제에 대한 합의를 도출하기 위한 내부 논의 과정에서 상당한 어려움이 예상된다. 이처럼 미국과 중국의 수출 통제 정책은 미중 전략경쟁이라는 특수성을 감안할 때, 불가피한 측면이 있으나, 향후 효과와 지속 가능성의 제고를 위해서는 정책의 조정이 요구된다.

한편, 수출 통제 분야에서 진행되고 있는 변화는 미중 전략경쟁으로 인한 경제-안보 연계의 확대, 4차 산업혁명에 의해 촉발된 겸용기술의 확산, 수출 통제 다자 레짐의 성과와 한계 등 다양한 요인에 의해 촉발되었다. 한국의 대응 전략은 이처럼 수출 통제의 변화를 초래한 원인과 그로 인한 수출 통제 체제의 성격 변화에 대한 체계적 검토에 기반하여 수립될 필요가 있다. 첫째, 미국과 중국이 전략경쟁의 수단으로서 수출 통제를 확대·강화함에 따라 수출 통제를 둘러싼 국제정치 역학에 중요한 변화가 형성되고 있다는 점에 대한 이해가 바탕이 되어야 한다. 둘째, 겸용기술의 확산은 미중 전략경쟁을 더욱 첨예하게 만드는 요소로 작용했다. 겸용기술은 안보와 경제 양면에서 미중 전략경쟁에 영향을 미치기 때문에, 수출 통제의 필요성을 넘어 그 효과성과 시급성에 상당한 변화를 불러일으켰다. 셋째, 미국은 유럽 등 주요국들과 함께 수출 통제를 다자 레짐을 중심으로 운영해 왔는데, 다자 레짐의 성과가 없었던 것은 아니나 한계가 드러남에 따라, 양자 차원의 수출 통제를 강화하기 시작했다. 미국이 품목 중심의 수출 통제와 함께 최종 용도 중심의 수출 통제를 병행하는 것은 이러한 한계를 보완하려는 시도의 일환이다. 최종 용도 중심의 통제는 수출 통제의 범위를 확대하고 그 효과를 실질적으로 제고하는 효과가 있기 때문에, 이에 대한 명확한 이해가 새로운 환경 변화에 대응하는 출발점이다.

한국은 미중 전략경쟁이 본격화됨에 따라 수출 통제의 수단과 방식에 중대한 변화가 발생하고 있다는 점에 유의하여 대응 전략을 수립할 필요가 있다.

미국은 전략경쟁을 수행하는 과정에서 비교적 최근까지 수출 통제를 중국의 미국 기술에 대한 접근을 차단하는 수세적 수단으로 활용해 왔다. 그러나 미중 전략경쟁이 격화됨에 따라, 미국은 수세적 대응과 공세적 대응을 결합하는 변화를 보이기 시작했다. 공세적 대응의 핵심은 중국을 경쟁에서 압도하기 위한 혁신 역량을 강화하는 데 있다. 한국이 수출 통제 체제의 변화 과정에서 핵심적 역할을 하기 위해서는 국내적 차원에서 혁신 역량을 지속적으로 제고하고, 이를 기반으로 국제협력을 확대·강화할 필요가 있다.

한국은 또한 수출 통제가 지구적 가치사슬에 미치는 영향을 예의 주시하고, 이에 대한 선제적 대응 전략을 수립할 필요가 있다. 21세기 미중 전략경쟁이 냉전기 미소 경쟁과 본질적으로 다른 점은 수출 통제의 집중적 대상이 되는 겸용기술이 지구적 가치사슬 속에서 생산·교환된다는 것이다. 이는 수출 통제의 복잡성이 커지는 동시에 지구적 가치사슬 전반을 관리하거나 주요 지점을 장악하는 국가들이 수출 통제에서 주도적 영향력을 행사할 수 있게 된다는 것을 의미한다(Farrell and Newman, 2019). 한국이 지구적 가치사슬 내에서 주요 지점을 확보하는 것이 궁극적으로 지구적 차원의 수출 통제 체제에서 일정한 영향력을 확보하는 효과적인 수단이 될 수 있다.

마지막으로 한국은 미중 전략경쟁이 본격화됨에 따라 다자 수출 통제 레짐의 강화를 시도하고 있으나, 중국이 이 레짐의 규제를 받는 국가들을 중심으로 시장을 개척하고 경쟁력을 향상시키고 있다는 점에 주목할 필요가 있다. 중국이 다자 수출 통제 레짐을 우회하여 첨단 기술 분야의 경쟁력을 제고함으로써 미중 전략경쟁에서 유리한 위치를 확보할 수 있을 뿐 아니라, 한국과 같은 기술 선진국에도 커다란 영향을 미칠 수 있다. 이와 관련, 한국은 다자 수출 통제 레짐의 통제를 받지 않는 국가들에 대한 대응 방안을 수립하는 국제적 논의를 위해 유사입장국들like-minded countries과의 협력을 강화할 필요가 있다.

국제기구정책관. 2007a. 「핵 공급국 그룹(NSG) 관련 주요 이슈」. http://www.mofa.go.kr/www/brd/m_3989/view.do?seq=307419&srchFr=&srchTo=&srchWord=&srchTp=&multi_itm_seq=0&itm_seq_1=0&itm_seq_2=0&company_cd=&company_nm=&page=8 (검색일: 2021.5.23).

_____. 2007b. 「호주그룹(AG)관련 주요 이슈」. http://www.mofa.go.kr/www/brd/m_3989/view.do?seq=307729&srchFr=&srchTo=&srchWord=&srchTp=&multi_itm_seq=0&itm_seq_1=0&itm_seq_2=0&company_cd=&company_nm=&page=9 (검색일: 2021.5.23).

_____. 2007c. 「바세나르 체제(Wassenaar Arrangement) 관련 주요 이슈」. http://www.mofa.go.kr/www/brd/m_3989/view.do?seq=307422&srchFr=&srchTo=&srchWord=&srchTp=&multi_itm_seq=0&itm_seq_1=0&itm_seq_2=0&company_cd=&company_nm=&page=8 (검색일: 2021.5.23).

김인식. 2019. 「중국 「수출통제법」 초안의 의의와 대응방안」. ≪한중Zine INChinaBrief≫, 378호.

이승주. 2021. 「드론 산업의 정치경제: 중국의 '드론 굴기'와 미중 경쟁」. 김상배 엮음. 김상배 외 지음. 『4차 산업혁명과 첨단 방위산업: 신흥권력 경쟁의 세계정치』. 한울엠플러스. 97~122쪽.

Arms Control Association. 2004. "Missile Regime Puts Off China." https://www.armscontrol.org/act/2004-11/missile-regime-puts-china.

Barkin, Noah. 2020. "Export Controls and the US-China Tech War: Policy challenges for Europe." Mercator Institute for China Studies, China Monitor.

Behsudi, Adam. 2020. "A potential game changer for China export controls." Morning Trade. https://www.politico.com/newsletters/morning-trade/2020/04/28/a-potential-game-changer-for-china-export-controls-787183.

Bermingham, Finbarr. 2020.4.29. "US-China decoupling to be accelerated by tightening of technology export controls, experts say." *South China Morning Post.*

chinadaily. 2020.2.19. "Trump voices opposition to proposed export controls." https://www.chinadaily.com.cn/a/202002/19/WS5e4ceb90a310128217278ba2.html.

Congressional Research Service. 2020. "The U.S. Export Control System and the Export Control Reform Initiative." R41916.

Cordell, Carten. 2020. "Trump takes shots at Lockheed Martin's F-35 foreign supply chain. Here's why it exists." *Washington Business Journal.* https://www.bizjournals.com/washington/news/2020/05/14/trump-takes-shots-at-lockheed-martin-f35-s-supply.html.

Department of Commerce(the U.S.). 2021. "Commerce Adds Seven Chinese Supercomputing Entities to Entity List for their Support to China's Military Modernization, and Other Destabilizing Efforts." https://www.commerce.gov/news/press-releases/2021/04/commerce-adds-seven-chinese-supercomputing-entities-entity-list-their.

Department of Commerce, Bureau of Industry and Security. 2020. "Expansion of Export, Reexport, and Transfer (in-Country) Controls for Military End Use or Military End Users in the

People's Republic of China, Russia, or Venezuela".

Department of State. 2020. "Military-Civil Fusion and the People's Republic of China".

eCustoms.com. "Multilateral Nonproliferation (Export Control) Regimes and Arrangements voluntary and nonbinding arrangement." https://www.ecustoms.com/about-us/visual_trade_compliance_resources/multilateral-nonproliferation-export-control-regimes-arrangements/

Fang, Alex and Yifan Yu. 2021.4.13. "US to lead world again, Biden tells CEOs at semiconductor summit." *Nikkei Asia.* https://asia.nikkei.com/Business/Tech/Semiconductors/US-to-lead-world-again-Biden-tells-CEOs-at-semiconductor-summit.

Farrell, Henry and Abraham Newman. 2019. "Weaponized Interdependence: How Global Economic Networks Shape State Coercion." *International Security,* Vol.44, No.1, pp.42~79.

Freifeld, Karen. 2020. "U.S. imposes new rules on exports to China to keep them from its military." Reuters. https://www.reuters.com/article/us-usa-china-exports/us-imposes-new-rules-on-exports-to-china-to-keep-them-from-its-military-idUSKCN2291SR.

Gkritsi, Eliza. 2019. "US finalizing targeted limits on key techexports to China: report." https://technode.com/2019/12/18/us-finalizing-targeted-limits-on-key-tech-exports-to-china-report/.

Industry today. 2014.6.26. "Re-Shoring and U.S. Regulation of Exports and International Conduct." https://industrytoday.com/re-shoring-and-u-s-regulation-of-exports-and-international-conduct/

Jaffer, Jamil. 2002. "Strengthening the Wassenaar Export Control Regime." *Chicago Journal of International Law* , Vol.3, No.2, pp.519~526.

Jash, Amrita. 2020. "China's Military-Civil Fusion Strategy: Building a Strong Nation with a Strong Military." *CLAWS Journal,* pp.42~62.

Kania, Elsa B. and Lorand Laskai. 2021. "Myths and Realities of China's Military-Civil Fusion Strategy." Center for a New American Security.

Kelly, Eanna and John McCabe. 2021.4.1. "Biden Unveils Historic $325B Research and Innovation Plan." *Science Business.* https://sciencebusiness.net/news/biden-unveils-historic-325b-research-and-innovation-plan.

Kennedy, Andrew B. and Darren J. Lim. 2018. "The innovation imperative: technology and US–China rivalry in the twenty-first century." *International Affairs*, Vol.94, No.3, pp.553~572.

Leonard, Jenny and Ian King. 2019. "How U.S. Chipmakers Pressed Trump to Ease China's Huawei Ban." Bloomberg. https://www.bloomberg.com/news/articles/2019-07-02/how-u-s-chipmakers-pressed-trump-to-ease-huawei-export-controls.

Liang, Yan. 2021. "Biden on China: decoupling or competitive re-coupling?" East Asia Forum. https://www.eastasiaforum.org/2021/02/19/biden-on-china-decoupling-or-competitive-re-coupling/.

Lim, Eugene. 2021. "China Export Controls 2.0." wtsglobal. https://wts.com/global/publishing-article/20210401-china-I-customsnl~publishing-article?language=en.

Lipson, Michael. 1999. "The reincarnation of CoCom: Explaining post-cold war export controls." *The Nonproliferation Review,* Vol.6, No.2, pp.33~51.

Lu, Xiaomeng. 2020. "New US-China export controls could backfire on US tech sector." https://www.openaccessgovernment.org/us-china-export-controls/87248/.

Ministry of Foreign Affairs(Japan). 2021. "Minister Kajiyama Holds a Telephone Conference with H.E. Ms. Gina Raimondo, Secretary of Commerce of the United States." https://www.meti.go.jp/english/press/2021/0408_001.html.

Mitchell, Timothy. 2013. *Carbon Democracy: Political Power in the Age of Oil.* London: Verso.

Moraes, Henrique Choer. 2020. "The Emergence of Strategic Capitalism: Geoeconomics, Corporate Statecraft and the Repurposing of the Global Economy." Finnish Institute of International Affairs Working Paper 117.

National Security Commission on Artificial Intelligence(NSCAI). 2021. "The Final Report." https://www.nscai.gov/2021-final-report/

Nellis, Stephen and Alexandra Alper. 2019. "U.S. chipmakers quietly lobby to ease Huawei ban." https://www.reuters.com/article/us-huawei-tech-usa-lobbying/u-s-chipmakers-quietly-lobby-to-ease-huawei-ban-idUSKCN1TH0VA.

Panda, Ankit. 2020. "US Commerce Department Tightens China Export Controls on Military Use Concerns." The Diplomat. https://thediplomat.com/2020/04/us-commerce-department-tightens-china-export-controls-on-military-use-concerns/.

Rasser, Martijn. 2020. "Countering China's Technonationalism." The Diplomat. https://thediplomat.com/2020/04/countering-chinas-technonationalism/.

Roberts, Anthea·Henrique Choer Moraes·Victor Ferguson. 2019. "The U.S.-China Trade War Is a Competition for Technological Leadership." Lawfare. https://www.lawfareblog.com/us-china-trade-war-competition-technological-leadership.

SMARTRADE. 2020.5.15. "Commerce to Further Restrict Huawei's Access to U.S. Semiconductor Technology and Software; Temporary General License Extended for Final Time." https://www.trumpandtrade.com/2020/05/commerce-to-further-restrict-huaweis-access-to-u-s-semiconductor-technology-and-software-temporary-general-license-extended-for-final-time/

Sun, Haiyong. 2019. "U.S.-China Tech War: Impacts and Prospects." *China Quarterly of International Strategic Studies*, Vol.5, No.2, pp.197~212.

Taylor, Mark Zachary. 2016. *The Politics of Innovation: Why Some Countries are Better Than Others at Science and Technology.* New York: Oxford University Press.

The Wassenaar Arrangement. https://www.wassenaar.org/.

Waddell, Kaveh. 2018. "Trump administration's proposed export controls could hinder tech research." https://www.axios.com/trump-export-controls-harm-tech-research-national-security-9561b8a4-7f74-45dd-8162-2807fa7d8ed1.html.

Wassenaar Arrangement. 2019. "Public Documents volume 2 List of Dual-Use Goods and

Technologies and Munitions List".

Wright, Thomas. 2013. "Sifting Through Interdependence." *The Washington Quarterly*, Vol.36, No.4, pp.7~23.

WTS. 2021. "China Export Controls 2.0." https://wts.com/global/publishing-article/20210401-china-I-customsnl~publishing-article?language=en.

Zack, Hadzismajlovic. 2020.1.6. "Export Controls and Global Trade: A Forecast and the Year in Review." https://www.lexology.com/library/detail.aspx?g=15c13629-4161-4477-88b0-f645644a24b9.

6 군사정보·데이터 안보의 미중경쟁과 한국

손한별 ‖ 국방대학교

1. 서론

'중국의 부상'이라는 주제가 새로운 것은 아니다. 중국의 잠재력에 비해 상대적으로 열세했던 군사·외교·경제력이 크게 성장하면서 부각되고 있을 뿐이다. 여기에 중국이 더욱 적극적으로 행동하고 나서면서, 이른바 "부상과 두려움rise and fear"이라는 세력전이론의 대명제가 설득력을 얻고 있다(Allison, 2017). 2012년 공산당 총서기에 오른 시진핑은 '중화민족의 위대한 부흥'을 꾀하면서 이른바 '중국몽中国梦'을 내세웠는데, 이를 실현하기 위해서는 해외시장의 확보, 에너지 자원의 안정적 확보, 우호적 금융경제 질서의 구축 등 새로운 세계질서를 구축해 나갈 필요가 있었다. 그는 2018년 신년사를 통해 "세계 평화의 건설자, 글로벌 발전의 기여자, 국제질서의 수호자가 될 것"이라고 밝히면서 중국 중심의 세계질서 구축 의지를 밝혔고(≪人民网≫, 2017.12.31), 이 같은 의지는 60여 개 국가를 포괄하는 인프라 구축을 목표로 하는 '일대일로—帶—路' 전략과 중국 주도의 '역내포괄적경제동반자협정Regional Comprehensive Economic Partnership: RCEP'

추진 등으로 나타나고 있다.

　미국과 중국의 경쟁은 다양한 부문에서 진행 중이다. 먼저, 중국은 국방개혁을 통해 미국과의 국방 과학기술 격차를 좁히면서, 엄격한 근무 기풍과 기율로 단련된 군대를 양성하고 확고한 안보 태세를 구축하는 '강군몽强軍夢'의 실현을 추구하고 있다. 미국도 중국을 견제·차단하던 것에서 탈피하여 군사력으로 압도하기 위한 '3차 상쇄전략'의 기술혁신, '글로벌 영역에서의 합동접근 및 기동Joint Access and Maneuver in the Global Common: JAM-GC', '다영역작전Multi-Domain Operations: MDO'등의 작전 개념을 발전시키고 있다. 경제 부문에서의 경쟁 역시 첨예하게 진행 중이다. 중국은 미국의 압도적인 경제력을 차단하면서 자국 중심의 경제 레짐을 구축하기 위해 '아시아인프라투자은행AIIB'과 역내포괄적경제동반자협정을 적극 추진하고 있고, 중국과 러시아를 중심으로 하는 '상하이협력기구SCO'를 적극적으로 활용하고 있다.

　미중의 안보 및 경제 패권경쟁이 명시적이라면, 이른바 기술 패권경쟁은 보다 암묵적으로 진행 중이다. 특히 미국의 입장에서 중국 과학기술이 범세계적으로 확산되는 것을 전략적인 관점에서 바라보면, 기술의 유출과 지적재산권 침해, 민주주의에 대한 도전, 군사안보 및 기술패권 경쟁과 같은 주제와 연결된다(Cave et al., 2019). 역사적으로 기술경쟁은 패권국과 도전국의 운명을 결정해 왔지만, '복합지정학'의 관점에서 바라본 미중의 기술경쟁은 보다 다양한 의미를 제시한다. 전통적 지정학의 관점에서 기술 패권경쟁을 바라볼 수도 있지만, 상호 의존 질서에 주목하는 비非지정학, 주관적으로 공간 구성을 바라보는 비판지정학, 사이버 공간과 같은 탈영토적 '흐름의 공간'에 주목하는 탈지정학을 동시에 고려해야 한다는 것이다(김상배, 2019: 132~133). 다만 자국의 이익을 극대화하기 위한 표준과 규범을 관철하여 세계질서를 주도적으로 이끌고자 하는 미래 패권경쟁의 일환이라는 데에는 이견이 없을 것이다.[1]

　'기술패권' 경쟁이 장기적인 차원에서 미래 글로벌 패권을 다투는 강대국 간의 문제라면, 국가안보의 목적을 가지고 기술을 안보의 영역에서 활용하는 경우에는 보다 직접적이고 현재적인 문제가 된다. 기술발달은 '양질전화의 과정'을 거쳐 '이슈연계의 임계점'을 넘어서게 되고, 지정학적인 분쟁으로 발전할 가능성은 더욱 커진다(김상배, 2018: 5) 정보기술의 혁명적 발전과 탈냉전기 전략전쟁을 두 축으로 하는 '전략적 정보전쟁strategic information warfare: SIW'은 평시와 위기 시의 구분을 무색하게 만들고 있는데(Molander et al., 1998), 빅데이터, 인공지능, 자율화 무기체계 등 다양한 군사기술의 발전과 연계되면서 새로운 전쟁 양상의 등장을 예고하고 있다. 결국 기술경쟁은 전통적 안보와도 직접적으로 연계되어 있다는 것을 의미한다.

최근 더욱 복잡해진 미중 간의 기술경쟁을 안보적 관점에서 확인할 수 있는 대표적 사례는 중국 최대 통신 회사인 '화웨이华为 사태'이다. 미래를 선도하기 위해 '기술표준'을 선점하기 위한 경쟁으로 보는 국제정치·경제적 관점도 존재하지만, 제품에 숨겨진 '백도어'를 통해 데이터가 중국으로 이전될 수 있다는 우려를 가지고 '실재하는' 안보위협으로 보는 관점도 존재한다. 2012년 미 하원은 특별위원회를 통해 화웨이와 ZTE에 대한 안보관련성 조사를 실시했지만, 충분한 자료를 제출하지 않아 특기할 만한 결론에 이르지 못한 바 있다(U.S. House of Representatives, 2012.10.8). 하지만 2018년 이후 미국의 정보기관들은 화웨이 제품의 위해성을 경고하고 나섰고, '국방수권법National Defense Authorization Act'에 의해 화웨이 제품을 정부조달 품목에서 배제하였으며, 우방국들에게 화웨이 제품의 도입을 중단할 것을 요구하기까지 이르렀다.

결국 미중 간의 기술경쟁은 경쟁 상대에 대한 정보우세를 추구하는 전통적인 관점의 '정보전information warfare'으로 귀결된다. 현재 디지털 기술이 발달하

---

1 미국의 경쟁자들은 비교우위에 입각한 군사적 여건 조성 접근법을 활용할 수 있다. 미국에게 고도의 기술 개발 비용과 위험을 부담시킴으로써 후발 주자의 이점을 취한다는 것이다. 과도한 비용이 발생하는 신기술 개발을 미국에 전가하면서, 기존 기술의 점진적 개선, 지식의 확산 및 경제 선진화를 통해 기술패권을 잠식해 가는 것이다(SSG Cohort IV, 2019: 62).

면서 변화하는 안보환경을 '디지털 안보'로 개념화할 수 있다면, 이러한 디지털 환경 속에서 행해지는 정보전은 '데이터 획득'과 '데이터 보안'으로 대별할 수 있는 '데이터 안보'로 명명할 수 있을 것이다. 이른바 '원자료raw data'가 별다른 의미를 갖지 않던 과거와 달리, 빅데이터와 인공지능에 힘입어 데이터가 첩보information 또는 정보intelligence의 의미를 동시에 갖게 된 현실을 반영한다. 개인정보와 기업정보와 같은 비군사적인 데이터들도 통합·축적되고 다른 데이터들과 연계되면서 국가안보에 영향을 줄 수 있는 정보로 활용될 수 있다는 것이다.

이에 따르면 다음과 같은 연구 질문이 도출된다. 첫째, '데이터 안보'의 시대에 정보전의 의미는 어떻게 달라졌는가? 국가정보, 정보영역, 정보전 등의 개념은 어떻게 달라지고 있으며, 그에 따른 위협과 취약성은 어떻게 변화하는가? 둘째, 미중의 정보전은 어떻게 전개되고 있는가? 정보우세를 위한 양국의 노력은 어떤 것이 있으며, 각각의 정보영역에서 실제로 벌어지고 있는 정보전의 사례는 무엇인가? 셋째, 미중의 데이터 안보 경쟁이 한국에 주는 함의는 무엇이 있는가? 강대국 경쟁 속에서 부각되고 있는 데이터 주권의 개념은 무엇이며, 데이터 안보를 위한 한국의 핵심 전략과 정책 이슈들에는 무엇이 있는가? 이 글은 이러한 연구 질문에 하나씩 답하는 방식으로 논의를 이어간다.

2. '디지털 안보' 시대의 정보전

'정보전information warfare: IW'이라는 개념은 쉽게 접할 수 있지만 정보통신, 인터넷과 관련한 과학기술의 비약적인 발전으로 정보전의 방법과 수단을 단정해서 말하기는 어렵다. 일반적으로 정보전은 "상대적인 정보우세를 달성하기 위한 공격과 방어 행위, 또는 이를 위한 정보의 이용과 관리"를 의미한다 (Theohary, 2018: 1). 군사력 또는 기타 군사적 행동을 수반하지 않는다는 점에서 전쟁이나 전투라는 단어를 사용하는 것에 거부감은 있지만, 정치동맹, 경제 수단, 비밀공작, 심리전, 전자전, 군사기만과 같은 수단을 적극적으로 활용하는 '정치전political warfare'(Kennan, 1948)의 한 형태로서 자리 잡고 있다.

정보전은 이제 새로운 환경에서 이루어진다. 그야말로 "디지털 데이터의 산사태digital data avalanche"를 만나게 된 것이다(Cate, 2015: 299~300). 인간의 모든 행동과 습관은 데이터로 저장되고, 이를 통해 예측이 가능한 수준에 이르렀다. 데이터의 폭발적 증가뿐만 아니라, 학계와 산업계, 정부를 막론하고 이러한 데이터를 요구하고 나서면서 데이터를 접근·수집·공유·사용할 수 있는 행위자도 크게 늘어났다. 여기에 데이터 기반체계가 크게 발전하면서 거의 모든 사물이 인터넷과 연결되고 있다. 데이터, 네트워크, 통제 체계는 독립적이지 않다는 것이다. 결국 데이터는 4차 산업혁명을 이끄는 새로운 원유new oil로서 기능한다. 아울러 큰 활용 가치로 인해 모두가 원하는 빅데이터는, 그만큼 공격과 탈취에 취약할 수밖에 없게 되었다.

1) 정보전의 세 영역

정보전에는 선전공작, 정치공작, 준군사공작, 역정보, 방첩과 같이 다양한 형태의 정보수단이 활용되지만, 모두 '정보환경information environment'의 영역 내에서 이루어진다. 정보환경은 정보 요구-수집-처리-분석 및 생산-배포의 절차가 이루어지는 개인과 조직, 체계 등으로 구성된다. 일반적으로 정보전이 수행되는 정보환경은 '물리영역', '정보영역', '인지영역'의 세 가지 영역으로 구분해 왔다(The Joint Staff, 2016a). 영역 구분에 주목하는 이유는 각 영역에서 일어나는 활동이 다르기 때문인데, 영역별 특성과 활동을 개략적으로 살펴보면 다음과 같다.

첫째는 **물리영역**physical layer이다. 궁극적으로 얻고자 하는 효과를 위해 물리적 행동이나 자극이 행해지는 영역이다. 행위자들이 실질적인 영향을 미치려는 상황이 존재하는 장소로서, 지상·해양·공중·우주와 같은 물리적 공간을 공유한다. 여기에는 물리적 플랫폼과 지휘통제체계, 부수적인 기반체계들이 존재한다. 이 영역의 요소들은 비교적 측정하기가 쉬운데 주로 치명성, 생존성과 같은 기준을 가지고 능력을 측정한다.

물리영역의 활동들은 실행act으로 표현되는데, 인지영역에서 결심된 것으로부터 직접 전환된 것이기도 하고 정보영역을 통하여 전환된 것이 간접적으로 이루어지는 것이기도 하다. 그 결과 물리영역에서는 전통적인 개념의 물리적 충돌이 발생한다. 기동과 화력, 방호, 군수와 같은 기능들로 대표되는데, 탱크·항공기와 같은 기동 및 수송 수단이나 포병·미사일의 화력 수단이 있다. 플랫폼 중심의 물리력이 직접 충돌하여 상대방을 파괴하고 살상하는 데 목적을 둔다. 이 같은 물리력의 움직임을 정확하게 파악하고 대응하는 것은, 아군의 피해를 최소화하고 상대의 피해를 강요하는 데 있어 핵심적인 과업이 된다. 또한 양적으로 충분한 자원을 확보하고 적시에 지원하기 위한 활동도 중요하다.

둘째는 **정보영역**informational layer이다. 실제 정보가 위치하는 영역으로, 정보가 생산·처리·유통·저장되는 네트워크 체계를 의미한다. 정보영역에 존재하는 정보는 물리영역의 실제적 진실을 반영할 수도 있지만, 정보 간의 상호작용에 의해 영향을 받기도 한다. 대부분의 경우 의사 교환은 정보영역에서 이루어진다. 정보영역은 정보전의 주요한 전장이었지만, 현대에 이르러 국가 간 분쟁의 중요한 전장으로 부상했다. 정보영역의 중요성이 더욱 부각됨에 따라 아군의 정보영역 보호와 방어, 상대방 정보영역에 대한 탐지와 침투 등은 필수적인 군사과업이 되었다.

정보영역에서 일어나는 활동으로는, 먼저 물리영역에 대한 간접적인 감지활동인 관찰이 있다. 물리영역에서 실재하는 객체와 현상은 정보영역을 거쳐 인식할 수 있다. 다음으로는 정보활동이 있는데, 물리영역에서 수집된 데이터의 처리와 유통을 의미한다. 개별적으로 관찰된 결과를 의미 있는 환경에 집어넣는 것으로 의사소통, 해석 등 처리에 적절한 방식이 사용된다. 마지막으로 인지영역에서 생성된 지식을 저장하는 것도 정보영역에서 이루어진다. 문서나 정보의 형태로 저장되어 있다가 추가적인 감지 및 인식의 과정에 활용되기도 한다.

셋째는 **인지영역**cognitive layer이다. 정보를 수용하고 결심·대응하는 인간의 인식영역으로, 지각·인식·이해·신념·가치 등이 존재한다. 측정 자체가 어려운 요소들이지만 다양한 전쟁과 전투 사례에서 보듯이 실제 승패를 결정하는 핵심적인 요소들이라는 점에서 인지영역 선점이 가지는 의미는 매우 크다. 일부 연구에서는 인지영역을 개인 차원의 협의로 해석하면서, 인식 및 이해의 공유가 일어나는 영역을 '사회적 영역'으로 분리해서 보기도 한다(신동찬 외, 2013: 32~33).

인지영역의 활동을 모두 개념화할 수는 없지만, 다른 영역과의 관계를 중심으로 살펴보면 다음의 몇 가지 활동으로 정리할 수 있다. 먼저 물리적 객체와 현상에 대한 직접적인 감지로, 시각·청각·후각에 의한 직접 경험이 있다. 다음으로 지식의 생성이 인지영역에서 일어난다. 사전에 축적된 지식, 물리영역에서의 직접 감지, 경험과 훈련, 타인과의 교류, 정보 등을 융합하여 지식화된다. 인식과 이해는 인지영역에서만 일어난다. 인식이 직접 또는 간접 감지의 결과로 과거와 현재에 대한 것이라면, 이해는 이러한 인식과 지식을 통찰함으로써 미래를 예측하고 영향 요인을 분석하는 종합적인 사고의 과정이다. 결심 역시 인지영역의 독특한 활동으로, 인지영역에서 다른 결심에 영향을 주든가, 물리영역에서 실행되거나 영향을 주고, 정보영역을 통해 전달 또는 실행된다.

앞에서 살펴본 세 영역의 상호작용은 정보전에 있어 핵심적인 위치를 점한다. 먼저 정적인 관점에서 각 영역이 교차하는 영역이다. 첫 번째 물리영역과 정보영역이 중첩되는 영역에서는 정확성이 증강된 물리적 능력이 존재하는데, 아울러 속도와 접근성이 강화되는 효과가 있다. 둘째는 정보영역과 인식영역이 중첩되는 곳에서는 인식의 공유와 전술적인 혁신이 이루어진다. 세 번째 물리영

그림 6-1 정보전의 세 영역

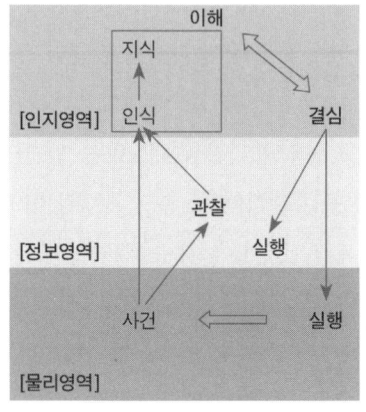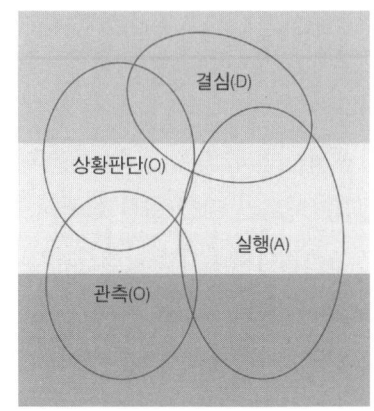

자료: 데이비스 외(2004: 21~44)의 그림을 종합 및 재구성했다.

역과 인식영역이 교차하는 영역에서는 간명성, 자율성 등이 강화된 작전운용으로 작전적·전략적 효과를 가져올 수 있다(신동찬 외, 2013: 33). 세 영역의 역할과 중첩을 '복합체계system of systems'로 단순화하여, 전투공간식별, 첨단 C4I, 정밀타격체계로 제시하기도 한다(Owens, 1995: 37).

다음으로는 동적인 관점에서 영역을 넘어서는 활동도 있다. 각각의 영역에서 이루어지는 활동을 연결하는 과정에서 발생한다. 'OODA 루프'는 개별 행위자의 결심 과정을 토대로 하고 있어 정보행위를 지나치게 단순화하고 있다는 비판은 있지만, 각 영역을 연결하는 정보 행동을 간명하게 보여준다. 관측 observe은 물리영역으로부터 정보영역으로, 상황판단orient은 정보영역에서 인지영역으로, 결심decide은 인지영역 내에서, 실행act은 인지영역에서 정보영역을 거쳐 물리영역에 이른다.[2] 다른 한편으로는 둘 이상의 행위자가 상호작용을

---

2   보이드 대령은 공대공 전투에서의 의사결정 순환 과정 모델을, 관찰(observe)-상황판단(orient)-결심(decide)-실행(act)의 '우다 루프(OODA loop)'로 설명했다(조던 외, 2014: 287~289).

하기도 하는데, 정보영역에서의 정보공유, 인지영역에서의 지식공유, 인지-정보 영역에서의 공유된 인식과 협력, 인지-물리영역에서의 동기화 등과 같은 방식으로 나타난다. 이 같은 활동들은 정보의 풍부함과 도달 범위를 동시에 상승시키는 효과를 가져온다(데이비스 외, 2004: 63~80).

2) 정보전 양상의 변화

정보전의 세 가지 영역은 여전히 유효하다고 하더라도, 데이터 안보의 시대에 들어서면서 몇 가지 특징적인 변화가 일어나고 있다. 일반적으로는 안보행위자, 위협의 대상과 성격, 안보공간에서 변화가 확인된다.[3] 구체적으로는 낮은 진입비용으로 인한 행위자의 증가, 위협의 대상과 능력의 불확실성, 전술적 경고의 어려움, 공격자와 공격 대상 파악 곤란, 피해 평가의 어려움, 전통적 영역 구분의 붕괴, 무기 효과에 대한 불확실성, 사회기반구조의 취약성 증가 등을 들 수 있다(Molander et al., 1998: 17~23). 몇 가지 특징적인 변화를 보다 자세히 살펴보면 다음과 같이 정리할 수 있다.

첫째, 여전히 '정보우세' 경쟁은 유효하며 오히려 그 중요성은 더욱 강화되고 있다. 정보를 통제하는 수준에 따라 정보패권information supremacy, 정보지배information dominance, 정보우세information superiority로 구분하는데, 사실 정보패권과 지배는 달성 가능성이 높지 않다(배달형, 2005: 51~53). 정보우세는 "정보가 중단되지 않도록 수집·처리·배포할 수 있고, 적의 능력을 이용하거나 거부할 수 있는 능력"을 의미하며, 지속적으로 유지될 수도 있지만 특정한 기능·관점·지역·시기로 한정될 수 있다(The Joint Staff, 2014). 이 같은 정보우세는 정보체계,

---

3 　미래전 양상에 대한 일반론적인 논의는 토플러 내외가 제시한 정보문명시대 전쟁의 패러다임을 통해 확인할 수 있다. 여기서 정보와 지식이 전쟁의 승패를 결정하는 핵심요소로 등장하고, 디지털 전투원에 의한 정보마비전이 수행될 것이라고 전망했다(Toffler and Toffler, 1995).

피아 정보의 획득과 관리, 정보작전 등으로 구현된다. 특히 정보영역에서의 질량적인 변화를 가져온 정보혁명은 정보의 도달 범위와 가치를 획기적으로 변화시켰고, 정보우세는 다른 기능들의 성패를 직접 이끌게 되었다.

미국은 이미 1996년 「합동비전 2010Joint Vision 2010」에서 최초로 정보우세 달성의 의지를 천명한 바 있다. 정보우세와 기술혁신을 바탕으로, 우세한 기동, 정밀교전, 집중화된 군수, 전 차원 방호를 통해 전 영역에서 우위를 달성하겠다는 것이다(The Joint Staff, 1996, 50~51). 2000년 발간된 「합동비전 2020」에서는 "정보우세가 합동군 작전 능력의 변환과 합동지휘통제를 위한 주요 촉진자enabler"라면서 핵심적인 지위를 부여했다(The Joint Staff, 2000). 미국은 양적으로 비대칭적인 정보를 획득하고, 임무 달성을 위한 정보요구 충족을 위한 수단을 확보하며, 정보이점을 활용하여 제한적인 전력우위를 상쇄하고자 노력하고 있다. 결국 정보의 질과 양을 동시에 증진함으로써 정보우세를 달성하게 될 것이다.

둘째, 빅데이터 Big Data**와 인공지능의 활용으로 인해 자료**data**-첩보**information**-정보**intelligence**의 단계 구분이 무의미해지고 있다.** 수집된 원자료는 이해될 수 있는 형태로 처리되면 첩보가 되고, 첩보는 다른 첩보와의 비교 및 통합을 통해 신뢰성 있는 정보가 된다. 당연히 정보 생산의 과정을 거치며 신뢰성과 유용성은 높아지지만, 그만큼 시간과 노력이 들 수밖에 없다. 그러나 최근에는 자료가 한정적으로만 가지고 있던 용도에 대한 관심이 높아지고 있다. 데이터의 수집과 처리, 정보활동의 결심과 실행에 소요되는 시간과 노력이 크게 줄어들면서, 데이터 자체를 첩보 또는 정보로써 활용될 수 있게 된 것을 의미한다(김상배, 2015: 10~11). 다른 한편으로 국가 행위자들은 데이터 자체의 품질을 높이기 위한 다양한 노력을 병행하고 있다. 데이터 수준에서의 정보전이 활성화되면 공격과 방어, 방첩과 보안의 경계도 모호해질 수밖에 없을 것이다.

미 합동참모본부는 2017년 새롭게 펴낸 「합동군교리Joint Doctrine for the Armed Forces of the United States」에서 기존의 6개 합동기능에 '정보information'를 추가

했다(The Joint Staff, 2017a). 합동기능으로 유지하고 있던 '군사정보 intelligence'가 군사첩보나 비밀에 대한 감시정찰 위주의 '군사활동'을 의미한다면, 새로운 정보기능은 보다 포괄적인 차원에서 정치·경제·사회적 환경으로부터의 위협과 대응에 초점을 맞춘다는 점에서 차별성을 가진다.[4] 데이터 중심의 감시정찰, 결정 속도의 증가, 치명성의 강화와 같은 환경 속에서(The Joint Staff, 2016a), 행위자의 인식·행태·행동과 무행동 등에 영향을 줄 수 있는 정보의 관리와 적용에 주목한다.[5]

셋째, 전투의 지향점이 선행 단계로 이전하고 있다. 대니얼 애보트(Daniel Abbott, 2010)는 제5세대 전쟁의 특징을 설명하면서, 전쟁 세대가 진화할수록 상대방의 영역으로 더욱 더 깊숙이 들어가게 될 것이라고 주장했다. 전쟁의 영역이 위에서 살펴본 OODA 루프의 선행 단계로 옮겨간다는 것이다. 병력에 의한 1세대 전쟁이 적의 결심(D)과 실행(A) 능력 무력화에 중점을 두었다면, 화력전투가 주를 이뤘던 2세대 전쟁은 판단(O) 및 결심(D) 능력 무력화, 기동전투의 3세대 전쟁은 상황판단(O)에 중점을 두었다는 것이다. 그 이후부터는 OODA 루프의 첫 단계인 관찰(O)을 지향하는데, 4세대 전쟁은 관찰 능력의 무력화를, 5세대 전쟁은 관찰의 조작을 추구하는 것이다. 잘 수행된 5세대 전쟁의 경우, 상대는 전쟁이 일어나고 있는지, 전략이익을 잠식당하고 있는지를 모를 수 있다.

---

4 intelligence와 information은 구분 없이 '정보'라는 명칭으로 사용된다. intelligence는 일반적으로 information보다 정제된 형태의 지식으로서 이해되지만, information이 intelligence를 포괄하는 개념으로 사용되기도 한다. 또는 자료-정보(information)-지식(understanding)으로 계서화하고, 정보활동(intelligence)은 활동 또는 과정을 의미하는 개념으로 이해하기도 한다. 학자들의 논의를 종합해 보면, intelligence는 비밀성이 내포된 상대방에 대한 지식 또는 이를 수집하는 활동으로 정리할 수 있다(전웅, 2015: 3~5).

5 information 기능의 작전적 행동은 다음과 같다. ① 작전환경에서의 정보의 역할 이해, ② 행동에 영향을 주기 위한 정보의 활용: 대상 행위자에 대한 영향력, 국내외 청중에 대한 정보 제공, 정보네트워크와 체계에 대한 공격과 활용, ③ 인간 또는 자율결심체계 지원: 공유된 이해 제고, 정보보호 등이다(The Joint Staff, 2017b: III-17~27).

그림 6-2 데이터 시대의 OODA Loop

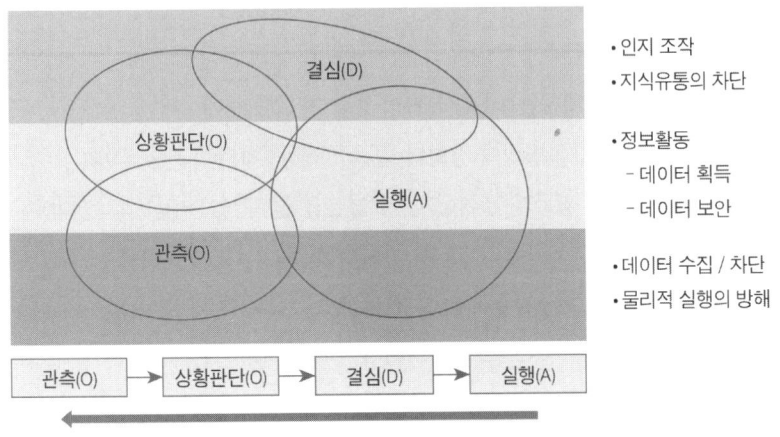

자료: 그림 6-1에 본문의 설명을 추가하여 저자가 작성.

이 같은 변화는 중첩 영역이 확대되고, 각 활동의 구분이 모호해지는 것과 연계되어 있는데, 전통적으로 물리영역에서의 위험에서 머물던 것이, 정보영역과 인지영역으로 확대되었음을 의미한다. 인간정보HUMINT는 여전히 중요한 정보원이지만, 이는 다양한 기술정보TECHINT의 확대에서 비롯된 것이다. 기술정보는 상대적으로 정보활동의 위험 부담이 적고, 보안 조치에도 불구하고 획득이 용이하며, 획득 가능한 범위와 내용이 크다는 장점이 있다. 아울러 데이터 안보 시대에 이르러 그동안 단점으로 제기되어 온 문제들이 극복되는 현상을 보이는데, 대단위의 첩보를 처리·분석할 수 있게 되면서 예산과 시간을 절약할 수 있게 되었고, 정보활동이 인지영역으로 확대되면서 공격과 방어의 의미가 무색해졌다. 또 신속하게 많은 양의 자료를 확보할 수 있는 공개출처정보OSINT가 데이터화되면서 이른바 '완전정보complete information' 상태에서 경쟁하는 상황으로 발전하고 있는 것이다.

결론적으로 여전히 정보우세를 차지하기 위한 경쟁은 유효하지만, 정보기술 information technology이 태생적으로 가지고 있는 능력과 취약성은 더욱 급격한 변화를 경험하고 있다. 획득과 조작이 비교적 용이한 데이터의 취약성을 보완하고, 정보영역과 인지영역으로 확대된 위협에 대응해야 하는 상황인 것이다. 이 같은 정보기술은 기능성, 상호운용성, 효율성, 편리성으로 인해 정보와 정보체계뿐만 아니라 지휘통제, 기동, 지속지원과 같은 전통적인 기능과 통합되고 있다. 기술변수가 안보 문제가 만나는 과정이 '이슈연계'의 메커니즘을 따라 더욱 복잡해지는 양상을 보이는 것이다. 따라서 정보기술에 대한 의존도가 커질수록 내재적인 취약성들도 확장되고, 적에 의한 위협도 동시에 커질 수밖에 없다. 이 같은 변화는 미중 간의 경쟁에서도 그대로 드러난다.

3. 미중의 '정보우세' 경쟁과 '데이터'

전통적인 정보전의 개념이 완전히 바뀌고 있다. 오늘날 전략 목표를 달성하기 위한 정보전의 비중이 더욱 커졌는데, 특히 강대국 간의 전략적 안정성, 핵 터부nuclear taboo, 경제적 상호 의존성 등으로 인해 무력 충돌의 가능성이 낮아지면서 강대국 간의 정보우세를 위한 경쟁은 더욱 첨예화되고 있다. 미국은 2018년 「국방전략서National Defense Strategy: NDS」에서 "(미국의) 경쟁자들과 적들은 목적을 달성하기 위해 우리의 네트워크와 운용개념을 공격하기 위한 '최적화optimize'를 추구하고 있다"라고 밝히기도 했다(Department of Defense, 2018: 3).

그런 의미에서 미시적 안전 문제에 머물러 있던 기술의 문제가 '안보화'를 통해 양질전화의 임계점에 접근하는 단계나, 이미 지정학적 임계점에 다다른 안보영역에서의 정보전을 말하는 것은 아니다. 이 글에서는 지금까지는 관계없는 것으로 보이던 각각의 이슈들이 연계되는 지점에서의 '정보우세' 경쟁을 다루고자 한다. 이른바 '기술냉전'의 시대를 조망해 보려는 시도이다(≪중앙일보≫, 2020.4. 27). 이 절에서는 정치, 외교, 통상, 산업, 시민사회와 같은 영역을 넘나들고 있는 상황을 미중 간의 데이터 경쟁을 통해서 살펴보려고 한다.

1) 미중의 정보우세 경쟁

중국은 전통적으로 피아의 정보를 활용하는 '책략策略'을 전승의 중요한 요소로 고려해 왔다. 중국의 책략은 상대 정보의 내용과 절차, 인식의 방향에 영향을 주고 오인과 오판을 일으킴으로써 중국의 미약한 군사력을 보완하는 중요한 기제로서 활용되었다. 특히 사이버 공간이 확대되면서 물리적 공간에서 벗어나 감시정찰, 정보탈취, 네트워크 침입, 정보왜곡 등을 더욱 용이하게 만들고 있다. 중국은 전시뿐만 아니라 평시에도 '무제한전unrestricted warfare'을 추구하면서, 이른바 심리전·여론전·법률전의 '삼전三戰'을 정보전의 핵심 개념으로 제시한 바 있다(Xiangsui and Liang, 2015). 특히 디지털 안보 시대에 있어 미중 간의 정보우세information superiority 경쟁은 더욱 복잡한 양상을 보이고 있다. 미국은 과학기술에 대한 의존도가 높기 때문에 태생적으로 취약성이 있고, 다양한 소스의 정보를 융합하는 과정에서도 맹점을 가질 수밖에 없다.

중국은 이를 상대적 기회로 활용하면서 다양한 형태의 데이터 공격과 방어를 통해 안보 및 경제적 이익을 추구해 왔다. 다음에서 자세하게 살펴보겠지만, 2009년 중국은 미국의 기업 록히드마틴Lockheed Martin으로부터 F-35 설계와 관련된 방대한 양의 자료를 탈취한 것으로 알려지며(Theohary, 2018: 11~12), 2014년에도 보잉의 C-17 수송기 데이터가 중국 측으로 넘어간 것으로 알려진다(*The New York Times*, 2014.7.12). 이러한 데이터의 유출은 단순히 기술의 모방이나 복제에 그치는 것이 아니라, 유사시 해당 플랫폼의 지휘통제체계를 무력화하거나 침투할 수 있는 가능성 때문에 국가안보와 직결된다. 미 국방부는 2013년 처음으로 중국 정부와 군이 미국에 대한 사이버 공격을 해왔다고 밝히면서, 중국 정부가 직접 연결되어 있음을 공식화했다(*The Washington Post*, 2013. 5.27). 중국은 다른 한편으로는 자국의 '사이버 주권'을 내세우면서, 정보의 유통을 강력하게 통제하는 '황금방화벽Golden Firewall' 프로그램을 가동하여 보안을 강화하기도 했다(*Bloomberg News*, 2018.11.5).

미국과 중국이 정보영역에서 직접적으로 공격과 방어를 수행하는 것만은 아니다. 중국의 경우, 학교와 연구소의 연구에서 중국의 부정적인 이미지를 벗기 위해 전문가들에게 물질적인 인센티브를 제공하기도 했고, 미국은 2018년 FBI의 크리스토퍼 레이Christopher Wray 국장이 상원 정보위원회에서 미국 내 대학교에 중국어 및 문화교육을 위해 설립된 공자학원이 첩보 수집과 여론 조작에 관여되어 있다고 밝히기도 했다(KBS News, 2018.3.7). 아울러 중국은 경제적·문화적 이익을 얻기 위해 영화산업에도 영향력을 추구해 온 것으로 알려진다. 국제사회에서 평화적이고 협력적인 이미지를 구축하기 위한 외교전도 정보전의 일환으로 시행되었고, 중국이 정보무기informationa weapons에 대한 군비통제 제안을 내놓은 것도 적대국인 미국의 상대적 우세를 상쇄하기 위한 전략으로 이해된다(Theohary, 2018: 11~12).

중국 위협론에 대한 평가는 다양하고, 그에 대한 대응전략 역시 다양하다.[6] 다만 '역사-행태적인 접근'을 통해 볼 때, 중국은 미국에 대한 정보우세를 달성하기 위해 보다 적극적인 행보를 취할 가능성이 커 보인다. 마오쩌둥의 '인민전쟁人民戰爭'은 군사동원을 위한 전사회적whole-of-society 접근과 군 현대화에 기여하는 산업발전을 전제하고 있는데, 이른바 '군민융합military-civil integration: CMI'의 관점은 정보우세 경쟁에서도 동일하게 작동할 것이기 때문이다.[7] 정보

---

6 화웨이 사태를 '안보화'의 관점에서 바라보면서, 중국의 기술패권 확대를 막기 위한 중국위협론의 확대된 담론으로 보는 견해도 있다. 이른바 기술패권예방전쟁, 기술민족주의, 디지털보호주의의 일환이며, 위험을 과장하고 과도한 대응책을 요구하는 '초안보화(hypersecuritization)'로 개념화한다(김지영, 2019).

7 중국의 민군통합(military-civil integration)이 국방 분야의 재구성과 민간 분야로부터의 지식유입(spin-on)에 중점을 두었다면, 군민융합은 사회 전반의 연구 역량과 스타트업 생태계까지 포괄하는 정도의 일체화를 이룬 현실을 반영한다. 예를 들어, AI와 슈퍼컴퓨터 분야의 군민융합연

기술의 획기적 발전과 함께 크게 증가하고 있는 중국의 스파이espionage 행위가 크게 늘어나는 추세에 있는데, 미국 국제전략문제연구소CSIS는 2000년대 이후 137건이라는 통계치를 내놓았으며,[8] 274건에 이른다고 집계한 연구도 있다(Eftimiades, 2018a). 사실 미국은 경쟁자들의 '선진 정보전' 개념에 맞서 경쟁하고 승리하기 위한 관점에 익숙하지 못하다. 표 6-1에서 미중 데이터 경쟁의 주요 사건을 짚어보고, 다음 항에서는 미국 국내법에 의해서 규정·보호되는 산업스파이 사례를 제외한 '데이터' 정보우세를 다투는 사례를 몇 가지 유형으로 구분하여 살펴보자.

표 6-1 미중 데이터 경쟁의 주요 사건

시기	내용
2003	중국 해커, 미 해군항공무기센터에서 핵무기 실험·설계 데이터, 스텔스기 데이터 탈취
2003.4	FBI, 카트리나 룽(Katrina Leung)을 비밀정보를 중국에 넘긴 죄로 구속, 10년형 구형
2004.2	전 DIA 분석관 로널드 몬타페르토(Ronald Montaperto), I, II급 정보를 중국무관에게 전달 발각
2005.6	노시르 고와디아(Noshir Gowadia), 2003~2005년 사이 6차례 중국을 방문하여 순항미사일의 스텔스 배기가스노즐 기술지원 및 대가로 11만 달러 수령
2005.10	치 막(Chi Mak) 등 중국 정보원, 미 해군의 현용 및 미래 전함기술 획득 및 중국 전달 시도
2005.11	미 우주항공회사 대표로 대만에서 10년간 근무한 무고수엔(Moo Ko-Suen), 중국 정보원으로 활동 및 F-16 제트엔진 및 순항미사일 정밀부품 구매 시도
2005	중국 해커, '타이탄 레인(Titan Rain)' 작전을 통해 미 국방부 네트워크에 침입하여 방위산업체, 육군정보체계사령부, 국방정보체계청, 해군대양체계센터 등 접근

구센터가 다수 설립되었고, 천인계획(Thousand Talents Plan, 海外高层次人才引进计划) 등을 통해 해외 인재를 중국으로 불러들이고 있으며, 이중용도기술의 획득과 연구원, 학생의 해외파견도 크게 확대했다(USCC, 2019: 208~209).

8 CSIS는 137건 중 57%가 중국 정부 및 군에 의해서, 36%가 사기업, 7%는 비중국인에 의해서 자행되었으며, 36%는 군사기술, 46%는 상업기술인 것으로 평가했다. 특기할 만한 사항은, 이 사례들 중 2000년부터 2009년 사이에 발생한 것은 27%에 불과하며, 나머지 73%는 모두 2010년 이후에 일어났다는 것이다. 이는 중국의 스파이 행위가 시간에 따라 크게 증가하고 있음을 보여준다(CSIS, 2019).

2005.4	중국 해커, 록히드마틴, 보잉이 관리하는 NASA 네트워크 침투, 우주왕복선 디스커버리(Discovery) 프로그램 정보 탈취
2006.7	중국 해커, 미 국무부 일반 네트워크에 침입하여 민간 정보 및 비밀번호 탈취
2006.8	중국 해커, 미 국방부 NIPRNet(일반)에 침입하여 10~20테라바이트 정보 획득
2006.12	중국 해커, 미 해군대학 네트워크에 침입
2007	중국 해커, 국방부 JSF 프로젝트 네트워크에 침입하여 F-35 관련 데이터 탈취
2007.9	중국 해커들, 계약자를 통해 미국 국토안보부 네트워크에 침입하여 일반정보 탈취
2007.10	중국 국가안전부(MSS), 해커의 42%는 대만, 25%는 미국인이며, 핵심정보 탈취 시도 공개. 2006년의 경우 CASIC의 보안부서와 고위급의 컴퓨터에서 스파이웨어 발견
2007.12	중국 해커, 미국 오크리지(Oak Ridge) 및 로스 앨러모스(Los Alamos) 국가연구소, 에너지부 핵안보실 정보 탈취
2008.2	전 보잉 기술자 동판 청(Dongfan Chung), 1979년 이후 중국 정보원으로 활동하면서, 우주왕복선, C-17 수송기, 델타 4(Delta IV) 로켓에 대한 정보를 중국에 제공
2008.2	타이 선 궈(Tai Shen Kuo), 펜타곤 무기정책분석관 그렉 베르게르센(Gregg Bergersen) 으로부터 비밀정보를 중국에 전달
2008.11	중국 해커, 오바마와 맥케인 대선캠프 네트워크에 침입하여 미래정책 어젠다 탈취
2008.11	중국 해커, 백악관 네트워크에 침입하여 정부 고위관료들의 이메일 탈취
2009.3	중국 스파이 네트워크가 최소 103개 국가의 정치·경제·사회 기관에 침입한 사실 확인
2009.3	중국 해커, 볼 넬슨(Ball Nelson) 상원의원 정보 탈취
2010.1	중국이 2009년 초부터 구글, 야후 등의 기업들에 대한 사이버 공격을 통해 무역정보 획득
2010	중국군이 민간예비군비행대(CRAF) 네트워크에 침입하여 항공기록, 자료, 보안메일 등 탈취
2011.4	중국 해커, 미국 오크리지 국가연구소에서 1기가바이트의 정보 탈취
2011.8	중국 해커, 미국 정부 네트워크를 포함 72개 기관에 대한 사이버 공격 시도
2011.11	중국 해커, 미국 위성시스템에 침입하여 민감정보 탈취
2012.2	중국 해커가 F-35 관련 비밀기술정보 탈취했다고 보도
2012.3	NASA 감사국, 2011년 13차례 사이버 공격을 받았고 150개의 사용자 접속정보를 탈취 당함
2012.3	트렌드 마이크로(Trend Micro), 중국이 사이버 공격 '럭키캣(Luckycat)'을 통해 미국 내 인도와 일본 군사연구, 티벳 활동자 등을 겨냥했다고 밝힘
2012.6	중국군 61398부대, digital Bond, SCADA 보안회사 등을 스피어피싱 공격
2012.8	전 CIA 요원 제리 리(Jerry Lee), 중국 내 CIA 활동 관련 비밀정보를 중국에 전달
2013.1	미 국방과학위원회, 중국 해커들이 무기체계 정보를 탈취했다고 보고 (PAC-3, THAAD, 이지스, F/A-18, V-22 오스프리, 블랙호크, 연안전투함 등)
2013.1	≪뉴욕타임스≫, ≪월스트리트저널≫ 등 다수의 언론사가 중국발로 의심되는 지속적 인 사이버 공격 사실 보도

2013.2	중국군 61398부대, 2006년 이후 115차례에 걸쳐 미국 내 IT, 항공우주, 정보통신 등 다양한 영역의 기업과 단체를 해킹
2013.3	중국 해커, 2012년부터 남중국해에서의 민간 및 군사작전에 대한 해킹 시도
2013.6	중국군 해커, 미국 수송사령부 네트워크에 침입하여 민간·군사정보 탈취
2013.6	스노든, 미국이 중국을 대상으로 다양한 사이버 스파이 행위를 행해왔다고 폭로
2013.9	중국 해커 Sykipot, 멀웨어를 통해 통신, 컴퓨터, 항공 등 방산기업 네트워크에 침입
2014.9	화웨이, T-mobile로부터 로보틱스 설계 정보에 대한 탈취 시도
2014.11	중국 해커, 미 우편국 네트워크 침입하여 80만 명의 직원 정보 탈취
2015.1	푸지 왕(Fujie Wang), 건강보험회사 앤섬의 네트워크에 침입하여 7880만 명 정보 탈취
2015.11	'Mofang' 등의 중국 해커가 미 정부, 군사, 기업에 대해 사이버 공격을 했음을 네덜란드 보안회사 Fox-IT가 공개
2016.3	FBI 직원 쿤샨 춘(Kun Shan Chun), FBI 감시 방법, 내부기관, 특수요원의 해외활동 패턴 등을 포함한 민감정보를 중국 정부에 제공하여 24개월 형
2016.4	미국 원자력공학기술자 슈슝 호(Szuhsiung Ho), DOE 승인 없이 중국 CGNPC의 핵물질 및 원자로 개발에 정보 및 기술자 제공
2017.3	위키리크스, CIA가 개발한 수억 개의 코드를 통해 2013부터 2016까지 CIA의 해킹툴이 사용되었다고 폭로
2017.4	중국, 사드(THAAD)를 한국에 배치하기로 결정했다는 발표 이후에 한국 군, 정부, 방산업체 네트워크에 대한 침입 시도가 크게 증가
2018.1	중국 해커, 미 수중전투센터 계약회사 네트워크에 침입하여 초음속 대함미사일, 무선 암호체계, 전자전 관련 데이터베이스 등 총 614기가바이트 가량의 군사정보 탈취.
2018.1	중국, 아프리카연합(AU)에 공급한 컴퓨터 네트워크가 AU의 비밀정보에 접근하고, 도청하며, 중국으로 정보를 전송한다는 의구심을 부인
2018.10	미 국토안보부, 중간선거에 앞서 선거 인프라에 대한 다수의 사이버 활동을 식별했다고 공개
2018.11	중국관영통신, 2018년에 외국의 해커로부터 다수의 비밀메일, 디자인, 군부대 목록 등을 탈취당하는 피해를 받았다고 공개
2018.12	중국 해커, 45개 기술회사와 미국 정부로부터 수백 기가바이트의 정보를 탈취
2018.12	중국 해커, 수년간 EU의 통신체계에 침입하여 민감외교전문에 대한 접속 유지
2018.12	미국, 호주, 캐나다, 영국, 뉴질랜드는 중국 해커 2명을 기소하면서, 중국이 12년 동안 12개국 이상에 대한 IP정보와 무역정보 등을 탈취해 왔다고 공개
2019.3	중국 해커, 미군과 연계된 이스라엘 방산업체 네트워크에 대한 침입 시도
2019.3	미국의 최소 27개 대학이 중국 해커로부터 해군기술연구 관련 정보 해킹 피해
2019.5	중국정보기관, 2016년부터 NSA 해킹툴을 활용하여 해킹 지속
2019.6	중국정보기관, 향후 정보원으로 활용하기 위한 대상자 물색을 위해 호주대학 해킹 시도
2019.7	중국 해커, 동아시아 국가의 기술정보, 대외관례, 경제개발 관련 정부기관 해킹 시도

2019.7	캐피털 원(Capital One), 1억 명의 신용카드 정보(사회보장번호, 계좌번호)가 해킹된 사실을 발표
2019.8	화웨이 기술자, 두 개의 아프리카 국가 정부 관료가 야당 및 보안통신에 접근하도록 지원
2019.9	화웨이, 미 정부의 인트라넷과 내부 정보시스템 해킹 시도에 대한 혐의
2019.10	1억 명 이상이 사용 중이며 중국 정부가 지원하는 선전용 어플에 위치정보, 메시지, 사진, 접속 기록, 원격 녹음 등이 가능한 백도어 프로그램이 발견
2019.10	중국 해커, 독일, 몽골, 미얀마, 파키스탄, 베트남 및 유엔안보리의 ISIS 관련 결의안 관련자, 아시아 종교 및 문화단체 등에 대한 해킹 시도

자료: CSIS(2019; 2020) 중 미중 간의 일부 사건을 저자가 정리.

2) '데이터' 정보우세 경쟁 사례

'데이터'와 관련된 정보우세 경쟁 역시 상대적인 개념이다. 특히 정보우세는 물리영역에서의 시간과 공간적 제약을 초월하고, 정보영역과 인지영역을 넘나든다는 점에서 '상대적 정보 이점relative information advantage'의 연속체로서의 의미가 있다. 따라서 미중 간의 정보우세 경쟁은 시간적·공간적으로 한정되지 않는다. 지리적으로는 양국의 영토 범위를 벗어나 지구적 차원에서, 시간적으로는 한시적일 수도 있고 지속될 수도 있다. 또 가공되지 않은 데이터로부터 정보를 선점함으로써 상대적인 이점을 확보하려는 시도는 계속된다. 다음은 데이터 안보 시대에 더욱 첨예화되고 있는 미중 간 정보우세 경쟁의 대표적 사례를 제시한 것이다.

(1) 물리영역에서의 기반체계 교란

물리영역에서는 전통적인 정보활동이 지속된다. 먼저 물리현상을 관측하고, 데이터를 획득한다. 여기에는 상대의 관측을 차단하고 교란하며, 데이터 수집을 방해하는 다양한 활동도 포함된다. 다음으로는 결심된 사항이 실행되는 것을 차단하기 위해 물리적인 무기체계가 표적이 될 수 있다. 항공기, 함정, 포병, 정밀유도무기, 방공무기 등의 플랫폼도 있고, C4I, 군수, 작전과 같은 군사

기반구조와 통신, 수송, 에너지, 금융 등의 민간 기반시설 등을 목표로 할 수 있다. 물리영역에서의 미중 데이터 경쟁 사례는 다음과 같다.

- 2001년 '정찰기 충돌 사건'은 물리영역에서 벌어진 미중 간 정보우세 경쟁이 수면 위로 드러난 사건이다. 4월 1일 미국 가데나 공군기지의 EP-3 정찰기가 정찰업무 수행 중에 이를 제지하던 중국 공군의 F-8기와 충돌했다. 중국 공군기는 추락하고 미국 정찰기는 중국 해남도 공항에 비상 착륙했다. 사건의 근본 요인은 미중 모두에게 전략적 요충지인 남중국해에서 늘어나는 중국의 군사활동과 정찰활동, 이를 견제하기 위한 미국의 전략적 이해관계가 충돌했기 때문이다 (강준영, 2001: 170). 2017년 7월 23일에는 서해에서 미 해군 EP-3 정찰기와 중국의 J-10 전투기가 100미터까지 근접하는 충돌 위기 상황이 벌어졌다(TV조선 뉴스, 2017.7.25). 이러한 사건은 '정보우세'를 둘러싼 정찰기-요격기 간 물리적 마찰이 현재진행형임을 보여준다.

- 2007년 1월 11일 중국은 DF-21로 추정되는 탄도미사일로 고도 약 850km에 위치한 자국의 노후위성(FY-1C)을 요격했다. 이로써 중국은 미국과 러시아에 이은 세 번째 위성요격용무기(Anti SATellite Weapons: ASAT) 보유 국가가 되면서, 정보수집 분야에서 위성에 크게 의존하는 미국의 약점을 노릴 수 있게 되었다.[9] 최근 중국은 2018년 2월에 30,000km 상공의 군사위성을 타격할 수 있는 신형 ASAT인 'DN-3'의 발사 시험 성공을 발표했고, 일부 매체에 따르면 이는 중국이 보유한 비대칭 전쟁 무기들 가운데 가장 강력한 것 중 하나로 평가된다 (연합뉴스, 2018.4.3).

---

9   이미 미국과 소련의 우주에서의 정보우세 경쟁이 존재했는데, 1960년대 미국의 정찰위성에 대응하기 위해 소련은 궤도 폭격 시스템(Orbital Bombardment System)을 개발했고 미국은 1985년 약 555km 상공의 노후위성 파괴 시험에 성공한 바 있다(공현철·송병철·서윤경, 2007: 2030~2035).

- 중국의 산업스파이 행위는 미국의 기술적 우위를 잠식하면서 중국에 경제적 이익뿐만 아니라 군사적·안보적 이익을 가져온다. 중국은 2009년 미국의 방산업체 록히드마틴의 컴퓨터에서 F-35 Joint Strike Fighter(JSF)의 설계 데이터를 대량으로 빼돌린 혐의를 받고 있는데, 2012년에는 F-35의 중국 버전으로 의심되는 J-31이 등장했다. 또 2014년에는 한 중국인이 보잉의 C-17 군용 수송기의 관련 자료를 훔친 혐의로 기소되었다. 이와 같은 최신예 군용기에 대한 정보 탈취는 중국이 복제를 통해 최신 기술을 가진다는 점뿐만 아니라, 유사시 군용기의 지휘통제시스템을 해킹하여 불능화하는 능력을 갖출 수 있다는 점에서 직접적인 위협이다(Theohary, 2018, 11~12).

- 스노든의 폭로에 따르면 미 정보기관은 2011년에만 231건의 공격작전을 실행했는데, 중국 2곳을 포함하여 전 세계에 'Load Stations'를 운용하면서 컴퓨터시스템을 차단하고, 멀웨어 또는 부품을 부착했다. 또 NSA의 'Tailored Access Operations(TAO)'그룹은 정교한 멀웨어를 수만 대의 컴퓨터, 라우터, 방화벽에 접근시키는 은밀경로를 개척했는데, 이로써 시간당 2페타바이트(petabytes)의 자료에 접근할 수 있었던 것으로 알려진다(Cate, 2015: 303~305). 또 다른 자료는 '터빈(Turbine)'이라는 코드명이 부여된 멀웨어 자동 삽입 시스템을 다루고 있는데, 이는 수백만 개의 이식체를 통해 첩보 입수뿐만 아니라 시스템을 교란·침해·파괴할 수 있었다. 또한 터빈은 대상 컴퓨터를 통해 녹음뿐만 아니라 모든 접속 기록을 추적할 수 있다(Cate, 2015: 303~305).

- ≪워싱턴포스트≫는 제2차 세계대전 이후 전 세계 정부를 상대로 수십 년간 암호 장비를 팔아온 스위스 보안장비업체 '크립토AG'가 사실 미국 중앙정보국(CIA)의 소유였고, 서독의 정보기관과 함께 정보를 빼내왔음을 폭로했다. 이 회사의 고객은 120개국이 넘으며 한국과 일본, 인도와 파키스탄 및 이란과 사우디아라비아도 리스트에 포함되었다. 크립토AG는 제2차 세계대전 당시 미군과 첫

계약을 맺은 이후 전 세계의 정부들과 계약을 맺고 암호 장비를 판매해 왔으며 각국은 이 암호 장비를 통해 자국의 첩보요원 및 외교관, 군과의 연락을 유지해 왔다. 이 장비로 CIA는 1979년 주이란 미국 대사관 인질 사태 당시 이란의 이슬람 율법학자들을 모니터링할 수 있었으며, 포클랜드 전쟁 시엔 아르헨티나군의 정보를 영국에 손쉽게 넘겨줘 영국의 승리에 기여하기도 했다. 한편, 미국의 주요 타깃이었던 구소련과 중국은 이 장비가 서방과 연계되어 있음을 의심하여 이용하지 않았다. 하지만 CIA는 다른 나라들이 구소련 등과 연락하는 과정을 추적함으로써 구소련으로부터 상당량의 정보를 취득할 수 있었다고 알려진다(연합뉴스, 2020.2.12).

• 2019년 창설된 미국 우주군은 2020년 3월 13일에 첫 우주 공격용 무기체계의 전력화를 발표했다. 2004년에 적대국들의 '위성요격무기' 운용에 대항하는 것을 목적으로 배치된 '지상기반 이동형 우주무기(Counter Communications System: CCS)'는 적들의 위성통신을 쌍방향으로 교란할 수 있는 능력을 갖추었다. 전문가들은 향후 미 우주군이 지상 배치 위성교란 체계를 직접 타격하는 우주무기들을 실전 배치하게 될 것이라고 분석했다(≪VOA KOREA≫, 2020. 3.17).

(2) 정보영역에서의 공격과 방어

정보영역에서는 전통적인 정보활동이 일어나는데, 우선은 정보처리 과정을 통해 데이터를 첩보화하거나, 상대의 정보처리를 방해하는 활동이 있다. 다음으로는 정보의 수집·유통·저장이라는 정보활동의 공격과 방어이다. 특히 빅데이터와 AI 활용을 통해 데이터 자체가 정보로서의 가치를 가지게 되면서, 데이터 획득과 방호가 핵심적인 활동으로 자리 잡게 되었다. 상대의 데이터를 적극적으로 획득·처리·저장함으로써 정보우세를 달성할 수 있다는 점에서, 미중 정보전에서 핵심적인 역할을 한다.

• 중국은 2017년 6월 '사이버 보안법'을 도입하여, 기업들이 중국에서 수집한 각종 데이터를 국가안보라는 이유를 들어 중국 내에만 저장하도록 규정했다. 이는 해외에 서버를 둔 기업들의 사업 자체를 방해하는 조치로 평가된다. 또 중국 정부는 2019년 '정보보안등급보호규정(MLPS) 2.0'를 발표했는데, 이를 통해 중국 정부 부처, 기관 기업 및 외국 기업의 전산망들에 대한 점검을 실시하고 5단계의 보안등급을 부여한다. 낮은 등급인 3~5등급은 연 1회 이상 중국 공안의 감사를 받아야 하고, 2등급은 정부 요청 시 관련 자료를 보고해야 할 의무가 생긴다. 1등급을 제외하고는 사실상 중국 정부가 보안을 빌미로 기업들의 전산망을 자유롭게 모니터링할 수 있게 됨을 의미한다(≪한국일보≫, 2019.11.12).

• 미국은 2018년 3월 '해외 데이터의 투명한 이용에 관한 법(Clarifying Lawful Overseas Use of Data: CLOUD)'을 공포했다(H.R. 4943). 명목상으로는 강력 범죄 수사를 위해 미국 기업의 해외 서버를 압수수색할 수 있도록 하는 것이지만, 해석하기에 따라서는 미국 IT 기업들을 활용하는 외국인들의 각종 데이터를 미국 사법 당국이 확인할 수 있음을 의미할 수 있다. 미국이 합법적으로 외국의 데이터를 확보하는 수단을 늘리게 된 것이다.

• 2019년 5월 트럼프 대통령은 미국 기술을 향한 해외 세력의 위협에 대해서 국가비상사태를 선포하고 관련 행정조치에 서명했다. '정보통신기술 및 서비스 공급망 확보(Securing the Information and Communications Technology and Services Supply Chain)'로 명명된 이 행정조치는 국가안보에 위협이 되는 기업의 통신장비를 사용하지 못하도록 하는 내용을 골자로 한다. 비록 이러한 행정조치가 화웨이를 콕 집어 언급한 것은 아니지만 트럼프 행정부가 줄곧 화웨이가 자사의 장비에 백도어를 심는 방식을 통해 중국 정부의 스파이 활동을 지원할 수 있을 것으로 의심해 왔으며, 미국의 동맹국들로 하여금 화웨이의 5G 네트워크를 사용하지 않도록 촉구해 온 것을 근거로, ≪워싱턴포스트≫를 비롯한

미국의 주요 언론들은 이번 조치가 중국과의 무역전쟁, 특히, 화웨이발 위협을 봉쇄하는 조치라 설명했다(*The Washington Post*, 2019.5.16).

- 2020년 초, 미국 하버드대학의 교수가 중국으로부터 비밀리에 금품을 받은 혐의로 체포되었다. 하버드대 화학학과장 찰스 리버(Charles Lieber) 교수는 지난 2012년부터 2017년까지 5년간 중국 허베이성 우한에 위치한 우한이공대학으로부터 매년 15만 달러의 생활비와 매달 5만 달러의 월급을 받고 이를 하버드대 및 국방부, 미국 국립보건원에 숨긴 혐의를 받는다. 이 같은 중국의 지원은 해외 우수인력 유치를 위한 '천인계획(Thousand Talents Plan)'의 일환으로 밝혀졌으나, 미국은 중국이 이 계획을 통해 산업스파이를 양성한다고 의심하며, 중국이 해커, 과학자, 유령회사와 같은 비전통적 방법을 통해 정보를 수집하고 있다고 비난했다(≪뉴스1≫, 2020.1.29).

- 미국 상무부는 2019년 6월 21일 슈퍼컴퓨터와 관련된 5개의 중국 기업 및 국영 연구소를 거래제한 명단(블랙리스트)에 올렸다. 슈퍼컴퓨터 제조업체 중커수광(Sugon), 하이곤(Higon), 우시 장난 컴퓨터 테크놀로지 연구소(Wuxi Jiangnan Institute of computing Technology) 등이 이 블랙리스트에 포함되었으며, 미국 상무부는 이 기업들이 미국의 국가안보와 외교적 이익에 반하는 활동에 관여할 위험이 있다고 밝혔다. 특히, '중커수광'은 고성능 컴퓨터를 이용하여 다양한 군사적 정보를 수집하고 있고, '우시 장난 컴퓨터 테크놀로지 연구소'는 중국 인민해방군 총참모부의 '제56연구소' 소유로 중국군의 현대화 지원임무를 맡고 있다고 설명했다(≪한국일보≫, 2019.6.22).

(3) 인지영역에서의 메타공격(meta-attack)

인지영역에서의 정보우세 경쟁은 그 의도와 실체를 파악하기가 더욱 어렵다. 먼저 OODA 루프 속에서 결심 지점으로의 연결을 차단하는 활동이 있을 수 있다. 다음으로는 지식의 생성, 인식과 이해 등을 중간에 차단하는 활동도 있으며, 축적된 지식과의 연결을 차단하거나 정보가 지식화되는 것을 방해하는 다양한 활동이 수반된다. 마지막으로 리더십을 표적으로 하여 이들의 인식과 결심을 물리적으로 공격하는 것도 포함되는데, 정치·군사·사회·문화적 리더십을 망라한다. 정보전은 설득, 영향 행사 등 결국 상대의 인식을 핵심 표적으로 삼는다는 점에서 인지영역에서의 활동은 더욱 중요하다. 몇 가지 사례를 제시하면 다음과 같다.

- 2011년 출범하여 중국의 지배적 소셜네트워크으로 성장한 위챗(WeChat)은 자유민주주의 국가 내 중국의 디아스포라(diaspora)에 대한 선전 유포의 통로로써 활용된다. 중국 교포들은 해당 국가의 정치인과의 의사소통에 위챗을 사용하는데, 기본적으로 중국 공산당의 검열을 받는다는 것을 의미한다. 2017년에 캐나다 국회의원 제니 콴(Jenny Kwan)이 위챗에 2014년 홍콩의 민주화운동을 지지하는 글을 올렸는데, 위챗의 검열을 받아 삭제된 적이 있었다(Cave et al., 2019: 11~12). 또 위챗은 정보의 검열뿐만 아니라 감시에도 활용되는데 중국 당국은 공개적으로 삭제된 위챗 메시지를 수집할 수 있음을 인정하기도 했다 (*Vision Times*, 2019.11.17).

- 스노든이 폭로한 바와 같이 미국은 중국 통신회사, 광섬유 네트워크 소유주, 베이징대학교 등에 대한 해킹 행위를 해왔다(*Newsweek*, 2013.11.1). 특히 NSA가 화웨이 네트워크에 백도어를 심어놓은 것은 단지 중국의 정보를 획득하기 위한 것뿐만 아니라, 화웨이를 사용하는 다른 국가를 감시하고 사이버 공격작전을 취하려고 했던 것으로 분석된다(*The New York Times*, 2014.3.22).

- 중국의 기술회사들은 일부 비민주 국가의 정부와 관계 발전을 통해 타국의 정치와 정책에 관여한다. 일대일로(一帶一路) 구상에 벨라루스가 참여하게 되고 그

들 간의 외교 경제적 유대 관계가 심화되면서, 벨라루스와 중국 기술회사들 간의 협업이 급속도로 확대되었다. 화웨이는 이 과정에서 벨라루스에 대해 정치적·정책적 영향력을 행사했는데, 2014년 현지 자회사를 통해 '지적 원격감시 시스템'을 위한 연구실을 발족했고, 벨라루스 국민의 중국 유학에 대해 협약을 맺었으며, 벨라루스 주립 통신대학과 공동의 훈련센터를 위한 협약을 체결하는 등 교육 분야에까지 정치적 영향력을 확장했다(Cave et al., 2019: 14).

• 중국의 데이터 안보 기술은 특히 독재정권의 독재력 강화에도 이용된다. 화웨이는 짐바브웨의 국영 이동통신 기업인 네트원(NetOne)과 수백만 달러의 계약을 얻어냈으며, ZTE 또한 2015년 짐바브웨 최대의 이동통신 회사 에코넷(Econet)과 5억 달러의 계약을 맺었다. 짐바브웨 정부는 2016년부터 국민들로 하여금 소셜미디어를 사용하지 못하도록 제한하는 법을 통과시켰다. 또 중국을 롤모델로 삼아 안면인식 기술을 통한 '정교한 감시 시스템'의 구축을 도모하고 있는데, 경찰과 교통통제 시스템에 중국 기업 하이크비전으로부터 감시카메라를 공급받고 있다(Cave et al., 2019: 11~12).

• 미 의회는 회계감사원(Government Accountability Office: GAO)으로 하여금 미국 내 중국 연구자와 학생들에 의한 불법행위를 조사하도록 지시했는데, 수학, 과학, 공학 분야의 관련 중국인 숫자, 소속, 연구 분야와 체류 기간, 연구자금의 출처, 비자 프로그램 등 총체적인 분석을 요구했다. 공자학원(Confucius Institutes)을 중심으로 미국 대학교 내에서 광범위하게 벌어지고 있는 스파이 행위에 대한 예방 조치로 평가된다(GAO Testimony, 2019).

• 인공지능(AI) 기술을 이용하여 사람의 이미지와 음성·영상을 합성 및 변형하여 허위 콘텐츠를 만드는 딥페이크(Deep Fake)에 대한 우려가 커지고 있다. 정치권에서는 진위를 파악하기 어려울 정도로 정교하게 발전된 이 기술이 가짜 뉴

스에 악용된다는 점에서 큰 위협으로 인식하고 있다. 실제 2018년 멕시코 대선 당시 야당 후보였던 현 대통령 로페스 오브라도르(López Obrador)를 음해하는 가짜 녹취 파일이 등장했다. 인도에서는 정부 측 지지자들이 정부에 비판적이었던 여성 언론인의 얼굴로 만든 음란 영상을 유포하는 사건이 있었다. 2020년 대선을 앞둔 미국은 2018년 12월 딥페이크 규제 법안을 제출하는 등 가짜 뉴스 방지를 위한 적극적인 대응을 실시하고 있다(≪아시아경제≫, 2019.12.19).

3) 미중경쟁의 전망

현재까지의 양상은 미국의 정보우세 상황에 중국이 도전하는 모양새이다. 중국의 도전이 미국에 위협이 되고 있느냐의 문제와는 별개로, 그동안 중국의 시도가 성공적이었는가에 대해서는 의견이 나뉜다. 중국 국내 정치의 불안정성 때문에 정보기관의 임무 수행이 효과적이지 못했으며, 수집된 데이터가 전달되는 과정이 경직되어 합리적인 정책결정을 지원하지 못했다는 분석이 있다. 또 현재까지의 상황은 전통적인 군사정보 수집 활동이 사이버 영역으로 확대된 것에 불과하며, 오히려 미국에 과도한 경각심을 불러일으켜 불필요한 갈등을 양산해 냈다는 분석도 있다(Mattis, 2015). 그러나 현재까지의 중국의 시도가 효과를 가져오지 못했다고 할지라도, 지금까지 축적된 데이터만으로도 향후 미중의 정보우세 경쟁에서 유리한 위치를 점할 수 있는 조건이 될 것이다.

지금까지 확인된 몇 가지 사례를 통해 볼 때, 향후 미중의 데이터 정보우세 경쟁은 다음과 같은 양상으로 전개될 것으로 전망된다. **첫째는 과거 현상의 지속 및 확대로서 양질전화이다.** 우선은 경제 영역에서의 정보 탈취 행위가 지속될 것이다. 물론 미중의 '지적재산권intellectual property: IP' 분쟁이 하루 이틀의 일이 아니고, 미중 간의 문제만도 아니다. 1980년대에는 프랑스, 1990년대에는 일본의 경제스파이 행위가 크게 대두된 바 있으며, 2015년에는 한국의 기업 코오롱이 미국의 화학제품 기업 듀퐁DuPont으로부터 방탄섬유인 아라미드aramid

기술을 탈취했다는 판결이 보도된 바 있다. 그러나 중국은 다른 어느 나라보다도 적극적으로 활동하고 있는 것으로 평가된다. 2017년 미국 무역대표부USTR는 중국의 지적재산권 탈취로 인한 경제적 피해가 연간 최소 2250억 달러에서 최대 6000억 달러라고 밝힌 바 있다(Office of the United Sates Trade Representative, 2017).

현재까지는 중국이 가치 있다고 판단하는 첩보와 정보가 주요한 타깃이었다면, 정보기술이 적용되면서 데이터 자체의 축적과 정보의 추출이 더욱 확대될 것이라고 전망할 수 있다. 특히 시진핑 주석의 '중국몽'과 '중국제조 2025 Made in China 2025'(State Council, 2015)는 해외로부터의 투자 확대, 선진기술의 이전, 정부의 적극적인 지원, 전문 기술 인력의 해외 양성과 복귀 등을 요구하고 있다. 2017년 이후에는 클라우드 컴퓨팅, 인공지능, 사물인터넷, 생명공학, 로보틱스, 농업기계와 기술, 첨단 의료기기 등이 중국 정부의 주요한 타깃이었다고 분석된다(Harrell, 2018). 물론 양적으로도 엄청난 증가가 있을 것이지만, 디지털 포렌식 기술이 발전하면서 숨겨진 사실들이 드러날 것도 예상할 수 있다.[10]

둘째는 현재의 이슈연계가 얼마나 확장될 수 있는가의 관점이다. 지금까지 미국은 경제적 이득을 취하기 위한 중국의 경제스파이 행위와 민감정보를 얻기 위한 정부 및 군사 분야에 대한 전통적 스파이 행위를 명확하게 구분해 왔다. 그러나 중국의 스파이 행위는 미국의 경제와 국가안보의 구분을 넘어, 미국의 정치적 제도와 거버넌스에도 영향을 미치기 시작했다(Eftimiades, 2018b). 나아가서 동맹과 우호국으로부터 시작된 중국의 침해 행위는 제3세계 국가들로 확대

---

10   미국의 네트워크 통신회사 시스코(CISCO)의 CEO였던 존 챔버스는 "세상에는 두 종류의 기업이 있다. 해킹을 당한 기업과 해킹을 당하고도 당했는지조차 모르는 기업이다"라고 말한 바 있다. 전문가들은 ≪포춘(fortune)≫ 선정 500대 기업 중 97%는 이미 해킹을 당했다고 추정한다(라이스·제가트, 2019).

되면서 지구적인 영향력 경쟁으로 확대되었다. 결국 경제 및 군사 정보와 다른 이슈들과의 연계성은 더욱 높아질 것이며, 이는 중국이 미국의 기술·경제·군사·정치적 우위와 통제력을 침해하면서 미국의 패권에 도전하는 요인이 될 것이다.

이슈연계의 핵심은 데이터의 수집 및 축적에 있다. 이슈 영역의 분리는 관찰과 인식이라는 정보처리 과정을 거쳐 이루어지며, 가치중립적인 데이터 차원에서는 이슈 영역이 연계될 수밖에 없기 때문이다. 결국 데이터의 격차는 비대칭적인 정보 요구, 상대적으로 더 빠르고 양호한 의사결정에서의 우위, 물리 영역에서 실행으로의 전환 속도에 영향을 주어 결국 승리에 기여하는 정보 이점을 제공한다. 때문에 미중 간의 데이터 경쟁은 정부 부처에서 대학과 연구소로 이전되고 있다. 대학과 연구소에서 만들어진 기술은 산업 현장에서 생산되기도 하고, 군사적으로 활용된다는 점에서 경제적·군사적 이익에 직결되기도 하지만, 국제적 교류 활동을 통해서 정보경쟁의 상대적 취약성을 드러내기도 한다는 문제가 있다. 또 학계에 대한 침투는 정보영역에서뿐만 아니라 인식영역에도 영향을 준다는 특징이 있다.

셋째는 언제 전통 지정학의 경쟁으로 발전할 것인가이다. 미중 간의 경쟁은 물리영역을 넘어 우주와 사이버 영역에서 가시화되고 있다. 다만 정보경쟁은 다른 분야와 달리 가시화되지 않았는데, 정보환경과 기술의 변화를 겪으며 경쟁이 눈에 잘 띄지 않게 된 까닭이다. 다만 데이터 자체가 이슈연계적 특성을 가지고 있고, 각 이슈 영역에서 경쟁의 결과가 드러난다면 언제든지 전통 지정학의 경쟁으로 발전할 수 있다. 아울러 기술표준을 둘러싼 국가들의 줄서기, 국가 네트워크의 약한 고리에 대한 공격이 이어지면 경쟁의 양상은 더욱 뚜렷하게 나타날 것이다. 과거부터 지정학적으로 불편한 구조 속에 위치한 한국의 입장에서는 양국의 정보우세 경쟁이 어떻게 진행될 것인지 각별한 관심을 가질 수밖에 없다.

사실 트럼프-시진핑의 시대에 들어서 이미 양국의 정부가 상대 국가의 기업에 대한 제한조치를 발동하면서 정보우세 경쟁은 이미 전통 지정학의 영역으로 들어선 모양새이다. 2019년 6월 G20 정상회의에서 미중 정상이 만나면서 갈등이 다소 해결되는 듯 보였지만, 여전히 수출제한리스트Entity List에 상대국 기업의 이름을 거듭하여 올리고 있다. 미국 상무부의 조치에 대응해 중국 상무부도 '불신임 리스트'를 발간하면서 미국의 기업들을 다수 포함시켰고, 미국 수입량의 80%에 달하는 중국 희토류의 수출제한 가능성을 언급하면서 미국을 압박한 바 있다(USCC, 2019: 48~49). 그러나 아직 미중 간의 경쟁은 수면 아래에 있다. 전환의 시점은 중국의 국가정보기관이 전통적인 정보활동의 영역을 넘어서 '새로운' 영역에서도 정보활동을 주도할 것인가, 또는 언제 그것이 미국 정부에 의해서 공식화되고 통합된 대응이 시작될 것인가의 문제로 귀결될 것이다.[11]

4. 한국의 '데이터 안보'

1) 국가 간 '데이터 주권' 경쟁 구도

데이터 안보경쟁이 미중 간에만 발생 가능한 것은 아니다. 미중 간의 첨예한 경쟁이 기술의 '패권' 경쟁으로 비치는 것은 다른 국가들의 데이터 주권data sovereignty에 대한 인식이 낮기 때문이다. 미국 랜드연구소RAND 연구진들은 이같은 구도를 "전략정보전의 엘리트 클럽club of SIW elite"에 의해 지배된다고 규정했는데, 핵무기의 등장 이후 핵 보유국들이 국제체제의 구조를 결정했던 냉전기의 상황과 비교될 수 있다(Molander et al., 1998). 현재는 국가별로 데이터

---

11 2015년 중국은 국방개혁 조치를 단행하면서 군사정보의 담당 조직에도 변혁을 꾀한 바 있다. 중국의 정보기관 및 능력에 대한 분석은 다양하다(USCC, 2016).

안보에 대한 능력과 인식의 격차가 큰데, 특히 소수의 국가만이 데이터를 탈취할 수 있는 공격능력을 가지고 있어 공격능력을 갖춘 국가들끼리는 서로 취약하지만, 공격능력이 없는 국가로부터는 안전하다. 따라서 현재는 이러한 능력을 갖춘 국가들이 특수한 형태의 협력체 또는 협력의 기제를 추구하는 상황이다. 이러한 구도 속에서 능력을 갖추지 못한 국가는 상대적 이익의 불균형을 강요받게 된다.

따라서 한국과 같은 국가들은 데이터 주권을 확보하고, '방어우세의 국제 거버넌스'를 구축하도록 노력해야 한다. 크게는 국가안보 목적에서 국가가 주도적으로 데이터 능력의 군비경쟁으로의 돌입을 차단하는 것을 의미하며, 위협 평가와 취약성 보완을 위한 다자 간 협력을 증진하는 것을 의미한다. 국경을 넘어 지구적으로 발생하는 문제 행위에 대해 국가·정부로부터 국제레짐으로 책임이 이양되는 단계적인 조치를 취하는 형태이다. 데이터가 일부 국가의 이익을 위해 비대칭적으로 활용되는 것을 차단한다는 것인데, 데이터를 활용한 범죄행위에 대한 국제 공동대응과 국내 법집행law-enforcement을 중심으로 접근이 이루어진다. 따라서 강대국의 동맹관계 수립, 확장억제와 보증공약, 보복의 위협, 제한된 연구개발 협력 등의 전통적인 경쟁·협력 관계는 배제된다.

방어우세의 국제체제를 구축하기 위해서는, 첫째, 국가가 데이터 안보를 위한 능력을 갖춰야 한다. 2차 핵시대에 와서 핵 보유국의 '횡포'가 작동하지 않는 것은 핵무기 또는 핵무기 개발 능력이 보편화되었기 때문이다. 최소한 주권이 미치는 범위 내에서 데이터의 흐름을 통제할 수 없다면, 스스로의 취약성을 그대로 드러내면서 피해를 강요받을 수밖에 없을 것이다. 둘째, 중앙집권적인 권위체가 필요하다. 정부 부처 내에서 분산된 권한을 집중할 수 있는 컨트롤타워는 필수적이며, 사적 영역과의 협력 또는 통제 권한에 대한 분명한 합의도 요구된다. 또한 국제레짐과의 협력을 추진하는 지점으로서 국가 행위자는 여전히 중요한 위치를 차지한다. 결국 데이터 안보를 위한 능력을 개발하고, 위협을 억제하고 대응하는 역할의 핵심은 국가 정부일 수밖에 없다.

데이터 안보를 위해서는 일반적으로 세 가지의 노력선이 제기된다. 자체 방호력 증가를 위한 물리·비물리적 조치, 불법행위에 대한 처벌 강화, 불법행위에 대한 비용 확대 등이다(Harrell, 2018). 기존의 억제이론이 제시해 온 방호·보복억제·거부억제의 세 가지 노력선과 맥을 같이한다. 강력한 제재를 통해 분명한 비용이 있다는 것을 보여줄 필요도 있고, 의심 행위을 법적·물리적으로 차단할 필요도 있다. 여기에 유인책inducement으로 정부와 개인, 기업이 자발적으로 국제규범을 준수할 것을 유도할 수 있는 다양한 인센티브도 필요하다.

그러나 이 같은 수동적인 방법만으로 완전한 해결은 불가능하다. 특히 최신 정보기술을 적용함으로써 방호력을 높이려는 노력은 새로운 기술에 의한 공격에 맞서서 실패할 가능성이 높기 때문이다. 오히려 유인책으로서 법적·경제적 인센티브가 명확해야 한다. 때로 개인과 기업의 방호를 위한 비용에 대해서는 아무도 신경 쓰지 않기 때문에, 인센티브를 제공하는 것이 효과적이다. 방호를 위한 비용은 막대하기 때문에, 사전에 억제하고 차단하는 데 초점을 두어야 한다는 것이다. 효과에 대한 논쟁은 끊이지 않겠지만, 국제적으로 데이터 투명성을 확보하기 위한 다양한 노력이 요구된다.

2) 핵심 전략 및 정책 이슈

(1) 책임의 주체: 국가 통제권의 범위는 어디까지인가?

과연 국가가 정보통제권을 가질 수 있을 것인지, 그렇다면 어느 정도의 통제권을 허용해야 할지에 대한 사회적 합의를 이루는 것은 어려운 주제이지만, 이에 대한 분명한 합의가 있어야만 그다음 단계의 문제를 해결할 수 있다. 정부의 어떤 부처가 데이터와 관련한 책임을 갖게 되는 것인지, 국제사회와의 협력은 어떤 부처를 중심으로 진행될 것인지의 질문에 답해야 한다. 미국 랜드연구소의 연구진들은 목적과 주체의 두 가지 기준을 가지고 다섯 가지 대안을 제시한 바 있다. 즉, 국가안보에 초점을 두고 중앙정부가 책임을 지거나, 법집행을 중심으로 한 중앙정부가 리더십을 발휘하거나, 국가안보를 중심으로 국가 간 협력이나 법집행 중심의 국가 간 협력, 국가정부의 지원을 받는 국가 간 산업 차원의 협력 등이다(Molander et al., 1998). 사실 어떠한 대안을 선택하든 간에 정부는 학계와의 정기적인 회합을 통해서 민감기술의 발전과 안보 목적의 이용 가능성의 추세를 명확하게 이해할 필요가 있다. 책임주체 문제는 정당성, 개인정보 보호, 국제협력과 같은 이슈들과 연결되는데, 결국 예산과 행정력이 투입되는 우선순위를 결정하는 것은 정치적 행위이기 때문이다.

(2) 위험 평가의 방법론: 누가, 어떻게 위험을 평가할 것인가?

위협의 대상이 확대되면 이에 대한 평가 방법도 달라져야 한다. 정보 및 데이터 분야의 위협인식과 경보, 분석 및 평가, 긴급대응을 포괄하는 위험 평가의 방법론에는 몇 가지 모델이 제시된다(Molander et al., 1998). 국가안보를 추구하는 전통적인 정부 주도 모델NICON model이 있고, 정부 주도로 법집행에 중심을 둔 '대테러리즘' 모델counter-terrorism model도 있다. 미국의 질병통제예방센터Centers for Disease Control: CDC처럼 특정한 위협에 대해서만 예방과 대응을 주도하는 'CDC model'이나, 국가안보 수준으로 격상되지 않은 문제에 대해서는 개별 기관이나 업체가 개별적으로 위험을 평가하는 방법도 있다. 이 같은 모델들은 선택의 문제라기보다는 위험의 크기에 따라서 단계적으로 적용되어야 한다. 이를 위해서는 국가중심적인 사고에서 탈피해 데이터와 관련된 발생 가능한 다양한 위험을 평가하고 대응하기 위한 조직구조와 운영체계가 상비되어야 한다. 또 한정된 자원을 가지고 국가정보 목표를 효과적으로 달성하기 위한 필수적인 작업으로 '국가정보목표우선순위Priority of National Intelligence Objectives: PNIO'의 재조정 과정은 필수적이다(Kent, 1966: 38).

(3) 취약성 분석: 어떻게 취약성을 최소화할 것인가?

정보영역이 광역화되고 피해 규모가 대형화되는 등 위험을 사전에 파악하기가 어려워지면서, 주체의 취약성을 분석하는 것이 더욱 중요한 과업으로 부각되었다. 따라서 어떻게 취약성을 최소화할 것인지, 얼마만큼의 취약성을 감수할 것인지 '충분성'에 대한 고민이 수반된다. 국가중심적인 방법을 취할 것인지, 아니면 동맹 및 협력국 중심의 파트너십 혹은 자유주의적 다자주의를 통해 취약성을 분석할 것인지의 문제는 여전히 남아 있다. 다만 최근 미국「국가정보전략National Intelligence Strategy」의 변화는 주목할 만하다. 해당 보고서는 정보공동체 내부자에 의한 기밀유출, 적대국의 대미 첩보활동 강화, 파편화되고 고립된 정보기관들의 비효율성을 취약점으로 분석하고, 이러한 취약성을 극복하기 위해 혁신통합, 파트너십, 투명성이라는 핵심가치를 제시했다(The Office of the Director of National Intelligence, 2019). 2014년에 발간된「국가정보전략」이 스노든 사건 이후 중요해진 '투명성'을 강조했다면, 2019년에는 중국이나 러시아와 같은 잠재적 적대국의 기술우위를 사전에 저지하고 미국의 기술경쟁력을 강화하기 위한 '혁신'과 '통합'을 강조했다(조은정·오일석, 2019: 3).

(4) 선언정책의 마련: 상대를 어떻게 억제할 것인가?

데이터 보안은 위협에 대한 가장 기본적인 대응 방법이지만, 방어적이고 소극적인 방법으로 한정한다면 위협에 온전히 대응할 수 없다. 앞에서 본 바와 같이 위협의 대상·시기·범위 등을 특정하기 어렵기 때문에 상대의 취약점을 파고들어 적극적으로 공격해야만 정보우세와 억제를 달성할 수 있다. 따라서 방어적 차원의 보안과 함께 적극적으로 적대세력의 위협을 탐지·파괴·무력화·역이용하는 등의 공격적인 활동이 병행되어야 한다. 미국 역시 9·11 이후 '선제적 방첩전략preemptive counterintelligence strategy'을 선언하고 적대세력 내부에 침투해 관련 정보를 수집하고, 상대의 정보활동을 무력화·조종하는 적극적 활동을 추구하고 있다(Office of the National Counterintelligence Executive, 2009).

다만 이러한 정책을 선언하는 것이 상대를 억제하는 데 직접적으로 기여할 수 있다고 하더라도, 수단과 활용 범위, 공개 대상 등의 선언정책을 마련하는 데에는 신중하게 접근할 필요가 있다. 오히려 상대방의 경계심을 유발하여 이미 달성했던 정보우위가 약화될 수도 있고, 발견되지 않았던 취약점이 발견되거나 새롭게 발생할 수도 있기 때문이다. 따라서 상대를 효과적으로 억제하기 위한 '맞춤형' 선언정책이 요구된다.

(5) 국제 정보공유와 협력의 범위: 누구와, 어느 정도로 협력할 것인가?

역사-행태적인 입장에서 적대국과의 협력은 여전히 어렵지만, 데이터 경쟁의 특성상 국가 및 정부의 의도와 관계없이 언제든지 위협으로 발전할 수 있다는 점에서 전통적인 동맹국과의 협력도 쉽지 않다. 그러나 협력의 가능성을 미리 차단할 필요는 없을 것이며, "신뢰하라. 그러나 검증하라Trust, but verify"라는 격언은 여전히 유효하다. 사실 데이터 위협의 특성상 국제협력 없이 취약성을 보완하고 위협에 대응하기는 불가능하다는 점에서 모든 국가와 협력해야 할 필요가 있다. 다만 어느 정도로 협력할 것인가의 문제가 있다. 방어기술, 국제범죄 대응, 제한적 참여 등으로 협력의 정도를 단계화하는 방안을 고려할 수 있다. 신뢰성이 담보된 국가들과의 국방 R&D는 공동대응과 상호운용성의 효과를 함께 가져올 수 있다는 점에서 확대될 필요가 있다. 또 학계를 중심으로 한 협력은 지구적 문제를 함께 풀어가기 위한 이론화 및 후속세대 양성, 공동연구, 산업적인 측면에서도 긴요하다. 물론 협력 속에서도 일부 불법적인 행위에 대해서는 정밀한 잣대를 적용할 수 있을 것이다.

(6) 정보의 처리: 투명성과 효율성의 딜레마

국내적으로 투명성와 효율성은 딜레마 관계에 있다. 투명성은 공개성과 책임성을 요구하지만, 효율성은 비밀과 보안을 통해서 획득되기 때문이다. 이는 정보활동의 윤리성 문제를 다루는 것인데, 과연 정부의 정보활동을 어느 정도로 인정할 것인지, 국회는 예산을 얼마나 지원할 수 있을 것인지 하는 것들이 이 문제와 직결된다. 최근의 데이터 3법 개정과 관련한 논쟁도 이와 연결된다. 데이터산업의 활성화를 위한 방향으로 이해되지만 보안실무자들은 정보 유출을 이유로 강력하게 반대해 왔다. EU의 '일반개인정보 보호법General Data Protection Regulation: GDPR'은 이 같은 딜레마를 극복하려는 노력의 일환으로 이해된다(정일영 외, 2018). 결국 정보기관 자체의 확장성이 아니라, 기술혁신을 주도하고 있는 민간과의 협력 및 정보에 대한 비교우위를 가지고 있는 국외 정보기관과의 교류와 공조를 통해 딜레마는 완화될 수 있다. 다른 한편 정보기관은 투명성을 강화하기 위한 제도적 장치와 각종 활동을 실현함으로써 국민적 이해와 신뢰를 받아야 한다(조은정·오일석, 2019: 5).[12]

5. 결론

디지털 안보환경 속에서 미국과 중국의 데이터 경쟁은 진행 중이다. 산업 분야의 지적재산권 및 기술 탈취에서 시작해 군사 분야의 정보작전으로 이어져왔고, 위협과 취약성의 변화 속에서 더욱 첨예화되고 있다. 정보우세를 달성하기 위한 전략경쟁의 중요성은 지속되며, 더 많은 데이터를 더 빨리 선점하고 선행 단계로 지향점을 옮겨가려는 노력도 계속된다. 물리영역에서는 관찰과 인식을 차단하고 실행을 방해하며, 정보영역에서는 데이터 확보와 데이터 보안의 공격·방어가 일어난다. 인식영역에서는 보다 적극적으로 인지 조작과 지식 유통에 영향을 미치려는 활동이 빈번히 발생한다. 미중 간의 경쟁은 양질전

---

12 데이터 안보와 관련하여 개인의 정보보호를 위해서는 국내법적 기반을 잘 마련하고, 이를 준수하는 것이 무엇보다 중요한 과제이다. 프레드 케이트는 미국의 헌법, 전자통신개인정보법(ECPA), 해외정보감시법(FISA), 기타 개인정보 관련 법을 자세히 설명하고 있다(Cate, 2015: 317~322).

화, 이슈연계를 넘어 전통 지정학의 영역으로 이행해 가고 있다.

그러나 데이터 경쟁은 미국과 중국만의 일이 아니며, 각국이 참여하게 되면서 더욱 심화될 것이다. 4차 산업혁명은 데이터를 통해서 진행된다. 사물인터넷IoT는 데이터의 수집과 공유를 기반으로 작동한다. 시장을 통해 종합·분해·복제·탐색·판매되는 데이터는 한 해 2천억 달러 규모로 추산된다(World Economic Forum, 2020: 63). 데이터 의존도가 높아지면 위협과 취약성은 커지고 정보의 불균형도 심화된다. 결국 데이터 정보우세를 달성하는 경우 얻을 수 있는 것이, 잃을 것보다 많다면 새로운 형태의 군비경쟁은 지속될 것이다. 방어우세의 국제체제는 이익을 추구하는 행위자에 의해서 손쉽게 붕괴될 수 있다.[13] 그렇다고 해서 고립정책이 결코 안전하거나 유효한 대응 방안은 아니다. 국제레짐의 선의에 편승할 수도 없고, 특별한 조치 없이 방관하는 것은 더욱 위험하다.

한국에 있어서도 데이터 안보는 사활적 이익이다. 한국은 2010년부터 유엔이 평가하는 전자정부 순위에서 3회 연속 1위를 차지했고, 2016년과 2018년에는 3위에 자리했다. 전자정부 순위는 온라인 정보제공과 정책참여, 정보통신 인프라 구축 등을 종합하는 지수로 한국이 상위권을 차지했다는 것은 정부 업무가 이미 고도로 전산화·자동화되어 있다는 것을 의미한다. 중요한 것은 이에 합당한 데이터 보호 능력을 갖추었느냐에 있을 것이다. 한국의 '사이버 안보지수Global Cyber Security Index: GCI'는 2018년을 기준으로 아태 지역 5위, 세계 15위 수준으로 상위권에 있지만(ITU, 2019), 핵심 데이터를 보호하기 위한 능력의 필요성은 아무리 강조해도 지나치지 않다.

우선 미중 정보우세 경쟁관계 속에서 한국의 위치를 정립해야 할 필요가 있

---

13 최근 대만 국가안보국의 후무위안(Hu Mu-yuan) 부국장은 중국 공산당이 데이터 및 기술 확보를 위한 불법 캠페인을 통해 공정무역을 훼손하고, 대만, 일본, 한국 등을 위협하고 있다고 밝힌 바 있다(*Reuters*, 2021.3.31).

다. 한국은 미국과 중국이라는 사이버·정보 영역의 강대국 사이에 있는 국가이다. 그러나 미중보다도 더 좋은 IT 환경을 보유하고 있음을 고려한다면, 지정학적으로는 불리한 구조 속에 있음에도 불구하고 오히려 정보의 허브로서 미중 사이에서의 정보전에서도 우위 달성이 가능할 것이다. 둘째, 한국의 데이터 안보를 위한 노력이 필요한데, 한국 스스로 정보요구를 충족할 수 있는 자강력을 키울 필요가 있다. 기술적 차원의 데이터 안보뿐만 아니라 데이터를 통한 이슈 간의 연계와 차단을 자유로이 할 수 있어야 한다. 셋째, 국제 정보공유는 쉽지 않은 문제임에는 분명하지만, 지속적으로 강조되어야 한다. 특히 약소국들의 입장에서 국가 간 협력과 사이버 공격 금지 등을 제안하지만, 대부분 제안에 머물거나 선언적인 협약에 머무른다.[14] 이 같은 불균형을 극복하기 위한 다각적인 노력이 요구된다.

강준영. 2001. 「미국 부시행정부 출범 이후의 중.미 관계: 정찰기 충돌 사건을 중심으로」. ≪국제지역연구≫, 제5권 2호, 165~178쪽.
공현철·송병철·서윤경. 2007. 「중국 위성요격실험의 의의와 영향에 따른 우주 자산 보호방안 연구」. 『대한기계학회 춘계학술대회 강연 및 논문 초록집』. 479~484쪽.
김상배. 2015. 「빅데이터의 국가전략: 21세기 신흥권력 경쟁의 개념적 성찰」. ≪국가전략≫, 제21권 3호. 5~36쪽.
_____. 2018. 「트럼프 행정부의 사이버 안보 전략: 국가지원 해킹에 대한 복합지정학적 대응」. ≪국제지역연구≫, 제27권 4호. 1~35쪽.
_____. 2019. 「화웨이 사태와 미중 기술패권 경쟁」. ≪국제지역연구≫, 제28권 3호. 125~156쪽.
김지영. 2019. 「미중 사이버 패권경쟁의 담론과 실제: 화웨이 5G 사태를 중심으로」. ≪국방연구≫, 제62권 4호, 241~272쪽.

14 2019년 서울안보대화(Seoul Defense Dialogue: SDD)에서 베트남은 동남아시아와 동아시아의 주변국을 상대로 사이버 공격 금지를 제안했으며, 사이버 정보공유를 하자는 제안을 내놓은 바 있다.

≪뉴스1≫. 2020.1.29. "미국 '중국 스파이'라며 하버드대 교수 전격 체포". https://www.news1.kr/articles/?3827285 (검색일: 2021.3.24).

라이스, 콘돌리자·에이미 제가트. 2019.『정치가 던지는 위험: 예측 불가능한 소셜 리스크에 맞서는 생존 무기』. 김용남 옮김. 21세기북스.

배달형. 2005.『미래전의 요체 정보작전』. 한국국방연구원 엮음. 한국국방연구원.

신동찬·이희범·두석주·김도현·김중희·김숙영·노수정. 2013.『미래정보전: 미래 디지털 전쟁의 귀염둥이』.

≪아시아경제≫. 2019.12.19. "내년 4·15 총선은 '딥페이크' 가짜뉴스와의 전쟁". https://view.asiae.co.kr/article/2019121911494768016 (검색일: 2021.3.23).

앨버트, 데이비스·존 가스트카·리처드 헤이스·데이비드 시그노리. 2004.『정보시대 전쟁의 이해』. 권태환 옮김. 국방대학교.

연합뉴스. 2018.4.3. "러·중, 군사위성 요격미사일 발사시험 잇단 성공". https://www.yna.co.kr/view/AKR20180403079800009?input=1195m (검색일: 2021.3.19).

_____. 2020.2.12., "수십년간 120개국 암호장비 댄 회사 배후는 CIA…한국도 고객". https://www.yna.co.kr/view/AKR20200212003600071?input=1195m (검색일: 2021.3.24).

육군참모본부 전략연구그룹 코호트IV(Chief of Staff of the Army's Strategic Studies Group Cohort IV, SSG Cohort IV(2015-2016). 2019.『2030~2050년의 전쟁양상: 기술변화, 국제체제 그리고 국가』. 김철우 외 옮김. 한국국방연구원.

≪人民网(인민망 한국어판)≫. 2017.12.31. "시진핑 중국 국가주석의 2018년 신년사". http://kr.people.com.cn/n3/2017/1231/c203278-9310128.html (검색일: 2020.12.11).

전웅. 2015.『현대 국가 정보학』. 박영사.

정일영·이명화·김지연·김가은·김석관. 2018.「유럽 개인정보보호법(GDPR)과 국내 데이터 제도 개선방안」.≪STEPI Insight≫, 제227호, 1~38쪽.

조던, 데이비드·제임스 키라스·데이비드 론스데일·이안 스펠러, 크리스토퍼 턱·데일 월턴. 2014.『현대전의 이해』. 강창부 옮김. 한울엠플러스.

조은정·오일석. 2019.「미 국가정보전략(2019) 발간의 의미와 한국에 대한 함의」.≪이슈브리프≫, 제104호.

≪중앙일보≫. 2020.4.27. "기술 냉전시대가 온다". https://news.joins.com/article/23763539 (검색일: 2021.3.23).

≪한국일보≫. 2019.11.12. "미·중 데이터 패권 경쟁…'국가 안보' 이유로 해마다 장벽 강화" https://www.hankookilbo.com/News/Read/201911111500716467?did=NA&dtype=&dtypecode=&prnewsid (검색일: 2021.3.24).

_____. 2019.6.22. "무역담판 앞둔 미국, '슈퍼컴퓨터' 中기업 5개도 블랙리스트 지정" https://www.hankookilbo.com/News/Read/201906221312061856?did=NA&dtype=&dtypecode=&prnewsid (검색일: 2021.3.24).

KBS NEWS. 2018.3.7. "중국어 교육기관 공자학원은 첩보기관?…中 유학생도 감시 비난" https://news.kbs.co.kr/news/view.do?ncd=3614958 (검색일: 2021.3.23).

TV조선 뉴스. 2017.7.25. "美 정찰기-中 전투기 서해 인근에서 충돌할 뻔" http://news.tvchosun.com/ site/data/html_dir/2017/07/25/2017072590101.html (검색일: 2021.3.19).

VOA KOREA. 2020.3.17. "미 우주군 첫 공격용 무기 배치 '적 위성 통신 교란 목적'" https:// www.voakorea.com/korea/korea-politics/space-weapon (검색일: 2021.3.19).

Abbott, Daniel(ed.). 2010. *The Handbook of Fifth-Generation Warfare (5GW)*, Ann Arbor: Nimble Books LLC.

Allison, Graham. 2017. *Destined for War: Can America and China Escape Thucydides's Trap?*, Houghton Mifflin Harcourt.

Bloomberg News. 2018.11.5. "The Great Firewall of China." https://www.bloomberg.com/ quicktake/great-firewall-of-china (검색일: 2021.3.22).

Cate, Fred H. 2015. "China and Information Security Treats: Policy Responses in the United States." in Jon R. Lindsay·Tai Ming Cheung·Derek S. Reveron(eds.). *China and Cybersecurity: Espionage, Strategy, and Politics in the Digital Domain*. New York: Oxfrod University Press.

Cave, Danielle·Samantha Hoffman·Alex Joske·Fergus Ryan and Elise Thomas. 2019. "Mapping China's Tech Giants." ASPI. https://www.aspi.org.au/report/mapping-more-chinas-tech-giants (검색일: 2021.7.18).

CSIS. 2019. "Survey of Chinese-linked Espionage in the United States Since 2000." https:// www.csis.org/programs/technology-policy-program/survey-chinese-linked-espionage-united-states-2000 (검색일: 2021.3.20).

_____. 2020. "Significant Cyber Incidents since 2006." https://www.csis.org/programs/strategic-technologies-program/significant-cyber-incidents (검색일: 2021.3.20).

Department of Defense. 2018. "National Defense Strategy." Washington, DC: Department of Defense.

Eftimiades, Nicholas. 2018a. "The Impact of Chinese Espionage on the United States: What is the cumulative impact of China's espionage activities for the United States' economy, security, and politics?" *The Diplomat*. https://thediplomat.com/2018/12/the-impact-of-chinese-espionage-on-the-united-states/ (검색일: 2021.2.20).

_____. 2018b. "Uncovering Chinese Espionage in the US: A detailed look into how, why, and where Chinese spies are active in the United States," *The Diplomat*. https://thediplomat. com/2018/11/uncovering-chinese-espionage-in-the-us/ (검색일: 2021.2.13).

GAO Testimony. 2019. "CHINA: Observations on Confucius Institutes in the United States and U.S. Universities in China." GAO-10-401T. https://www.gao.gov/assets/gao-19-401t.pdf (검색일: 2021.3.23).

H. R. 4943. https://www.congress.gov/115/bills/hr4943/BILLS-115hr4943ih.pdf (검색일: 2021. 7.18).

Harrell, Peter E. 2018. "China's Non-Traditional Espionage Against the United States: The Threat and Potential Policy Responses." Testimony before the Senate Judiciary Committee.

International Telecommunication Union(ITU). 2019. "Global Cybersecurity Index (GCI) 2018." https://www.itu.int/dms_pub/itu-d/opb/str/D-STR-GCI.01-2018-PDF-E.pdf (검색일: 2021.3.25).

Kennan, George F. 1948. "The Inauguration of Organized Political Warfare." https://digitalarchive.wilsoncenter.org/document/114320.pdf?v=941dc9ee5c6e51333ea9ebbbc9104e8c (검색일: 2021.3.22).

Kent, Sherman. 1966. *Strategic Intelligence for American World Policy.* Princeton: Princeton University Press.

Mattis, Peter. 2015. "China's New INtelligence War against the United States." *War on the Rocks*, https://warontherocks.com/2015/07/chinas-new-intelligence-war-against-the-united-states/ (검색일: 2021.3.25).

Molander, Roger C.·Peter A. Wilson·David A. Mussington and Richard F. Mesic. 1998. *Strategic Information Warfare Rising.* Santa Monica: RAND.

Newsweek. 2013.11.1. "How Edward Snowden Escalated Cyber War." https://www.newsweek.com/2013/11/01/how-edward-snowden-escalated-cyber-war-243886.html (검색일: 2021.2.23).

Office of the National Counterintelligence Executive. 2009. "National Counterintelligence Strategy of the United States of America." (NCIX-2010-002). http://www.ncix.gov/publications/policy/NatlCIStrategy2009.pdf (검색일: 2021.2.13).

Office of the United Sates Trade Representative. 2017. "2017 Special 301 Report." https://ustr.gov/sites/default/files/301/2017%20Special%20301%20Report%20FINAL.PDF (검색일: 2021.2.12).

Owens, William A. 1995. "The Emerging System of Systems." *U.S. Naval Institute Proceedings*, Vol.121, No.5.

Reuters. 2021.3.31. "U.S. trade war pushing China to steal tech, talent, Taiwan says." https://www.reuters.com/world/china/us-trade-war-pushing-china-steal-tech-talent-taiwan-says-2021-03-31/ (검색일: 2021.4.16).

State Council. 2015. "Made in China 2025(中国制造 2025)." http://www.cittadellascienza.it/cina/wp-content/uploads/2017/02/IoT-ONE-Made-in-China-2025.pdf (검색일: 2021.2.11).

The Joint Staff. 1996. "Joint Vision 2010." Washington, DC: The Joint Staff.

_____. 2000. "Joint Vision 2020." Washington, DC: The Joint Staff.

_____. 2014. "Information Operations (Joint Publication 3-13)." Washington, DC: The Joint Staff.

_____. 2016a. "Information Operations (Joint Publication 3-13)." Washington, DC: The Joint Staff.

_____. 2016b. "Joint Operating Environment 2035: The Joint Force in a Contested and Disordered World." Washington, DC: The Joint Staff.

_____. 2017a. "Doctrine for the Armed Forces of the United States (Joint Publication 1)." Washington, DC: The Joint Staff.

_____. 2017b. "Joint Operations (Joint Publication 3-0)." Washington, DC: The Joint Staff.

The New York Times. 2014.3.22. "N.S.A. Breached Chinese Servers Seen as Security Threat" https://www.nytimes.com/2014/03/23/world/asia/nsa-breached-chinese-servers-seen-as-spy-peril.html (검색일: 2021.2.18).

_____. 2014.7.12. "Chinese Businessman Is Charged in Plot to Steal U.S. Military Data." https://www.nytimes.com/2014/07/12/business/chinese-businessman-is-charged-in-plot-to-steal-us-military-data.html (검색일: 2021.3.23).

The Office of the Director of National Intelligence. 2019. "The National Intelligence Strategy of the United States of America." Washinton, DC: The Office of the Director of National Intelligence.

The Washington Post. 2013.5.27. "Confidential report lists U.S. weapons system designs compromised by Chinese cyberspies." https://www.washingtonpost.com/world/national-security/confidential-report-lists-us-weapons-system-designs-compromised-by-chinese-cyberspies/2013/05/27/a42c3e1c-c2dd-11e2-8c3b-0b5e9247e8ca_story.html (검색일: 2021.3.17).

_____. 2019.5.16. "Trump administration cracks down on giant Chinese tech firm, escalating clash with Beijing." https://www.washingtonpost.com/world/national-security/trump-signs-order-to-protect-us-networks-from-foreign-espionage-a-move-that-appears-to-target-china/2019/05/15/d982ec50-7727-11e9-bd25-c989555e7766_story.html (검색일: 2021.2.13).

Theohary, Catherine A. 2018. "Information warfare: issues for Congress." *Congressional Research Service Report,* #R45142.

Toffler, Alvin and Heidi A. Toffler. 1995. *War and Anti-War: Making Sense of Today's Global Chaos.* Grand Central Publishing.

U.S. House of Representatives. 2012.10.8. "Investigative Report on the U.S. National Security Issues Posed by Chinese Telecommunications Companies Huawei and ZTE." 112th Congress.

U.S.-China Economic and Security Review Commission(USCC). 2016. "Report to Congress." https://www.uscc.gov/sites/default/files/2016-12/2016_Annual_Report_to_Congress.pdf (검색일: 2021.1.10).

_____. 2019. "Report to Congress." https://www.uscc.gov/sites/default/files/2019-12/2019_Annual_Report_to_Congress.pdf (검색일: 2021.1.10)

Vision Times. 2019.11.17. "WeChat: A Tool of Authoritarian Control?" https://www.visiontimes.com/2019/11/19/wechat-a-tool-of-authoritarian-control.html.

World Economic Forum. 2020. "The Global Risks Report 2020." Cologny: World Economic Forum.

Xiangsui, Wang and Qiao Liang. 2015. *Unrestricted Warfare: China's Master Plan to Destroy America.* Brattleboro: Echo Point Books & Media.

7   드론 산업의 미중 표준경쟁과 한국

노유경 ❙ 서울대학교

1. 서론

드론은 감시와 정찰 목적을 위한 군사용 무인항공기로 개발이 시작되었으나, 2000년대 초반 이후 공격용으로 활용 범위가 확대되었으며 현대의 공중전에서는 필수적인 수단이 되었다. 미국은 오랜 개발의 역사 만큼이나 긴 시간 동안 드론 기술력의 우위를 점해왔으며, 미국의 대표적 군용 드론인 글로벌 호크Global Hawk, 프레데터Predator와 리퍼Reaper는 정찰 및 공격기로서는 최첨단의 항공기술력을 지니고 있다. 미국의 뒤를 이어 이스라엘을 비롯하여 영국, 프랑스, 독일 등의 유럽 국가와 최근에는 중국이 군용 드론 개발 및 수출에 박차를 가하고 있다. 드론 기술의 빠른 확산과 함께 드론의 활용 범위 또한 군사 부문을 넘어 상업 및 민간 부문까지 확장되었다. 군용 드론 부문에서는 미국이 독보적인 기술력의 우위를 아직까지는 유지하는 모습이지만, 민간 드론 시장에서는 중국이 DJI를 앞세워 세계 드론 시장에서 무려 70%가 넘는 점유율을 보였고, 그 성장에 힘입어 사실상 미국의 주력 드론 자원에 대항하는 성격의 군용 드론을 차례로 개발하고 있다.

드론 관련 기술적 역량의 국제적 확산과 그로 인한 역량의 재분배로 인해 형성된 미중 간 드론 개발 경쟁 구도는 국가 간 자원권력으로서의 무기 전쟁을 넘어선 복합적인 형태를 갖춰가고 있다. 테러와의 전쟁 이후로 군용 드론 기술을 사실상 독점하며 기술적 우위를 누리던 미국과, 상업용 드론 기술 개발을 발판 삼고 미국보다 자유로운 수출 정책을 날개 삼아 군용 드론 시장에서 점유율을 높여가고 있는 중국 간의 드론 전쟁은 단순히 불안정한 국제체제에서 자국의 안보를 영위하기 위한 수단으로서 드론을 개발하는 현실주의적 영토국가 간 자원권력 경쟁의 시각으로 완전히 설명하기 어렵다. 마찬가지로, 국내 정치적 안보화 과정을 통해 첨단무기체계의 개발과 군용화를 안보위협으로 정의하는 구성주의적 담론정치 경쟁의 시각 역시 특유의 이중용도dual-use 성격을 띠는 드론의 기술 개발에 매진하는 미중 양국의 경쟁 구도를 그려내기에는 부족하다. 즉, 위와 같은 주류 국제정치이론을 기반으로 하는 논의들은 개별적으로 오늘날의 군사기술 개발과 그 경쟁이 갖는 국제정치적 함의를 도출하는 데 도움을 주지만, 각각 독립적으로는 21세기 안보환경에서 군사기술적 우위를 점하기 위한 국가 간의 경쟁을 일련의 과정으로서 설명할 수 없다는 한계가 있다. 또한, 4차 산업혁명 시대의 기술이 초래할 미래의 전쟁과 그 전쟁을 수행할 새로운 군사기술과 장비의 개발 및 확산 양상은 단순히 기존의 군사안보 중심적인 관점에 제한하여 설명할 수 없는데, 이는 국가의 군사력 증진이 더 이상 안보위협에 대응하는 정부 주도의 군사 부문에 국한되지 않을뿐더러, 21세기의 군사기술 혁신의 대상 또한 하드웨어 무기 개발에 한정되지 않기 때문이다.

요컨대 미래의 전쟁 수행 수단 개발과 확산 경쟁의 국제정치적 함의를 완전히 이해하기 위해서는 기존의 이론적 틀을 보다 확장시켜서 미중 간 드론 개발 경쟁을 복합적으로 해석할 수 있는 분석틀을 마련할 필요가 있다는 것이 이 글의 인식이다. 이러한 맥락에서 이 글은 미중 드론 경쟁의 기저에서 작동하는 표준에 대한 탐구를 강조하며 '표준경쟁'을 분석의 초점으로 원용하여 살펴보고자 한다. 특히, 드론이 단독적인 하나의 기술이라기보다는 전쟁 수행 메커니즘 자체를 변화시키는 플랫폼(기술)으로서의 역할을 할 것이라는 점을 고려하면, 드론 경쟁은 미래의 전쟁 수행에 대한 표준을 설정하는 데 우위를 선점하고자 하는 미중 간 경쟁으로 이해할 수 있을 것이다.

표준이란 한 시스템을 구성하는 여러 단위들 간의 상호작동성 및 호환성을 결정하는 규칙 혹은 기준을 일컫는다. 표준을 설정하는 것은 단순히 중립적인 기능적 역할에서 그치는 것이 아니라 권력현상을 수반하기 마련인데, 이는 곧 표준의 범주를 규정하는 것 자체가 표준에 부합하는 것을 선택하고 부합하지 않는 것을 배제하는 권력을 행사하는 수단이기 때문이다(김상배, 2012a). 따라서 표준을 설정하고 선점하기 위하여 행위자들이 벌이는 경쟁, 즉 표준경쟁은 해당 시스템 분야의 주도권과 그 주도권의 지속성을 두고 일어나는 경쟁이라고 볼 수 있으며, 경쟁자들은 표준경쟁에서 승리함으로써 얻을 수 있는 일종의 권력적 우위를 취하고자 하는 목적을 갖게 된다.

이러한 표준 체계의 작동과 표준을 설정한 행위자들을 뚜렷하게 구분할 수 있는 분야의 일례로 정보산업 분야를 들 수 있다. 지금까지의 정보산업 분야의 표준경쟁 양상을 살펴보면, 단순 기술이나 제품의 질적인 우수성보단 사실상의 표준을 장악한 행위자가 해당 분야에서 선도적 지위를 차지한 경우를 다수 확인할 수 있다. 즉, 실제로 표준을 성공적으로 장악하여 특정 분야 내 행위자들의 행동 범위와 수단을 결정한 표준경쟁의 승자는 해당 분야에서의 성공뿐만 아니라 획득한 권력을 장기간 독점할 수 있는 폐쇄성 역시 누릴 수 있었다(김상배, 2002). 이렇듯 표준경쟁은 승자에게 시스템을 일정 정도 장악할 수 있는 권력을 부여하는 결과를 낳으며, 따라서 표준을 선점하고자 하는 경쟁 구도 속의 행위자들은 각자의 표준을 여타 행위자들이 따르도록 유인하여 독점력을 높이거나, 또는 여타 행위자들을 배제함으로서 경쟁적 구도를 무력화하는 배타적 특권을 누리고자 한다.

기존의 표준경쟁에 대한 논의는 주로 기술과 산업 분야에서 중점적으로 발전되어 왔으나, 사실상 표준은 사회 전반에 걸쳐 다양한 시스템에서 작동하고 있다. 요컨대 이질적인 성격의 단위들이 모여 하나의 시스템을 구성하여 상호 호환성을 이루며 원활히 기능할 때, 그 기저에는 표준 체계가 작동하고 있는 것이다. 이러한 표준은 군사 분야에서도 마찬가지로 강하게 작동하고 있으며, 특히 군사기술은 그 기술공학적 가치에 더해 정치·안보 및 경제 분야의 이해관계를 아우르는 특성이 있기 때문에 표준을 선점하고 배타성을 보존하고자 하는 요인이 큰 분야라고 볼 수 있다. 선진 군사기술의 경우 기술의 개발을 선도하는 국가가 해당 기술을 독점하면서 동시에 표준화하려는 시도를 하게 되는데, 기술의 독점과 표준화가 그 국가의 군사기술의 절대적 위상을 지속시키는 전략적 수단이기 때문이다. 즉, 기술에 대한 독점적인 위상을 확보함과 동시에 해당 군사기술에 대한 주도적 위치를 선점하고자 하는 지향을 갖는 국가는 도입·독점·경쟁 그리고 보편 시기를 거치면서 자국의 기술을 발전시키고 외부로 이전시키는 정책 변화의 양상을 보인다(이재인 외, 2018).

그러나 드론 부문에서의 표준 혹은 표준에 관한 경쟁은 통상적인 좁은 의미에서의 기술 분야의 표준경쟁만을 의미하지 않는다. 오히려 드론의 표준이 내포하고 있는 것은 단순한 미래전의 신무기 기술의 표준이 아니라 앞으로의 전쟁, 외교, 무역 등 다양한 분야의 표준에 관련된 복합적인 의미의 표준이다. 이는 드론 그 자체가 여러 분야에 걸쳐 개발 및 확산되는 성격이 있기 때문이기도 하다. 먼저 드론의 개발을 살펴보면 대표적인 이중용도 기술의 특성으로 인해 단순히 무기로서 개발되는 군사적 성격의 기술 발전이 아닌, 산업이나 민간 부문 등 다양한 분야의 접점에서 그 발전이 가속화되는 모습을 보인다. 그 반면, 드론의 확산을 살펴보면 해당 기술이 개발된 근원지가 어떤 분야인지의 여부보다는, 발전된 기술이 후천적으로 얻게 되는 군사적 함의가 부각되며 미래전의 핵심 기술로서의 역할이 강조된다. 실제로 드론을 중심으로 미래전의 무기체계와 작전 운용 방식이 변화하고 전쟁을 수행하는 행위자 또한 변하면서 앞으로의 전쟁에 대한 개념이 전환될 가능성이 높다. 이렇듯 드론 기술에서의 표준은 미래전의 담론을 이끌어가는 역할을 수행하게 될 것으로 보인다. 또한, 그 과정 속에서 드론 기술의 표준은 정부와 민간 부문의 역할을 재정립하면서 21세기 신흥권력 체제의 모습을 예측하게 하는 척도의 역할 또한 수행할 수 있다.

이러한 표준경쟁의 시각에서 볼 때, 드론 부문에서 미중 간의 경쟁 구도가 앞으로의 국제정치와 전장에 미칠 영향은 세 가지 맥락으로 나누어 살펴볼 수 있다. 첫째는 드론의 하드웨어와 소프트웨어를 아우르는 기술의 표준을 포함하여 군사적 힘과 역량을 제고하는 군사기술로서의 드론 표준을 장악하기 위한 '기술표준경쟁'의 맥락이다. 둘째는 드론을 활용한 미래의 전쟁 수행 방식을 정의할 수 있는 일종의 담론 설정의 권위를 획득하고자 하는 미래전에 대한 '담론표준경쟁'의 맥락이다. 셋째는 미중이 자국의 이해와 제도적 조건을 바탕으로 추진하고 있는 민용 및 군용 드론 산업 발전모델을 드론 기술의 미래에 투영하여 지속시키기 위한 '제도표준경쟁'의 맥락이다. 요컨대, 미국과 중국 간의 표준경쟁을 기술, 미래전 담론 및 제도의 3가지 차원에서 분석하는 것이 이 글의 목적이다.

이 글은 다음과 같이 네 부분으로 구성했다. 2절은 자원권력 경쟁의 시각을 통해 미중 간 드론 개발경쟁의 현황을 간략히 짚어보고, 전쟁 수행 패러다임의 변혁기 과정 속에서 군사와 민간 부문에 걸쳐 이루어지는 드론 기술의 개발과 보편화가 갖는 의미를 분석하는 시각으로 자원권력 경쟁의 유용성 및 한계점에 대해 설명했다. 3절은 미중 드론경쟁에서 드론 기술 그 자체가 갖는 중요성에 대해 살펴보면서, 혁신을 통한 드론 기술 수준의 향상과 그로 인해 야기되는 국가 간 상대적 힘과 역량의 변화가 드론의 자원권력적 함의에 미치는 영향에 대해 기술표준의 측면에서 분석했다. 4절은 드론 기술이 전장에 투입되면서 초래될 미래전의 수행 방식과 행위자의 변화를 반영하는 담론의 구성을 주도하기 위해 미국과 중국이 벌이는 경쟁을 담론표준의 측면에서 살펴보았다. 5절은 민군겸용의 특성을 갖는 드론 기술이 그 개발의 주체가 민간 기업과 군사 부문으로 나뉘어져 있음으로 인해 국내적 제도와 정부와 산업 간 관계로부터 영향을 받으며, 미국과 중국이 벌이는 자국의 기술혁신체제를 영속하기 위한 경쟁을 제도표준의 측면에서 설명하고자 한다. 끝으로 이 글의 논의를 종합 및 요약하고, 향후 미래의 전쟁 기술 분야에서 미중 드론 경쟁이 지니는 복합적인 함의에 대해서 간략히 정리했다.

2. 드론과 자원권력경쟁: 미중 간 민용 및 군용 드론 경쟁의 현황

글로벌 드론 시장은 용도를 기준으로 군용, 상업용, 그리고 소비자용의 세 가지로 구분할 수 있으며, 초기에는 군용 시장을 중심으로 성장해 왔으나 상업용 및 일반 소비자용 드론 시장의 성장이 가파른 최근의 추세에 따라 2025년에는 최고 239억 달러 규모까지 증가할 것으로 예측된다. 주목할 점은 향후 상업용 및 소비자용 드론을 포함하는 민간 드론 시장이 군수용 드론 시장보다 더 빠른 추세로 성장할 것으로 예상된다는 것인데, 농업, 건축업, 부동산업, 미디어 등 다양한 업계에서 드론을 활용한 상(산)업 수요가 급속히 확대되면서 2025년까지 연평균 18% 이상의 성장세를 보일 것으로 추정된다(Teal Group, 2016). 즉, 민수용 드론 시장의 예상 성장세 및 규모로 미루어 볼 때, 미국, 유럽, 이스라엘 등의 항공 부문 선진국을 중심으로 발전해 온 글로벌 항공시장 구조의 변화 가능성 역시 높게 점쳐지고 있다.

과학기술일자리진흥원(2019)의 분석에 따르면 전체적으로 글로벌 드론 시장은 2025년까지 지속적으로 높은 성장세를 보일 것으로 예측된다. 전체 시장을 군사 및 정부용 드론 시장과 산업 및 취미용 민간 드론 시장으로 이분해 보면 각각의 성장률이 상당한 격차를 드러내고 있음을 확인할 수 있다. 먼저, 군사 및 정부용 드론 시장은 2016년부터 2022년까지 약 6년의 기간 동안 연간 20%를 상회하는 성장률을 보일 것으로 전망되었으나, 그 이후부터 2025년에 이르

그림 7-1 글로벌 드론 시장별 성장률 추이(2016~2025)

(단위: %)

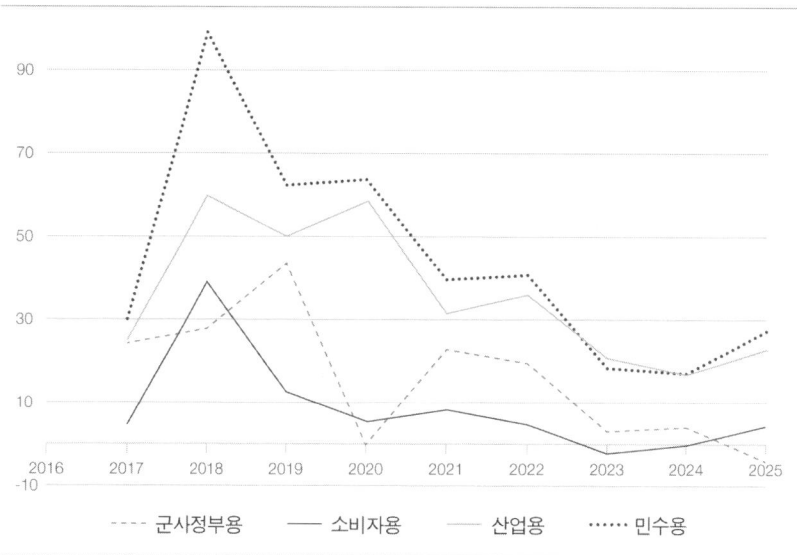

자료: 과학기술일자리진흥원(2019)의 자료를 바탕으로 저자가 작성.

기까지는 그 성장세가 둔화될 것으로 예측되었다. 이는 곧 세계적으로 군사 및 정부용 드론 시장이 점차 포화상태에 이를 것임을 나타낸다. 그 반면, 산업 및 취미용 드론 시장은 2025년까지 지속적으로 20%를 넘나드는 상승세를 이어 갈 것으로 보인다. 실제로 각각의 드론 시장 성장률을 비교하는 **그림 7-1**을 살펴보면, 산업 및 소비자용 드론을 합친 민수용 드론 시장의 성장률이 군사 및 정부용 드론 시장의 성장률을 2025년까지 꾸준히 상회할 것으로 보인다. 특히, 민수용 드론 시장의 성장률이 산업용 드론 시장의 성장률을 밀접히 따르는 경향을 나타내는 것으로 볼 때, 산업용 드론 시장의 발전이 앞으로의 민수용 드론 시장의 성장을 견인할 것으로 예상된다.

전체 글로벌 드론 시장의 규모와 성장률 측면에서 민간 부문의 비중이 높아지는 반면 군사 부문의 확장세가 상대적으로 둔화함에 따라 향후 민간 드론 시장의 규모 및 발전 양상과 그 주축이 될 행위자의 역할이 더욱 중요해질 것으로 보인다. 특히, 산업 및 소비자용 드론의 생산과 공급을 주도하고 있는 행위자를 국가별로 구분하여 살펴보는 것은 상업 부문에서 드론의 수요가 급격히 증가하며 시장이 확장하는 가운데 그 발전 궤도를 이끌면서 시장의 규칙을 정의하는 주체가 될 가능성이 높은 국가를 추려낼 수 있다는 함의를 갖는다. 그리고 주체가 될 가능성이 높은 국가들을 파악하는 것은 향후 부문별 시장을 초월하여 전체 글로벌 드론 시장의 모습이 어떠한 형태로 구성될 것인지 예상하는 데 도움이 된다.

먼저 글로벌 상업용 드론 시장의 규모를 간략히 살펴보면, 2016년 기준으로는 13억 달러의 규모이며, 2022년까지 약 150억 달러의 규모까지 성장할 가능성이 있는 것으로 예측된다(강채린, 2018). 특히 상업용 드론의 경우, 전체 민수용 드론 시장 판매량의 94%를 차지하는 소비자용 드론에 비해 판매량이 약 6%에 불과하지만 높은 가격대의 제품이 대다수이기 때문에 시장 전체 매출액의 약 60%를 차지한다. 또한, 상업적 드론의 활용 범위가 확대됨에 따라 앞으로 민수용 드론 시장은 여타 분야보다 더욱 빠르게 성장할 것으로 보이는데, 2022년에 이르러서는 상업용 드론 매출의 절반 이상이 미국과 중국 시장에서 발생할 것으로 예측되고 있다(Castellano, 2017).

민수용 드론의 생산과 공급은 민간 부문 기업들이 주도하고 있는데, 그중에서도 중국의 DJI가 전체 민수용 드론 시장의 74%를 차지하는 압도적인 점유율을 보이며 시장을 이끌고 있다. 2013년 처음 제작된 소비자용 드론 팬텀 Phantom 1을 시작으로 드론 산업의 선두주자로 부상한 DJI는 효율적이고 적절한 파트너십 구축, 중국 선전(深圳)에 위치한 본부와 생산시설의 지리적 장점 및 가격경쟁력을 무기로 일명 'DJI 효과'를 보이며 독주 태세를 이어가고 있다. DJI의 폭발적인 성장세로 인해 경쟁기업들은 차례로 하드웨어 드론 생산을 중단하거나 규모를 축소하게 되었다. 더욱 고무적인 점은 2017년 DJI의 매출액이 약 180억 위안(약 3조 원)에 달하며 글로벌 민수용 드론 시장에서 발생한 전체 이익의 80%를 차지했다는 것인데, 이 매출액의 80% 이상이 중국 역외에서

그림 7-2 민수용 드론 업체별 시장 점유율(2018)

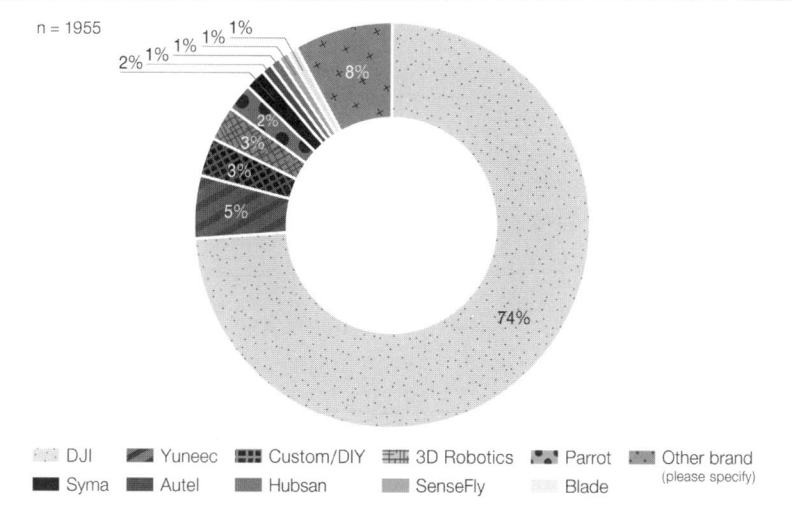

n = 1955

자료: French(2018).

발생했다는 점은 DJI가 이미 세계 민수용 드론 시장을 실질적으로 장악하고 있음을 드러낸다. 또한 **그림 7-2**에서 나타나듯이, 중국 기반의 DJI와 함께 업계 2위인 유닉Yuneec이 전체 시장의 약 80%를 차지한다는 사실은 중국이 민수용 드론 시장에서 사실상의 독점 체계를 이루었으며 민수용 드론 기술 개발과 보편화에 있어서 압도적인 지위에 들어섰음을 단적으로 보여준다.

민수용 드론 시장을 중국 기업이 장악하고 있다는 사실이 갖는 또 다른 함의는 미국 기업의 상대적 지위 약화에 있다. 2022년에는 중국과 함께 세계 상업용 드론 매출의 절반을 양분할 것으로 예상되는 미국이 자국 기업의 드론이 아닌 경쟁국 중국의 드론을 수입하여 이미 다양한 상업 분야에 활용하고 있다는 점은 미국이 중국이 설정한 상업용 드론 하드웨어 관련 표준을 사실상 체득했다는 것을 나타낸다. 또한, 2016년 민수용 드론 업계 2위였던 미국의 3D 로보틱스3D Robotics가 'DJI 효과'에 밀려 드론 하드웨어 개발 및 생산을 중단하고 소프트웨어 개발에 집중하기로 결정하면서 미국산 기업의 상업용 드론 시장

점유율이 1%대로 떨어졌으며, 2017년에는 DJI와 파트너십을 체결하여 상생의 길을 택했다는 점 또한 상업용 드론 하드웨어 부문에서는 더 이상 미국산 기업이 중국 DJI의 경쟁 상대가 될 수 없음을 보여준다. 그러나 이러한 미국의 상대적 지위 약화가 향후 전체 드론 시장에서의 미국의 지위 약화로까지 이어질 것이라고 예단하기는 성급해 보인다. 앞으로 글로벌 드론 시장에서 민수용 드론 시장의 규모가 가장 빠른 속도로 확장하는 가운데 하드웨어 그 자체보다는 하드웨어를 통해 어떠한 서비스를 제공하는지, 즉 드론을 운영 및 관리하는 소프트웨어가 가장 큰 가치를 만들어내며 시장 발전을 도모할 것이라는 예측(Amoukteh·Janda·Vincent, 2017)으로 미루어보아, 미래에는 상업용 드론 소프트웨어 부문에서 양국 기업들의 개발경쟁이 더욱 치열해질 것으로 예상할 수 있다.

이렇듯 중국이 민수용 드론 시장에서 높은 점유율을 확보하는 데 성공하며 업계의 선두로 자리 잡은 반면, 미국은 군용 드론 개발에 집중하는 모습을 보여왔다. 먼저 **그림 7-3**의 상단 그래프에서 나타나듯이, 전 세계 군용 드론 예산 규모는 향후 10년에 걸쳐 약 3% 정도의 지속적인 연간 성장률을 보일 것으로 예상되는 가운데, 미국은 전체 예산의 약 40%를 차지하고 있다. 하지만 비교적 개방적인 민수용 시장과는 달리 군수용 시장은 기술의 개발 정도 및 규모에 대한 모든 정보가 공개적으로 드러나지 않기 때문에 겉으로 알려지는 예산의 규모 외에 알려지지 않은 기밀 예산이 추가적으로 존재할 수 있다는 사실을 고려할 필요가 있다. 예를 들면, 전자광학 및 적외선 시스템EO/IR과 C4I 시스템 등 군수용 드론의 여러 탑재체payloads 기술은 국가 기밀 프로그램으로 구분되어 정확한 규모와 수치가 공개되지 않은 반면, 향후 10년 동안 무인기 센서 시장에 약 300억 달러의 가치를 추가할 것으로 예측되고 있다(Eshel, 2017). 이러한 이해를 바탕으로 미국의 군수용 드론 관련 기밀 예산을 추정한 데이터를 함께 분석한 그래프가 **그림 7-3**의 하단 그래프이다. 예산의 규모만 비교해 보면 미국이 드론 R&D에 책정한 공개 예산 자체만으로도 나머지 국가들의 R&D 예산의 전체 규모를 초월할 뿐만 아니라, 미국의 기밀 예산 추정치를 모두 합산

그림 7-3 세계 군용 드론 예산 비교(2018~2027)

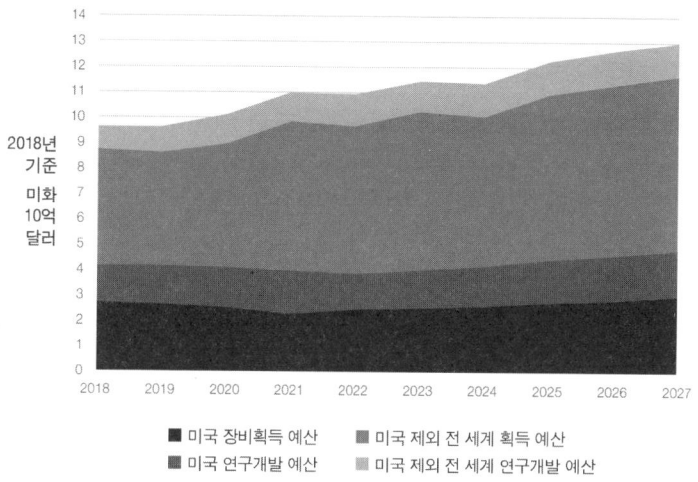

군 무인비행체계 관련 예산 전망(비밀예산 제외)

■ 미국 장비획득 예산   ■ 미국 제외 전 세계 획득 예산
■ 미국 연구개발 예산   ■ 미국 제외 전 세계 연구개발 예산

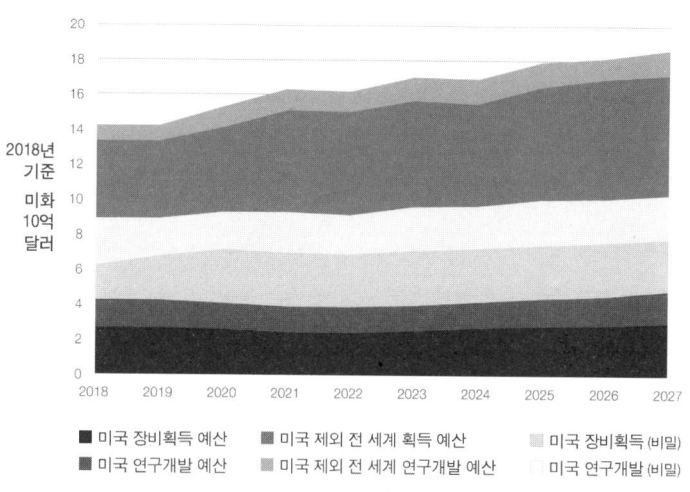

군 무인비행체계 관련 예산 전망(미국 내 비밀예산 추정치 포함)

■ 미국 장비획득 예산   ■ 미국 제외 전 세계 획득 예산   ■ 미국 장비획득 (비밀)
■ 미국 연구개발 예산   ■ 미국 제외 전 세계 연구개발 예산   □ 미국 연구개발 (비밀)

자료: Teal Group(2018).

할 경우 전 세계 군용 드론 관련 예산의 절반 이상을 미국이 차지할 것으로 예측된다. 실제로 틸그룹Teal Group이 추정한 미국의 군용 드론 관련 기밀 예산을 공개된 예산에 합할 경우, 미국의 R&D 예산은 전체의 76%, 조달 규모는 49%로 그 점유율이 증가할 것으로 보인다(Teal Group, 2018).

이렇듯 미국은 미래의 전쟁에서 공군력의 혁명적 변화를 초래할 것으로 일컬어지는 무인기 혹은 선택적 무인기 개발에 드는 예산과 관련 기술 조달을 포함하는 자국 내 드론 시장 생태계를 형성하는 데 주력해 온 것으로 보인다. 하지만 전체 군용 무인기 시장의 향후 발전 방향을 예측해 보면, 군사용 드론 기술에 있어 앞으로 국가들이 주력할 부문은 과거 최첨단 유인 항공기나 스텔스 공격기능을 갖춘 무인기 개발 과정이 그래왔듯이 외부에 공개하지 않은 채 진행되는 기밀 사업일 것이다. 즉, 군사용 드론 시장의 향후 주목할 만한 변화는 단순한 시장의 규모 확장이 아닌 기술의 고도화 및 정밀화와 은밀화가 될 가능성이 높으며, 국가들 간 경쟁 양상 역시 어느 정도로 높은 수준의 드론을 개발해 낼 수 있을 것인지, 그리고 드론 개발국이 자국의 고성능 드론의 수출을 허용할 것인지의 여부가 될 것이다. 이는 곧 군사 기밀로 간주될 첨단 드론 기술의 전파 혹은 표준화 과정에 일정 정도 제한점이 존재할 것이며, 따라서 선진 드론 기술의 확장으로 인한 시장의 성장을 기대하기는 어려울 것임을 나타낸다.

또한, 그림 7-3의 그래프에서 확인할 수 있듯이 미국의 드론 시장이 향후 완만한 성장세를 보일 것으로 예상되는 반면, 나머지 국가들은 미국보다는 상대적으로 가파른 성장곡선을 그리고 있다. 이는 나머지 국가들에 비해 미국의 군용 드론 시장이 먼저 포화상태에 이르렀음을 나타냄과 동시에 앞으로의 시장 규모의 확장은 미국을 제외한 나머지 국가들의 군용 드론 조달 및 기술개발에서 기인할 것임을 의미한다. 실제로 지금의 군용 드론 시장은 드론을 자체적으로 개발 및 생산하는 소수의 국가들로부터 드론을 생산하진 않지만 필요로 하는 다수의 국가들로 수출입되는 구조가 형성되어 있다. 즉, 향후 세계 군용 드론 시장의 확장세는 미국을 제외한 나머지 국가들이 드론을 수입하거나 자체적으로 개발해 내기 시작하는 시점과 정도에 영향을 받을 가능성이 높다. 전체적으로 드론 연구개발에 드는 예산 규모보다 드론 조달에 드는 예산 규모가 절대적으로 크다는 점으로 미루어 보면, 미래 군용 드론 시장의 지속적 확대는 미국을 제외한 국가들의 군용 드론 구매에서 기인할 것으로 예상된다.

정리하자면 드론 기술은 민간과 군사 부문에 걸쳐 개발 및 보편화되고 있지만, 드론 시장을 전체적으로 볼 때 향후의 성장은 민간 부문, 그중에서도 상업용 드론 시장의 확장을 기반으로 이루어질 것으로 보인다. 이는 전쟁 수행 패러다임의 변화를 상징하는 드론 기술의 발전을 이끄는 주체가 군사 부문에 국한되지 않으며, 민간 부문 행위자의 역할이 점차 증대되어 그 영향력 역시 확대될 것임을 의미한다. 전쟁 수행 기술 개발에서 민간 행위자 역할의 확대가 갖는 국제정치적 함의는 전쟁 패러다임 변혁기 과정에서 정부와 독립된 입장 및 지향을 갖는 행위자의 출현이다. 과거 군사 부문이 독점적으로 무기기술의 발전을 이끌던 시기에는 신기술 개발 추진 주체와 그 용도를 결정하는 주체가 동일했고, 이는 곧 개발된 기술이 군수와 민간의 경계를 넘도록 하는 결정권 역시 같은 주체, 즉 정부였다는 것을 뜻한다. 하지만 드론과 같이 기술의 개발 주체 및 용도의 구분이 쉽지 않은 미래전의 무기기술은 그 이중용도성으로 인해 개발을 주도하는 주체의 다변화를 거쳐 보다 다차원적인 함의를 갖게 되었다. 따라서 단순한 전쟁 수행 수단으로서의 군사적 의미를 갖는 무기, 즉 자원 권력의 시각만으로 드론 개발 경쟁을 분석하는 것은 드론 기술의 개발 목적 및 용도, 추진 동력, 주체, 활용법 등을 포함하는 드론 개발 경쟁 구도의 다각화에 대해 충분히 분석할 수 없다는 한계점을 노정한다.

또한, 드론 경쟁에서 특히 주목해야 하는 점은 군사 부문과 민간 부문을 아울러 급속도로 발전하고 있는 첨단 및 선도 부문의 기술이 기존의 무기체계와 결합하면서, 첨단 방위산업 경쟁 구도 속에서는 단순한 군사적 우위만으로 국가의 전체적인 군사기술적 우월성을 보장받을 수 없다는 점이다. 즉, 첨단기술의 발전이 국가 간 군사와 민간의 구분 없는 경쟁을 유발하면서, 국가 간 군사적 우위의 격차가 단편적인 군사기술력의 우월성에 따라 결정되지 않게 되는 것이다. 이렇듯 군사기술의 경쟁이 군사 부문에 국한되어 작동하지 않는 4차 산업혁명 시대 이후의 국제질서에 대한 이해를 위해서는 보다 복합적인 시각에서 미중 간 드론 개발 및 확산 경쟁의 양상과 그 함의를 살펴볼 필요가 있다. 다시 말해, 드론 기술 경쟁은 자원권력과 전쟁수단으로서의 하드웨어적 차원을 넘어서 전쟁 수행 패러다임의 변화와 표준을 선점하고 전파하고자 하는 경쟁을 아우르는 표준경쟁의 시각에서 이해해 볼 수 있을 것이다.

3. 드론의 기술표준경쟁: 소프트웨어와 시스템의 플랫폼 경쟁

신기술의 등장과 발전이 군사 분야에 야기하는 변화는 가히 혁신적이라고 할 수 있다. 특히 드론은 하드웨어 및 소프트웨어 차원 모두에서 무기체계와 군사작전에 영향을 미치는 기술혁신을 바탕으로 새로운 전쟁양식의 출현을 촉진하면서 미래전의 진화 과정에서 주요한 위치와 역할을 차지하고 있다. 특히, 드론이 단순한 전쟁의 수단으로서의 무기라기보다는 전쟁 수행 메커니즘 자체를 변화시키는 첨단 플랫폼 기술이라는 점에서 미래전으로의 진화 과정의 한 축을 대변하며, 더 나아가 국제정치 차원에서도 군사안보 분야의 주체, 구조 및 작동 방식에서의 변환을 보여주는 대표적인 사례로 이해할 수 있다(김상배, 2019). 따라서 드론 기술의 발달과 그 이면에서 벌어지는 미중 간의 경쟁 역시 하드웨어와 소프트웨어 측면으로 구분 지어 살펴볼 필요가 있다.[1] 이 절에서

---

1 드론의 하드웨어는 항공기와 항공기 이륙에 필요한 캐리어를 포함하는 지상통제본부를 가리키며, 소프트웨어는 무인항공기 체계를 포함하여 항공기의 운항에 관여하는 지상통신 또는 위성시스템 및 운영체계를 말한다고 넓게 규정하고 구분 짓는 것은 하드웨어와 소프트웨어 개발에 필요한 기술의 특징들을 파악하고 국제정치적 함의를 도출하는 데 도움이 될 수 있다.

는 드론 소프트웨어 기술의 개발 경쟁을 통해 전쟁 기술의 패러다임이 변화하면서 후발 주자가 선발 주자를 추격할 가능성을 높이는 기술표준경쟁의 양상을 살펴본다. 이러한 논의를 통해 도출해 볼 수 있는 함의는 선도 부문에서의 첨단기술경쟁의 향배가 강대국 간 미래전 수행 수단에 대한 기술표준경쟁을 심화하면서 세계 패권경쟁 양상에 영향을 미치게 되는 모습을 확인해 볼 수 있다는 점이다.

두 차례의 세계대전을 거치며 군사기술 발전을 선도하면서 군사강대국으로서의 위상을 차지한 미국의 국방기술 발전 역사(배영자, 2007)는 미국의 막대한 국방예산에 힘입어 최첨단 무기체계 부문에서의 실질적인 성과로 축적되었다. 세계에서 가장 많은 국방비를 지출하는 미국은 세계 1위의 공군력을 보유하고 있으며, 전투기의 전력과 전술 수행 능력에 있어 타국의 전투기들보다 앞선 최첨단 기술로 무장한 것으로 알려져 있다. 미 공군은 2001년 아프가니스탄에서 처음으로 무장 드론을 작전에 활용하기 시작했다. 그 후, 2012년까지 미국 공군의 드론이 아프가니스탄에서만 총 376,203시간을 비행한 것으로 측정되면서, 미국의 대테러전쟁 전략 수행에서 드론이 주요한 역할을 차지했음을 알 수 있다. 미래의 전장에서도 드론은 미군의 인명 피해를 최소화하면서 최전선에서 군사전략을 수행하는 공군력의 핵심 기술로써 더욱 발전할 것으로 보이며, 미 국방부는 2035년까지 무인 혹은 선택적 무인기가 전체 공군력의 약 70%를 차지할 것으로 내다보고 있다(U.S. Army, 2018).

이렇듯 미국은 드론의 하드웨어적인 기술력에서 현재까지 분명한 선두적 위치를 점하고 있다. 하지만 드론은 하드웨어적인 무기이면서 동시에 인간의 부재를 운영체계가 대신해야 하는 소프트웨어 차원의 무기이기도 하다. 이 점은 미국과 중국 간의 경쟁 측면에서 중요한 함의를 갖는다. 드론 하드웨어 차원에서는 아직까지 중국이 미국의 기술력을 완벽히 따라잡는 것에 성공하지 못한 것으로 생각할 수 있다. 일례로 중국은 미국의 최첨단 유인전투기인 F-22를 모방한 J-20 개발에 약 20년의 시간과 막대한 비용을 투자했음에도 불구하고 핵심 하위체계의 국산화 장벽에 막혀 도전국들이 갖는 '후발 우위advantage of backwardness'를 내재화하지 못하여 미국의 군사기술력을 완벽히 따라잡는 것에 당장은 실패한 모양새다(Gilli and Gilli, 2019). 그러나 국제정치적 맥락에서 미래전 기술이 중요한 함의를 갖는 쟁점은 도전국들이 하드웨어적인 열세를 소프트웨어의 발전으로 상쇄할 수 있는 가능성이 있다는 점이다.

먼저, 소프트웨어 기술력 경쟁의 향배는 세계 패권의 부침과 밀접히 관련되어 있을 가능성이 높다. 특히 첨단기술 분야에서의 국가 간 경쟁은 국제정치 구조의 변동을 반영하는 모습을 보여왔는데(Modelski and Thompson, 1996), 그러한 소프트웨어 기술력이 초국가적 질서에 영향을 미치게 되는 동학은 표준 선점의 게임을 통해서 나타난다(김상배, 2012b). 즉, 단순히 기술적 우위를 바탕으로 우수한 제품을 생산한 국가보다는, 드론 기술의 표준을 선점하고 게임의 규칙을 정하는 국가가 향후 새로운 전쟁 수행 방식의 표준을 설정하는 우위를 선점함과 동시에 세계정치 구조에서 보다 유리한 전략적 위치를 차지할 수 있는 것이다. 게다가 기술표준경쟁에서 소프트웨어의 발전 및 그를 통한 새로운 기술의 표준화는 후발 주자에게 기존의 기술 패러다임 자체를 바꿀 수 있는 길을 열어주게 된다(Blind, 2004). 즉, 기존의 하드웨어 중심으로 구축된 기술 패러다임하에서는 국가 간 그리고 기업 간의 기술력의 격차를 추월하기 힘들지만, 기술 발전이 소프트웨어를 중심으로 진행될 미래의 경쟁에서는 후발 주자가 새로운 소프트웨어 기술을 표준화한 후, 그 패러다임 아래 자국의 우위를 지키는 전략을 추진할 수 있는 것이다. 또한, 하드웨어적인 기계는 그대로이지만 소프트웨어만 업그레이드하면서 보다 높은 성능의 무기체계를 완성하는 것도 가능할 것이다. 즉, 전쟁을 수행하는 데 있어 가장 핵심적인 요소가 하드웨어가 아닌 소프트웨어로 이행되어 무기의 기능성을 정의할 가능성이 있는 미래전의 새로운 패러다임하에서는, 하드웨어가 일정 수준의 기준만 넘어선다면 하드웨어로 나타나는 기술력의 정도와는 무관하게 소프트웨어가 해당 무기의 기술력을 정의하고 규정할 수 있게 될 것이다.

정리하자면, 하드웨어를 기반으로 하는 무기체계라 하더라도 실제 작전에서의 기능과 성능은 소프트웨어를 기준으로 판단되는 새로운 패러다임이 등장하면서 후발 주자가 선발 주자를 추격할 수 있는 가능성이 극대화된다는 점에서 기술 패러다임의 변화는 일종의 기회의 창으로서 역할 하게 된다(이근, 2008). 미중 관계의 구도 속에서 이는 곧 중국이 갖는 하드웨어적인 열세를 소프트웨어 개발을 통해 상쇄할 수 있는 기회의 창이 아직 열려 있다는 것을 의미하며, 미국과 중국 모두 이 점을 인지하고 인공지능AI으로 대변되는 첨단 방위산업에서의 소프트웨어 개발에 매진하고 있다고 볼 수 있다.

미국의 경우, AI를 공군력에 적극 투입하려고 노력하고 있다. 일례로 최근 미 공군은 공군연구소Air Force Research Lab의 지휘하에 조종석의 인간과 AI를 연결하는 스카이보그Skyborg 프로젝트를 진행하고 있다. AI를 탑재한 무인전투기가 고가의 유인전투기를 보조하면서 필요시 스스로 결정을 내리고 적군의 공격에 반응하는, 이른바 호위기의 역할을 수행하도록 한다는 것이다. 예를 들자면, 한 대에 1억 달러에 달하는 막대한 생산비용이 드는 최첨단 전투기 F-35를 호위하며 보조하는 무인전투기XQ-58 Valkyrie를 투입함으로써 국방예산을 절감함과 동시에 첨단 무인기술 활용을 통한 역량 강화 효과를 함께 누리겠다는 것이다(Cohen, 2019). 아직은 무인항공기용 AI 기술을 개발하는 단계에 있지만, 더 나아가서는 유인기에 AI를 탑재하여 조종사가 AI와 함께 전투기를 운영하는 단계까지도 그림을 그리고 있다. 즉, 애플의 AI 기술인 '시리Siri'처럼 전투기 내에서 조종사가 AI에게 언어로 명령어를 내리거나, 위기 상황 발생 시 AI가 인간보다 빠르게 정보를 습득·처리하고 결정을 내리는 일정 수준의 자율성 또한 보유하게 되는 것이다. 추가적으로 미국은 2020년 F-35를 업그레이드하는 계획의 일환으로 AI 체계를 기존 공군력에 통합하는 전략도 함께 추진 중에 있다(Lye, 2019). 이전에도 미 공군이 이와 같은 무인전투기의 개발을 추진한 적은 있었으나(Rogoway, 2016), 스카이보그 프로젝트의 차별성은 '미국 공군 AI 전략U.S. Air Force Artificial Intelligence Strategy'하에서 무인전투기 개발이 AI

부문에서 미국의 리더십을 유지하기 위한 국가안보전략의 일환으로 격상되었다는 점이다.

중국은 4차 산업혁명 시대 기술의 발전과 함께 전반적인 군사체계의 혁신을 추진하면서 군사력의 무인화 및 지능화 과정의 일환으로 드론을 개발하고 있다(Kania, 2018). 중국 국무원이 2017년 7월 발표한 '신세대 AI 개발 플랜New Generation Artificial Intelligence Development Plan: AIDP'은 AI를 미래의 글로벌 군사력 및 경제력 경쟁의 중심이 될 기술로 정의하면서, 중국이 AI 기술의 글로벌 리더십을 추구하고 외부 기술 의존도를 줄여야 한다고 천명하고 있다. 특히 AI 기술이 국방 혁신 부문에 빠르게 접목되는 것을 최우선순위로 삼으며, 미래전에서 AI의 활용이 불가피한 추세가 될 것임으로 미래의 경쟁에서 승리하기 위해서는 보다 적극적으로 AI 군사기술을 개발할 필요가 있다는 점을 강조하고 있다(Webster et al., 2017). 이러한 중국 전략의 기반에는 AI 기술이 중국에게 '립프로그leapfrog 발전' 기회를 제공할 것이라는 기대감이 깔려 있다. 즉, AI 기술의 개발을 통해 중국은 경쟁국 미국이 거쳐온 중간적 군사기술 단계를 뛰어넘고 차세대 기술을 보다 수월히 채택할 수 있을 것이라는 것이다. 반대로 이는 미국이 현재 지니고 있는 군사기술적 우위를 보존하고 향상시키는 데 소요되는 국가적·산업적 이해관계가 향후 미국이 AI를 탑재한 새로운 군사기술 패러다임으로 전환하는 과정에 방해요인으로 작용할 수도 있을 것이라는 예측을 가능하게 한다. 즉, 미국과의 경쟁 구도에서 중국은 AI 군사기술과 연구개발 역량을 발전시키는 데 모든 국가적 자원을 동원함으로써 미국의 군사력을 단숨에 뛰어넘는 것을 목표로 하고 있다.

이 과정에서 중국은 일당체제의 철저한 계획에 따라 군용 기술과 민간 기술을 함께 융합하여 발전시키는 전략을 취하고 있다. 일명 '군민융합military-civil integration: CMI' 전략하에 첨단 드론 기술 개발을 촉진하는 조직적·재정적 역량을 집중시켜 군사 부문과 민간 부문의 경계를 허물면서 드론 소프트웨어 기술력을 개발하는 주체를 일원화한 것이다. 이러한 과정을 통해 중국에서는 AI 기술력 그 자체의 향상에 모든 부문의 역량이 집중될 수 있는 이른바 '기술력 발전 주체의 융합과 단일화'가 가능한 국내적 환경이 조성된 것이다. 특히, AI 기술이 민간 부문에서 보다 뚜렷한 발전 양상을 보인다는 점과 향후 미래전에서 중심적 위치를 차지할 것으로 보인다는 점으로 미루어볼 때, 민간 부문의 기술 역량 증대가 국가전략 차원에서 국유화되고 군사적 목적으로 활용되는 과정이 탑-다운top-down 형태로 조직화되었다는 점은 향후 중국의 AI 군사기술 목표 달성에 상당한 긍정적 영향을 야기할 것으로 짐작된다.

이러한 AI에 대한 국가 차원의 전념은 미국과 중국이 드론을 단순한 개별적 개체로서의 무기로 취급하지 않는다는 것을 상징적으로 드러낸다. 즉, 미래의 공중전에서 작전을 수행하는 주요 개체로 유인항공기가 점차 퇴장하고 AI를 탑재한 무인항공기가 핵심적인 역할을 할 것이라는 판단하에 AI 기술개발에 집중하고 있는 것으로 이해해 볼 수 있다. 사실 드론의 하드웨어 기술은 이미 그 역량과 발전 속도에 있어 궤도에 오른 지 오래되었다. 2000년대 초반부터 미국의 방산기업들은 주어진 임무와 작전 수행 역량에 맞는 다양한 형태와 종류의 무인용 항공기를 생산해 왔고, 심지어 지금의 항공기술에서 조종사 없는 항공기를 생산하는 것은 비교적 기초적인 기술이라고 여겨지기도 한다 (Rogoway, 2016). 반대로 말하자면, 기술의 난이도로만 봤을 때 무인항공기의 하드웨어적인 측면의 개발은 이미 10여 년 전에 완성된 모델을 기반으로 하며, 앞으로 게임을 뒤엎을 만한 혁신이 일어날 것이라고 생각하기는 어려워 보인다. 하지만 소프트웨어적인 기술의 경우에는 정반대의 논리가 성립한다. 즉, 똑같은 무인항공기 하드웨어를 운영하더라도 어느 수준의 소프트웨어를 탑재했는지에 따라 하드웨어적인 성능을 월등히 뛰어넘는 혁신적으로 우월한 새로운 드론으로 작동할 수 있는 것이다. 이는 곧 미중 간 AI 소프트웨어 기술력 개발 경쟁이 미래 전장에서의 보다 효과적인 전략 수행과 효율적인 임무 완수를 성취하도록 하는 중요한 결정 요인이 될 것임을 나타낸다.

그렇기 때문에 앞으로의 드론 기술 개발 경쟁은 AI를 필두로 하는 소프트웨어 경쟁에서 더욱 치열한 양상을 보일 것으로 예상한다. 실제로 미국의 스카이보그 프로그램이 운영되기 위해서는 지금의 AI 체계보다 훨씬 고성능의 기술이 필요하다. 또한, 군사작전에 투입될 드론 기술에서 AI가 자율성을 부여받은 역할을 수행하게 될 경우, 그 소프트웨어의 성능은 절대적으로 높은 수준의 기술이어야 할 뿐만 아니라 동시에 적군의 기술에 비해 상대적으로도 높아야 한다. 아군의 AI가 적군에 의해 쉽게 읽힐 수 있는 수준의 기술이라면 실제 전투 상황에서의 전략적 중요성과 군사력은 상당히 저하될 수밖에 없기 때문이다. 따라서 미래전에서 AI의 기술력은 전장에서의 군사력과 직접적으로 연관되는 군사안보적 함의를 갖게 된다.

20세기 말의 정보혁명이 새로운 기술 패러다임을 등장시키고 군사안보 부문에서의 초점을 하드웨어에서 소프트웨어로 이행했던 것과 같이(김상배, 2007a), AI 기술의 발전은 군사기술, 특히 드론 기술표준경쟁에 있어서의 초점을 소프트웨어로 집중시키고 있다. 이러한 새로운 패러다임에서의 소프트웨어는 단순히 하나의 무기체계, 즉 드론에 국한되는 소프트웨어는 아닐 것이다. 드론의 운영체계와 공군의 다른 무기체계, 더 나아가서는 같은 작전을 수행하는 여타 군사체계를 연결하고 하나로 통합하는 플랫폼 소프트웨어가 등장할 것으로 예상할 수 있으며, 이는 국가의 군사체계 전체가 일괄적 및 종합적으로 작전 수행을 가능하게 함과 동시에 작전수행 역량을 일제히 향상시키는 기술표준의 탄생으로 이어질 수도 있다. 이러한 군사 전반을 아우르는 기술표준의 출현은 첨단 방위산업 경쟁 구도에서 더욱 현저한 함의를 갖는다. 첨단 방위산업 경쟁이 단순히 무기를 수출하거나 기술을 이전하는 문제를 초월하여 국가 간 무기체계 전체를 아우르는 플랫폼 경쟁의 양상을 취하며 진화하고 있기 때문이다. 최근 더욱 활발히 진행되고 있는 무기체계 내장형 소프트웨어 개발에 대한 논의는 전 세계적, 특히 AI 기술 관련 사실상의 양강 구도를 구축한 미중 간 무기 플랫폼 경쟁의 양상 진화를 보여주는 일례이며, 향후 국방 분야에서 소프트웨어 기술표준이 네트워크 중심전의 양상을 띨 미래의 전장 상황에서 더욱 중요해질 것임을 의미한다(한장근, 2015).

4. 드론과 담론표준경쟁: 드론이 야기하는 전쟁 담론의 진화

드론의 출현은 국가 간 전쟁을 수행하는 방식은 물론 전쟁에 참여하는 행위자와 그 행위자들 간의 관계성 역시 변화시키는 다차원적인 효과를 야기할 것으로 기대된다. 드론은 새로운 무기체계로서 전장에서의 작전 운용 방식에 혁신을 초래할 뿐만 아니라, 전쟁의 방식 자체를 바꿈으로써 국가들이 구축했던 기존의 전쟁 담론에 필연적인 변화를 예견케 한다. 이러한 드론의 영향력은 드론의 기술적인 특징에서 유래하는 것으로 이해할 수 있다. 먼저 군사작전에 드론을 활용한다는 것은 드론과 지상에 있는 통제 시스템을 연결하는 소프트웨어 기술적 역량이 확보되었다는 것을 뜻한다. 또한, 드론이 여타 무기체계와 연결성을 갖고 통합적으로 운용될 수 있는 플랫폼 기술이라는 점은 드론을 활용하는 작전 양상에 근본적인 영향을 미치는 요인으로 작용한다. 그리고 드론을 전장에 투입함으로써 작전을 수행하는 행위자 역시 변하게 되는데, 기존의 유인기에서 비행기를 직접 조종하던 공군의 역할을 드론이 자체적으로 대체하거나 드론에 탑재되는 소프트웨어가 대신 수행하게 되는 것이다. 이렇듯 드론이 초래할 미래전의 수행 방식 및 행위자의 변화를 반영하는 담론을 국가들은 자국의 이해관계에 맞게 구성하고자 하는 경쟁을 하게 되는데, 이러한 경쟁 양상은 표준경쟁의 형태로 나타날 수 있다. 즉, 미래전 담론을 설정하는 권위를 획득함과 동시에 자국의 담론을 전파하여 표준화하려는 경쟁이 담론표준경쟁인 것이다. 이 절에서는 드론 기술의 개발과 드론의 전장 투입으로 야기되는 미래의 전쟁 담론의 진화를 담론표준경쟁의 측면에서 살펴본다.

담론표준경쟁은 미중 양국이 각각 기존에 제시해 왔거나 구축해 나가는 담론 구도에서 해당 담론의 성공적인 적용을 위해 드론 기술에 새롭게 부여할 책임이나 역할에 대한 경쟁의 형태로 진행될 것으로 보인다. 드론 기술의 발전이 초래할 미래전 수행 방식의 변화는 국가들이 기존에 구축한 전쟁 담론을 발전시키거나, 새로운 담론의 생성과 정착을 촉진하는 효과를 낳을 수 있다. 즉, 드론은 기존의 전쟁 담론을 기반으로 하는 작전 수행을 보다 용이하고 성공적으로 할 수 있도록 도움으로써 담론의 구체화를 통한 진화를 가능하게 하거나, 군사작전 담론의 실체화를 견인하는 역할을 수행하면서 새로운 전쟁 담론의 소개를 가능하게 할 수 있다.

미국의 경우에는 드론 기술 개발을 통해 미국이 기존에 구축해 왔던 전쟁 담론의 구체화가 가능해진 것으로 볼 수 있다. 이러한 담론 구체화 과정을 통해 미국은 자국의 미래전 담론을 표준으로서 제시할 수 있는 권위를 추구하고자 함을 확인할 수 있다. 20세기 초 군사용 무인기가 처음 개발된 후, 두 차례의 세계전쟁부터 보스니아전쟁에 이르기까지 거의 50년간 미국은 제한적으로 드론을 군사작전에 투입했다. 그러나 베트남전부터는 정찰 혹은 전투 작전 수행을 목적으로 하는 무인기를 전장에 운용하기 시작했고, 걸프전에서는 '사막의 폭풍 작전Operation Desert Storm'에서의 중심적인 무기로 드론을 활용하기도 했다. 미국이 수행하는 전쟁에서 드론이 중심적 위치에 자리 잡게 된 계기는 2000년대에 들어서 미국의 국가안보 담론에 핵심이었던 대테러 전쟁 작전을 수행하는 주역으로 부상한 것이었다. 그 후로는 비대칭전이나 접근이 어려운 위치에 있는 적군을 표적하기 위한 기술로서의 드론 활용이 미국의 전쟁 수행 방식을 정의하는 전쟁 담론 구체화 및 실체화에 일조하면서 미국이 제시하는 미래전 담론의 진화를 이끌고 있다.

보다 자세히 들여다보면, 드론은 기존에 미국이 제시해 왔던 전쟁수행 담론인 네트워크중심전network centric war과 스워밍swarming 작전 담론의 실제 적용과 효과적인 수행 과정에서 핵심적인 역할을 맡음으로써 미국발 전쟁 담론의 진화를 초래할 것으로 판단된다. 먼저, 네트워크중심전이란 미국이 전장의 여러 전투요소들을 효과적으로 연결하는 정보체계를 구축하여 지리적으로 분산되어 있는 전투요소들 간의 정보 교환 및 의사소통을 향상시키면서 보다 통합적이고 효율적인 전투력을 만들어내고자 했던 개념이다(손태종 외, 2009). 네트워크 개념을 활용하여 무기체계의 지리적 구속을 탈피함과 동시에 효과 위주의 신속한 대응 및 집중공격을 가능하게 함으로써, 기존의 특정 단위 무기체계가 수행했던 플랫폼platform 중심전 대비 시너지 효과를 극대화한 것이다. 네트워크중심전 담론의 발전과 실전 적용에 핵심적인 기반으로 작용했던 기술 발전의 사례로는 첨단 정보통신기술의 발전을 들 수 있다(김상배, 2019). 즉, 정보화 시대 초기부터 미국은 정보통신기술의 발전을 통해 감시체계Intelligence, Surveillance and Reconnaissance: ISR와 정밀타격체계Precision Guided Munitions: PGM 그리고 지휘통제·통신체계Command, Control, Communications, Computers and Intelligence: C4I를 상호 연동하는 복합시스템을 구축할 수 있었다.

이런 맥락에서 볼 때, 드론 기술은 네트워크중심전 이론의 중심인 작전 수행 효율화라는 목적을 향상하는 데 도움이 되는 기술이다. 네트워크중심전 담론을 통한 작전 효율성 극대화는 적보다 더 빠르게 전투의사결정을 내림으로써 상대적 우위를 확보하는 것을 기반으로 하는데, 드론은 공군의 전투수행 사이클인 관측observe, 판단orient, 결심decide, 행동action으로 연결된 순환 고리loop를 보다 빠르게 순환시키는 역할을 하기 때문이다. 즉, 드론은 네트워크중심전 이론의 이상적인 구현을 촉진하면서, 구체적으로는 성공적인 작전의 운용을 가능하게 하고, 더 나아가서는 미국이 제시하는 전쟁 담론의 효과적 성취에 중심적 기술로서 미래전 담론의 핵심적 기반이라는 역할을 맡게 되는 것이다.

추가적으로 드론 기술은 네트워크중심전의 개념을 정교하게 발전시킨 또 다른 미국발 현대전 이론인 스워밍 전술의 실체화에 적용 가능한 미래 전쟁의 기술로 주목받고 있다. 육군에서 비선형전의 요체로 주로 설명되었던 스워밍 전술은 드론 기술과 정보통신기술, 그리고 최근에는 AI를 비롯한 4차 산업혁명 기술의 발전으로 말미암아 공군에서도 실전 적용이 가능해진 작전 개념으로 인식되었다(김상배, 2007b; 이종용·이승철, 2017). 즉, 스워밍 작전의 핵심은 전장에서 전력의 분산과 집중을 신속하게 함으로써 소규모의 부대로도 대부대의 전투수행 효과를 획득할 수 있게 한다는 점이다. 미래의 전장에서는 스워밍 전략이 4차 산업혁명 기술이 적용된 무인체계 위주로 운영될 가능성이 높다는 점으로 미루어보아 인명손실 최소화와 실시간 지휘 및 통제를 통한 작전 실패 확률 감소라는 추가적 장점을 지니게 된다.

중국의 경우에도 드론은 전쟁 담론 구성과 적용에 있어 중심적인 역할을 담당하는 것으로 볼 수 있다. 중국은 향후 모든 영역의 전쟁에서 임무를 수행하고 작전을 운용하는 핵심적 기술로 드론을 꼽으며 무인기 개발에 역량을 집중시키고 있는 모양새다(Kania 2017; 2018). 중국의 드론 개발의 기저에는 군사강대국이자 과학기술 강국으로 부상하고자 하는 중국의 국가전략 담론이 흐르고 있다. 즉, 2050년까지 인민해방군을 세계일류군대世界一流军队로 자리매김시키고자 하는 국가전략하에서 단계적으로 군사현대화를 추구하면서, 미래전에 임하는 중국의 군사전략에 대한 담론을 새로이 구축하고자 하는 것이다. 2015년부터 본격적으로 시작된 중국군의 군사혁신은 모든 영역의 전쟁에서 군의 통합된 작전 운용 역량 강화를 목표로 하여 진행되고 있다. 중국의 군사전략은 궁극적으로 미래 전쟁의 형식과 성격의 변화에 대비하기 위해 이루어지는 것으로 판단되는데, 이는 곧 중국 인민군이 오늘날의 '정보화信息化' 전쟁에서 미래의 '지능화智能化' 전쟁으로의 전환을 대비하고 있다는 것을 의미한다. 즉, 과학기술 강국과 강군몽을 통해 이룩하고자 하는 '지능화' 전쟁에서의 승리가 곧 중국이 새롭게 구축하여 발전시키고자 하는 미래의 전쟁 담론화를 대변한다고 할 수 있다.

이렇듯 과학과 기술의 발전을 통해 군사적 부흥을 추구하는 것이 중국 정부의 신시대 목표로 거론되면서 미래의 전쟁에서 승리하기 위한 필수조건으로써 혁신이 대두되고 있다. 특히 지능화 전쟁의 핵심기술로 AI가 강조되는 동시에, AI 기술이 접목되어 활용될 때 그 군사적 역량이 대폭 강화될 것으로 여겨지는 무인체계의 발전도 함께 추진하고 있는 양상을 확인할 수 있다. 중국의 공군

역시 이러한 군사혁신의 기조하에서 드론 개발에 몰두하고 있는데, 그 기술의 종류와 개발의 주체가 최근 들어 다양해지는 추세를 보이고 있다. 일례로 2018년 인민해방공군은 '지능무인기스웜 챌린지智能无人机集群系统挑战赛'를 개최했는데, 스웜의 질주racing, 합동 정찰, 수색 및 공격 임무를 수행하는 기술을 개발하는 이 대회에 총 50개 팀, 448명의 참가자가 협동하여 스웜 기술을 개발하는 경쟁을 벌였다(Kania, 2019). 공군공과대학교Air Force Engineering University와 하얼빈공과대학교Harbin Engineering University 두 팀의 승자를 배출한 이 대회는 중국 공군이 드론 관련 기술을 개발하는 데 있어 개발자들에게 보다 넓은 자율성을 허락한 예시로 평가될 수 있다. 또한, 최근 중국 공군은 기존의 상업 및 민간용 소형 드론 기술을 활용한 군사작전 실험을 보다 적극적으로 수행하고 있는 것으로 알려졌다. 2017년에는 징동Jingdong: JD과 SF익스프레스SF Express와 같은 물류회사와 대규모 파트너십을 체결했고, 2018년 들어서는 전장에 있는 부대에 군수용품을 드론으로 전달하는 기술 실험을 시작한 바 있다(*Xinhua*, 2018.1.27).

이 같은 사례들이 나타내는 것은 중국이 더 이상 군사적 혁신을 국가 조직의 임무로 규정하지 않으며, 범국가적인 체계를 통해 군사기술과 전략의 발전을 추진하는 '협동의 담론'을 구축해 나가고 있다는 점이다. 즉, 중국의 군사혁신에 대한 국가적 전념 아래, 미래의 선도적 기술 발전을 촉진할 목적으로 여러 조직 체계가 구성되었고, 그러한 조직 체계가 다양한 행위자와 개발자 간의 협업을 가능하게 하면서 국가 전체적인 군사혁신 네트워크가 생성된 것이다. 예를 들면, 중국군의 군사과학학원이 설립한 국방과학기술혁신연구원国防科技创新研究院이나 인공지능연구센터 등과 같은 네트워크를 통해 다양한 민간 연구 인력과 군사학자들의 협동 연구를 추진하면서 드론을 비롯한 미래전의 핵심 기술 발전에 매진하고 있다. 이렇듯 중국은 국가 대전략 차원에서는 과학기술 강국과 강군몽을 기반으로 하는 전략적 틀을 구축하여 미래의 '지능화' 전쟁에서의 승리를 도모하면서, 세부적으로는 '지능화' 전쟁에서의 승패를 좌우할 기술

개발을 촉진함에 있어 네트워크의 형태를 띠는 협동의 담론을 구축하는 양상을 보이고 있다. 이 과정에서 중국은 정부 차원에서 미래전의 수행 방식을 직접 제시하는 담론을 구축하고 있다기보다는, 자국이 예상하는 미래의 전쟁 상황에서의 승리에 초점을 맞추어 전장에서 보다 유리한 고지를 점할 수 있게 하는 기술개발에 매진하고 있는 것으로 생각할 수 있다.

담론표준경쟁의 관점으로 돌아와 정리해 보자면, 미래의 전쟁이 어떠한 전략과 형태로 진행될 것이며, 그 전쟁에서 승리하기 위해서 어떠한 기술이 필요할 것인지에 대한 이해는 미국과 중국이 서로 공유하고 있는 것으로 보인다. 하지만 양국이 공유하는 미래전 담론은 드론 기술을 활용한 군사작전을 먼저 시도하고 구체화에 성공한 미국이 제시한 미국발 담론이라고 볼 수 있다. 즉, 미국이 첨단무기 기술 개발의 선두 주자로서 미래전의 구체적인 양상을 그리고 미래전 작전의 실체화를 시도하는 과정에서 제시한 미래전 수행 방식이 실제 표준으로 기능하고 있는 것이다. 이에 후발 주자인 중국은 미래전에서 운용될 군사작전의 양상 및 작전의 효율적 수행을 위해 필요한 기술 요건에 대해 새로운 담론을 제시하는 시도를 하기보다는, 이미 존재하는 미래전 수행 방식에 대한 표준화된 이해를 바탕으로 미래전을 대비하는 모습을 보이고 있다.

하지만 중국이 미국발 담론을 간접적으로 수용하는 것이 미국이 주도하는 군사 네트워크로의 중국의 편입으로 이어지지는 않을 모양새다. 중국은 자발적으로 미국의 표준을 선택한 것이 아니라, 미국의 미래전 수행 표준에 맞대응해야 하는 적국이자 군사기술 개발의 후발 주자로서 표준화된 미래전 담론 속에서 전쟁에 승리하기 위한 방안 모색에 주력하고 있는 모습을 보이기 때문이다. 즉, 이 관점에서 보면 중국에게는 미래전 수행 방식 담론을 제시할 여유 없이, 미국이 선제적으로 제시해서 일정 수준 표준화에 성공한 미래전 담론에 대응할 수밖에 없는 선택지밖에 남아 있지 않았던 것이다. 그리고 중국은 이러한 후발 주자로서의 약점을 최첨단 드론과 AI 등 미래전 수행의 핵심기술 개발에 몰두함으로써 뛰어넘고자 하는 것이다. 이렇듯 미국과 중국 간의 미래전 수행 방식에 대한 공통의 이해가 존재한다고 가정한다면, 결국 양국 간 벌어지는 경쟁은 자국이 개발해 낸 미래전 군사기술 그 자체의 표준을 채택하는 내 편을 모으는 네트워크 간의 집합권력 경쟁의 양상을 띠면서 자국의 드론 기술 표준을 전파하는 경쟁이 될 것으로 예상할 수 있다.

5. 드론과 제도표준경쟁: 보편적이고 호환 가능한 제도의 구축

미중 양국의 드론 경쟁은 각국의 국내 체제와 정부-산업 간 관계의 틀 속에서도 살펴볼 수 있다. 드론은 첨단무기체계 중에서도 민군겸용기술의 대표적 사례이다. 다만 과거의 전장에 혁신적 변화를 가져왔던 비행기나 핵무기와 같은 군수산업 중심의 스핀오프spin-off 모델의 무기체계와는 달리, 드론은 스핀온spin-on 모델의 성격을 보다 강하게 지니고 있으며 군사 부문에서만큼이나 민간 부문에서도 기술개발이 주도적으로 추진되고 있다. 실제로 4차 산업혁명의 기술혁신은 민간 부문과 군사 부문의 경계가 점점 모호해짐과 동시에, 기술혁신의 주체가 뚜렷하게 구분되었던 과거와는 다른 형태로 진행되고 있다. 특히 AI, 빅데이터 등과 같은 민간 부문에 기원을 두는 기술을 개발하는 행위자의 영향력이 증대되는 추세이며, 민간 부문의 기술이 군사 부문으로 도입되어 군사기술 발전에 활용되는 사례도 늘고 있다. 이러한 맥락에서 미국과 중국의 드론 기술 개발 과정에 참여하는 군사 및 민간 부문의 행위자들의 성격과 그들이 활동하는 국내 체제의 환경적 변수가 행위자들의 관계성에 미치는 영향은 미중 드론 경쟁에 중요한 변수가 될 수 있다. 즉, 국가 내부의 드론 개발 네트워크를 관리 및 지원하는 혁신모델의 형태가 군사 및 민간 부문 행위자들 간의 원활한 상호작용을 결정하는 변수로 작용하는 것이다.

미국과 중국은 각기 다른 형태로 군사 부문과 민간 부문에 걸친 국내 드론 개발 네트워크의 빈 공간을 포착하고 메우는 모습을 보이고 있는데, 그 과정에서 생성된 정부-산업 간 관계성이 양국의 국내 기술혁신 체제의 견고함을 대변한다. 이 절에서는 미국과 중국이 드론을 개발하는 과정에서 군사 및 민간 부문 간의 중개자 역할을 어떠한 형태의 체제로 설정했는지 분석해 보고자 한다. 또한, 양국이 자국의 드론 기술 발전모델을 향후 전반적인 드론 기술 발전 과정의 정부-민간 간 제도적 관계의 표준으로 설정하고자 하는 제도표준경쟁의 양상이 발현하고 있음을 설명해 보고자 한다.

먼저 미국에서는 군사 및 민간 부문의 기술 발전사에 있어 국가의 역할이 핵심적이었다고 볼 수 있다. 특히, 국방 분야 기술 발전의 중점적 역할을 국가가 주도하면서, 국방성 산하의 방위고등연구계획국Defense Advanced Research Projects Agency: DARPA을 중심으로 혁신적 연구와 산업 기술 개발의 역량 극대화를 추진하여 세계 최고의 군사력과 방위산업을 보유한 국가로 발돋움했다. 미국은 드론 부문에 있어서도 전 세계에서 가장 많은 국방예산을 투입해 왔으며, 드론 기술 개발에 활용된 산업 및 학문 분야 역량의 규모와 범위에 있어서도 세계 최강의 경쟁력을 갖추고 있다고 볼 수 있다. 사실상 국방 전략에 활용되는 드론 기술에 대한 표준의 역사가 미국의 드론 개발 역사라고 해도 과언이 아닐 만큼, 미국의 드론 기술은 군용 목적을 중심으로 발전해 왔다. 즉, 미국의 드론 기술 개발 과정에는 자국의 안보를 수호하고자 하는 의지가 가장 강력히 작동한 것으로 생각해 볼 수 있다. 실제로 미국의 드론 기술은 테러와의 전쟁을 거치면서 이전의 냉전 시기와 다른 의미를 갖는 군사안보기술로 부상함과 동시에 혁신을 거듭하며 급격히 발전해 왔다. 국가 안전과 국민 생명에 심각한 위협을 가하는 테러 집단이라는 특정한 그룹을 대상으로 하는 기술이라는 점에서 긴급성과 특별성을 부여받고 안보화되면서 드론의 무장화 및 첨단화가 동시에 일어난 것이다. 2001년부터 2008년까지 총 50회에 걸친 미국의 대테러 드론 공격은 2009년부터 2014년까지는 총 450회로 그 횟수가 크게 늘었으며, 당시 버락 오바마 대통령은 드론 공격이 병력을 배치함으로써 발생하는 위협을 완화해 준다는 점에서 "테러리즘의 만병통치약"이라고 평가하기도 했다

(Obama, 2013).

그러나 드론이 민간 부문에서 더 빠른 발전 양상을 보이는 4차 산업혁명 기술을 활용하는 무기체계이기 때문에, 미국은 기존의 방식대로 국가 중심의 기술 발전모델을 지속하는 것보다는 민간 부문의 기술력을 군사 부문으로 이전하여 활용할 인센티브를 새롭게 갖추게 되었다. 하지만 미국은 민주주의 체제의 특수성으로 정부 주도 프로젝트에 민간 기업이 참여하도록 독려하는 데 제한이 있다. 이는 미국이 과거의 정보화혁명이나 인터넷혁명 시대의 기술 발전을 국가가 주도하여 이끌며 시장을 창조하고, 그러한 국가의 전략에 민간 기업이 적극적으로 동조하면서 군용 기술의 발전을 통해 산업의 발전을 도모했던, 이른바 스핀오프 모델의 양상과 극명한 대조를 이룬다. 이런 차이점이 발생한 원인은 결국 기술 그 자체의 성격이 변화했기 때문이다. 과거 전쟁의 기술이 민간 부문과 국방 부문이 명확히 구분된 가운데 한쪽에서 개발되어 다른 한쪽으로 경계선을 넘기거나 넘어오는 스핀오프 혹은 스핀온 형태를 띠었다면, 드론이나 AI, 빅데이터 등 미래전의 기술은 그 기술의 특징만 고려해 보면 더 이상 민간과 국방의 경계선을 구분하는 것조차 무의미할 정도로 기술의 발전과 활용에 있어 그 주체가 모호해지고 있다. 이러한 기술적 특성의 변화를 국가 경쟁력 제고에 십분 활용하기 위해서는 국가체제와 국내적 환경에서도 민간과 군사 간의 경계가 낮을수록 그리고 관계성이 모호할수록 그 적용 가능성과 효과가 배가될 수 있을 것이다.

그러나 미국의 국내 제도적 환경에서는 민간과 군사 부문의 경계선이 모호해지기 어려울 뿐만 아니라, 민군겸용기술의 특성을 지니는 미래 전쟁의 기술에 있어서는 오히려 그 경계선이 더 두드러질 수 있다. 미 국방부와 구글이 함께 진행한 인공지능 드론 개발 사업인 '프로젝트 메이븐Project Maven'이 구글 내부 직원들의 반대로 인해 중단되었던 사례와 같이, 미국에서는 4차 산업혁명 시대의 첨단기술 발전이 민간 부문에서 훨씬 빠르게 진행되고 있음에도 불구하고 해당 기술을 국방 부문에 접목시키는 것에 국가체제적 한계가 발생하는 것이다. 즉, 미국은 드론 기술을 포함하여 미래의 전쟁 기술력을 향상시키는 주체가 군사와 민간으로 뚜렷하게 양분화되어 있으며, 그 사이의 경계선을 넘기 위해서는 정치적인 요소들을 고려해야만 하는 국내적 환경을 마주하고 있다. 이러한 국내 체제의 제한점으로 인해 미국의 드론 개발 및 혁신 모델은 정부와 산업 간 수평적으로 구성된 네트워크상의 빈 공간을 효과적으로 메울 수 있는 제도적 자유를 누리기 어렵다.

게다가 중국이 미국에게 국가안보적 위협을 가하는 존재로 부상하면서, 드론과 관련한 미중 간 국가 차원의 경쟁이 심화된 것으로 볼 수 있다. 중국은 군용 및 민용 드론 개발에 박차를 가하며 미국의 기술적 우위를 추격해 오는 모습을 보이고 있다. 단적으로 말하자면 미국에게 안보위협을 가하는 대상자가 기존의 테러 집단에서 중국으로 변경되었다고 해도 과언이 아닐 정도로 중국의 드론 개발은 최근 미국의 첨단 드론 기술 안보화 담론에서 큰 비중을 차지하고 있는 것으로 보인다. 최근 미국 의회는 연방 정부기관이 중국과 여타 미국의 안보에 위협을 가하는 국가로부터 드론 구매를 금지하도록 하는 '미국 안보 드론 법안 2019American Security Drone Act of 2019'을 도입하기도 했다. 특히, 미국은 중국이 첨단 드론 기술 개발 과정에 있어 '정부 전체적인whole-of-government' 접근이 가능한 국가체제적 특성을 활용했다고 생각하고 있다. 그리고 미국의 MQ-9 리퍼를 모방한 중국의 차이홍-4CH-4의 사례처럼 중국산 무장 드론을 개발하는 과정에서 미국의 지적재산권을 탈취하고 산업스파이 행위 등 불법적인 전략을 사용했다는 인식하에 중국에 대한 불신을 표출하고 있다. 또한, 시진핑 시대의 중국은 현상유지를 추구한다기보다는 군사 및 경제적으로 강대국의 반열에 올랐다고 인정받기를 원하는 수정주의적 동기를 갖는 국가로 변모했다는 점 역시 미국의 안보화 담론에 포함되어 있다.

게다가 미국은 중국 민간 드론 부문의 비약적 성공 역시 미국에 대한 위협으로 간주하고 있다. 중국 민간 드론 기업 DJI가 세계 민간 드론의 하드웨어 시장을 점령하고 있는 상황은 중국 기업으로 하여금 드론 관련 표준을 세팅할 수 있는 기회를 마련해 주는 것과 마찬가지이기 때문이다. 실제로 2017년까지 미군이 가장 많이 보유하고 있던 민간 드론 역시 DJI 제품이었으나, 국가안보의 이유로 2017년 8월부로 사용을 중단한 바 있다. 게다가 현재 중국은 드론 기술 개발을 이끌어가는 주체는 민간 기업이지만, 기업의 기술을 언제든지 정부가 군사용으로 활용할 수 있는 '군민융합' 정책을 추진하고 있기 때문에 앞서 살펴본 바와 같이 드론 기술 개발의 주체가 사실상 단일화된 국내 기술혁신체계를 갖추었다고 할 수 있다. 즉, 이미 초기 발전 단계를 지나 산업 및 시장 형성이 완성되어 세계적 경쟁력을 갖춘 중국의 민간 드론 부문에서 빠르게 진행되고 있는 기술 발전이 언제든지 군사용으로 탈바꿈할 수 있는 문이 열려 있는 것이다. 결국 중국은 사회주의 국가체제를 활용하여 민간 드론 기술을 '자동적으로 스핀온' 하거나, 군용과 민용의 구분 없이 국가 주도하에 드론 기술을 개발하는 '자율적인 스핀업' 형태를 띠는 드론 기술 개발 생태계를 구축했다. 추가적으로 2013년 중국 정부는 민간 기업이 군용 드론을 개발할 수 있도록 하는 개혁을 도입하여 국영기업과 직접적으로 경쟁할 수 있는 국내 제도적 환경의 변화를 만들었다. 이러한 국내 시장의 긍정적인 경쟁 구도 구축은 이미 세계 민간 드론 시장을 독점하다시피 하고 있는 중국의 민간 드론 기술이 군용 드론 기술에 발전적 영향을 끼치도록 독려하는 정부의 개입 정책으로도 볼 수 있다.

즉, 중국 정부는 다양한 국가 주도 지원하에 드론 산업을 성장시키고 있으며, 국가의 정의에 따라 민간과 군사 부문 간의 관계를 재정립하는 사회주의 체제의 특권도 누리고 있다. 중국은 우주 및 항공 관련 산업을 미래 경쟁력의 핵심으로 간주하여 전략적인 육성 계획에 따라 발전시키고 있으며, 이러한 체계적 발전 계획 또한 '중국제조 2025' 등의 범국가적 발전 전략의 일환으로 추진되고 있다. 게다가 중국은 드론 산업을 국가 대전략 추진과 목표 달성의 수단으로 활용하면서 정부가 직접 정부-산업 간 관계를 설정하고 작동시키는 국내 정치적 자율성을 갖는다. 드론 기술이 국가 전략에 필수 요소로서 우선순위를 부여받은 순간부터 드론 기술과 드론 기술을 개발하는 행위자들이 속한 네트워크 자체가 정부의 주도적 관리하에서 체계적으로 발전과 혁신을 이어나가게 되는 것이다. 실제로 드론 기술의 발전이 민간 부문에서 진행되더라도 결국에는 정부의 국가 전략 달성을 위한 사업으로 일원화되면서, 결과적으로는 중국의 드론 기술이 민군겸용기술이 아닌 국제정치적 및 안보적 함의만을 갖는 군사기술로서만 인식되는 양상을 보이게 되는 것도 이러한 맥락에서 이해할 수 있다.

요컨대, 수평적인 미국의 기술혁신 모델과 정반대로 중국의 드론 개발 모델은 결국 국가 대전략에서 수직적으로 내려오는 개념에서 비롯된 것이다. 여기에 군민융합 정책, 민간 드론 기업과 국영기업의 경쟁 등 드론 기술 발전에 직접적으로 연관된 다양한 연결고리들을 정부 체제하에서 효율적으로 단일화하고 통합할 수 있는 국내 정치적 환경이 중국의 드론 부문에서의 정부와 산업 간 관계를 상징적으로 드러낸다. 궁극적으로 중국 정부는 드론 기술이 중국의 군사적 자주권을 유지하고 미래의 지능화 전쟁에서 우위를 점할 수 있도록 하는 4차 산업혁명 시대의 기술이라는 점에서 국가 안전 보장과 드론 기술을 연결한 이른바 국가적 제도표준을 구성했다. 그에 따라 드론 기술은 AI, 빅데이터 등 여타 첨단기술 분야와의 상호작용을 통해 군 현대화를 촉진하는 핵심 기술로 그 중요성을 인정받으며 날개를 단 듯 발전을 거듭하고 있다.

미국과 중국의 서로 다른 군사 발전 양상 및 혁신모델이 정치적 제도의 차이에서 기인한 것이라면, 각국의 군사기술 발전 정도와 잠재력에 따라 어떠한 발전모델이, 더 나아가서는 어떠한 정치적 제도가 미래의 군사기술 발전에 있어보다 고무적인지 추론해 볼 수 있다. 또한, 양국이 지금과 같은 군사발전 모델을 유지한다고 가정할 때, 미래의 군사기술 경쟁에서 보다 용이하게 혁신을 초래하는 국가의 발전모델이 앞으로 군사기술 발전을 추구하는 국가들이 채택할 제도의 표준으로 작동할 가능성도 없지는 않다. 즉, 성공적으로 미래의 군사기술 발전을 주도하는 정부와 산업 간의 관계 설정 방식이 일종의 제도표준화되는 것이다. 이 경우, 미국과 중국이 자국의 국내 모델을 여타 국가들로 하여금 미래 첨단 군사기술 발전을 위해 수용할 제도표준으로 제시하는 경쟁을 벌일 수 있을 것이다.

그러나 현실 세계에서는 위와 같은 군사기술 발전모델의 표준이 실체화되기 어려울 것으로 전망해 볼 수 있다. 설령 제도표준이 구축된다 하더라도 기존 국내 체계에 일관적으로 적용하기 쉽지 않을뿐더러, 국내 정치적 제도를 초월하여 군사 발전모델의 표준을 채택하는 것은 거의 불가능에 가까울 것으로 짐작해 볼 수 있기 때문이다. 또한, 정치적 제도가 일치하는 국가가 제시한 모델의 표준을 채택하기로 결정한다 하더라도 국내외적 상황의 변수와 기존에 존재하던 무기체계와의 호환성 문제 등으로 인해 군사 혁신모델 제도표준화의 성공을 점치기는 쉽지 않다. 달리 말하자면, 국가마다 국내적 무기 개발 및 혁신에 관련된 네트워크의 빈 공간의 형태가 모두 상이하기 때문에 표준화된 군사기술 모델이 정확히 들어맞아 군사기술 혁신을 원활화하기는 어려울 것으로 보인다. 이는 곧 제도표준경쟁에서의 승패는 단순히 자국에게 완벽히 들어맞는 제도를 표준화하려는 측이 아니라, 일정 수준의 보편성과 호환성을 지닌 제도를 만들어내어 결과적으로 자국의 제도를 실제로 적용 가능한 표준으로서 제시할 수 있는 측에게 돌아갈 것임을 의미한다.

그렇다면 앞으로의 세계정치 환경에서 미래의 군사기술의 제도적 표준으로 정립될 표준은 어떤 모습일 것이며, 그러한 표준을 제시하여 국제정치적 지위와 권력을 유지할 수 있는 국가는 어떤 국가일 것인가? 제도적 표준은 궁극적으로 미래의 드론 기술을 주도하는 정부와 산업 관계, 더 나아가서는 정부 간 관계를 조율할 수 있는 체제적 구도를 구성하는 표준이 될 것이다. 즉, 다양한 행위자들로 구성되는 미래 기술혁신의 다차원적 네트워크 모델의 빈 공간을 가능한 많이 메우고 군사기술 혁신 및 발전을 촉진할 수 있는 중개자로서의 역할을 수행하는 제도가 표준화되어 유지될 가능성이 높다. 더불어 그러한 제도의 표준을 구축하거나 설계하는 과정에 적극적으로 참여하여 자국의 이해관계를 반영시키고 국내의 혁신모델 및 정부-산업 관계 모델과의 접점을 가능한 많이 만들어내는 국가가 국제체제로부터 더 많은 혜택을 받을 수 있는 것은 물론, 제도의 유지를 통해 국제 네트워크상에서의 위치권력 또한 누리게 될 것이다.

미국과 중국의 경쟁 구도 측면에서 정리해 보면, 미국과 중국 모두 미래 군사기술의 국제적 제도 및 규범을 설정하는 논의를 적극적으로 주도하고 참여할 국제정치적 인센티브를 지니고 있다. 그러나 양국의 입장에서는 각자 국내의 정부-민간 권력체제를 기반으로 하는 제도를 표준화하려는 시도를 하기보다는, 국제적 드론 개발 및 관리 네트워크의 빈 공간을 보다 빠르게 포착하여 선점한 후에 그 공간을 효과적으로 메울 수 있는 국제적 제도표준의 모델을 제시하는 것이 앞으로의 미래 군사기술의 표준을 구성하는 담론에서 자국의 영향력을 높게 유지하면서 동시에 위치권력을 확보할 수 있는 방안이 될 것으로 보인다.

6. 결론

민간 부문과 군사 부문의 경계 부근에서 벌어지고 있는 드론 기술경쟁은 단순히 현실주의적 자원권력 경쟁 구도에서만 벌어지는 것으로 이해해서는 완전하게 그 함의를 파악할 수 없다. 향후 드론 기술의 발전이 전쟁을 수행하는 패러다임 자체를 변화시킬 것이라는 사실을 고려하면, 드론이 갖는 플랫폼으로서의 역할이 미중 간 드론 경쟁을 사실상 표준경쟁의 구도로 진화시킬 것임을 알 수 있다. 이러한 미중 간 표준경쟁은 기술표준, 담론표준, 제도표준의 세 가지 측면에서 구체화하여 살펴볼 수 있으며, 궁극적으로는 첨단 군사기술의 발전이 미래전에 야기할 변화와 그로 인해 도래할 새로운 전쟁 수행 패러다임의 양상을 예측해 볼 수 있게 한다.

먼저, 미래전의 주요 수단으로서의 드론 기술을 개발하는 주체가 기존 전통적인 무기 개발의 주체였던 국가의 범주를 초월하여 민간 부문을 포함하게 되면서 그 역할과 영향력이 증대되었다. 그에 따라 미중 간 드론 개발경쟁 또한 단순히 무기 기술을 개발 및 보편화하는 자원권력 경쟁의 양상이 아닌, 미래의 전쟁 수행 수단 및 패러다임 구축을 겨루는 다각화된 복합적 경쟁 구도를 갖춰가게 되었다. 기술표준의 측면에서는 드론이 하나의 하드웨어로서의 무기라기보다는 군사기술의 운영체계 전반에 걸쳐 작동하는 플랫폼 소프트웨어 기술이라는 점에서, 미래전에서 활용될 다양한 무기체계를 통합하고 작전수행 역량을 향상시키는, 군사기술의 표준을 설정하는 주요한 위치에 자리하게 될 것으로 보인다. 즉, 미중 간 드론 기술경쟁은 곧 양국 간 미래의 전쟁 수행 플랫폼의 표준을 설정하는 경쟁으로 이해할 수 있으며, 실제로 최근 연구개발 역량이 집중되고 있는 AI 기술 역시 미래 무기체계의 소프트웨어 기술표준 선점을 위한 경쟁의 단면을 보여주는 일례로써 이해할 수 있다.

담론표준의 측면에서는 드론이 초래할 미래전의 수행 방식 및 행위자의 변화를 반영하는 담론의 구성을 주도하고 자국의 이해관계에 맞게 새로운 담론을 구성하고자 하는 양상이 미중 간 담론표준경쟁의 형태로 나타나고 있음을 확인할 수 있다. 미래전의 형태와 행위자 및 군사작전 담론을 설정하는 경쟁에서 양국은 드론을 기반으로 한 미래전 담론을 구축하는 경쟁 구도 속에서 전쟁 수행 방식의 표준을 제시하고자 하며, 그러한 과정에서 자국의 드론 기술 표준의 가치를 높이고자 경쟁을 벌이고 있는 것으로 이해할 수 있다.

마지막으로 제도표준경쟁은 미중 양국의 국내 환경적 요인과 정부-산업 간 관계가 드론 개발경쟁에 영향을 미친다는 이해를 바탕으로 한다. 즉, 국내의 드론 개발 네트워크 속 행위자들 간에 존재하는 빈 공간을 메울 수 있는 제도적 장치를 얼마나 효율적으로 구축해 낼 수 있는지에 대한 제도표준을 설정하는 경쟁인 것이다. 지금까지 미국과 중국은 각기 상이한 정부-민간 권력체제를 기반으로 하는 국내적 제도 모델을 구성해 온 것으로 보인다. 반면, 앞으로의 경쟁 양상은 자국의 자체적 모델을 국제적으로 표준화하려는 시도보다는, 국제적 드론 기술 혁신 및 개발 네트워크에 대한 포괄적인 이해를 바탕으로, 네트워크상의 빈 공간을 포착하여 매울 수 있는 모델을 제시하려는 시도를 통해 국가 영향력의 범위를 확대하고자 하는 형태로 진행될 것으로 전망해 볼 수 있다.

드론이 대표하는 미래의 군사기술을 두고 미국과 중국이 벌이는 경쟁의 기저에는 표준에 대한 경쟁구도가 자리하고 있다. 드론 기술 발전을 기반으로 하는 미래전 수행 패러다임 변화에 대응하는 과정에서 양국이 자국의 이해관계를 반영한 표준을 구축하고 확산하고자 하는 표준경쟁은 기술·담론·제도의 세 가지 측면에서 넓게 이해할 필요가 있다. 게다가 앞으로 양국은 드론 기술 경쟁 과정 속에서 미래의 군사기술 표준화를 지속적으로 시도할 것으로 전망해 볼 수 있다. 특히 양국은 경쟁국의 표준 확산을 저지함과 동시에 자국의 표준을 강화하면서 군사기술 표준 선점을 통한 국제정치학적 영향력 증가 및 네트워크상에서의 지위 극대화를 목표로 할 것이다. 그 과정에서 드론 기술의 획기적 개발이 어떤 정치 체제를 갖는 국가의 주도로 일어나는지, 또한 그 국가가 어떠한 모습의 새로운 전쟁 표준을 제시할 것이며, 그 표준을 국제적으로 전파할 국가적 역량과 그에 상응하는 지위를 갖고 있는지에 대한 분석은 향후 첨단기술 발전이 미래전에 야기할 변화를 예측하고 그 함의를 생각해 보는 데 주요한 출발점이 될 수 있을 것이다.

강채린. 2018. 「미국 상업용 드론(UAV)시장 전망」. KOTRA 트렌드.
과학기술일자리진흥원. 2019. 「드론 기술 및 시장동향 보고서」. ≪S&T Market Report≫, 제67호.
김상배. 2002. 「세계표준의 정치경제: 미·일 컴퓨터 산업경쟁의 이론적 이해」. ≪국가전략≫, 제8권 2호, 113~135쪽.
_____. 2007a. 『정보화시대의 표준경쟁: 윈텔리즘과 일본의 컴퓨터산업』. 한울엠플러스.
_____. 2007b. 「정보혁명과 안보환경의 변화: 한국군에 주는 시사점」. ≪한국사회과학≫, 제29권, 27~60쪽.
_____. 2012a. 「정보화시대의 미·중 표준경쟁: 네트워크 세계정치이론의 시각」. ≪한국정치학회보≫, 제46권 1호, 383~411쪽.

_____. 2012b. 「표준 경쟁으로 보는 세계패권 경쟁: 미국의 패권, 일본의 좌절, 중국의 도전」. ≪아시아리뷰≫, 제2권 2호, 95~125쪽.

_____. 2019. 「미래전의 진화와 국제정치의 변환: 자율무기체계의 복합지정학」. ≪국방연구≫, 제62권 3호, 93~118쪽.

배영자. 2007. 「미국 지식패권 형성과 발전: 과학기술정책의 전개를 중심으로」. ≪21세기정치학보≫, 제17권 1호, 125~148쪽.

손태종 외. 2009. 『네트워크중심전: Network Centric Warfare』. 한국국방연구원.

이근. 2008. 『기업간 추격의 경제학: 후발기업들의 총성 없는 추격과 추월』. 21세기북스.

이재인·이민호·김성현·배종윤. 2018. 「미국 항공군사기술의 독점적 주도와 기술표준화에 대한 연구: NATO와 일본의 사례를 중심으로」. ≪통일연구≫, 제22권 2호, 127~175쪽.

이종용·이승철. 2017. 「미래 무인체계를 활용한 Swarming 전술 적용방안 연구」. ≪군사연구≫, 제144권, 353~381쪽.

한장근. 2015. 「SWOT 분석을 활용한 무기체계 소프트웨어 국산화 전략에 관한 연구」. ≪국방정책연구≫, 제106권, 155~182쪽.

Amoukteh, Alexandre·Joel Janda and Justin Vincent. 2017. "Drones Go to Work." BCG. https://www.bcg.com/publications/2017/engineered-products-infrastructure-machinery-components-drones-go-work.aspx (검색일: 2020.3.5).

Blind, Knut. 2004. *The Economics of Standards: Theory, Evidence, Policy.* Edward Elgar Publishing.

Castellano, Francesco. 2017. "Commercial Drons are Revolutionizing Business Operations." Toptal Finance. https://www.toptal.com/finance/market-research-analysts/drone-market (검색일: 2020. 3.5).

Cohen, Rachel S. 2019. "Meet the Future Unmanned Force." *Air Force Magazine.* https://www.airforcemag.com/meet-the-future-unmanned-force/ (검색일: 2020.4.1).

Eshel, Tamir. 2017. "Teal Predicts $100 Billion Military Spending on Drones, UCAVs over 10 Years." Defense Update. https://defense-update.com/20171110_uav_report.html (검색일: 2020. 4.1).

French, Sally. 2018. "DJI Market Share: Here's Exactly How Rapid It Has Grown in Just a Few Years." The Drone Girl. https://www.thedronegirl.com/2018/09/18/dji-market-share/ (검색일: 2020.10.1).

Gilli, Andrea and Gilli, Mauro. 2019. "Why China Has Not Caught Up Yet: Military-Technological Superiority and the Limits of Imitation, Reverse Engineering, and Cyber Espionage." *International Security,* Vol.43, No.3, pp.141~189.

Kania, Elsa B. 2017. "Battlefield Singularity: Artificial Intelligence, Military Revolution, and China's Future Military Power." Center for a New American Security(CNAS). https://www.cnas.org/publications/reports/battlefield-singularity-artificial-intelligence-military-revolution-and-chinas-future-military-power (검색일: 2020.4.1).

_____. 2018. "The PLA's Unmanned Aerial Systems: New Capabilities for a "New Era" of Chinese Military Power." China Aerospace Studies Institute

_____. 2019. "Chinese Military Innovation in the AI Revolution." *The RUSI Journal*, Vol.164, No.5/6, pp.26~34.

Lye, Harry. 2019. "Skyborg: the US air force's future ai fleet." Airforce Technology. https://www.airforce-technology.com/features/skyborg-the-us-air-forces-future-ai-fleet/ (검색일: 2020. 10.1).

Modelski, George and William R. Thompson. 1996. *Leading Sectors and World Powers: The Coevolution of Global Politics and Economics.* University of South California Press.

Obama, Barack. 2013. "Remarks by the President at the National Defense University." https://obamawhitehouse.archives.gov/the-press-office/2013/05/23/remarks-president-national-defense-university (검색일: 2020.5.15).

Rogoway, Tyler. 2016. "The alarming case of the USAF's mysteriously missing unmanned combat air vehicles." The Drive. https://www.thedrive.com/the-war-zone/3889/the-alarming-case-of-the-usafs-mysteriously-missing-unmanned-combat-air-vehicles (검색일: 2020.10.10).

Teal Group. 2016. "Teal Group Predicts Worldwide Military UAS Production Will Total $70 Billion in its 2016 UAS Market Profile and Forecast." https://www.tealgroup.com/index.php/pages/press-releases/30-teal-group-predicts-worldwide-military-uas-production-will-total-70-billion-in-its-2016-uas-market-profile-and-forecast (검색일: 2020.4.11).

_____. 2018. "Teal Group Predicts Worldwide Military UAV Production of $90 Billion Over the Next Decade." https://www.tealgroup.com/index.php/pages/press-releases/56-teal-group-predicts-worldwide-military-uav-production-of-90-billion-over-the-next-decade (검색일: 2020.4.11).

U.S. Army. 2018. "US army roadmap for unmanned aircraft systems 2010-2035: Eyes of the Army." https://fas.org/irp/program/collect/uas-army.pdf (검색일: 2020.10.10).

Webster, Graham·Rogier Greemers·Paul Triolo and Elsa Kania. 2017. "Full Translation: China's 'New Generatin Artificial Intelligence Development Plan.'" New America. https://www.newamerica.org/cybersecurity-initiative/digichina/blog/full-translation-chinas-new-generation-artificial-intelligence-development-plan-2017/ (검색일: 2020.4.1).

Xinhua. 2018.1.27. "Our Army Uses UAVs for the First Joint Supply Exercise." http://www.xinhuanet.com/2018-01/27/c_1122325334.htm (검색일: 2020.10.1).

디지털 안보의 복합지정학

8 미래전과 자율무기체계의 미중경쟁과 한국*

고봉준 ❘ 충남대학교

1. 서론

이 글은 복합지정학의 관점에서 미국과 중국 간 자율무기체계Autonomous Weapons: AWS를 둘러싼 경쟁을 검토하는 것을 목적으로 한다. 복합지정학의 시각은 전통 지정학적 국가 간 경쟁의 중요성을 부인하지 않는다. 동시에 이 시각은 정보통신의 발달 및 기술패권 등 탈지정학적 요소의 매개적 영향력에도 주목한다. 즉 복합지정학적 시각이란 전통 지정학의 물질적·지리적 집중성의 한계를 극복하고, 초국적 활동을 강조하는 자유주의자들의 견해를 포괄하고, 새로운 안보화securitization에 주목하는 비판지정학의 시각과 함께 탈지리적 사이버 공간의 중요성을 함께 들여다보고자 하는 시도이다(김상배, 2019: 99~101).

---

* 이 글은 ≪정치·정보연구≫, 제24권 2호(2021)에 같은 제목으로 게재된 논문을 수정·보완한 것임을 밝힌다.

이 글에서 논의하는 자율무기체계는 소위 인게이지먼트 루프engagement loop[1]
의 탐색searching, 감지detecting, 결심deciding to engage, 행동engaging이라는 전
단계가 자동화된 무기체계를 의미한다(Scharre, 2018: 44). 무기의 자동화에 대
한 고민은 기관총의 발명에서 시작하여 정밀유도무기 등 스마트 무기 개발에
이르기까지 긴 역사를 지니고 있지만, 최근 개발되고 있는 자율무기체계의 특
별함은 인공지능Artificial Intelligence: AI의 활용으로 자동화가 극대화된다는 점이
다(Scharre, 2018: 37~42). 물론 자율무기체계와 관련하여 인간 개입의 배제 및
인공지능의 활용 정도에 대해 국가별로 미묘한 입장의 차이가 존재하지만, 자
율무기체계의 동학은 최근의 미래전 논의를 주도하고 있다. 미국과 중국은 최
신의 군사과학기술, 특히 인공지능기술이 구현된 자율무기체계 개발에 국가적
차원에서 노력을 기울이고 있고, 이는 양국이 고민하고 있는 미래전에 대한 대
비의 일환이다.

이러한 자율무기체계 도입과 관련된 미중 간 경쟁은 복합지정학의 대표적
영역이라고 할 수 있다. 미국과 중국은 4차 산업혁명으로 일컬어지는 최근 과
학기술의 진전을 안보에 직결시키는 방식으로 경쟁하고 있다. 그 와중에 4차
산업혁명이라는 현상이 단순한 매개적 영향력을 넘어서 국제정치에 근본적 변
화를 가져올 가능성이 제기되기도 한다(김상배 외, 2020). 이러한 복합지정학적
게임과 관련하여 미래전에 결합된 과학기술의 진전이 기존 국가의 조직 및 행
태에 근본적 변화를 초래한다면, 근대국가 체제를 중심으로 이해되어 온 세계
정치의 미래 향방에 중요한 영향을 미칠 가능성이 존재하는 것이다. 즉 자율무
기체계를 둘러싼 복합지정학적 경쟁의 불확정성은 근대국가 체제의 등장 이래
정립된 전쟁의 양태와 본질을 향후 변화시킬 가능성을 내포하고 있다.

이러한 주장을 검토하기 위해 다음 절에서는 미래전에 대한 논의와 자율무

---

1 이 단계는 전략사상가 존 보이드(John Boyd)의 우다(observe, orient, decide, act: OODA) 루프
   (loop) 개념으로 많이 표현되어 왔는데, 그 의미에 대해서는 후술한다.

기체계의 발전을 연계시켜 향후 미중 간 경쟁의 방향성과 국제정치에 주는 함의에 대해 논의한다. 3절에서는 자율무기체계 개발을 중심으로 한 미중의 경쟁을 양국의 정책적 기조, 관련 조직 구성 및 예산, 그리고 개발 혹은 추진 중인 대표적 무기체계를 중심으로 서술한다. 4절에서는 결론을 대신하여 미국과 중국의 자율무기체계 개발 경쟁에서 보이는 양국의 차이점을 중심으로 그것이 한국에 주는 함의를 논의한다.

2. 미래전과 자율무기체계

군사전략의 관점에서 본다면 미래전은 비단 4차 산업혁명 시대에만 국한되는 개념은 아니다. 기본적으로 군사전략은 미래에 발생할 수 있는 전쟁의 예방 혹은 그런 전쟁에서의 승리를 위한 준비라고 할 수 있기 때문이다. 그러나 "군은 항상 직전의 전쟁을 싸운다(Generals always fight the last war)"라는 유명한 서양 격언이 존재하는 것처럼, 군은 현재 혹은 미래의 전쟁에서 승리를 위해 직전 전쟁에서 얻은 교훈을 주로 활용해 왔다. 그러나 미래의 전쟁에는 현재의 관점(혹은 과거 전쟁의 경험)에서는 체계적으로 파악하기 힘든 요소들이 등장할 가능성이 농후하다. 왜냐하면 그 전쟁에서 패배한 측이 그 이유에 대해 반성하고 개선을 도모할 것이기 때문이다. 따라서 이러한 기존 경험에서의 유추analogy가 미래의 불확실성에 대한 최선의 대비가 될 수는 없다.

실제로 미래의 전쟁에 대비해야 하는 조직인 군이 성공적인 임무 수행을 위해 미래의 전쟁 양상과 행태를 전망하기 위해 노력을 기울여 왔지만, 그 노력이 항상 성공을 보장하지 않았다는 것은 과거의 많은 패전 사례를 통해 확인할 수 있다. 한편으로 미래의 전쟁은 기존 전쟁과 유사하거나 동일한 방식으로 수행될 수도 있고, 다른 한편으로 전쟁 양상이 급격히 변화하여 결국 이에 대한 적응에 실패하는 경우가 생길 수 있다. 아울러 미래전을 올바르게 전망한다 하더라도 이에 대비하기 위한 시도들이 적절하지 않은 방향으로 진행될 수도 있다.

그럼에도 불구하고, 과거 전쟁의 사례를 살펴볼 때 도출되는 분명한 교훈이 존재한다. 그것은 혁신적 기술을 효율적으로 활용한 국가는 패권국이 되기도 하고, 그렇지 못한 국가는 역사의 뒤안길로 사라진다는 것이다(부트, 2007). 따라서 이런 경험들 때문에 국가들은 새롭게 등장하는 과학기술의 추이와 군사적 활용에 주목할 수밖에 없다. 케네스 월츠Kenneth Waltz와 같은 신현실주의자들은 이런 현상을 사활과 관련하여 성공적인 국가들을 모방하게 하는 국제 무정부상태의 압력에 따른 것이라고 설명해 왔다(Waltz, 1979).

국가의 이런 노력은 군사혁신Revolution in Military Affairs: RMA논리로 구체화되어 왔다. 군사혁신은 새로운 기술이 군 체계의 전반에 적용되어 작전과 조직상에 혁신적 변화가 생겨서 무력 갈등의 성격과 진행 방식을 근본적으로 변화시키는 현상을 의미한다. 이러한 군사혁신은 크게 기술 변화, 무기체계 발전, 작전 혁신, 조직 변화 등 네 가지 요소를 포함한다(Krepinevich, 1994). 이러한 조건들이 결합하여 군사혁신을 특징짓는 군사적 효율성을 실현시키게 된다.

군사혁신의 가장 대표적인 사례 중 하나인 핵무기의 등장을 예로 들면, 핵무기는 기존 무기와 차별화되는 파괴력 때문에 전쟁과 그 수행 방식에 큰 영향력을 미쳤다는 평가가 지배적이고, 이 때문에 핵무기는 '절대무기absolute weapon'로 이해되어 왔다(Brodie, 1946). 핵무기는 전장에서의 우위와 관련된 이점을 무의미하게 만듦으로써 전쟁의 양태 및 관련 사고에 혁명적 변화를 초래했고, 핵무기의 등장 이후 군의 가장 중요한 목적은 전쟁에서의 승리가 아니라 전쟁을 방지하는 것으로 변화했다고 볼 수 있다.

이렇게 새로운 기술이 군 체계 전반에 영향을 미쳐 작전과 조직에 혁신적 변화가 생기고 군사적 갈등의 성격과 진행 방식이 근본적으로 변화된다는 이른바 군사혁신에 대한 논의는 기술 변화, 무기체계 발전, 작전 혁신 및 조직 변화의 조건들이 결합하여 군사적 효율성을 제고하는 측면에 주목해 왔다. 군사혁신의 사례들은 새로운 기술의 발전에 적응하지 못하는 낡은 무기와 조직 및 전술이 도태되는 모습을 보여주는데, 최근의 미래전에 대한 논의도 부분적으로는 이러한 군사혁신 개념의 스펙트럼상에 놓여 있다고 볼 수 있다.

21세기 초반에 첨단무기의 활용에 주목했던 군사혁신학파는 비록 전쟁에 있어서 비기술적 요소의 중요성을 간과하고 첨단무기에 대한 비대칭전략의 효과성을 이해하지 못했다는 비판을 받았지만, 기술발전 추세에 부응한 스마트무기의 사용 가능성과 위력을 재정의했다는 의의가 있다. 최근 미래전과 관련된 고민의 새로운 특징은 위협 유형의 다양화 및 전쟁 수행 방식의 변화를 고려하여 무인무기체계, 즉 자율무기체계의 활용에 중점을 두고 있다는 데 있다. 아직도 진행 중인 4차 산업혁명의 흐름 속에서, 무인무기체계와 유인무기체계와의 상호 운용성 강화와 효율성 확보에 대한 노력은 중장기적으로 강대국 군사전략의 핵심으로 지속할 가능성이 농후하다고 할 수 있다.

이런 의미를 지니는 자율무기체계는 인간의 통제 혹은 자율성과 관련하여 주로 세 가지로 구분되어 논의되고 있다. 전술한 OODA 루프OODA Loop 관점에서는 이를 인간 주도형human-in-the-loop, 혼합형human-on-the-loop 및 완전 자율형human- out-of-the-loop으로 구분하고 있다.[2] 현재의 대부분의 무기체계는 과거보다 자동화의 수준이 향상되어 있지만 여전히 인간이 어떤 목표에 대해 공격할 것인지를 결정하는 방식(반자율 무기체계)으로 운용된다. 아울러 현재 약 30개국 이상이 혼합형 무기체계를 실전 배치한 것으로 알려져 있다. 이 무기체계는 자동 모드에서 인간의 개입 없이 적의 로켓이나 미사일 등을 방어할 수 있도록 운용(인간감독 자율무기체계)된다. 그러나 이 단계에서도 인간은 여전히 실시간으로 그러한 작동을 감시한다(Scharre, 2018: 44~45). 만약 자율무기체계 경쟁이 극단으로 전개되어 무기체계의 자율성이 극대화되고 결국 인간의 감독

---

2   미국 국방부는 두 번째와 세 번째의 두 범주를 자율무기체계로 분류하고 있다.

이 불가능하거나 개입의 여지가 없어지는 완전 자율형이 보편화될 경우에는 전술한 바와 같이 인간의 정치적 목적 달성을 위한 전쟁을 중심으로 조직화된 근대국가 체제, 더 나아가서는 미래 세계정치의 양상에 중요한 변화가 초래될 가능성이 있다.

결국 최근의 미래전 개념의 핵심인 자율무기체계 경쟁은 전쟁의 불변적 본질과 변화하는 양태 사이의 결정적 분기점critical juncture에 자리하고 있다고 볼 수 있다. 즉 자율무기체계를 안보 증진에 활용하고자 하는 강대국들의 경쟁 과정에서의 선택(예를 들면 완전 자율형의 추구 등)이 향후 세계정치를 전혀 다른 방향으로 전개시킬 가능성이 존재하는 상황이다. 물론 자율무기체계 중심의 미래전 논의는 아직까지는 정치적 목표의 변화보다는 그 수단으로서의 군사력 사용에 집중되는 성격이 있다. 굳이 구분하자면 전자는 '미래의 전쟁war of the future'으로, 후자는 '전쟁의 미래future of war'로 대별할 수 있는데, 후자는 정치의 연속으로서의 전쟁이 어떤 변화를 할 것인가라는 본질적인 질문보다 어떤 무기로 싸울 것인가 하는 질문에 주목한다(이근욱, 2017: 24~28). 이는 향후 전쟁이 수행될 환경에 대한 관심보다는 양질의 새로운 무기와 강력한 군사력을 창출할 필요와 연결된다.

최근 미국과 중국 사이의 경쟁에서 주목할 점은 크게 두 가지이다. 첫째, 이들의 경쟁이 과거 논의되었던 군사혁신의 한 유형일 수도 있지만, 인간의 개입이 배제되는 완전 자율형 자율무기체계가 극단적으로 추구되어 이들 간 교전이 현실화·보편화된다면, 이는 복합지정학의 시각에서 근대국가적 특징의 약화 혹은 전이가 현실화하는 임계점을 의미하는 것일 수 있다. 둘째, 앞에서 논의한 것처럼 대부분의 국가가 미래 전쟁에 대비하고자 하지만, 미래의 전쟁과 전쟁의 미래가 그 자체로 동일하지 않을 수 있다는 점은 문제를 발생시킬 수 있다. 따라서 이들의 미래전 대비 노력이 자칫 비생산적이거나 파멸적인 결과로 귀결될 수 있는 위험성이 있다.[3]

미국과 중국은 군사과학기술의 발전을 적극적으로 활용한다는 측면에, 즉 전쟁의 미래에 대비한다는 측면에 집중하고 있으나 그것이 미래전에 대한 성공적인 준비와 같은 것은 아니다. 제1차 세계대전은 미래전 대비에 대한 함의를 제공한다. 당시 유럽의 열강들은 두 진영 간의 대결에서 생존하기 위해 한 진영에 참여하는 정치적 결정을 내렸다. 또한 당시 주요 국가들은 상대방이 공격적 군사전략을 채택하고 있다고 보고 마찬가지로 공격적 군사전략을 수립해 놓은 상태였다. 여기에 촉발요인이 제공되자 각국은 사전에 기획된 전략을 실행하여 전쟁을 수행했다(Van Evera, 1984). 그러나 실제 치열했던 전투는 주로 참호전의 형태로 진행되었고, 미리 준비한 군사전략에 따른 전쟁의 수행이 가능하지는 않았다. 결국 당시 각국이 달성하고자 했던 정치적 목표의 실현과는 너무 다른 비극적 결과인 전쟁의 장기간 교착이 이어졌다.

미국과 중국 사이의 자율무기체계 경쟁은 아직까지는 인공지능을 핵심으로 하는 군사과학기술의 발전을 중심으로 전개되면서 전쟁의 미래에만 치중하는 측면이 존재하는데, 이는 자칫 4차 산업혁명의 진행이라는 거대한 흐름 속에서 미래의 전쟁에 대한 대비의 방향성을 상실하게 하고 세계정치에 치명적인 불확정성을 초래할 가능성이 있다. 다음 절에서는 미국과 중국의 최근 자율무기체계 경쟁을 개괄하고 양국의 정책적 기조, 관련 조직 구성 및 예산, 그리고 개발 혹은 추진 중인 대표적인 자율무기체계를 중심으로 서술한다.

3 신기술에 대한 다분히 맹목적인 추종은 소위 '뱀파이어의 오류'로 지칭되기도 한다. 이는 신기술의 결과로 전쟁의 결과가 결정적으로 변화할 수 있다는 가정을 의미한다. 결국 기술은 독점되지 않고, 손쉽고 결정적인 전쟁에 대한 기대는 전쟁의 정치적·인간적 차원을 무시하기 때문에 주기적으로 등장하는 것으로 이해할 수 있다. 이런 주장의 함의는 새로운 전쟁 유형에 매몰되어 전통적 전쟁을 망각하면 안 된다는 것이다. 이에 대한 보다 자세한 논의는 프리드먼(2020, 427~428) 참조.

3. 미중 자율무기체계 경쟁

냉전이 종식되면서 만들어진 짧은 단극적 질서로부터 복합지정학적 경쟁의 시기로 이행하는 과정에서 미국은 여전히 상대적으로 압도적인 국력을 보유한 국가이다. 20세기 말의 정보통신기술혁명의 흐름도 미국의 상대적 국력을 약화시키기보다 강화시킨 것으로 이해할 수 있다(Nye and Owens, 1996). 특히 자율무기체계와 관련한 핵심 역량인 인공지능 분야에서 미국이 여전히 독보적 존재임은 분명하다. 하지만, 미국 안보공동체 내에서 중국의 급격한 능력 신장에 대한 우려가 증가하고 있는 것도 사실이다(Johnson, 2019).

이는 소위 선도자의 이점first-mover advantage 유지 가능성에 대한 논쟁으로 이어진다. 한편으로 군사기술의 확산을 막는 것이 어렵기에 첫 개발자가 반드시 압도적 우위를 차지하는 것은 아니라는 주장이 존재한다(Horowitz, 2010). 즉 미국이 향후에도 이 분야에서 전략적 우위를 차지할 수 있다는 것은 사실과 다른 낙관적 전망이라는 것이다(Allison and Schmidt, 2020). 다른 한편으로 드론으로 대표되는 효율적 자율무기체계의 확산은 다분히 과장된 것이라는 반론도 존재한다(Gilli and Gilli 2016; 2019). 즉 후발 주자의 이점advantage of backwardness 이 존재하는 것은 사실이지만, 그것이 미국의 군사과학기술에서의 우위를 부식시킬 정도에 이르지는 못한다는 주장이다.

이런 상황에서 미국은 이미 2015년에 국방부 부장관 로버트 워크Robert O. Work가 인공지능이 미국 국가안보의 중대한 구성요소임을 밝혔고, 2016년에 미국 국가과학기술위원회National Science and Technology Council: NSTC가 발표한 「국가 인공지능 연구개발 전략계획National Artificial Intelligence R&D Strategic Plan」은 미국의 군사적 우위를 재확인할 수 있는 인공지능의 잠재력에 대해 강조한 바 있다. 이 계획은 2019년 2월 당시 트럼프 대통령의 행정명령Maintaining American Leadership in Artificial Intelligence 이후 개정되어 경제 안정 및 시민들의 삶의 질 향상과 더불어 국가안보에 있어서 인공지능의 중요성을 보다 구체화한 바 있다.

중국도 2017년 19차 당대회에서 시진핑 주석이 군사지능화military intelligenti-zation의 발전을 촉진할 것임을 선언했는데, 이는 인공지능이 군사 분야에 미칠 영향을 과학적으로 예견하여 혁신적으로 신형 무기장비를 개발해야 한다는 취지이자, 지능형 군대intelligent military를 의미한 것으로 볼 수 있다(이창형, 2019). 이와 관련하여 중국 국무원이 발표한 「차세대 인공지능 개발 계획Next Gener-ation AI Development Plan」은 인공지능을 '국제적 경쟁의 핵심'이 되는 "전략적 기술"이라고 기술하고 있다. 이 문서에 의하면 중국은 2020년까지 약 220억 달러 상당을 핵심 인공지능 산업에 투입하고, 2030년까지는 전략적 주도권을 장악하여 인공지능 분야 투자에 있어서 세계적 수준에 도달할 것임을 천명하고 있다(China State Council, 2017: 2). 다음 항에서는 이러한 미국과 중국의 자율무기체계 개발 양상을 보다 구체적으로 논의한다.

1) 미국의 자율무기체계 개발 현황

(1) 정책적 기조

중국과 러시아를 수정주의 국가로 명시하고 그들의 수정주의적 시도를 좌절시킴으로써 미국 우선주의를 실현하겠다는 의도를 명확히 했던 전임 트럼프 행정부(White House, 2017)와는 달리 바이든Joe Biden 행정부는 미국의 글로벌 리더십, 다시 말하자면 다자주의적 외교의 회복America Must Lead Again을 중요한 가치로 하여 출범했다. 그럼에도 불구하고 바이든 행정부의 전략 환경 인식에서 중국과의 경쟁에 대한 우려는 여전히 유효하고, 그 핵심에는 인공지능을 비롯한 첨단기술의 효율적 활용이 자리하고 있다. 미국은 여전히 중국을 미국 주도의 안정적이고 개방적인 국제질서에 도전할 수 있는 능력을 가진 유일한 경쟁자로 인식하고 있다(Biden, 2021: 8).

따라서 자율무기체계와 관련된 미국과 중국의 경쟁은 바이든 행정부 출범 이전에 이미 마련된 흐름의 연장선상에 있다고 이해할 수 있다. 트럼프 행정부 하에서 미국은 「2017년 국가안보전략서Natioal Security Strategy 2017」 및 「2018년 국방전략서National Defense Strategy 2018」에서 중국과의 강대국 경쟁을 명문화하고, 특히 군사 및 민간 기술에서의 경쟁을 강조하기 시작했다.

한편 인공지능의 군사적 활용과 관련하여 미국은 이미 2015년에 국방부 내에 국방혁신실험사업단Defense Innovation Unit, Experimental: DIUx을 출범시켜 민간에서의 기술적 성과를 국방 분야에 상시적으로 도입할 수 있는 체제의 구축을 도모했다. 이 조직은 2018년에 '국방혁신단Defense Innovation Unit: DIU'이라는 정규 조직으로 재편되었다. 국방혁신단의 목적은 미국의 기술적 우위 확보와 더불어 혁신을 효율적으로 추진하여 합리적 국방 획득 통제체제를 구축하는 것이었고(한윤주·이상경, 2018), 그 핵심은 미국 내 첨단 민간 기술을 국방 분야에 신속히 도입하여 국가안보혁신기반national security innovation base을 강화함으로써 미국의 국가안보를 증진하는 것이었다. 여기에는 인공지능과 자율성 등 6개 기술 분야가 포함된다(https://www.diu.mil/about).

아울러 트럼프 행정부는 2018년에 부처합동 인공지능특별위원회Select Committee on Artificial Intelligence를 출범시켜 인공지능 연구 집단의 성과 및 인력을 정부가 보다 적극적으로 활용할 수 있도록 조치했다. 이 위원회는 국가과학기술위원회 산하에서 인공지능과 관련된 연방정부의 연구개발 효율성과 생산성을 제고하는 것을 목표로 했다. 또한 2018년 6월에 미국 국방부는 합동인공지능센터Joint Artificial Intelligence Center: JAIC를 설치하여 국방부 내 드론 등 인공지능 관련 기술과 연계된 원칙, 절차, 데이터를 공유하는 체계를 구축했다. 이 신설 조직은 국방부가 민간의 인공지능기술이 활용될 수 있도록 개발·발전 및 전환하는 노력을 조율할 수 있도록 하는 임무를 맡고 있다.

최근에 국방부의 주도로 출범한 인공지능국가안보위원회National Security Commission on Artificial Intelligence: NSCAI는 군사 부문과 관련 있는 인공지능기술들에 대한 포괄적 평가와 함께 미국의 경쟁력을 강화하도록 촉구하는 보고서를 제출했다(NSCAI, 2021). 이 위원회는 '2019 국방수권법'에 의해 설립되어 인공지능과 머신러닝machine learning: ML 및 연관 기술들이 미국 안보 및 국방 소요를 충족시킬 수 있는 방법과 수단에 대해 연구하는 임무를 부여받았다. 인공지능국가안보위원회의 보고서에 따르면, 2014년 당시 척 헤이글Chuck Hagel 국방부 장관이 제3차 상쇄전략을 제시한 이후 미국이 4차 산업혁명 기술을 선점해 중국 등 경쟁자들보다 앞서려는 노력을 기울였음에도 불구하고, 중국이 조만간 인공지능 분야에서 미국의 주도적 지위를 대체할 가능성이 존재한다. 전임 국방부 부장관 로버트 워크가 의장으로 활동한 이 위원회의 보고서는 "미국이 인공지능 시대에 방어 혹은 경쟁할 준비가 되어 있지 않다(America is not prepared to defend or compete in the AI era)"라고 주장한다. 따라서 보고서의 권고 사항 중 하나는 미국 정부가 2026년까지 인공지능 연구개발 예산을 두 배로 늘려 연간 320억 달러까지 증액시키는 것이다(Tingley, 2021).

보고서의 결론은 인공지능이 세계를 재구성할 것이기에 미국이 반드시 그 책임을 맡아야 한다는 것이다. 미국이 윤리적 문제[4] 때문에 완전 자율무기 개발에 주저한다면 그 사이 적국이 군사력의 균형을 역전할 것이고, 인공지능을 활용하지 않고는 인공지능 기반 자율무기를 사용하는 적국을 상대하기가 힘들다는 것이 보고서의 주장이다. 보고서는 인공지능 기반 자율무기의 사용 및 개발의 금지가 아니라 확산 방지에 주력해야 한다고 강조하는데, 이는 자율무기가 전투에서 인간보다 실수를 적게 할 수 있다는 가설을 기반으로 하고 있다. 인공지능 기반 자율무기체계는 전투 수행 중 결정 시간을 단축하고 인간이 혼자서 신속히 할 수 없는 군사적 대응을 할 수 있도록 하지만, 잠재적 적국인 중

---

4 이에 대해 미국 국방부는 2020년 2월에 새로운 윤리지침을 제정했다. 이에 대한 설명은 정유현·김성남·박혜숙(2020: 63) 참조. 그 윤리지침은 크게 책무성, 공정성, 추적 가능성, 신뢰성, 통제 가능성 등 5가지로 구성되어 있는데, 중점은 전쟁과 전투 수행 주체인 인간의 능력 확장에 주어지는 것으로 이해할 수 있다.

국과 러시아는 인공지능 금지에 관한 조약을 지키지 않을 것이기에 미국의 결정이 필요하다고 보고서는 아울러 주장한다(≪한겨레신문≫, 2021.3.2). 동시에 보고서는 자율무기체계가 세계적으로 무분별하게 사용된다면 이는 의도하지 않은 갈등의 확산과 위기 불안정성을 증대시킬 위험성이 있다고 경고한다(Klare, 2021).

따라서 미국이 중국과의 자율무기체계 경쟁을 극단적으로 지속한다면, 가까운 장래에 현실화될 가능성은 크지 않지만 현재 미국이 유지하고 있는 완전 자율무기체계에 대한 유보를 넘어서서 인간이 배제되는 새로운 탈근대적 전쟁의 양태가 대두할 가능성도 있다고 할 수 있다.

(2) 예산

미국은 압도적인 국방비를 통해 경쟁국들에 비해 자율무기체계의 개발과 투자 능력에서 지속적인 우위를 점해왔다. 미국은 이미 2012년 국방부 지침 3000.09 Department of Defense Directive 3000.09 「무기체계의 자율성 Automomy in Weapon Systems」에서부터 인간 통제하 무기체계의 자율성이 국가안보의 핵심임을 밝힌 바 있고,[5] 이에 따라 특히 하드웨어 부문에서 투자를 확대해 왔다. 미국은 이미 2010년까지 40억 달러를 자율무기체계 개발에 투입한 바 있고, 2020년까지 추가적으로 180억 달러를 더 투입했다. 그 결과로 미국은 20,000대의 자율주행차량 autonomous vehicles을 보유하고 있고, 2021년까지 드론 개발에 170억 달러를 투여하면 3477기의 신형 지상·해상 공중 무인체계를 확보하게 될 것이다. 미국은 1983년에 '전략 컴퓨팅 strategic computing' 개념의 개발에 10억 달러를 투입한 이래 경쟁자들보다 압도적으로 많은 비용을 이 분야에 투입해

---

[5] 물론 여기서의 자율성의 전제는 모든 유형의 자율무기체계에 있어서 지휘관 및 운용자가 무력 사용 관련 적절한 수준의 판단을 할 수 있도록 보장되어야 한다는 것이다. 이에 대해서는 CRS(2020: 15) 참조.

왔다. 아울러 세계에서 가장 많은 인공지능 기업을 보유한 미국은 특허와 전문가 수에서도 중국을 비롯한 잠재적 경쟁자를 압도하는 수준이다(Haner and Garcia, 2019: 332~333).

한 보고서에 따르면 미국 연방정부의 인공지능·머신러닝 관련 계약액은 매년 30%씩 증가하여 2023회계연도(FY2023)에는 43억 달러에 이를 것으로 전망된다. 특히 이 중에서 국방 관련 계약액은 28억 달러에 이를 것으로 추정된다(Cornille, 2021). 실제로 합동인공지능센터는 2020년 5월부터 10월 사이에만 총 14억 달러의 계약을 체결하기도 했다. 이러한 노력은 미국 국방예산에서도 관찰할 수 있다. 구체적으로 2019년에는 미국 국방예산 중 총 96억 달러가 무인 및 자율무기체계 관련 프로그램에 투여되었고(Klein, 2018), 2020년 국방예산 중에는 무인체계에 37억 달러, 인공지능 체계에 9억 달러가 할당되었다(Klare, 2019).

2021년 1월 바이든 행정부 출범 직전에 미국 의회는 '2021년 국방수권법 National Defense Authorization Act of 2021'을 채택했는데, 여기에는 전임 트럼프 행정부에서 추진하던 인공지능 정책의 지속을 위한 조항들이 포함되어 있다. 트럼프 행정부는 임기 말기에 국방 관련 인공지능 연구에 집중하면서 예산을 두 배로 증액시키려 했는데, 바이든 행정부는 인공지능이 포함된 비군사 부문 기술개발에 3천억 달러를 공언한 바 있다. 이는 인공지능 부문에 대한 투자가 바이든 행정부에서도 여전히 국가안보를 위한 중요한 사안으로 이어질 것임을 예견하게 한다(Higgins, 2021).

(3) 무기체계

전술한 것처럼 미국이 개발해 온 자율무기체계의 중요한 방향성 중 하나는 인간 능력의 확장을 염두에 둔 인간과 무기체계의 협업이다. 이런 방향성이 구현된 대표적 응용 사례는 2016년에 있었던 FA-18 전투기 투하 초소형 퍼딕스 Perdix 드론의 자율 편대비행 실험이었다.[6] 아울러 미국 해군은 2017년에 무인

함정 씨헌터Sea Hunter의 실전 배치를 선언한 이후 개발에 주력하고 있다. 이 함정은 스스로 적 잠수함의 위치를 탐지한 후 공격까지 할 수 있는 기능을 갖추었다. 또한 미국 해군은 완전자율주행 잠수함 에코 보이저Echo Voyager의 개발을 2016년에 완료하여, 이를 기반으로 초대형 무인잠수정eXtra Large Unmanned Undersea Vehicle: XLUUV 도입을 위한 계약을 보잉과 체결한 바 있다. 2020년에 미국 보잉은 로열 윙맨Loyal Wingman 무인기 시제품을 출시했는데, 이 무인기는 조종사의 원격통제가 배제된 자율적 인공지능을 탑재했다. 이를 통해 이 무인기는 유인 전투기와 함께 안전거리를 유지하면서 작전 수행이 가능하도록 설계되었다(정유현·김성남·박혜숙, 2020: 63~64).

또한 미국 국방부 산하 방위고등연구계획국Defense Advanced Research Projects Agency: DARPA은 최근 2020회계연도부터 진행 중인 인공지능 무인함정 개발계획No Manning Required Ship: NOMARS을 공개했는데, 이 함정은 승조원을 필요로 하지 않기에 승조원용 함교, 난간, 탑승구 및 갑판 등이 모두 제거되어 전통적 방식과 달리 장갑으로 둘러싼 형태이고, 작전 시간을 최대화하고 군수 보급 및 유지·보수를 최소화하는 것을 목적으로 개발되고 있다(Voice of America, 2020.5.12).

아울러 미국은 신장되는 중국 해군력에 대항하기 위해 소위 '유령함대Ghost fleet'를 활용할 계획을 마련하고 있다. 이는 무인 수상함과 무인 잠수함으로 구성된 무인 함대로서 남중국해와 대만해협 등에서 유사시 미국의 인명 피해 부담을 최소화하여 보다 적극적으로 개입할 여지를 확보하겠다는 구상이라고 볼 수 있다.

물론 미국의 이러한 행보에 대해 미국 국내에서는 몇 가지 비판적 논의도 진행되고 있다. 그중 하나는 앞서 언급한 합동지능연구센터의 경우처럼 인공지

---

6 퍼딕스 드론은 길이 16.5cm, 날개 길이 30cm, 무게 290g의 초소형 무인기로 지상통제소 조작 없이 편대비행을 하도록 개발되었다.

능을 적극적으로 활용하기 위해 창설되는 조직들에게 새롭게 개발되는 기술에 대한 정확한 임무 부여가 되어 있지 않다는 것이다. 이는 인공지능과 자율무기 체계에 대한 확신과는 별개로 이런 기술의 개발과 배치를 위한 목표 설정에 대한 근본적인 논의가 부족하다는 지적이라고 할 수 있다(CRS, 2020).

다른 하나는 국방비 감축getting to less과 관련된 논쟁이다. 인공지능 및 자율 무기체계에 대한 주도권을 중국에 빼앗기지 않아야 한다는 미국 내 공감대에 도 불구하고 미국이 중국의 상쇄전략(혹은 추적 및 추월)을 상쇄할 만큼 충분한 예산을 투여할 수 없다는 현실론도 대두되고 있는 것이다(Hicks and Federici, 2020). 이런 문제에 대한 해결 방법으로 제시되는 혁신우월전략innovation super-iority strategy은 미국 본토를 보호하고 세계평화를 위한 미국의 역할을 강조하면 서도, 미국의 세계 우위는 감소하고 다시 회복되기 힘들다는 전제를 바탕으로 하고 있다(Hicks et al., 2020). 따라서 향후 미국의 자율무기체계 개발 방향 및 중국과의 경쟁은 전략적 고려 외에도 미국 국내 경제의 활성화 정도 및 정치적 변동으로부터도 영향을 받을 가능성이 있다고 할 수 있다.

이와 관련하여 한 가지 주목할 점은 냉전 기간과 그 이후 최근까지의 경험에서 미국의 국방과 민간 방위산업체의 결합은 이례적인 것이 아니라는 것이다. 1961년 드와이트 아이젠하워Dwight D. Eisenhower 대통령이 이임 연설에서 지적한 것처 럼, 군산복합체military-industrial complex는 전형적인 사례라고 할 수 있다. 그렇 지만 과거의 국방 관련 기술은 주로 정부 주도의 개발에서 시작하여 상업 부문 으로 확산되는 모습을 보여주었다. 핵기술, 범지구위치결정시스템Global Pos-itioning System: GPS과 인터넷 등이 대표적인 사례이다(CRS, 2020: 16). 반면 최근 의 인공지능 및 자율무기체계 관련 기술은 과거보다 민간의 기술을 보다 적극 적으로 활용하는 스핀온spin-on의 방향성을 보여주고 있다. 즉 안보상의 시급 성과 민간 기술의 상대적 진전이 이러한 방향성을 만들어내고 있는 것이다. 그 러나 아직까지는 인공지능과 자율무기체계의 발전이 근대국가 체제의 근간을 흔드는 혁명적 영향력을 보여주는 독립변수이기보다는 전통적인 강대국 경쟁의 한 축으로 작동하고 있다고 볼 수 있다.

2) 중국의 자율무기체계 개발 현황

(1) 정책적 기조

중국은 확장되고 있는 자국 이익의 보호를 위해 각종 군사력을 현대화하는 노력을 기울여 왔는데, 2000년대 중반 이후에는 특히 원해 작전 능력 강화를 장기적인 목표로 해왔다. 그 결과 중국은 효과적인 방어체제, 장거리 공격능력, 통합 전투 체계를 가진 첨단 다기능 전함과 잠수함 등을 생산해 왔고, 이러한 모습은 미국의 해양지배에 대한 도전으로 인식되고 있을 뿐만 아니라 주변 국가들에게는 팽창주의적인 모습으로 인식되고 있다(최우선, 2020).

중국의 인공지능 및 자율무기체계 개발의 배경이 되는 정책은 2017년 당대회에서 이루어진 시진핑 주석의 지능형 군대 선언이었다. 이 선언은 2015년에 리커창 총리가 발표한 정책인 '중국제조 2025 Made in China 2025'와 이어지는 것인데, '중국제조 2025'는 중국의 산업을 정보화와 지능화의 방향으로 혁신하고자 하는 것이었고 여기에 담긴 담론이 최근 군사 분야에도 본격적으로 적용되고 있는 것이다.

최근 중국의 자율무기체계 개발을 추동하는 개념은 소위 군사지능화와 군민융합 military-civil integration: CMI/ military-civil fusion: MCF이다. 미국 국방부는 중국의 군민융합이 방위산업 기반과 민간의 기술 및 산업 기반 융합, 아울러 군사 및 민간 부문 간 과학기술 혁신 통합 등을 포함하는 6가지의 관련된 노력을 의미한다고 이해한다. 따라서 미국 국방부는 이 군민융합이 결국 중국의 민간 및 국방 경제 간의 경계를 무너뜨리기 때문에 중국의 군사현대화에 기여하기를 원하지 않는 미국 및 다른 행위자들이 더욱 많은 주의를 기울일 필요가 있다고 진단한다(Office of the Secretary of Defense, 2020).

즉, 4차 산업혁명 시대에 군사기술과 민간기술 간의 경계가 모호해지는 것은 주지의 사실인데, 인공지능과 정보통신기술 등의 분야에서 중국의 최근 성장이 두드러지는 가운데 중국 정부는 핵심기술에서 주도권을 장악하고자 노력하고 있다. 이러한 노력은 한편으로는 군사력 강화, 다른 한편으로는 경제발전에의 도움이라는 양면성을 지니고 있다. 즉 세계 최강대국 미국과의 경쟁에서 중국은 안보와 경제라는 이중적 목표로 군사지능화 전략을 추진할 수 있다는 장점을 지닌다(차정미, 2020: 62).

전술한 시진핑 주석의 선언처럼 중국은 2030년까지 인공지능 분야에서 세계 최고가 되려 하고, 이는 미국의 인공지능 및 무기체계의 우위를 극복하겠다는 의지를 보여주는 것이다. 중국은 이러한 군민융합의 기조하에 미국과 마찬가지로 국가안보 혁신 기반의 발전에 성과를 거두고 있고, 중국 민간 연구소 및 국내 연구기관들이 자율 무인 플랫폼 개발 능력을 획기적으로 신장하고 있다. 예를 들면 중국 국방과학기술대학교National University of Defence Technology: NUDT는 무인체계와 인공지능 연구에 특화된 연구소를 최근 두 곳이나 개설하여 연구 능력을 신장하고 있다. 따라서 중국이 신흥 군사기술의 선두에서 서구 국가들처럼 혁신자적인 경쟁을 할 능력이 부족하기에 기술의 모방이나 도용 수준에 머무를 것이라는 생각은 더 이상 현실에 부합하지는 않는다고 볼 수 있다(Wyatt, 2019: 12).

다른 한편으로 중국의 군민융합은 국영 방위산업체의 효율적 변신에 대한 일각의 부정적 견해(Yang, 2017)에도 불구하고 최근의 자율무기체계 개발 경쟁을 주도하고 있는 측면이 있다. 즉 정부 주도하에 중국 국영 방위산업체의 연구의 방향과 중점이 군사지능화 전략에 따라 순조롭게 변화하고 있는 것이다. 현재는 총 12개의 국영 방위산업체가 모두 대기업으로서 군사지능화 및 군민융합 발전에 있어서 핵심 역할을 담당하고 있다. 예를 들면 중국항공우주과학기술공사CASC는 베이더우 위성 내비게이션BeiDou Navigation Satellite: BDS 체제 구축 계획을 담당함과 동시에 군사기술 및 무기수출 계획도 추진 중이다. 중국항공공업공사AVIC는 다목적 무인기 윙룽 1翼龍 1을 개발하여 국제시장에 수출

중이며, 2035년까지 드론 핵심 기술에서 세계 일류를 달성할 것임을 선언한 바 있다. 여기에 다수의 우수 인공지능기술 기업들의 군사기술 개발 참여가 확대되고 있다. 따라서 과거에는 국영기업들이 독점하던 분야에 민간의 투자와 참여 개발이 허용되면서 점차 기반이 확대되고 있다. 아울러 세계 우호국들과의 군사기술 협력 확대로 이러한 경향은 점차 강화될 가능성이 있다(차정미, 2020: 66~68).

물론 중국 지도부도 인공지능과 관련된 군비경쟁에 대한 우려와 무기통제 가능성에 대한 국제협력의 필요성에 동감을 표명한다. 하지만, 동시에 중국은 후발 주자로서 인공지능의 군사적 사용의 필연성을 인정하고 그러한 능력을 공격적으로 추구하고 있는 것으로 보아야 한다(Allen, 2019).

(2) 예산

중국이 인공지능 및 자율무기체계 개발에 투입하는 자원의 규모를 정확히 관측하기는 어렵다. 하지만, 중국 국방비의 증가 추세(1996년부터 2015년 사이에 620% 증가 및 2007년부터 2017년 사이에 세 배 증가)를 고려한다면 미국에 필적하지는 않지만 상당한 자원의 투입가 가능했음을 짐작할 수 있다. 아울러 중국 중앙정부만이 아니라 각급 지방정부 및 수도인 베이징도 별도로 수십억 달러 수준의 자원을 관련 기술의 개발에 투입해 오고 있다(Wyatt, 2019: 10~11).

미국 국방부의 평가에 따르면 다음 **그림 8-1**에서 보듯이 중국의 공식 국방비는 2010년부터 2019년 기간에만 두 배로 증가하여 1740억 달러에 이르렀다. 이는 물가 상승을 감안하더라도 연평균 8% 정도로 증가한 것이다. 그런데, 중국의 공식 국방비에는 몇 가지 중요한 범주가 포함되지 않은 것이며, 소위 구매력 기준을 감안한다면[7] 중국은 지속적으로 자율무기체계 경쟁 기반을 확대

7　예를 들어 2019년 중국의 국방비에 대해 스톡홀름평화연구소(SIPRI)는 2610억 달러로 추정했다.

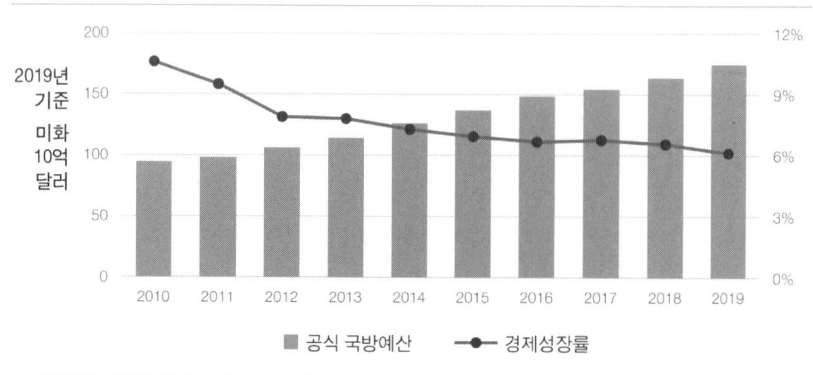

그림 8-1 중국의 공식 국방비(2010~2019)

자료: Office of the Secretary of Defense(2020: 130).

할 수 있을 것으로 이해할 수 있다(Office of the Secretary of Defense, 2020: 139).

특히, 국내총생산 성장률이 계속 둔화되는 가운데에도 중국은 여전히 국방비를 연 6% 이상 증가시켜 오고 있다. 중국의 이러한 잠재력은 예를 들어 2021년까지 드론 기술 개발에 45억 달러를 투입하는 것에서도 드러난다. 아울러 중국은 한국과 같은 나라가 경험하는 것처럼 병력자원 감소의 공백을 자율무기체계로 시급히 메꿔야 하는 문제가 없을 정도로 충분한 병력을 보유하고 있으므로 인공지능 및 자율무기체계에 보다 장기적이고 전략적으로 대규모의 예산을 투입할 수 있다(Haner and Garcia, 2019).

중국 국방비의 전체 정부예산 비중은 2019년에 5.06%에서 2020년에는 5.12%로 증가했다(중앙정부 예산 대비 비중은 33.6%에서 36.2%로 증가). 최근의 코로나바이러스 악영향에도 불구하고 중국 국방비가 증가했다는 것은 시진핑 주석이 선언한 것처럼 2035년까지 인민해방군의 현대화를 완성하고, 2049년까지 인민해방군을 세계 일류의 군대로 변모시키겠다는 약속의 이행을 위해 중국 정부가 노력하고 있음을 보여주는 것이라고 할 수 있다(Funaiole·Hart·Glaser, 2020).

(3) 무기체계

자율무기체계와 관련하여 중국의 드론UAV은 군민융합과 군사지능화에 있어서 핵심적 지위를 차지한다. 중국은 이미 세계 상용 드론 시장의 80%를 점유하고 있다(*China Power*, 2018.5.29). 중국의 군사드론에 대한 수요는 2013년부터 2022년 사이에 매년 15%씩 증가하여 5억 7000만 달러에서 20억 달러에 달할 것으로 전망된다. 그리고 2021년 중국의 드론 수출은 120억 달러에 달할 것으로 전망된다. 아직도 군사드론의 최대 수출국은 미국이지만 중국의 수출도 급격히 증가하는 추세이다(차정미, 2020: 64).

이와 함께 현재까지 특징적으로 드러나는 중국의 자율무기체계 개발 사례 중 하나는 자율주행차량AI-powered autonomous vehicles 분야이고, 중국 인민해방군은 이 기술을 탑재한 전차를 실전 배치하고 있다. 또 다른 사례는 저비용·장거리 무인자율 잠수함 분야이다. 아울러 중국은 레이더 회피기술을 구현한 군사드론을 중동 지역에 수출하고 있다(Gertz, 2019.11.7).

보다 구체적으로 중국은 기존의 전력, 예를 들면 전차에 일정 정도의 자율성이 부여된 원격조종 기술을 탑재하여 운영하고 있고, 이미 민군겸용으로 활용할 수 있는 소형 탐사용 수중글라이더undersea gliders와 무인잠수정unmanned underwater vehicle을 실전 배치한 바 있다(Kania, 2020: 4). 특히 무인잠수정 HSU-001은 장거리를 자율 항해하면서 정보 수집 및 정찰 임무 수행이 가능한 것으로 알려져 있다. 또한 중국이 2019년 4월에 공개한 세계 최초의 무인 무장 수륙양용정 '마린 리저드Marine Lizard'는 인공지능을 기반으로 자율적으로 항해하면서 장애물을 스스로 회피하여 경로를 만들고, 해안에 접근하면 스스로 무한궤도를 꺼내 상륙할 수 있는 기능을 갖추었다. 2019년 10월에 중국이 건국 70주년 열병식에서 공개한 무인 스텔스 공격기 GJ-11Gongji-11 샤프 소드Sharp Sword는 이미 실전 배치된 것으로 알려져 있다(정유현·김성남·박혜숙, 2020: 65).

중국의 자율무기체계 개발과 관련하여 미국과 차별화되는 특징은 지능 우월을 추구하는 인민해방군이 뇌-기계 결합brain-machine interface의 추진을 도모하고 있다는 것이다. 이는 인공지능이 주도하는 정책결정을 의미하는 것으로 지능적 자율무기가 인간처럼 사고하는 능력을 구현한다는 개념이다(Gertz, 2019.11.7). 따라서 중국은 미국의 관점과는 달리 인간의 개입이나 통제가 배제된 방식을 자율무기체계로 간주하려는 경향을 보인다.

이런 가운데 중국은 인공지능기술과 그 군사적 활용에 있어서 미국보다는 상대적으로 통합적이고 전 정부적(혹은 전 사회적) 노력을 기울일 수 있으므로 군민융합 방식을 통해 미국과의 격차를 당초의 전망보다 빠르게 줄여나가고 있는 것으로 평가할 수 있다. 2010년대 중반부터 시작된 미국과 중국의 자율무기체계 경쟁이 중장기적으로 어떤 결과로 귀결될지는 아직 불확실하다. 이러한 경쟁의 이면에는 결국 자율무기체계의 표준과 그것을 둘러싼 규범에 대한 다툼도 자리하고 있다. 미국과 중국은 자율무기체계와 관련하여 각자 장점이 있는 분야와 방식으로 표준경쟁을 펼치고 있고, 표준을 정당화하기 위한 규범경쟁도 펼치고 있다. 비록 양국이 인공지능과 자율무기체계 개발의 와중에 국가안보 혁신 기반을 공히 강화한다는 공통점이 있지만, 그 방향성에 있어서는 중국의 전 정부적 접근과 미국의 스핀온 방식이 대별된다고 볼 수 있다.

4. 결론

냉전기 미국과 소련의 전략적 경쟁은 주로 핵무기와 관련하여 전개되었지만, 최근의 미국과 중국의 경쟁은 전략무기 및 재래식 무기의 현대화 경쟁과 아울러 인공지능 및 자율무기체계와 관련하여 진행되고 있다. 특히 인공지능은 전투 수행 중 결정 주기를 촉진하는 이점이 있기에 군대는 이의 적극적 활용을 고려할 수밖에 없다. 이미 미국이 2020년에 실시한 다섯 차례의 가상 공중전에서 인공지능이 통제한 F-16 전투기가 모두 최고 조종사를 물리친 결과가 도출된 바 있다(Pressman, 2020.8.21). 인공지능이 효율적으로 구현된 자율무기체계가 안겨줄 이점은 당분간 미국과 중국으로 하여금 경쟁의 경로에서 벗어나도록 허용하지 않을 가능성이 크다.

이러한 경쟁은 냉전 시기 전통 지정학적 경쟁과 어떠한 유사성과 차별성이 있는가? 미국과 소련 사이의 핵무기 경쟁을 돌이켜보면, 당시 미국과 소련은 어느 순간 상호확증파괴Mutual Assured Destruction: MAD의 상황에 봉착하여 서로를 핵무기로 공격할 수 없는 교착 상태에 이르렀다. 비록 거기에 이르는 비용과 위험도 상당한 수준이었지만, 역설적으로 미국과 소련 사이에서는 그러한 위험에 수반되는 고도의 주의가 작동함으로써 경쟁이 열전으로 전화되지 않을 수 있었다. 하지만 미국과 중국 사이 자율무기체계 경쟁의 경로에서는 당분간 그런 상황을 기대하기는 힘들 것이다. 그럼에도 불구하고, 냉전기 핵무기 경쟁과 결부된 위기의 경험들은 미국과 중국의 자율무기체계 경쟁에 교훈으로 작용할 수 있을 것이다.

아직까지는 대부분의 나라가 자율무기체계에 대한 인간의 통제를 염두에 두고 있다. 비록 자율무기체계의 정의에 대해 모두가 동의하는 것은 아니지만, 최소한 완전 자율무기체계에 대해서는 대부분의 국가들이 유보적 태도를 보이고 있는 것이다. 특히 미국의 경우는 아직까지 전장 상태를 파악하는 것은 보다 신속한 인공지능에 맡기되, 공격 결정은 인간이 하는 것에 중점을 두고 있다고 볼 수 있다. 즉 인간에 대한 공격은 인간이 통제하겠다는 관념이 우세하다고 볼 수 있으나, 자율무기체계의 자율성이 전투에서 이길 가능성을 지속적으로 강화하는 경우에는 다양한 기술적·환경적 이유 때문에 인간 통제의 원칙이 완벽하게 지켜지기 힘든 경우가 발생할 수 있다. 그럼에도 불구하고 인간으로부터의 완전한 자율성을 추구하지 않는 한 인공지능 기반 자율무기체계는 기존 무기체계를 활성화하거나 효율성을 강화하는 수준에 머무를 것이다.

하지만, 미국과 중국이 미래전을 대비하는 가운데 승리를 목표로 인공지능의 활용 극대화에만 주목한다면, 이들 간의 경쟁은 결국 강대국들 간 전통적 지정학으로 회귀할 가능성이 크다. 문제는 과거의 핵무기 경쟁에서는 역설적으로 전쟁의 발생이 억제되는 영향력이 작동했지만, 지금의 자율무기체계 경쟁에서는 아직까지 그런 동인은 관찰되지 않는다는 것이다. 만약 무기체계의 스마트화가 지속적으로 추진되어 이를 핵무기에까지 결합시키고자 하는 유혹이 생긴다면, 이는 미국과 중국이 이른바 '심판의 날 기계Doomsday machine'의 딜레마에 봉착하는 지름길이 될 가능성도 있다.[8] 아울러 완전 자율무기체계의 본격화 추진의 문이 열린다면 이는 근대국가 체제를 중심으로 한 세계정치의 근본적 변화라는 불확실성을 확대하게 될 것이다.

이러한 불확정적인 미중경쟁 속에서 한국은 어떻게 해야 할 것인가? 한국은 최근에 경항공모함Light Aircraft Carrier 도입 계획을 공개했는데, 이 사업의 목적은 북한 및 주변국에 대한 전략적 억제와 대칭 전력 보유라고 알려져 있다. 이외에도 2020년 8월에 공개된 한국의 「2021~2025 국방중기계획」에 따르면 한국은 평화를 지키고 평화를 만드는 혁신강군을 목표로 향후 300조 원을 국방비에 투여하게 되어 있고, 이 중 무기체계의 구매 및 전력화에 주로 소요되는 방위력 개선비는 100조 이상에 달한다(국방부, 2020.8.10). 한국은 또한 주변 강국의 해양력 강화에 대응하기 위해 6000톤급 한국형 스텔스 이지스 구축함 도입 사업을 시작했다.

국제 무정부상태하 안보딜레마가 작동되는 것은 불가피하고, 따라서 한국이 안보를 위해 군사력을 증강하는 데에는 필수불가결한 측면이 있다. 하지만 다음과 같은 점을 고려할 필요가 있다. 우선 과거보다 이렇게 신장된 군사력으로 성취할 수 있는 실질적인 성과는 그렇게 많지 않을 수 있다(Bacevich, 2020). 한

---

8   스탠리 큐브릭(Stanley Kubrick) 감독의 1964년 영화 〈닥터 스트레인지러브(Dr. Strangelove or. How I Learned to Stop Worrying and Love the Bomb)〉에도 등장하는 이 개념은 어떤 경우에도 자동적으로 보복 공격이 가능하도록 하여 억지의 확실성을 보장함으로써 핵전쟁을 방지하고자 하는 노력을 의미한다. 여기서 딜레마는 그러한 억지력의 존재를 상대에게 투명하게 공개하지 않으려는 군사적 속성과 실제 상황이 아닌 오작동 혹은 정보 오류에 의해서 결국 방지하고자 했던 핵전쟁의 발발이 가능하다는 데에 있다.

국이 수정주의 국가가 아니라면 신장된 군사력의 가장 중요한 목적은 전쟁 방지를 위한 억지력 강화일 것이다. 그러나 구체적 억지 효과는 입증하기가 힘들다는 것이 냉전기 핵무기와 관련하여 지속되고 있는 쟁점이라는 것을 고려하면, 군사력 증강에 대해 보다 실질적인 고민을 통해 구체적인 이유가 제시될 필요가 있다. 둘째, 최근 미중경쟁 과정의 핵심인 자율무기체계가 활용될 것으로 예상되는 미래전은 매우 창의적이고 따라서 계획대로 잘 실행될 것으로 쉽게 판단할 가능성이 있다. 그러나 전쟁은 잘 수립된 전략대로 수행되지 않는다는 것을 클라우제비츠는 마찰friction 개념으로 강조한 바 있다. 따라서 자율무기체계에 대한 맹목적인 추종은 미국과 중국만큼 자원을 투여할 능력이 없는 한국으로서는 피해야 할 일이다.

한때 「국방중기계획」에 소총 구매 예산이 전혀 잡혀 있지 않을 정도로 한국의 국방예산의 합리성 및 균형에 대해서는 논란이 있어 왔다.[9] 아울러 한국은 미국과 중국처럼 인공지능 및 자율무기체계를 중심으로 한 국가안보 혁신 기반을 구축할 준비가 되어 있지 않다. 따라서 한국이 자율무기체계에 대해 다른 국가들과 비슷한 수준의 노력을 기울이는 데에는 많은 장애가 존재할 수밖에 없다. 그럼에도 불구하고 미중경쟁의 와중에 한국은 미국과의 동맹관계에 대한 고려 및 신기술 수용의 매력 때문에 중장기적 준비와 체계적 고민 없이 쉽게 미래에 중요한 영향을 주는 선택을 할 가능성이 농후하다.

한국은 미국과 중국 사이의 경쟁 속에서 자율무기체계가 가지는 함의를 적절히 고려하여 한반도의 전략적 안정성을 해치지 않는 수준에서 한국의 국가

---

9 2016년에 발표된 「국방중기계획」에 소총 예산이 반영되지 않았다는 지적이 있었다. 당시 전시 비축분과 예비군용을 포함해 소총 230만 정을 보유하기에 소총 추가 구매 예산을 반영하지 않았다는 것이 설명이었지만, 노후화와 후속 무기 개발이라는 측면을 고려하면 「국방중기계획」에 소총 구매 예산을 반영하지 않은 것은 문제라는 것이 비판의 핵심이었다. 이처럼 중장기적인 관점의 결여라는 문제는 항상 존재할 수 있다. 이에 대해서는 ≪SBS뉴스≫ "군 소총 예산 5년간 0원 … K계열 소총의 사라진 미래"(2016.4.12) 참고.

비전에 부합하는 대응을 준비할 필요가 있다. 한국이 그간 과학기술적 잠재력에도 불구하고 인공지능 기반 응용기술의 산업적·경제적 측면에만 주목해 왔다는 비판이 있지만, 다른 한편으로 반드시 한국이 인공지능기술의 무기화, 즉 자율무기체계의 개발에 경쟁적으로 참여해야 할 이유는 없다. 그럼에도 불구하고 여전히 안보의 일부를 한미동맹에 의존할 수밖에 없는 한국으로서는 미국의 자율무기체계 진전에 따른 한미동맹의 상호운용성의 측면에도 주목해 준비를 해야 할 것이다. 이 과정에서 한국의 장점인 인공지능기술 분야를 적극적으로 활용하는 창의적 모델을 구상할 필요도 있을 것이다. 이는 결국 미국과 중국의 자율무기체계 경쟁 속에 제시되는 표준들의 틈새를 어떻게 읽어나가야 하는가라는 과제와 관련될 것이다. 자율무기체계 개발경쟁의 중요성과 함께 관련된 문제점들을 동시에 고려하는 균형 있는 준비가 필요하다.

국방부. 2020.8.10. 「누구도 넘볼 수 없는 유능한 안보 튼튼한 국방 「21-'25 국방중기계획」 수립」. 국방부 보도자료.

김상배. 2019. 「미래전의 진화와 국제정치의 변환: 자율무기체계의 복합지정학」. ≪국방연구≫, 제62권 3호, 93~118쪽.

김상배·이중구·윤정현·송태은·설인효·차정미·이장욱·윤민우·최정훈·장기영·이원경·조은정. 2020. 『4차 산업혁명과 신흥 군사안보: 미래전의 진화와 국제정치의 변환』. 김상배 엮음. 한울엠플러스.

부트, 맥스. 2007. 『전쟁이 만든 신세계: 전쟁, 테크놀로지 그리고 역사의 진로』. 송대범·한태영 옮김. 플래닛미디어.

이근욱. 2017. 「전쟁과 군사력, 그리고 과거와 미래」. 이근욱 엮음. 『미래 전쟁과 육군력』. 한울엠플러스.

이창형. 2019. 「중국의 민군융합 통합 '지능화군' 건설 전략」. ≪KIMS Periscope≫, 제166호.

정유현·김성남·박혜숙. 2020. 「제4차 산업혁명 기반의 국방과학기술 개발 동향」. ≪전자통신동향분석≫, 제35권 6호, 56~67쪽.

차정미. 2020. 「4차 산업혁명시대 중국의 군사혁신: 군사지능화와 군민융합(CMI) 강화를 중심으로」.

≪국가안보와 전략≫, 제20권 1호 , 41~78쪽.

최우선. 2020. 「중국의 해군력 증강과 미중 군사경쟁」. ≪정책연구시리즈 2019-26≫.

프리드먼, 로렌스. 2020. 『전쟁의 미래: 인류는 어떻게 다가올 전쟁을 상상했는가』. 조행복 옮김. 비즈니스북스.

≪한겨레신문≫. 2021.3.2. ""바이든, AI 무기 금지하면 안돼"···750쪽 '중국 탓'보고서" https://www. hani.co.kr/arti/international/international_general/985050.html.

한윤주·이상경. 2018. 「2018년 미 국방부 획득조직 개편 경과와 시사점」. ≪국방논단≫, 제1730호

≪SBS뉴스≫. 2016.4.12. "군 소총 예산 5년간 0원 ··· K계열 소총의 사라진 미래". http://news.sbs. co.kr/news/endPage.do?news_id=N1003519693.

Voice of America. 2020.5.12. "미 '스스로 생각하는' AI 무기, 함정 개발 박차" https://www. voakorea.com/korea/korea-politics/us-ai-defense.

Allen, Gregory C. 2019. "Understanding China's AI Strategy: Clues to Chinese Strategic Thinking on Artificial Intelligence and National Security." Center for a New American Security(CNAS). https://www.cnas.org/publications/reports/understanding-chinas-ai-strategy.

Allison, Graham and Eric Schmidt. 2020. "Is China Beating the U.S. to AI Supremacy?" *Avoiding Great Power War Project.* Belfer Center for Science and International Affairs. https://www. belfercenter.org/publication/china-beating-us-ai-supremacy.

Bacevich, Andrew. 2020. "The Endless Fantasy of American Power: Neither Trump nor Biden Aims to Demilitarize Foreign Policy." *Foreign Affairs.* https://www.foreignaffairs.com/articles/ united-states/2020-09-18/endless-fantasy-american-power.

Biden, Joseph R. Jr. 2021. "Interim National Security Strategic Guidance." The White House. https://www.whitehouse.gov/wp-content/uploads/2021/03/NSC-1v2.pdf.

Brodie, Bernard(ed.). 1946. *The Absolute Weapon: Atomic Power and World Order.* New York: Harcourt, Brace and Company.

China Power. 2018.5.29. "Is China at the Forefront of Drone Technology?" https://chinapower. csis.org/china-drones-unmanned-technology/.

China State Council. 2017. "A Next Generation Artificial Intelligence Development Plan."

Congressional Research Service(CRS). 2020. "Artificial Intelligence and National Security." *CRS Report,* R45178.

Cornille, Chris. 2021. "Artificial Intelligence & Machine Learning: BGOV Market Profile." *Bloomberg Government Report.* https://about.bgov.com/reports/market-profile-artificial-intelligence-and-machine-learning/.

Funaiole, Matthew P·Brian Hart and Bonnie S. Glaser. 2020. "Breaking Down China's 2020 Defense Budget." Center for Strategic and International Studies. https://www.csis.org/analysis/ breaking-down-chinas-2020-defense-budget.

Gertz, Bill. 2019.11.7. "US and China Racing to Weaponize AI." *Asia Times.* https://asiatimes.

com/2019/11/us-and-china-racing-to-weaponize-ai/.

Gilli, Andrea and Mauro Gilli. 2016. "The Diffusion of Drone Warfare? Industrial, Organizational, and Infrastructural Constraints." *Security Studies*, Vol.25, No.1, pp.50~84.

_____. 2019. "Why China Has Not Caught Up Yet: Military-Technological Superiority and the Limits of Imitation, Reverse Engineering, and Cyber Espionage." *International Security*, Vol.43, No.3, pp.141~189.

Haner, Justin and Denise Garcia. 2019. "The Artificial Intelligence Arms Race: Trends and World Leaders in Autonomous Weapons Development." *Global Policy*, Vol.10, No.3, pp.331~337.

Harrison, Todd. 2021. "Rethinking the Role of Remotely Crewed Systems in the Future Force." Center for Strategic and International Studies. https://www.csis.org/analysis/rethinking-role-remotely-crewed-systems-future-force.

Hicks, Kathleen and Joseph P. Federici. 2020. "Getting to Less? Exploring the Press for Less in America's Defense Commitments." Center for Strategic and International Studies. https://www.csis.org/analysis/getting-less-exploring-press-less-america-defense-commitments.

Hicks, Kathleen·Joseph P. Federici·Seamus P. Daniels·Rhys McCormick·Lindsey Sheppard. 2020. "Getting to Less? The Innovation Superiority Strategy." Center for Strategic and International Studies. https://www.csis.org/analysis/getting-less-innovation-superiority-strategy

Higgins, John K. 2021. "AI Contract Spending Set to Grow in Federal Market." *Government IT REPORT*. https://www.ecommercetimes.com/story/87045.html.

Horowitz, Michael C. 2010. *The Diffusion of Military Power: Causes and Consequences for International Politics*. Princeton University Press.

https://www.diu.mil/about.

Johnson, James. 2019. "The End of Military-techno Pax Americana? Washington's Strategic Response to Chinese AI-enabled Military Technology." *The Pacific Review*, Vol.34, No.3, pp.351~378.

Kania, Elsa B. 2020. ""AI Weapons" in China's Military Innovation." *Global China: Assessing China's Growing Role in the World*. Brookings Institution.

Klare, Michael. 2019. "Pentagon Asks More for Autonomous Weapons." *Arms Control Today*.

_____. 2021. "AI Commission Warns of Escalatory Dangers." *Arms Control Today*.

Klein, David. 2018. *Unmanned Systems & Robotics in the FY2019 Defense Budget*. Association for Unmanned Vehicle Systems International. https://www.auvsi.org/%E2%80%8Bunmanned-systems-and-robotics-fy2019-defense-budget.

Krepinevich, Andrew F. 1994. "Cavalry to Computer: The Pattern of Military Revolutions." *The National Interest*, No.37. pp.30~42.

Leys, Nathan. 2018. "Autonomous Weapon Systems and International Crises." *Strategic Studies Quarterly*, Vol.12, No.1, pp.48~73.

Mori, Satoru. 2019. "US Technological Competition with China: The Military, Industrial and

Digital Network Dimensions." *Asia-Pacific Review*. Vol. 26, No. 1, pp. 77~120.

National Security Commission on Artificial Intelligence(NSCAI). 2021. "The Final Report." https://www.nscai.gov/wp-content/uploads/2021/03/Full-Report-Digital-1.pdf

Nye, Joseph S. and William A. Owens. 1996. "America's Information Edge." *Foreign Affairs*. Vol. 75, No. 2, pp. 20~36.

Office of the Secretary of Defense. 2020. "Annual Report to Congress: Military and Security Developments Involving the People's Republic of China 2020." https://media.defense.gov/2020/Sep/01/2002488689/-1/-1/1/2020-DOD-CHINA-MILITARY-POWER-REPORT-FINAL.PDF.

Pressman, Aaron. 2020.8.21. "An F-16 pilot took on AI in a dogfight. Here's who won." *Fortune*.

Scharre, Paul. 2018. *Army of None: Autonomous Weapons and the Future of War*. New York: W.W. Norton and Company.

Tingley, Brett. 2021. "U.S, 'Not Prepared to Defend or Compete' with China on AI According to Commission Report." *The Drive*. https://www.thedrive.com/the-war-zone/39559/national-security-commission-warns-u-s-is-not-prepared-to-defend-or-compete-with-china-on-ai.

Van Evera, Stephen. 1984. "The Cult of the Offensive and the Origins of the First World War." *International Security*, Vol. 9, No. 1, pp. 58~107.

Waltz, Kenneth N. 1979. *Theory of International Politics*. Addison-Wesley Publishing Company.

White House. 2017. "National Security Strategy of the United States of America."

Wyatt, Austin. 2019. "Charting Great Power Progress toward a Lethal Autonomous Weapon System Demonstration Point." *Defense Studies*, Vol. 20, No. 1, pp. 1~20.

Yang, Zi. 2017. "Privatizing China's Industry: China Hopes to Create its Own Military-Industrial Complex, but it won't be Easy." *The Diplomat*. https://thediplomat.com/2017/06/privatizing-chinas-defense-industry/.

9 디지털 안보 동맹외교의 미중경쟁과 한국
탈냉전기 미국 대외전략과 '디지털 자유연합'의 등장

정성철 | 명지대학교

1. 서론

　미중경쟁 시대 국제관계 속 동맹정치는 어떠한 변화를 겪고 있는가? 코로나 19와 기후변화의 불확실성 속에서 강대국 경쟁은 우리에게 무엇을 요구하는 가? 이 글은 한국의 관점에서 탈냉전기 미국의 대외전략 변화를 살펴보고 권력·기술·가치를 연계한 자유연합의 등장을 논의한다. 글로벌 팬데믹의 영향 속에 안보·경제·규범을 둘러싼 미중경쟁이 한층 심화되자 강대국 간의 충돌을 우려하는 목소리가 높아지고 있다. 미국과 중국은 주요국과 이웃국의 지지를 확보하려는 경쟁을 펼치면서 자국 영향권의 확장을 노리고 있다. 2021년 출범한 바이든 행정부는 미국·일본·호주·인도로 구성된 비공식 안보회의체인 '쿼드Quad'를 확장한 '쿼드 플러스'를 추진하고 있는 반면, 중국은 일대일로에 기반한 유라시아 공동체를 주도하며 국제사회에서의 지위 상승을 구체화하고 있다. 코로나 시대 두 강대국이 어떠한 국제질서를 상정하고 어떻게 경쟁할지를 둘러싼 논의는 다각도로 진행 중이다.

이 글은 탈냉전기 미국의 대외전략의 변화를 살펴보면서 디지털 자유연합의 등장에 주목한다. 소련이 붕괴하자 '자유패권'을 추구했던 미국은 이라크전(2003)과 글로벌금융위기(2008)를 겪으면서 '자유연합'의 중요성을 강조했다. 이러한 미국의 탈냉전기 대외전략의 배경에는 정치체제와 동맹관계에 대한 학술연구가 자리 잡고 있다. 이러한 자유주의 동맹론 연구는 미국의 외교를 옹호하기 위해 고안되거나 진행된 것은 아니지만 자유주의 대외정책과 상호작용하면서 미국 외교정책의 논리와 근거를 제시해 왔다. "민주주의 국가는 서로 전쟁을 하지 않는다"라는 명제로 널리 알려진 민주평화론democratic peace theory은 21세기에 들어서 '민주승리론democratic triumphalism'을 낳으면서 민주국가와 외교정책에 대한 연구를 이끌었다(Reiter and Stam, 2002). 무정부상태에서 펼쳐지는 국제정치에서 '투명성transparency'과 '권력분산checks-and-balance'을 내재한 민주국가는 동맹 상대에게 "신뢰할 만한 파트너reliable partner"로 기능한다는 주장이 핵심이다(Lipson, 2003). 민주국가의 속내는 확인과 예측이 가능하다는 논리이다. 따라서 민주국가 간 동맹은 굳건히 지속되면서 파트너의 전쟁 승리에 기여한다는 주장까지 제기되었다.

바이든 행정부 출범 이후 미국은 권력·기술·가치를 연계한 자유연합을 본격적으로 추구하고 있다. 디지털 권위주의와 기술 패권에 대한 대다수의 논의에서 민주국가의 즉각적 대응과 연대를 촉구하고 있다. 미국은 중국의 도전을 전통안보 차원뿐 아니라 기술과 가치의 차원에서 바라보고 있다. '미국 우선주의America First'를 내세웠던 트럼프 행정부도 무역과 기술에 있어 중국 견제를 본격화하면서 경제 번영과 정보 공유를 함께할 민주진영의 연대를 지속적으로 강조한 바 있다. '미국의 귀환'을 선언한 바이든 행정부는 위협·기술·가치를 공유하는 자유연대를 한층 강조하면서 세계의 주목을 끌고 있다. 이러한 디지털 자유연합은 ① 중국의 미국 따라잡기(미중 세력전이)를 사전에 차단하고자, ② 민주국가의 건실한 연대를 활용하여, ③ 중국의 잠재력을 후퇴시키려는 미국의 전략적 사고를 반영한다. 이 글은 군사력·경제력·기술력의 우위를 점한 세계 국가의 흥망의 관점에서 현재의 미중경쟁을 조망하면서 미중 양국을 둘러싼 주요국의 선택과 연대의 가능성을 살펴보고자 한다.

2. 단극체제의 등장과 '자유패권전략'

1) 냉전의 종식과 민주평화론

냉전의 갑작스런 종식은 현실주의 국제정치학에 충격이었다. 양극체제의 등장 속에서 한스 모겐소(Morgenthau, 1960[1948])가 '권력정치'를 핵심어로 내세운 이후, 케네스 월츠(Waltz, 1979)는 체제중심 접근을 통해 국제정치이론의 기준을 제시했다. 이후 다수의 국제정치학자들은 앞선 현실주의 국제정치학자의 조언에 따라 국가를 단일행위자로 가정하고 복수의 국가가 선보이는 협력과 갈등을 설명하고자 했다. 이른바 당구공 모델을 활용한 것이다. 그런데 제일 큰 두 당구공 중 하나였던 소련이 여러 개로 쪼개져 버렸다. 그러자 국가를 국력에 따라 구분할 뿐 각국의 이념과 제도에는 무관심했던 국제정치이론의 한계를 지적하는 목소리가 일시에 커졌다. 역사 없는 이론과 실증주의 접근에 대한 비판을 시작으로 구성주의 접근과 다양한 방법론에 대한 관심이 증폭되었다.

이러한 배경 속에 민주국가 간 평화를 주장하는 연구가 주목을 받았다. 현실주의가 국제체제 내 국력 배분을 이야기했다면, 자유주의는 제도와 이익에 초점을 맞추었다. 민주평화론은 자유주의 전통을 이어받아 각국의 정치체제를 유의미한 변수로 강조했다. 당구공은 크기(국력)뿐 아니라 줄무늬(정체체제)로도 구분될 수 있다는 것이다. 마이클 도일(Doyle, 1983; 1986)은 칸트의 '영구 평화론'을 기원으로 삼아 민주국가가 서로에게 우호적이라는 주장을 펼쳤다. 이러한 민주평화지대 democratic zone of peace 아이디어는 단순히 민주국가가 평화

우호적이라는 신념을 뛰어넘어 두 민주국가 사이의 규범적·제도적 상호작용에 대한 이론적 논의와 경험적 분석으로 발전했다. 민주국가는 비민주국가에 대해서 공격적일 수 있지만 동료 민주국가에 대해서는 전쟁을 일으키지 않는다는 경험적 발견은 국제관계 연구에서 "가장 법칙에 가까운 명제"로 받아들여졌다(Levy, 1994).

물론 이러한 민주평화론에 대해 다양한 비판이 쏟아졌다. 우선 현실주의 계열의 학자들은 민주국가가 서로 공유하는 전략적 이해관계에 주목했다. 그들은 민주국가 간 평화가 주로 20세기에 관찰된 현상으로, 양극체제하 민주국가들은 미국이 주도하는 자유진영 안에서 안보를 위한 연대를 지속했다는 점을 강조했다(Farber and Gowa, 1995). 한편, 경제이익을 강조하는 이들은 민주국가가 대부분 자본주의 경제체제를 받아들인 후 글로벌 경제에 깊숙이 편입된 사실을 강조한다(Gartzke, 2007). 이러한 민주국가들은 경제적으로 의존관계를 맺었기에 전쟁 대신 무역을 합리적 선택으로 판단했다는 주장이다. 이러한 비판들은 공통적으로 민주국가 간 이해관계에 집중한다. 만약 상이한 정치체제를 채택한 국가들이라 할지라도 그러한 전략적 혹은 경제적 이익을 함께했다면 서로 전쟁을 펼치지 않았으리라는 주장이다.

그러나 민주평화론자들은 꾸준히 규범적·제도적 설명을 통해 민주주의가 보유한 평화효과pacifying effects를 강조했다(Maoz and Russett, 1993). 민주국가는 서로에 대한 존중과 신뢰를 바탕으로 우호적 관계를 지속한다는 것이다. 특히 엘리트 사이에 이러한 유대감은 매우 중요하며, 자유주의 이념의 공유는 일정한 힘을 발휘할 수 있다(Owen, 1997). 한편, 민주체제하에서 지도자는 함부로 전쟁을 일으키거나 일방적으로 자원을 동원하는 데 어려움을 겪기 때문에, 두 민주국가가 서로 전쟁을 벌이는 현상은 드물다는 제도적 설명이 존재한다. 전쟁을 일으키기 어려운 두 국가 사이에 (의도하지 않은) 평화가 자리 잡는다는 설명이다. 물론 이러한 민주국가의 특성이 왜 비민주국가를 대상으로 전쟁을 개시할 때는 장애물로 작동하지 않는지에 대한 의문은 사라지지 않는다. 더불어 미국-스페인 전쟁과 미국 남북전쟁과 같은 사례에서 드러난 (유사)민주체제 간에 벌어진 충돌과 위기에 대해서는 그럴듯한 답변이 없다는 평가 역시 존재한다.

냉전에서 승리를 거둔 미국은 본격적인 현상변경을 시도한다. 제2차 세계대전 이후 소련을 봉쇄하면서 양국이 세계를 양분하는 현상유지에 집중한 미국에게 사회주의에 대한 민주주의의 승리는 자신감을 불러일으켰다. "새로운 세계질서a new world order"를 외치는 미국에게 중국과 구舊공산권은 관여engagement의 대상으로 글로벌 사회의 미래 동반자로 규정되었다. 냉전의 종식이 양차 세계대전을 불러일으킨 다극체제로의 회귀로 끝날 것이라는 비관적 전망이 제기되었으나, 미국의 외교정책은 압도적 국력을 바탕으로 자유패권liberal hegemony전략을 채택하기에 이르렀다(Mearsheimer, 2018). 이는 세계를 곧 '자기의 형상대로its own image' 바꾸겠다는 목표를 내세운 것으로, 미국인의 도덕적·전략적 지지를 등에 업고 있었다. 자유주의 세계질서liberal world order를 전파하고 공고화하는 작업은 자유와 번영, 인권과 민주주의라는 가치를 수호하고 확산할 뿐 아니라, 민주국가의 수를 증가시켜 확장된 전쟁이 사라지고 정의로운 질서가 자리 잡은 평화지대를 넓혀가려는 목표를 달성시켜 주리라는 기대를 낳았다.

2) 이라크전쟁과 나토의 확장

이러한 자유패권전략이 명확히 드러난 사건은 이라크전쟁과 나토NATO의 확장이었다. 9·11 테러 이후 아프가니스탄전쟁을 치른 후 미국은 이라크의 테러단체 지원과 대량살상무기를 이유로 전쟁을 개시했다. 이러한 미국의 개전은 유엔을 비롯한 국제사회의 지지를 받는 데 실패한 가운데 감행되면서 국제기구의 제한적 영향력을 보여준 대표적 사례로 자리매김했다. 더불어 이라크전은 대량살상무기의 보유 혹은 개발에 대해 미국이 이라크에 펼친 예방전쟁

preventive war으로 평가받았다. 부시 행정부는 이라크의 공격능력과 의지를 강조했지만, 당시 이라크를 미국에 대한 '임박한 위협'으로 바라보는 이들은 많지 않았다. 이렇듯 미국의 일방적인 결정으로 시작된 예방전쟁은 이라크 내 대량살상무기가 발견되지 않은 가운데 민주주의 전파 전쟁으로 변질했다. 후세인의 폭정이 강조되고 이라크를 기점으로 중동 민주화를 이룰 수 있다는 주장이 확산되면서, 동시에 다양한 논쟁을 불러일으켰다. 이라크전이 정의로운 전쟁인지를 둘러싸고 전쟁의 대의와 동기가 무엇인지, 최후 수단으로서 무력이 사용되었는지에 대한 논의는 한동안 지속되었다.

이라크를 중동 평화의 출발점으로 삼겠다는 전쟁은 다수의 미국 국제정치학자들의 반발을 불러일으켰다. 현실주의자의 눈에 "불필요한 전쟁"에 불과했기 때문이다(Mearsheimer and Walt, 2003). 현실주의 국제정치학자 33인은 2002년 9월 26일 ≪뉴욕타임스≫에 성명서를 발표했다. 미국의 국익에 부합하지 않는 전쟁 개시를 반대하면서 이들은, ① 후세인과 알카에다의 연관성에 대한 증거가 부족하고, ② 후세인이 핵무기를 사용할 가능성이 희박하며, ③ 이라크 정복은 중동 불안을 초래해 미국 국익을 손상하고, ④ 미국이 전쟁에서 승리하더라도 심대한 피해를 입을 수 있으며, ⑤ 비록 전쟁에서 손쉽게 이기더라도 이라크가 독자생존이 가능하게 만들고 나오는 출구전략exit strategy이 없으며, ⑥ 알카에다에 대항할 자원을 낭비하고 반미주의를 확산시킨다는 이유를 제시했다(*The New York Times*, 2002.9.26). 이러한 국익 기반 논리는 자유패권을 추구하는 부시 행정부의 전쟁 개시를 막지 못했다.

한편, 냉전 종식 후 나토는 오랜 기간 동안 팽창하면서 우크라이나 위기를 불러일으켰다는 비난에 직면했다. 1949년 미국과 캐나다, 영국과 프랑스를 중심으로 12개국이 시작한 다자동맹은 현재 총 30개국의 회원국을 보유하고 있다. 소련과 공산권이 해체된 이후인 1999년(체코, 헝가리, 폴란드 등), 2004년(불가리아, 에스토니아, 라트비아, 리투아니아, 루마니아, 슬로바키아, 슬로베니아), 2009년(알바니아, 크로아티아), 2017년(몬테네그로), 2020년(북마케도니아)에도 꾸준히 확장했다(김영호, 2020: 122). 냉전이 종식된 상황에서 나토 유럽회원국은 잠재적 외부 위협과 더불어 군사·경제 부담을 고려해 나토의 존속을 희망했다. 새로 출범한 클린턴 행정부는 1993년 "민주주의와 자유시장의 확대"를 내세우면서 다음 해 의회 「연두교서」를 통해 나토 확장을 기정사실화했다(김봉중, 2013: 198~199). 이후 1990년과 2002년에 발표한 나토의 전략개념을 살펴보면 "유럽 전체를 대상으로 하는 안보"와 더불어 테러와 경제를 망라한 포괄적 안보개념을 내세우고 있다(김영호, 2020: 123~124). 미국은 "초대받은 제국"으로 유럽에서 영향력을 확산시켜 나갔던 것이다(김봉중, 2013: 205).

그러나 이러한 나토 확장은 애초부터 러시아의 반발이라는 우려 속에서 진행되었다. 물론 소련 해체 이후 민주화의 길을 걸으면서 러시아가 정치적·경제적 불안에 휩싸이자 미국과 유럽 국가의 불안이 상승한 것은 사실이다. 하지만 장기적으로 나토의 확장은 러시아의 영향권을 침식하면서 모스크바의 불안과 불만을 자극해 역효과를 낳을 수 있다는 전망이 냉전 직후부터 제시되었다. 결국 러시아의 조지아 침공(2008)과 크림반도 합병(2014)이 발생하면서 "자유주의 망상"으로 러시아를 자극했다는 비판이 제기되었다(Mearsheimer, 2014). 실제로 1990년대 나토에 호의적이었던 엘리트들이 힘을 잃어가고 푸틴이 부상하면서 수정주의 노선이 전면에 등장하는 변화가 일어났다(고상두, 2010). 크림반도를 둘러싼 러시아의 항변도 우크라이나 정권교체에 미국이 개입했다는 주장이 핵심이었다. 이처럼 냉전기 미국의 대소련 정책의 핵심이 봉쇄였지만, 탈냉전기 미국의 선택은 관여와 개입이었다. 자유주의 국제질서의 확장은 유럽과 중동, 아시아에서 적극적으로 추진되면서 국제정치의 위계질서와 제국질서에 대한 논의를 촉발시켰다(Lake, 2011; Nexon and Wright, 2007).

3. 미중경쟁과 '자유연합전략'

1) 상대적 쇠퇴와 민주동맹론

이라크전에서 드러난 미국의 일방주의에 대한 비판 속에서도 민주주의와 동맹관계에 대한 연구는 지속되었다. 이러한 민주주의와 국제정치에 대한 연구는 민주주의 국가들이 '왜' 전쟁을 서로 펼치지 않는지에 대한 논쟁에서 촉발되었다. 경험적 발견을 이론적 논의가 뒤따르는 가운데 규범과 제도를 통한 다양한 설명이 제기되었다. 그중 제도적 설명은 민주제도가 갖춘 '투명성'과 '권력분산'에 초점을 맞추었다. 지도자의 의사결정을 감시하고 다수에게 권력을 분산하는 제도를 통해 국내적으로 민주정치를 구현할 뿐 아니라 국제적으로 민주동맹을 결성한다는 것이다. 민주국가는 서로에게 "신뢰할 만한 파트너"라는 것이다(Lipson, 2003). 상대국의 정부뿐 아니라 야당과 여론의 주장과 의지를 확인할 수 있는 상황에서 민주국가의 (잠재적) 동맹국은 믿을 만한 정보를 획득할 수 있다. 이러한 상황에서 민주국가는 상대에게 '강한 신호'를 보내고, 상대국은 이러한 신호를 허세가 아닌 진실로 받아들인다.

민주동맹은 민주국가의 전쟁 승리를 설명하는 하나의 요인이다. 민주평화론 이후 민주국가는 비민주국가보다 전쟁에서 승리할 가능성이 높다는 주장이 제기되었다(Reiter and Stam, 2002). 다양한 양적 분석을 통해 국력과 별개로 정치체제가 전쟁 승리를 설명하는 독립변수라는 입장이다. 이들에 따르면 민주국가는 전쟁에 돌입하게 되면 국민 자발성으로 자원 동원이 용이하고 우수한 군대의 전문성이 발휘된다. 더불어 다른 민주국가의 지원과 협력 역시 전쟁에서 승리를 거두도록 하는 요인이다(Choi, 2004). 비록 민주승리론은 전쟁의 승패를 규정하고 측정하는 작업의 어려움 등으로 폭넓은 지지를 받고 있지는 않지만 민주국가가 대외관계에서 지니는 이점을 명확히 제시하고 있다. 특히 민주국가군에서 발생하는 높은 수준의 상호 협력은 다른 국가군(독재국가, 사회주의국가 등)에서 발견하기 어렵다는 점에서 더욱 주목을 끌어왔다(Leeds·Mattes·Vogel, 2009; Reed, 1997). 물론 지금까지 왜 민주국가가 서로 협력하고 전쟁을 피하는지에 대한 합의된 설명은 도출되고 있지 않지만, 규범과 제도에 기초를 둔 다양한 설명은 민주동맹의 효율성과 영향력에 대한 믿음을 더해주고 있다.

예를 들어, 국내 청중비용에 대한 연구는 민주국가가 왜 엄포를 놓을 수 없는지를 설명하면서 주목을 끌었다(Fearon, 1994). 일단 위기를 고조시킨 민주지도자는 특별한 성과 없이 물러날 경우 국내 비난에서 자유롭지 못하다는 것이다. 이러한 주장에 대해 경험적 근거가 부족하다는 비판과 더불어(Snyder and Borghard, 2011), 일부 권위주의 국가에서도 발견된다는 반론이 제기된 것은 사실이다(Weeks, 2008). 하지만 국내 청중비용은 민주지도자가 고려할 수밖에 없는 부분으로 일정한 영향력을 미친다는 인식은 점차 널리 퍼졌다. 즉, 민주국가는 비민주국가와 구별되는 외교정책을 구사하고, 상대국 입장에서 거짓을 말하지 않는 특징을 보인다는 평가가 학계를 중심으로 확산되었다. 물론, 현실주의 국제정치학자는 국내의 정치체제가 외교정책을 통해 국제정치에 유의미한 영향을 미친다는 입장을 거부하고 있지만, 점차 현실주의와 자유주의, 국제정치와 비교정치의 구분이 모호해지는 학계에서 민주주의 외교정책의 투명성과 신뢰성에 대한 믿음은 커졌다고 볼 수 있다.

2) '인도·태평양 전략'과 '파이브 아이즈' 동맹

2008년 금융위기를 겪으며 미국은 해외 개입을 자제하면서 대외정책의 목표를 조정했다. 오바마 행정부는 축소전략retrenchment을 부분적으로 가동시켰으며, 트럼프 행정부는 미국 우선주의에 기초한 대외정책을 펼치며 동맹과 우방을 포함한 세계를 놀라게 했다. 냉전 종식 이후 민주평화론에 기초한 '민주주의 전파promoting democracy' 슬로건은 오바마 행정부에서 찾기 힘들어진 가운데, 동맹과 우방을 통해 세계를 선도한다는 선언만이 지속되었다. 이러한 기조는 미국 경제가 상당 부분 회복한 오바마 행정부 2기에서도 이어졌다. 2013년 시리아 정부의 화학무기 사용에 대한 응징을 결정하지 못하는 오바마를 '햄릿형 지도자'로 조롱하는 미국 내 분위기도 존재했지만, 이러한 자제 움직임은 미국의 상대적 국력 쇠락을 반영한 결과였다(≪경향신문≫, 2013.8.30). 자유패권을 활용한 세계 변화를 추구하는 것이 아니라 자유동맹에 의존하여 타국의 미국 따라잡기를 방지하는 전략으로 선회한 것이다.

트럼프 행정부는 '인도·태평양 전략'을 필두로 내세우며 중국에 대한 견제를 본격화했다. 2018년 태평양 사령부가 인도태평양 사령부로 개명한 사실은 미국이 인도양과 서부 태평양을 주무대로 아시아 전략을 펼치기 시작했음을 공표한 것과 같았다. 미국은 일본, 호주, 인도와 함께 인도·태평양 전략을 구체화하면서 다자연대를 개시했다. 하지만 인도·태평양 전략은 일본과 호주 등이 먼저 제시한 바 있으며 중국 배제를 전면에 내세우고 있지 않다. 오히려 미국을 제외한 3개국은 반중 동맹이라는 지적을 거부하면서 중국을 포함한 지역질서에 대한 선호를 분명히 했다. 호주와 일본은 규칙기반질서rules-based order를 유지하고 복원하는 목표를 전면에 내세우면서 이에 대한 도전을 경계하고 중국과 역내 국가들이 협력하는 청사진을 제시했다. 냉전기 소련과 유대관계를 유지하면서 중국과 전쟁까지 펼쳤던 인도는 강대국으로 부상한 이웃 국가를 경계와 협력의 이중적 대상으로 바라보고 있다. 이렇듯 인도·태평양 전략은 단순히 미국이 홀로 선도하고 있지 않으며, 그 목표 또한 중국 봉쇄로 규정되어 있지 않은 상황이다.

하지만 바이든 행정부는 출범 직후 중국을 견제하기 위해 가치와 기술을 공유하는 자유연합의 중요성을 역설한다. 2020년 발표한 「미국의 대중국 전략적 접근U.S. Strategic Approach to the People's Republic of China」에서 트럼프 행정부는 중국의 도전이 경제·가치·안보 차원에서 가시화되었다고 선언한 바 있다(The White House, 2020). 바이든 행정부 출범 이전부터 중국을 미국의 이념과 경제에 대한 위협이며 이에 대한 즉각적 대응이 필요하다는 초당적 합의가 도출된 것이다. 트럼프 행정부는 관세 인상과 기술 유출을 둘러싸고 중국과 분쟁을 일으키면서 '중국제조 2025' 달성을 저지하려는 노력을 개시했다(≪한거레신문≫, 2020.4.4). 동시에, 미국은 중국의 '약탈적 경제행위predatory economic practices'를 비난하면서 기술 도용과 정보 유출을 막기 위한 국제 연대를 강조했다. 2018년 미국 정부는 '파이브 아이즈Five Eyes' 동맹국(영국, 캐나다, 호주, 뉴질랜드) 등에게 중국 화웨이 통신장비를 도입하지 말 것을 요구했다. 이후 캐나다는 미국 측의 요구에 따라 화웨이 부회장을 체포했으며, 호주와 뉴질랜드, 일본은 이동통신 산업에서 중국 제품을 배제하는 결정을 내렸다. 하지만 2019년 들어서 영국과 일본 등 파이브 아이즈 국가들의 입장이 누그러지면서 연합전선에 균열이 발생한 바 있다(이수범, 2020; 이수빈, 2020).

최근 바이든 행정부는 신장新疆 인권 문제를 거론하여 중국을 압박하면서 한국·대만·일본과 더불어 반도체·배터리 공급망 구축에 시동을 걸었다(*Nikkei Asia*, 2020.2.24; The White House, 2021b). 이는 미국의 '내 편 모으기'가 중국 제품의 수입 금지에서 나아가 중국을 배제한 기술·정보·가치 연합으로 발전한 모습이다(김상배, 2019). 수년 전부터 제2차 세계대전 직후 결성된 파이브 아이즈 정보동맹에 독일과 프랑스, 한국 등을 포함시켜야 하며, 그러할 경우 주니어 파트너는 일정한 이점을 누린다는 주장이 제기되었다(Pfluke, 2019; O'Neil, 2017). 이렇듯 미국이 구상하고 추진하는 자유연합은 지정학적 이해에 바탕을 둔 안보적 대응뿐 아니라 경제와 기술에 초점을 맞춘 비군사적 대응까지 염두에 둔 협력체이다. 따라서 단순히 군사협력 혹은 가치연합의 관점에서 새로운 자유연합을 바라보려는 접근은 그림의 일부만을 바라볼 수 있을 뿐이다. 달리 말해, 현실주의 동맹론 혹은 자유주의 동맹론의 관점에서 이해하기 어려운 국가협력의 부상이 당면한 현실인 것이다.

4. 디지털 권위주의와 미국의 글로벌 패권

1) 미국의 연계전략: 권력·기술·가치

그렇다면 기술과 가치를 공유하는 자유주의 협력의 미래는 어떠할 것인가? 기존의 안보협력을 뛰어넘는 이른바 복합동맹이 21세기 국제질서의 핵심이 될 것인가? 이와 관련하여 2010년대부터 부상한 '디지털 권위주의'에 주목할 필요가 있다(Shahbaz, 2018). 중국은 디지털 기술을 활용하여 검열과 감시 체제를 확충한 가운데, 이와 관련된 기술을 해외로 수출하고 있다. 동남아시아·라틴 아메리카·중동의 국가들은 단순히 중국 장비를 구입할 뿐 아니라 중국 정부가 제공하는 뉴스 미디어 혹은 정보 관리에 대한 세미나에 참석한 것으로 알려졌다. 이집트와 이란은 국내법을 개정하는 가운데 미디어와 인터넷 통제를 강화하면서 중국식 모델을 따르는 모습을 보여주고 있다. 인권단체 프리덤하우스의 2018년 보고서에 따르면 인터넷 자유는 8년 연속 하락했다(Shahbaz, 2018: 1~3). 이러한 권위주의 국가의 디지털 기술은 국내 통제뿐 아니라 해외 개입에 활용되고 있다. 러시아 해커는 2016년 미국 대선뿐 아니라 멕시코, 필리핀, 터키 유권자에 대한 정보 접근에 시도한 것으로 알려졌다(Shahbaz, 2018: 1). 2016년 러시아발 가짜 뉴스는 미국, 프랑스, 영국, 독일, 스페인의 선거와 투표를 혼란스럽게 하며 각종 논란을 야기했다(송태은, 2019: 190).

이렇듯 중국과 러시아가 보여주는 디지털 권위주의는 국내 통제와 해외 개입으로 민주주의를 위협하고 있다(우평균, 2019). 권위주의 국가와 민주주의 국가 사이에서 발생하는 개방성의 비대칭성이 해소되지 않는 한 허위 정보와 가짜 뉴스가 민주주의를 훼손하고 혼란에 빠뜨릴 가능성은 높을 수밖에 없다(송태은, 2019: 183~188). 물론 이에 대한 대처 방안의 필요와 대응에 대한 논의가 급속히 증가하고 있지만, 다른 국가의 선거 개입과 여론 조작에 대한 취약성을 쉽사리 보완하기는 힘든 실정이다. 과거 미국이 벌인 테러와의 전쟁에서 보듯,

자유 민주국가는 '목표ends'와 '수단means'의 정당성 모두를 확보하면서 사이버 공간을 통제하고 심리전을 펼칠 때 딜레마에 직면한다. 이러한 위협과 도전을 공유하는 민주국가들은 상호 정보협력을 확대할 유인이 크다. 파이브 아이즈 국가들은 독일·일본과 중국 관련 정보를 공유한 것으로 알려졌으며(Barkin, 2018), 서구 국가들이 유럽을 비롯한 아시아 우방과 정보 공유에 적극적으로 나서야 한다는 주장이 거세지고 있다(Stavridis, 2019).

더구나 미중 복합경쟁이 심화되는 상황에서 미국은 기존의 동맹관계를 발전시키면서 자유연대를 강화할 유인을 지니고 있다. 따라서 미국에서는 권위주의 위협에 대항할 유사입장국들like-minded countries을 묶어 기술과 정보를 공유하면서 경제 번영을 추구하는 자유연합의 가능성이 제기되고 있다. 더구나 코로나19로 세계정치의 미래가 혼미한 상황에서 미국은 자유민주국가를 선도하여 자유주의 세계질서를 회복할 수 있는 마지막 기회를 얻었는지도 모른다(Ikenberry, 2020). 다만 미국이 자유연합을 추구한다는 것이 냉전기 민주국가들이 공산세력에 대항한 군사동맹의 재현을 의미하지는 않는다. 미국이 의도하는 바는 경제와 군사, 정보와 기술을 포괄하는 영역의 협력과 신뢰를 기초로 한 자유주의 연대인 것이다. 2020년 미국 조지타운대학 CSET Center for Security and Emerging Technology의 보고서는 미국이 디지털 권위주의에 대항하기 위해 "신속하고 유연한 동맹agile alliances"을 통해 대처할 것을 촉구했다(Imbrie et al., 2020). 이 보고서는 자유민주주의 가치와 계획을 증진하기 위한 인공지능 개발과 활용을 위해서 미국이 취할 삼중 전략을 제시하면서 개별 작업에 따른 최상 파트너 국가들을 거명했다(표 9-1 참조).

최근 바이든 행정부 출범 이후에도 디지털 권위주의에 대항한 '모범적 리더십leading by example'의 중요성이 강조되고 있다(Wang, 2021). 하지만 미국 내 경제불황과 불평등으로 인해 백인 중산층으로 대변되는 다수의 미국인들은 자국의 국제 리더십 행사에 냉소적이며, 그렇기 때문에 트럼프 행정부의 출범을 지지했다. 그 결과 미국은 제2차 세계대전 이후 미국이 걸어온 행로를 이탈하

표 9-1 AI 시대 미국의 대응 전략과 과제

전략	계획	최적 동반자
방어	1. 민감한 기술 정보의 유출 차단	독일, 영국, 일본, 캐나다, 프랑스, 호주
	2. 투자 검열 과정의 조정	영국, 독일, 네덜란드, 프랑스, 이탈리아, 일본
	3. 하드웨어 요충지의 활용	대만, 한국, 일본, 이스라엘, 싱가포르, 네덜란드
네트워크	4. 비민감 데이터의 나눔·공유·저장	영국, 독일, 일본, 프랑스, 네덜란드, 뉴질랜드
	5. 프라이버시 보존형 기계학습에 투자	캐나다, 인도, 독일, 호주, 일본, 영국
	6. 상호운용성과 기민성을 갖춘 소프트웨어의 개발	캐나다, 호주, 영국, 독일, 이탈리아, 일본
	7. 인공지능과 연구개발 협력과제의 개시	일본, 독일, 한국, 프랑스, 영국, 네덜란드
	8. 인공지능을 위한 연계된 인적 자본의 개발	인도, 영국, 독일, 프랑스, 캐나다, 한국
투사	9. 인공지능에 대한 글로벌 규범과 표준의 형성	캐나다, 영국, 아일랜드, 호주, 싱가포르, 일본
	10. 다층 디지털 인프라 네트워크의 구축	독일, 일본, 프랑스, 영국, 아일랜드, 캐나다

자료: Imbrie et al.(2020: iv-viii)의 내용을 저자가 번역하여 정리.

였고, 이에 대해 "세계뿐 아니라 영혼을 잃을" 수 있다는 경고까지 등장했다 (Sargent, 2018; 차태서, 2020). 더구나 코로나19로 미국이 보여준 대외 행태는 미국 리더십에 대한 희망을 버리고 영국과 캐나다, 프랑스와 같은 중견국 리더십을 기대하게 만들었다(Jones, 2020). 미국은 중국의 일대일로의 대항마로 인도·태평양 전략을 내세웠지만 이를 위해 제시한 투입자금은 동남아시아 국가들의 기대에 미치지 못했다(정구연, 2019). 이러한 상황에서 미국의 지도부가 적절한 자원 투입과 보편적 규범 창출을 통해 디지털 자유연합을 규합하고 선도할 역량과 의지를 보유했는지에 대한 의구심은 사라지지 않고 있다.

물론 강력한 패권국의 리더십 부재에도 자유민주국가의 연대는 가능하다. 실제로 자유주의 세계질서의 후퇴 속에서도 민주주의 중견국의 다자협력에 대한 논의는 부상했다. **그림 9-1**에 나타난 바와 같이, 전 세계 국가들 중 민주국이 차지하는 비중은 제2차 세계대전 직후 22%(1945년)에 불과했지만 냉전이

그림 9-1 민주주의, 권위주의, 혼합주의(1800~2018)

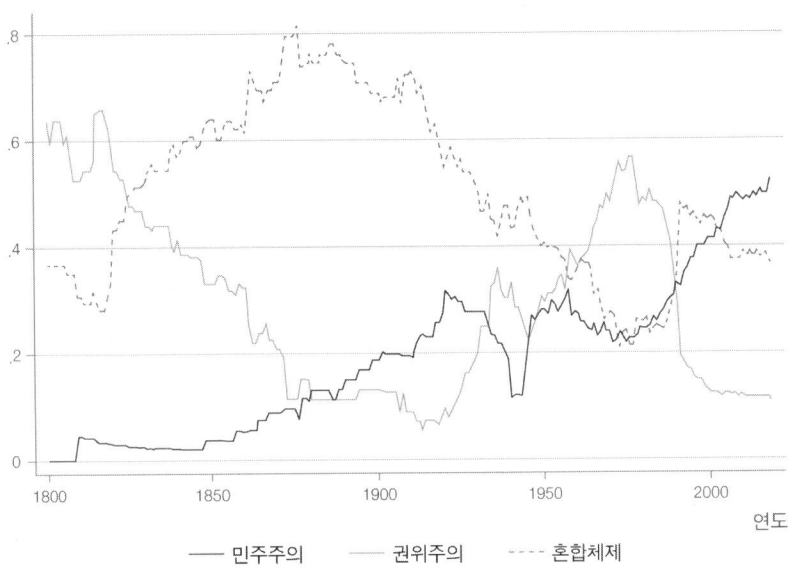

주: 각국의 해당 년도의 Polity Score(*polity2*)가 +7부터 +10일 경우 민주주의로, -6부터 +7까지를 혼
    혼합체제로, -7부터 -10까지를 권위주의로 코딩함.
자료: Polity5 dataset(https://www.systemicpeace.org/inscrdata.html).

종식될 때 32%(1991년)로 증가했고 2018년에는 52%에 이르렀다. 같은 기간에
권위주의 국가의 비중은 22%, 19%, 11%를 기록하여 하락세를 보인다. 하지
만 글로벌 팬데믹 상황에서 국내 경제와 사회가 불안한 가운데 민주주의 중견
국이 공동의 정체성을 기반으로 무임승차를 최소화하면서 국제협력을 일굴 수
있는지가 관건이다. 경제침체 가운데 급진사상과 포퓰리즘이 민주주의를 훼손
한 역사적 경험은 이러한 우려를 증폭시킨다. 또한 19세기부터 진행된 민주화
의 물결이 다수의 민주국가의 등장을 가져오면서 민주국가 간 연대의식은 약
화되리라는 주장이 제기되고 있다(Gartzke and Weisiger, 2013a; 2013b). 실제로
2000년대 중반 이후부터 민주적 절차로 선출된 지도자가 비자유주의적 통치
를 일삼는 현상이 잦아지면서 비자유 민주주의에 대한 비판과 '민주주의 후퇴'

그림 9-2 권력·기술·가치의 연계

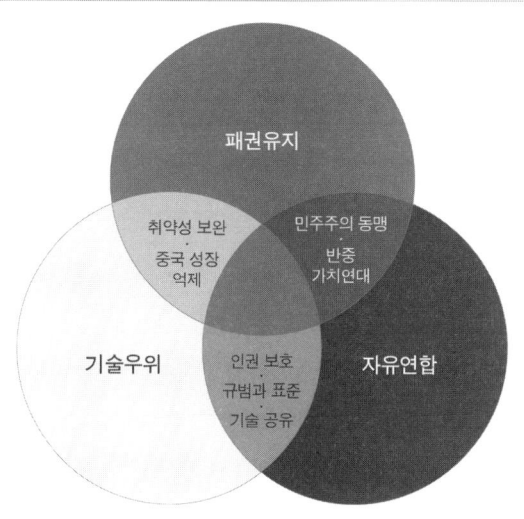

자료: 저자 작성.

에 대한 경고가 등장했다(Diamond, 2021; Zakaria, 2007).

　이러한 불확실성을 배경으로 미국은 당분간 디지털 자유연합을 통해 중국의 성장을 차단하는 전략을 추구하리라 예상된다. 단기적으로 중국과 러시아가 주도하는 디지털 권위주의의 확산을 억제하면서 장기적으로 이들 국가의 부상을 가로막고자 할 것이다. 대량살상무기의 등장으로 강대국 간 전면전 가능성이 희박한 상황에서 미중경쟁은 군사력을 뒷받침하는 경제력을 약화시키기 위하여 선도 분야의 우위를 둘러싸고 전개될 것이다. 미국이 인공지능과 빅데이터를 비롯한 정보통신 분야를 핵심 선도 분야로 바라보고 중국을 배제한 기술·시장 생태계를 구축하고자 한다면, 중국은 디지털 실크로드와 기술 자립과 내수시장으로 맞서면서 자국 중심 경제블록을 희망할 것이다. 만약에 미국이 주요 민주주의 선진국들과 연대하여 중국의 기술개발과 시장 점유를 가로막는다면 미중 세력전이는 현실화되지 않을 것이다. 힘의 우위를 점한 미국은 아시아에서의 세력균형을 유지하면서 자국의 영향력을 지속하며 리더십을 행사할 것이다. 따라서 현재 바이든 행정부의 대외전략은 '패권유지'를 위해 '기술우위'와 '자유연합'이라는 수단을 활용하는 방향으로 전개될 것이다(그림 9-2 참조). 이미 권력우위와 정보보안(기술과 권력), 개인자유와 기술통제(가치와 기술), 가치수호와 국제연대(가치와 권력) 등은 복수 영역에 걸친 주요 이슈들로 국제정치의 핵심 의제로 부상했다.

2) 선도 영역과 글로벌 패권의 이동

사실 글로벌 패권의 이동은 경제와 기술의 관점에서 설명된 바 있다. 최근의 이른바 '투키디데스의 함정'을 둘러싼 논의는 미중 군사충돌 가능성과 시나리오에 집중하는 경향이 강하다. 하지만 패권안정론을 내세운 로버트 길핀(Robert Gilpin)은 패권의 쇠퇴를 초래하는 핵심 원인으로 기술 이전에 따른 후발 주자의 이점을 강조했다(Gilpin, 1981). 글로벌 공공재를 제공하는 부담은 여전하지만 기술우위에 따른 상대적 이점이 줄어들어 패권국의 상대적 국력은 쇠퇴한다는 주장이다. 세력전이론을 정립한 아브라모 오르갠스키도 산업혁명 이후 국가 간 불균등한 경제성장uneven growth에서 자신의 논의를 시작한다(Organski, 1958). 상이한 수준의 경제성장을 지속하면서 국가들은 국력 격차를 벌이면서 권력의 위계질서에 편입된다. 그중 가장 선두를 차지하는 '압도적 국가dominant nation'가 바로 권력의 정점에서 국제질서를 주도하게 되면, 나머지 국가들은 이에 만족하거나 불만족하는 그룹으로 나뉜다는 관점을 제시한 것이다.

본격적으로 글로벌 패권의 이동을 선도경제와 기술혁신의 관점에서 이론화한 것은 조지 모델스키와 윌리엄 톰슨이었다(Modelski, 1978; Thompson, 1983; 1990; Modelski and Thompson, 1996). 그들에 따르면 16세기부터 선도 영역 leading sector의 우위를 바탕으로 글로벌 경제를 이끈 세계 국가들(포르투갈, 네

표 9-2 선도경제와 세계국가

세계국가	핵심 도전국	핵심 도전국의 대항국	세계국가 후계자	선도 영역	글로벌 전쟁
포르투갈 (1517~1580)	스페인	네덜란드, 영국	네덜란드	기니 골드, 인도 후추	1588~1608
네덜란드 (1609~1713)	프랑스	네덜란드, 영국	영국	발트해 무역, 아시아 무역	1689~1713
영국 1 (1714~1815)	프랑스	영국	영국	무역(담배, 설탕, 차 등)	1793~1815
영국 2 (1816~1945)	독일	영국, 미국		면화, 철강, 철도, 증기	1914~1918
	독일	영국, 미국	미국		
미국 1 (1946~1972)				정보산업	
미국 2 (1973~)					

자료: Thompson(1983: Table 1, p.347), Thompson and Zakhirova(2019: Tables 2.2 and 2.3, pp. 24~26).

덜란드, 영국, 미국)이 존재했다. 특히 영국과 미국은 석탄과 석유 에너지의 활용과 혁신을 주도하면서 각각 두 차례의 고속 성장을 경험했다. 이러한 관점에서 미국이 세계 국가로 정보통신산업과 인공지능, 신재생에너지와 양자기술을 선도할 수 있는지가 글로벌 패권의 향방을 좌우하게 될 것이다. 결국 미국과 중국의 전략경쟁은 누가 경제력을 바탕으로 군사력과 외교력을 일으켜 국제질서를 자국의 이익과 가치에 따라 주도할 것인지가 핵심이다. 그리고 그 경제력의 우위는 기술혁신을 통해 선도산업을 이끄는 국가의 몫이 되는 것이다.

이러한 인식을 바탕으로 현재 미국은 동맹·우방과 위협·가치·기술을 공유하는 '디지털 자유연합'을 추구하고 있다. 흥미롭게도, 기존 동맹관계에 대한 학술연구에서 권력·기술·가치의 연계에 대한 관심과 연구는 제한적으로 이루어졌다. 다만 소수의 학자들에 의해서 과학기술과 국제정치에 대한 이해를 바탕으로 한 동맹관계의 본질과 동학에 대한 논의가 촉발되었다(김상배, 2020; 이승주, 2020). 이러한 모습은 다수의 동맹연구가 동맹을 국가 간 안보협력으로 규정한 후 동맹의 형성·유지·파기의 원인을 분석하는 경향을 따른 결과로 바라볼 수 있다(Snyder, 1997; Walt, 1987). 냉전기 세력균형과 위협공유의 관점에서 동맹을 바라본 현실주의 연구가 득세한 이후 자유주의 동맹연구는 민주주의와 가치공유의 영향에 주목했다. 그러한 가운데 전략적 이해뿐 아니라 이익과 신념을 공유하는 동맹의 특수성을 강조하는 인식이 널리 퍼져나갔다. 하지만 기술과 정보를 공유하는 동맹에 대한 연구는 제한적으로 이루어진 가운데 최근 미국이 제시하는 권력·가치·기술을 연계한 네트워크의 부상을 마주하고 있다. 이러한 현실을 반영하고 설명할 수 있는 새로운 동맹론을 모색하고 구축하는 노력이 필요한 지금이다.

5. 결론

2021년 4월·5월 정상회담을 통해 한미와 미일 정상은 기술혁신 파트너십을 선언했다(청와대, 2021; The White House, 2021a). 코로나19와 기후변화와 같은 글로벌 난제에 맞서 가치와 원칙을 공유하는 민주국가들이 핵심 산업과 관련한 기술개발과 생산망 구축에 긴밀히 협력할 의지와 계획을 선언한 것이다. 디지털 자유연합의 서막이 열린 셈이다. 민주평화·민주승리·민주동맹에 대한 자유주의 국제정치학의 논의를 배경으로 미국의 탈냉전기 대외전략은 자유패권전략에서 자유연합전략으로 변화했다. 이러한 변화의 배경에는 중국의 부상이 자리 잡고 있다. 중국과 러시아의 지정학 위협을 견제하고자 미국은 가치와 기술을 공유하는 자유주의 연합을 당분간 추구할 것이다. 중국의 군사적 도전을 예방하기 위해 잠재력의 핵심인 경제와 기술에 있어 명시적 규제와 배제 전략을 채택한 것이다. 이에 대해 중국은 기술 자립과 우방 확보로 맞서면서 미중 갈등은 규범과 질서를 둘러싼 '탈정당화 단계 delegitimation phase'를 넘어서고 있다(Schweller and Pu, 2011).

이렇듯 코로나19 시대에 한국은 권력·기술·가치의 경쟁무대에 올라서 있다. 이미 중국산 물품 구매와 반도체 생산 등을 둘러싼 다수의 선택에 직면해 있다. 하지만 강대국 국제정치의 종속변수로 남을지, 규칙 기반 국제질서의 형성에 참여할지는 우리의 선택이다. 기술과 가치를 둘러싼 표준과 규범, 원칙과 규칙을 제정하는 작업은 당분간 자유연합을 중심으로 활발하게 이루어질 것이다. 우리가 중시하는 자유와 인권, 민주주의와 환경보호라는 가치를 반영한 국제질서를 형성하고 확장하는 작업에 적극적으로 나설 때, 한반도 평화와 번영, 위안부 문제와 미세먼지와 같은 우리의 당면 과제를 해결하기에 용이한 국제환경을 조성할 수 있음을 기억해야 한다. 우리의 단기적 국익만을 고려한 즉흥적이고 사안별 대응은 유사입장국들like-minded countries의 지지를 얻기도 힘들 뿐 아니라 우리 내부의 분열을 부추길 우려가 크다. 우리의 이익과 가치에 대한 성찰과 그것을 담아낸 대외전략이 필요한 이유이다.

≪경향신문≫. 2013.8.30. "오바마는 햄릿형 지도자". https://m.khan.co.kr/view.html?art_id=201308301651191&nlv#c2b (검색일: 2021.7.29).
고상두. 2010. 「나토 확대에 대한 러시아의 대응」. ≪한국과 국제정치≫, 제26권 1호, 137~161쪽.
김봉중. 2013. 「탈냉전과 '제국'의 재편성: 미국의 NATO 확장정책을 중심으로」. ≪역사학보≫, 제217권, 185~211쪽.
김상배. 2019. 「화웨이 사태와 미중 기술패권 경쟁: 선도부문과 사이버 안보의 복합지정학」. ≪국제·지역연구≫, 제28권 3호, 125~156쪽.
_____. 2020. 『4차 산업혁명과 미중 패권경쟁: 정보세계정치학의 시각』. 사회평론.
김영호. 2020. 「탈냉전기 미 동맹질서의 변화 양상과 자유국제주의 질서의 지속성」. ≪한국과 국제정치≫, 제36권 제1호, 117~151쪽.
송태은. 2019. 「사이버 심리전의 프로퍼갠더 전술과 권위주의 레짐의 샤프파워: 러시아의 심리전과 서구 민주주의의 대응」. ≪국제정치논총≫, 제59권 2호, 161~203쪽.
우평균. 2019. 「디지털 권위주의와 통제 메카니즘의 확산: 중국, 러시아 모델과 한국에 대한 함의」. ≪중소연구≫, 제43권 3호, 191~233쪽.

이수범. 2020. 「화웨이 사태와 파이브 아이즈 동맹국의 대응: 호주와 영국의 사례」. 김상배 엮음. 『4차 산업혁명과 미중 패권경쟁: 정보세계정치학의 시각』. 사회평론.

이수빈. 2020. 「미중 기술 패권경쟁 및 일본과 인도의 네트워크 전략: 화웨이 사태에 대한 대응을 중심으로」. 김상배 엮음. 『4차 산업혁명과 미중 패권경쟁: 정보세계정치학의 시각』. 사회평론.

이승주·배영자·차정미·홍건식·강하연·유인태·김상배·김주희·이왕휘·김준연·최용호·김지이. 2020. 『미중경쟁과 글로벌 디지털 거버넌스』. 이승주 엮음. 사회평론.

정구연. 2019. 「명확한 전략 드러내지 못한 '정책 결과보고서': 미국무부 '인도-태평양 전략' 보고서 평가」. 한국해양전략연구소 ≪KIMS Periscope≫, 제179호. http://file.kims.or.kr/peri179.pdf (검색일: 2020.6.25).

차태서. 2020. 「예외주의의 종언: 트럼프 시대 미국패권의 영혼타락」. 서울대학교국제문제연구소· 서정건 엮음. 『미국 국내정치와 외교정책』. 사회평론.

청와대. 2021. 「한미 파트너십 설명자료」. https://www1.president.go.kr/articles/10347 (검색일: 2021.7.2).

≪한겨레신문≫. 2020.4.4. "미국이 두려워하는 '중국제조 2025' 도대체 뭐길래?" https://www.hani. co.kr/arti/international/china/839138.html (검색일: 2021.7.29).

Barkin, Noah. 2018. "Exclusive: Five Eyes Intelligence Alliance Builds Coalition to Counter China." Reuters. https://www.reuters.com/article/us-china-fiveeyes/exclusive-five-eyes-intelligence-alliance-builds-coalition-to-counter-china-idUSKCN1MM0GH (검색일: 2020.6.25).

Choi, Ajin. 2004. "Democratic Synergy and Victory in War, 1816~1992." *International Studies Quarterly,* Vol.48, No.3, pp.663~682.

Diamond, Larry. 2021. "Democratic Regression in Comparative Perspective: Scope, Methods, and Causes." *Democratization,* Vol.28, No.1, pp.22~42.

Doyle, Michael W. 1983. "Kant, Liberal Legacies, and Foreign Affairs." *Philosophy & Public Affairs,* Vol.12, No.3, pp.205~235.

_____. 1986. "Liberalism and World Politics." *American Political Science Review,* Vol.80, No.4, pp.1151~1169.

Farber, Henry S. and Joanne Gowa. 1995. "Polities and Peace." *International Security,* Vol.20, No.2, pp.123~146.

Fearon, James D. 1994. "Domestic Political Audiences and the Escalation of International Disputes." *American Political Science Review,* Vol.88, No.3, pp.577~592.

Gartzke, Erik. 2007. "The Capitalist Peace." *American Journal of Political Science,* Vol.51, No.1, pp.166~191.

Gartzke, Erik and Alex Weisiger. 2013a. "Fading Friendships: Alliances, Affinities and the Activation of International Identities." *British Journal of Political Science,* Vol.43, No.1, pp. 25~52.

_____. 2013b. "Permanent Friends? Dynamic Difference and the Democratic Peace." *International*

Studies Quarterly, Vol.57, No.1, pp.171~185.

Ikenberry, G. John. 2020. "The Next Liberal Order: The Age of Contagion Demands More Internationalism, Not Less." *Foreign Affairs,* Vol.99, No.4, pp.133~142.

Imbrie, Andrew·Ryan Fedasiuk·Catherine Aiken·Tarun Chhabra and Husanijot Chahal. 2020. "Agile Alliances: How the United States and Its Allies Can Deliver a Democratic Way of AI." Center for Security and Emerging Technology, Georgetown University.

Jones, Bruce. 2020. "Can Middle Powers Lead the World Out of the Pandemic?" *Foreign Affairs,* https://www.foreignaffairs.com/articles/france/2020-06-18/can-middle-powers-lead-world-out -pandemic (검색일: 2020.6.25).

Lake, David A. 2011. *Hierarchy in International Relations.* Ithaca: Cornell University Press.

Leeds, Brett Ashley·Michaela Mattes and Jeremy S. Vogel. 2009. "Interests, Institutions, and the Reliability of International Commitments." *American Journal of Political Science,* Vol.53, No.2, pp.461~476.

Levy, Jack S. 1994. "The Democratic Peace Hypothesis: From Description to Explanation." *Mershon International Studies Review,* Vol.38, No.2, pp.352~354.

Lipson, Charles. 2003. *Reliable Partners: How Democracies Have Made a Separate Peace.* Princeton: Princeton University Press.

Maoz, Zeev and Bruce Russett. 1993. "Normative and Structural Causes of Democratic Peace, 1946~1986." *American Political Science Review,* Vol.87, No.3,pp.624~638.

Mearsheimer, John J. 2014. "Why the Ukraine Crisis Is the West's Fault: The Liberal Delusions That Provoked Putin." *Foreign Affairs,* Vol.93, No.5, pp.77~89.

_____. 2018. *Great Delusion: Liberal Dreams and International Realities.* New Haven: Yale University Press.

Mearsheiemr, John J. and Stephen M. Walt. 2003. "An Unnecessary War." *Foreign Policy,* Vol.134, pp.50~59.

Modelski, George. 1978. "The Long Cycle of Global Politics and the Nation-States." *Comparative Studies in Society and History,* Vol.20, No.2, pp.214~235.

Modelski, George and William R. Thompson. 1996. *Leading Sectors and World Powers: The Coevolution of Global Economics and Politics.* Columbia: University of South Carolina Press.

Morgenthau, Hans J. 1960[1948]. *Politics among Nations: The Struggle for Power and Peace.* New York: Knopf.

Nexon, Daniel H. and Thomas Wright. 2007. "What's at Stake in the American Empire Debate." *American Political Science Review,* Vol.101, No.2, pp.253~271.

Nikkei Asia. 2020.2.24. "US and Allies to Build 'China-free' Tech Supply Chain." https://asia. nikkei.com/Politics/International-relations/Biden-s-Asia-policy/US-and-allies-to-build-China-fr ee-tech-supply-chain (검색일: 2021.4.19).

O'Neil, Andres. 2017. "Australia and the 'Five Eyes' Intelligence Network: The Perils of an

Asymmetric Alliance." *Australian Journal of International Affairs,* Vol.71, No.5, pp.529~543.

Organski, A.F.K. 1958. *World Politics.* New York: Alfred A. Knopf.

Owen, John M. 1997. *Liberal Peace, Liberal War. American Politics and International Security.* Ithaca: Cornell University Press.

Pfluke, Corey. 2019. "A History of the Five Eyes Alliance: Possibility for Reform and Additions." *Comparative Strategy,* Vol.38, No.4, pp.302~315.

Polity5 dataset. https://www.systemicpeace.org/inscrdata.html

Reed, William. 1997. "Alliance Duration and Democracy: An Extension and Cross-Validation of "Democratic States and Commitment in International Relations"." *American Journal of Political Science,* Vol.41, No.3, pp.1072~1078.

Reiter, Dan and Allan C. Stam. 2002. *Democracies at War.* Princeton: Princeton University Press.

Sargent, Daniel. 2018. "RIP American Exceptionalism, 1776~2018." *Foreign Policy.* https://foreignpolicy.com/2018/07/23/rip-american-exceptionalism-1776-2018/ (검색일: 2020. 6.25).

Schweller, Randall and Xiaoyu Pu. 2011. "After Unipolarity: China's Visions of International Order in an Era of U.S. Decline." *International Security,* Vol.36, No.1, pp.41~72.

Shahbaz, Adrian. 2018. "The Rise of Digital Authoritarianism." Freedom on the Net, Freedom House. https://freedomhouse.org/report/freedom-net/2018/rise-digital-authoritarianism (검색일: 2020.6.25).

Snyder, Glenn H. 1997. *Alliance Politics.* Ithaca: Cornell University Press.

Snyder, Jack and Erica D. Borghard. 2011. "The Cost of Empty Threats: A Penny, Not a Pound." *American Political Science Review,* Vol.105, No.3, pp.437~456.

Stavridis, James. 2019. "The Western Allies Need More Eyes on the World." Bloomberg. https://www.bloombergquint.com/onweb/eyes-in-the-sky-the-west-needs-a-bigger-intelligence-network (검색일: 2020.6.25).

The New York Times. 2002.9.26. "War with Iraq Is Not in America's National Interest."

The White House. 2020. "U.S. Strategic Approach to the People's Republic of China." https://www.whitehouse.gov/wp-content/uploads/2020/05/U.S.-Strategic-Approach-to-The-Peoples-Republic-of-China-Report-5.20.20.pdf (검색일: 2020.6.25).

_____. 2021a. "Face Sheet: U.S.-Japan Competitiveness and Resilience (CoRe) Partnership." https://www.whitehouse.gov/wp-content/uploads/2021/04/FACT-SHEET-U.S.-Japan-Competitiveness-and-Resilience-CoRe-Partnership.pdf (검색일: 2021.4.19).

_____. 2021b. "Building Resilient Supply Chains, Revitalizing American Manufacturing, and Fostering Broad-Based Growth." 100-Day Reviews under Executive Order 14017.

Thompson, William R. 1983. "Uneven Economic Growth, Systemic Challenges, and Global Wars." *International Studies Quarterly,* Vol.27, No.3, pp.341~355.

_____. 1990. "Long Waves, Technological Innovation, and Relative Decline." *International Organization,* Vol.44, No.2, pp.201~233.

Thompson, William R. and Leila Zakhirova. 2019. *Racing to the Top: How Energy Fuels Systemic Leadership in World Politics.* New York: Oxford University Press.

Walt, Stephen M. 1987. *The Origins of Alliances.* Ithaca: Cornell University Press.

Waltz, Kenneth N. 1979. *Theory of International Politics.* Reading: Addison-Wesley.

Wang, Maya. 2021. "China's Techno-Authoritarianism Has Gone Global: Washington Needs to Offer an Alternative." *Foreign Affairs,* https://www.foreignaffairs.com/articles/china/2021-04-08/chinas-techno-authoritarianism-has-gone-global (검색일: 2021.4.14).

Weeks, Jessica L. 2008. "Autocratic Audience Costs: Regime Type and Signaling Resolve." *International Organization,* Vol.62, No.1, pp.35~64.

Zakaria, Fareed. 2007. *The Future of Freedom: Illiberal Democracy at Home and Abroad* (Revised Edition). New York: W.W. Norton & Company.

10 디지털 안보 규범외교의 미중경쟁과 한국*
데이터 규범경쟁의 쟁점과 시사점

유준구 | 국립외교원

1. 서론

전 세계 주요국들이 4차 산업혁명의 주도권을 둘러싸고 디지털 패권경쟁을 전개하는 가운데, 진영 간 디지털 안보 규범경쟁이 개별 국가 및 다자협의체에서 가속화되고 있다. 일반적으로 사이버 안보가 ICT 네트워크, 컴퓨터시스템, 디지털 구성요소인 정보·데이터 등 포괄적인 이슈를 다루고 있는 반면 디지털 안보의 경우 사이버 안보의 하위 부분인 온라인상에 실재하는 정보·데이터 및 기술과 관련되어 있다. 디지털상의 정보 및 기술을 보호한다는 디지털 안보 논의에서 데이터의 중요성이 강조되고 있는바, 각국은 데이터 문제를 국가안보 관점에서 접근하고 있다. 즉, 4차 산업혁명 시대 데이터는 인간, 자본 등 기존의 생산요소를 능가하여 석유와 같은 핵심 자원으로 부상하고 있는바, 인터넷

---

* 이 글은 ≪국가전략≫ 제27권 2호(2021)에 게재한 저자의 논문 「국가안보 차원의 데이터 주권의 이중성과 시사점」을 수정·보완하여 수록한 것임을 밝힌다.

이 신경망 내지 혈관이라면 데이터는 혈액이라 할 수 있다. 현재 세계 데이터 시장은 2017년 1508억 달러에서 2020년 2100억 달러로 연간 11.9% 규모로 급속히 성장하고 있는 상황이다(IDC, 2017). 이에 따라 최근 수년간 한국을 포함한 주요국들이 인공지능Artificial Intelligence: AI 국가 전략·정책을 수립함과 동시에 디지털 뉴딜 및 데이터 뉴딜 정책을 수립하여 추진하고 있다. 개별국의 데이터 정책은 단순 산업경쟁력 강화 차원은 물론 '데이터의 안보화', 즉 국가안보 관점에서 설립·추진되고 있다. 이에 따라 미국, 중국, 유럽연합European Union: EU, 일본 등은 자국의 데이터 관리체제 전반을 고려하면서 '데이터 안보'에 입각한 법·제도 정비에 박차를 가하고 있다. 또한, 주요국들은 국내적 체제 정비를 바탕으로 자국에 유리한 지역적·국제적 차원의 데이터 안보 구상을 제안하면서 지지를 확대·유도하고 있다. 이러한 데이터 안보 경쟁은 최근 화웨이를 둘러싼 미중 기술패권 경쟁과 연계되어 가속·심화되고 있다.

4차 산업혁명과 관련한 기술패권 경쟁에서 표준화 및 규범 설정이 주요 쟁점인 것처럼 데이터 안보의 핵심 쟁점 역시 데이터 관리체제에 있어 일종의 기준 및 규범을 마련하는 것이다. 표준 및 규범 설정 문제는 미중 간 전략경쟁이 심화되는 가운데, 4차 산업혁명 시대의 국제 안보·경제 질서를 재편할 기술패권을 중심으로 미중 간 경쟁 분야의 융복합화가 가속화되는 상황과 맞물려 더욱 중요해지고 있다. 즉, 미·서방과 중·러 등 주요 기술강국들은 첨단기술이 국제안보에 미치는 융복합 환경하에서, 4차 산업혁명 플랫폼 기술인 데이터, 네트워크, 인공지능기술의 활용을 통해 사이버, 우주, 자율무기체계Autonomous Weapons Systems: AWS 등 뉴프론티어 이슈를 선도해 나가기 위한 국가안보 전략·정책을 수립하고 있다. 특히 데이터의 경우, 상기 핵심 플랫폼 기술 축적의 기초 자원이 될 수 있으며 신기술과 관련한 군사·경제 안보의 필수 자원이다. 따라서 각국은 데이터 개발·축적·활용에서 사활적 경쟁을 하고 있으며 자국에 유리한 데이터 관리체제의 표준화 및 규범 설정을 위해 국내 법제도의 정비를 바탕으로 글로벌·지역적 차원의 데이터 관리체제 거버넌스 구축을 추진하고 있다.

데이터 관리체제의 경우 국가·기업·개인 등 모든 행위자의 이해가 걸려 있는 문제로 최근 데이터 관리체제에서 국가·기업·개인 간 첨예하게 대립하는 이슈는 데이터 주권 및 관할권을 누가 어떻게 행사하는 것인바, 이는 데이터의 이전·유통과 '데이터 현지화data localization' 문제로 집약되고 있다. 즉, 국가는 안보 및 산업정책 차원에서 데이터의 배타적 주권을 강조하면서도 타국의 데이터 경쟁력 강화는 견제하려는 전략·정책을 추진하고 있다. 같은 맥락에서 플랫폼 기업들은 데이터의 자유로운 접근을 중시하면서도 데이터에 대한 독점적 지위를 유지하려는 경향이 강하다. 반면, 개인의 경우 자신의 개인정보를 통제할 수 있는 정당한 권리를 주장하면서도 국가 및 기업에 의한 개인정보 활용을 통한 혜택 역시 공유받기를 원한다.

또한 데이터 주권 논의는 사이버 안보는 물론 최근 신기술 안보 거버넌스 및 규범 논의 전반에서 핵심적 쟁점으로 부각되고 있는 주권 문제와 연계되어 있다. 즉 데이터, 사이버 및 신기술 개발·활용이 급속히 증대됨에 따라 신기술 활용이 국가안보에 미치는 부정적 측면이 부각되고 있고 이를 규제하는 규범적 수단으로 주권이 강조되고 있다. 한편 현재 소수의 미국 정보기술Information Technology: IT 및 글로벌 플랫폼 기업이 전 세계 사용자들의 데이터를 독과점하는 구조에서 미·서방과 중·러 등 진영 간 대립은 물론, 미국, 일본, EU 등 서방 진영 내에서도 갈등이 증대되고 있다. 따라서 주요 디지털 강국들은 국가안보 차원에서 수립된 전략·정책들을 바탕으로, 데이터 안보 이니셔티브를 지역화·다자화하려는 시도를 강력히 추진할 것이다.

이러한 배경에서 이 글은 국제안보 차원에서 데이터 규범 논의의 동향, 쟁점, 그리고 전망과 시사점을 분석한다. 2절에서 데이터 안보 및 규범 논의의 이중성을 국제안보 관점에서 분석하고, 국가들이 데이터 주권을 강조하는 기저에는 데이터를 단순 정보가 아닌 국가 및 국제안보의 핵심 요소로 인식하고 있음을 고찰한다. 이를 바탕으로 3절은 주요 디지털 강국의 데이터 주권에 대한 관점, 지향점 및 정책적 대응을 분석한다. 4절에서는 향후 데이터 주권을 둘러싼 국가 간, 진영 간 대립의 전망과 시사점을 평가하고 결론에서 우리의 대응 방향을 제시해 본다.

2. 데이터 안보 규범 논의의 현안과 쟁점

1) 데이터 안보 논의의 부상

데이터는 4차 산업혁명 시대 혁신성장을 주도하는 자산이자 글로벌 정치·경제 전반에서 시스템 운영과 새로운 가치 창출을 위한 기반 역할을 수행한다. 데이터 활용이 모든 산업 발전에서 매개체 내지 수단의 역할을 수행하는 데이터 집약적인data-intensive 데이터 경제로 진입함에 따라 데이터가 단순 보조재가 아니라 노동, 자본과 같은 새로운 자원으로 간주되고 있다(The Economist, 2017.5.6). 즉, 초연결된 개인, 조직, 기업, 정부의 모든 활동이 천문학적인 규모의 데이터를 생성하고, 인공지능을 통해 처리·분석되는 데이터 경제 시대에는 데이터 활용이 모든 사회경제 활동의 촉매 역할을 수행한다(정희영, 2020). 그럼에도 불구하고 신기술의 부정적 측면이 적지 않은 것처럼 데이터 역시 안보적 차원의 대응이 시급히 요구되고 있는 상황이다. 데이터가 정치안보에 미치는 파급력은 상당한바, 빅데이터big data 권력과 사생활 침해, 데이터 훼손 및 유출, 데이터 오용과 조작 정보, 데이터의 군사적 활용, 기술패권 경쟁과 데이터 안보화 등 국가·지역·글로벌 차원의 데이터 안보 이슈가 대두되고 있다(김상배, 2020).

데이터의 정치·경제적 중요성이 높아짐에 따라 데이터 관리체제 전반에서 국가·기업·개인 간 '데이터 주권' 논의가 부상하고 있다. 국가 차원에서는 데이터의 훼손·악용 등 국가안보 및 공공이익을 고려한 주권적 규제가 필요한 반면 데이터의 접근 및 원활한 흐름을 유도하여 경제혁신을 달성해야 하는 유인이 있다. 개인의 경우 자신의 개인정보를 통제할 수 있는 정당한 권리가 있으면서도 개인 데이터의 효율적 개발로 개인이 혜택을 얻기 위해서는 기업 간 원활한 데이터 이동 역시 필요하다. 기업의 입장에서는 데이터 수집·발굴에 사활적 이해가 걸려 있는바, 기본적으로 데이터의 자유로운 접근을 강조하면서도 기업의 특성상 데이터에 대한 독점적 지위를 유지하려는 경향이 강하다.

데이터는 생산 주체에 따라 공공public 데이터와 사적private 데이터로 구분할 수 있고, 현재 국내에서 상대적으로 중시되는 영역은 공공 데이터 개방을 통한 공공 데이터의 산업적인 활용이다(정희영, 2020). 그러나 데이터의 실체적 내용substance을 고려하면 이러한 구분이 모호할 뿐만 아니라 향후 공공 데이터보다 구글, 페이스북, 아마존 또는 국내의 네이버나 카카오와 같은 IT 플랫폼 기업에서 생산되는 사적 데이터의 규모나 파급력이 클 것이다. 문제는 이러한 사적 데이터는 사실상 다수의 공공 혹은 개인정보로 구성됨에도 불구하고 데이터에 대한 관리 권한은 서비스 제공자들에 의해 독점되고 있는 현실이다. 실제 전 세계 사용자들의 데이터를 구글, 애플, 페이스북, 아마존 등 이른바 'GAFA'가 독과점하는 구조로, 글로벌 클라우드 시장 역시 아마존, 마이크로소프트MS, 구글이 50% 이상을 점유하고 있다(de Leuss and Gahnberg, 2019). 이러한 상황에서 '데이터 완전성data integrity' 훼손, 오남용, 기술경쟁으로 인한 부정적 영향 역시 증대하고 있다. 현재 전 세계 100개국 이상이 관련 법제를 수립한 상황에서 데이터 주권 논의는 개별 국가의 산업경쟁력 차원을 넘어서 포괄적·복합적인 국가·지역·글로벌 데이터 안보 담론으로 부상하고 있다.

2) 데이터 주권 논의의 이중성

데이터 주권 개념은 중의적 의미를 내포하는바, △데이터의 영역적 범위 설정, △데이터 생산·제공자, △데이터의 실체적 주체 간 권리·의무 등 여러 쟁점별 이해 조정 과정이 필연적이다. '당위적' 차원에서 데이터 주권은 독점적일 수 없고 공유 가능하며 개별 행위자 간 데이터 주권의 강조점이 다르다. 즉, 국가적 차원에서는 일국 내 데이터의 수집·저장·유통·활용 등에 있어 해당 국가가 배타적 주권을 행사하여 규제할 수 있다는 개념으로 원용된다. 반면, 개인의 입장에서는 정보 주체로서 개인이 자신과 관련된 데이터에 대한 결정권을 가져야 한다는 정보 주체의 자기결정권 차원에서 데이터 주권 개념이 강조되고 있다(Taylor and Kukutai, 2016). 다만, 두 개념 모두 국가안보를 고려하면서 거대 IT 기업에 맞서 자국 데이터 산업을 보호·육성하고 민감 데이터의 해외 유출을 방지하기 위한 규제 명분으로 활용되고 있다(Maurer and Morgus, 2014). 국가안보 차원에서 국가 간 데이터 주권의 충돌 역시 이중적 측면을 고려해야 하는바, 미국의 경우 국가가 기업에 대해서 데이터의 접근 및 제공을 강제할 수 있는지 여부에 대한 다수의 분쟁이 발생하고 있다(Woods, 2018). 특히, 미국 IT 기업이 외국에서 데이터 관련 영업 활동을 하는 상황에서 미국 정부가 해당 기업에 대해 국가안보를 근거로 데이터에 대한 접근과 이전을 강제하는 경우, 미국 정부·영업지 외국 정부·기업 간 데이터 주권과 관련한 복잡한 분쟁이 발생할 가능성이 있다(Thielman, 2015). 반면, 미국 IT 기업의 해외영업 시 외국 정부가 특정 데이터 및 정보의 이전 및 삭제를 제한·강제하는 분쟁 또한 다수 제기되고 있다(Woods, 2018).

데이터 주권을 둘러싼 쟁점은 결국 초국경적 차원에서 국가·기업·개인 간데이터 관리에 대한 권리로 집약될 수 있는바, 국내적·국제적 논의 역시 안보및 경제적 이익을 고려한 데이터 관리 주체 간 균형을 달성하는 데 초점을 두고 있다. 이러한 경향은 데이터 주권이 강화되는 추세에서 새로운 데이터 활용과 이익 환원·공유 방식에 대한 논의와 연결된다. 즉, 최근 주요 데이터 강국은 데이터 활용을 통해 발생하는 사회적 혜택을 공정하게 배분하여 개인의 데이터 제공·활용을 촉진할 수 있는 포괄적인 데이터 관리 체계를 구축하고 있는 상황이다. 다만, 개별 국가는 종합적·포괄적인 데이터 관리 체제 구축 시

자국의 국가안보 및 공공이익을 고려하여 데이터 주권의 쟁점과 구체적 이행
방안을 법제화하고 있다(한국지능정보사회진흥원, 2018).

3) 데이터 주권 논의의 주요 쟁점

실질적·구체적으로 데이터 주권의 핵심 쟁점은 데이터 및 개인정보의 이
전·유통의 제한 여부와 데이터의 자국 내 서버 저장 강제화 등 데이터 현지화
이슈로 귀결된다. 데이터 이전·유통 문제는 데이터 수집·활용과 필연적으로
연계되는바, 데이터의 축적과 활용은 특정 국가가 자신의 경제적·사회적·군
사적 역량을 측정하고 동원하는 기초 자산으로 활용될 수 있다는 인식에 기반
한다. 같은 맥락에서 데이터의 자유로운 이동이 비록 사회 전반에 혜택을 가져
다주지만 민감 데이터의 유출, 데이터 왜곡·남용 등 국가안보에 부정적 영향
을 끼친다는 관점에서 데이터의 자유로운 이동을 제한하는 입장이 상존한다.
미국이 자국 IT 기업들의 입장을 감안하여 데이터의 초국경적 이전·유통을 강
조하는 반면 중국은 데이터를 국가의 재산으로 인식하고 데이터 안보 및 데이
터 주권을 주장하면서 데이터 현지화 정책을 확대·강화하고 있다(한국지능정보
사회진흥원, 2018).

데이터 현지화와 관련한 첨예한 쟁점은 데이터의 자국 내 서버 저장을 의무
화하고 국가안보 등 필요시 국가가 서버에 대한 접근권을 기업에 요구할 수 있
는지 여부이다. 미국 및 거대 IT 기업들은 이러한 현지화 요건이 데이터의 자
유로운 이동을 제한하고 왜곡한다고 판단하는 반면 중국, 러시아, 인도 등 일
부 신흥국들은 이러한 요건이 국가안보 등 '정당한 공공정책 목적'에 기초한다
고 주장한다. 서버 접근의 경우 국가가 기업에 요구하는 것이 일반적이나 구글
등 거대 IT 기업들이 데이터의 자유로운 이전·유통을 강조하면서 영업지 국가
서버에 대한 접근권을 요구하는 사례도 있다(이승주, 2018). 데이터 현지화 이
슈 역시 데이터의 이전·유통과 연계된 이슈인바, 최근 WTO 및 FTA에서 디지

털 무역과 관련한 핵심 쟁점으로 논의되고 있다(이재민, 2020).

일반적으로 데이터 주권을 행사하는 경우는 국가주권의 형태로 나타난다. 국가가 타 국가, 기업, 개인을 대상으로 행사하거나 데이터의 소유자, 즉 개인이 자신의 개인정보를 소유·처리 및 이동·유통을 통제·관리하고 이를 국가가 보장하는 방식으로도 행사된다. 이러한 데이터 주권의 대표적인 사례는 EU가 제정한 '일반개인정보 보호법General Data Protection Regulation: GDPR'인데, GDPR은 개인에게 자신의 데이터 정보에 대한 광범위한 권한을 부여하고 있다. 예컨대, GDPR은 기존의 데이터 열람권이나 수정권 등과 함께 데이터 삭제권, 이동권, 프로파일링 거부권 등 포괄적인 데이터 관리 권한을 규정하고 있다 (Lucarini, 2020). 특히, GDPR에서 중시되는 개인정보 이동권과 관련하여 주목할 것은 제20조 제2항에서 제3자에게 제공할 수 있도록 하는 데이터 결정권을 강화한 점이다. 이는 1995년 '지침Directive'에는 규정되지 않은 것이었는데, 입법의 의도는 미국 거대 IT 기업과의 경쟁력 제고 차원에서 규정된 것으로 평가된다(Kamleitner and Mitchell, 2019). 데이터 주권 논의에서 개인의 데이터 관리 권한을 강화하는 것은 궁극적으로 데이터 역시 자산이자 재산권의 일부로 인식하는 것이다. 이는 지적재산권의 관리 체제 논의 시 국가, 기업, 권리 소유자의 균형이 주된 쟁점인 것처럼 향후 국제적 차원의 포괄적인 데이터 관리 체제 형성 논의에 중요한 시사점을 제공한다.

3. 데이터 안보 규범 관련 진영 간 입장

1) 미·일의 데이터 자유 이동 지지

미국은 자국 기업들이 이미 글로벌 시장을 확보한 선도국가라는 이점을 바탕으로 데이터의 자유로운 초국경 이동을 옹호하고 중·러 등의 데이터 현지화 조치에 명시적으로 반대하고 있다. 미국의 전통적인 데이터 주권에 대한 인식은 시장경제 질서 유지를 중시해 특별한 경우에만 법률을 제정하는 등, 업계의 '자율 규제'를 중시하고 미국 정부기관은 각종 가이드라인을 제공하여 지원한다. 다만, 바이든 행정부는 기존 미국의 데이터 이전 정책을 견지하면서도 첨단 과학기술 관련 민감 데이터의 경우 미중 기술패권 경쟁 차원에서 중국 등으로의 이전을 제한하는 정책을 추진 중에 있다.

오바마 정부에서는 빅데이터 산업 활성화 정책과 동시에 개인의 데이터 주권을 강화하기 위한 프라이버시 정책을 추진한바, 데이터 수집·이용·공개 과정에서 정보 주체의 의사를 반영할 수 있도록 권고하는 내용의 '소비자 프라이버시 권리장전Consumer Privacy Bill of Right'을 통해 데이터 권리와 관련 산업의 발전을 도모했다(Bischoff, 2018). 반면, 트럼프 정부에서는 전반적인 규제완화 정책의 일환으로 데이터 규제는 완화하고, 국가안보 관점의 사이버 보안을 강화했다. 즉, 기존 데이터 보호 규정을 관련 산업의 성장과 혁신을 저해하는 장애물로 인식하고, '광대역통신망 프라이버시 보호규칙'을 폐지하는 등 규제완화 조치를 시행했다. 기존 연방통신위원회Federal Communications Commission: FCC의 '광대역통신망 프라이버시 보호규칙'에 따르면 인터넷 서비스 제공자ISP가 사용자의 위치·금융·건강 정도 등을 광고마케팅에 활용하려면 반드시 사용자의 동의를 구해야 했지만opt-in, 동 규칙을 폐지함으로써 인터넷 서비스 제공자가 사용자 정보를 추적·수집해 제3자에게 판매할 수 있게 되었다(한국데이터산업진흥원, 2017).

데이터 이전에 관해 미국은 다자적 이니셔티브를 주도하고 있는바, 2011년 APEC 정상들이 승인한 APEC CBPRCross border Privacy Policy은 회원국 간 개인정보 국외 이전의 자율 인증제도로서 미국 주도 통상협정에서 진화·발전되고 있다(Sullivan, 2019). 즉, 트럼프 행정부는 데이터 이전과 현지화 정책에 대한 미국의 기존 정책을 계승하여 미국·캐나다·멕시코 무역협정United States-Mexico-Canada Agreement: USMCA 및 미·일 디지털통상협정(2019.10.9 체결, 2020.1.1 발효)

에서 데이터 이전 제한과 현지화 금지 조항을 규정하고 이후 인도 등 데이터 현지화를 강제하는 국가를 대상으로 비자 발급 축소까지 검토했다(*Business Standard*, 2019.6.21).

데이터 주권에 대한 일본의 기본 입장은 미국과 유사하며, 특히 2019년 G20 정상회의 당시 '신뢰 가능한 데이터의 자유로운 이동Data Free Flow with Trust: DFTA'을 도모하는 국제규범 마련을 위한 '오사카트랙Osaka Track'을 제안했다. 오사카트랙에서는 국제적 데이터 이전·유통 규칙의 표준화, 개인정보와 지적재산권의 보호, 사이버 안보 강화, 미국 정보통신기술 기업들에 대한 과세 기준 마련 등이 논의되었다. 일본이 제안한 오사카트랙은 중국의 디지털 보호주의와 데이터 현지화 정책을 겨냥한 미국 및 유사입장국like-minded countries에 대한 대응의 일환이다(Carter, 2019). 현재 오사카트랙의 경우 한·미·일·중·러·EU 등 24개국이 관련 성명에 서명했고(인도는 거부) 현재 민관 협의가 진행 중이다.

일본은 데이터 주권 확대 강화를 위해 개정 개인정보보호법(2017.5 시행)에서 개인정보 정의를 명확히 하고 익명 가공 정보(특정 개인을 식별할 수 없도록 이름, 전화번호, 주소 등 개인정보를 삭제하는 등 정부가 정하는 방식으로 가공한 개인 데이터) 제도를 도입하여 정보 주체의 동의 없는 수집을 제외한 데이터의 활용과 제3자 매매를 가능하게 하여 데이터 이전·유통 시장을 활성화하고 있다. 다만, 개정 개인정보보호법에는 해외에 있는 제3자에게 자국민 개인 데이터 제공을 제한하고 EU의 GDPR과 같이 일본과 동일한 수준으로 개인정보가 보호되고 있다고 인정되는 국가와 제3자에게만 정보 주체 동의 없이 개인 데이터 제공을 허용한다. 결국, 일본 역시 데이터의 자유로운 이전·유통을 강조하지만 이는 국내적 적용에 한정되고 데이터 주권을 고려하여 국외 이전에 대해서는 제한을 두고 있다.

2) 중·러의 국가 규제권 강조

중국은 데이터를 국가 발전의 기초 전략 자원으로 간주하고, 자국 영토 내 인터넷 사용에 대한 통제·규제 권리를 주장하며 국가의 데이터 주권을 강화하고 있다. 즉, 중국 정부는 국가안보를 이유로 '황금방패金盾' 체계를 통해 자국민의 해외 사이트 접속을 차단하고, 외국 기업의 자국민 데이터 수집·처리를 엄격히 제한한다. 반면, 자국 기업의 데이터 활용은 적극 장려하여 데이터 산업 육성, 신기술 개발, 데이터 기반 프로젝트를 적극적으로 추진하고 있다. 데이터 주권 강화를 위한 법·제도 정비와 관련해 중국은 분산되어 있던 네트워크 보호와 개인정보보호 관련 규정을 네트워크안전법(2017.6 시행)으로 통합해 국가의 데이터 통제권을 강화했다(ITWorld, 2019.3.13). 동 법에서는 사이버 안보를 강조하고 주요 데이터의 중국 내 저장, 해외 전송 시 안전 평가 등을 기업 의무로 규정하여 데이터의 이전과 데이터 현지화 정책을 강화하고 있다. 기본적으로 중국에서 수집·생성된 데이터는 중국 내에 저장해야 하고, 중국 정부가 요구할 경우 데이터 암호해독 정보 제공이 요구된다. 데이터 이전 제한과 현지화 정책 확대는 중국 기업 보호와 육성 전략으로 추진되지만, 역으로 중국 기업의 글로벌 시장 진출에는 장애물로 작용하기도 한다(Nussipov, 2020).

최근 왕이王毅 중국 외교부장은 '글로벌 데이터 안보 구상'을 발표(2020.9.8)하면서, 데이터 주권, 관할권, 거버넌스를 강조하고 타국 동의 없는 타국 소재 데이터 취득 금지를 제안했다(Wenwen and Hui, 2020.9.8). 글로벌 데이터 안보 구상의 주요 내용은 종합적·객관적·증거 기반의 데이터 안보 및 ICT 공급망 개방성·안전성 유지, 주요 기반시설 데이터 훼손·탈취 및 국가안보를 저해하는 데이터 이용 금지, 대규모 감시 및 개인정보 불법 수집 반대, 기업의 주재국 법령 준수 권장 및 자국 기업의 해외 생산·취득 데이터의 자국 영토 내 저장 요구 금지, 데이터 주권·관할권·거버넌스 존중, 법 집행을 위한 해외 데이터 취득 필요시 사법공조 또는 양·다자 협정을 통해 요청, 데이터 불법 취득 및 시스템 통제·악용을 위한 ICT 공급자의 백도어 설치 금지, ICT 기업들의 업그레이드 등 이용자 의존성 악용 방지 및 취약점 보고 의무 등이다(Tiezzi, 2020. 9.10). 중국의 의도는 데이터 안보 관련 국제규범 제정을 제안하여 국제적 지지를 유도하는 한편, 미국의 대중 압박정책에 대한 대응인 것으로 평가된다. 실제, 동 구상 발표 시 왕이 부장은 특정국이 '클린 네트워크'라는 명목으로 타국 기업들을 약탈하기 위해 일방적 조치를 취하고 있다고 비난한 바 있다. 이는 또한 EU의 GDPR, 미국 주도 CBPR과 클린 네트워크 등과 같이 지역 차원의 규범을 넘어 국제사회에 데이터 안보 관련 포괄적 규범 제정을 제안하여 주도권 확보를 하기 위한 구상이다(CGTN, 2020.9.8). 특히, 중국은 중국보다 강도는 낮으나 데이터 이전을 제한하거나 데이터 현지화 정책을 추진하고 있는 러시아, 인도, 인도네시아, 브라질 등 주요 신흥국과 개도국의 지지를 유인하여 동 구상을 유엔 개방형 실무그룹Open Ended Working Group: OEWG, G20, 상하이협력기구sco 등 다자논의체에서 문서화 작업을 시도할 가능성이 높다. 2021년 3월 최종 OEWG 회의에서도 중국은 데이터 안보 규정의 포함을 강력히 요구한 바, 최종 보고서가 아닌 의장 요약문에서 반영하는 방식으로 타협을 이루었다(UNGA Report, 2021.3.10a; UNGA Report, 2021.3.10b).

러시아도 자국민의 데이터를 국가주권의 적용 대상으로 규정하는 법률을 제정한바, 러시아 대통령 푸틴은 2014년 12월 러시아 국민의 개인정보는 러시아 영토 서버에 저장하는 것을 의무화한 법안에 서명했다. 동 법안은 당초 2016년 9월 1일 자로 발효하는 것으로 예정되었지만 그 시기를 앞당겨 2015년 9월 1일자로 발효했다(Gratchner, 2015). 또한 2019년 5월 푸틴 대통령은 러시아에서 수집된 데이터의 국외 이전 시 정부 검열을 거치도록 강제하는 개인정보보호법에 서명한바, 러시아는 데이터 이전을 제한하고 현지화하는 정책을 강화하고 있다(Khayryuzov, 2020). 특히, 2019년 11월 '독립인터넷법'을 공포하여 러시아 통신회사 로스콤나드조르Roskomnadzor를 통해 해외 트래픽을 차단하여 순수하게 러시아만의 독자적인 인터넷을 만들도록 규정하고 있다.

또한 러시아는 데이터 주권 강화를 위해 기존 유엔 및 SCO 등 지역·글로벌 협의체를 활용하는 기존 전략을 지속적으로 추진하고 있는바, 특히 미·서방과 대립 구도를 유지하는 맥락에서 중·러 협력을 강화하고 있다. 즉, 러시아 세르게이 라브로프Sergey Lavrov 장관은 러·중 외교장관회담(2020.9.11) 시 중국의 글로벌 데이터 안보 구상에 대한 원론적 차원의 지지를 표명하면서, 러시아는 OEWG 회의 러시아 제안서에서 데이터 주권 이슈를 포함하는 등 관련 국제규범 수립을 위해 중·러 간 협력을 강조하고 있다. 이와 관련 중·러는 2020년 제75차 유엔총회 결의A/C.1/75/L.8/Rev.1, 26 Oct. 2020를 통해 데이터 주권을 OEWG의 주된 의제로 다룰 것을 제안하여 통과시켰다.

3) EU의 개인 데이터 관리권 중시

유럽 시장에서 미국의 글로벌 IT 기업들의 데이터 독점 경향이 강해지면서 EU는 경제안보 차원에서 데이터 주권을 강화하는 정책을 추진 중이다. 실제, 유럽 검색시장에서 구글의 경우 웹과 모바일을 합쳐 무려 91.5%의 점유율을 차지하고 있는바, 글로벌 IT 대기업들의 국경 간 데이터 이동을 제한하는 데이터 주권 강화 필요성이 대두되고 있다(≪연합인포맥스≫, 2018.4.24). 한편, EU 역시 데이터를 경제성장과 혁신 경제의 핵심 자원으로 인식, 원활한 데이터 유통·활용 촉진과 함께 역내 데이터 거버넌스를 통합해 데이터 이동 장벽을 허물고 총체적인 데이터 역량 강화를 도모하고 있다. 즉, EU는 EU 데이터 단일시장 구축전략 채택(2020.2), 독일·프랑스의 EU 독자 클라우드 구축 프로젝트인 Gaia-X 추진(2019.10) 등 데이터 주권 강화 차원에서 자생적 데이터 산업 육성에 노력을 기울이고 있다(European Commission, 2017).

이러한 배경에서 EU는 단순 정책 페이퍼policy paper나 지침directive보다 강력하고 EU 회원국 전체를 직접 구속하는 GDPR(2018.5 시행)을 통해 개인의 데이터 주권을 강화하고 EU의 IT 기업 경쟁력 강화를 추진하고 있다(Hobbs,

표 10-1 주요국 디지털 주권 강화 법안

중국	네트워크안전법/사이버보안법(2017.6): ▲중국 내에서 수집한 데이터의 중국 서버 저장 의무화, ▲데이터 해외 이전 시 중국 정부의 안전 평가 의무화
러시아	개인정보보호법(2019.5): ▲러시아인의 개인정보는 현지 데이터베이스(DB)에서 관리, ▲DB 위치는 당국에 신고
EU	일반개인정보보호규정(GDPR)(2018.5): ▲데이터 관련 개인의 이동권·삭제권 법제화, ▲EU 역내에서 데이터의 자유 이동 보장, ▲EU 시민의 데이터 해외 이전 제한(적정성 평가 통과 시만 가능)
미국	소비자 프라이버시 권리장전(2012.2): 개인정보에 대한 소비자의 통제권 강화
일본	개인정보보호법 개정(2017.5): '익명으로 가공한 정보' 개념 도입을 통해 사생활 보호 수준 강화

자료: 저자 작성.

2020). GDPR은 EU 국가 간 자유로운 데이터 이동을 보장하지만 자국민 데이터의 해외 서버 이전을 엄격하게 제한하고, 국외 이전 허용 조건과 절차를 규정화하여 데이터 주권을 강화하고 있다. 즉, GDPR은 엄격한 사생활 보호 기준을 충족시키는 EU의 '적정성 평가adequacy decision' 없이는 EU 시민으로부터 수집한 데이터를 역외로 이전할 수 없게 하고 규정을 위반할 경우 전 세계 매출액의 4% 또는 최대 2000만 유로에 달하는 거액의 과징금administrative fines을 부과하고 있다(GDPR 제83조 제6항). 이에 따라 현재 캐나다(사업단체), 아르헨티나, 이스라엘, 일본, 뉴질랜드, 스위스, 우루과이 등 12개국이 평가를 마쳤으며 한국은 현재 최종 평가 확정 단계에 있다(European Commission, 2021). 또한 영국항공, 구글이 GDPR 위반으로 적발되어 거액의 과징금이 부과되었으며 아마존, 애플, 넷플릭스, 유튜브도 위반 혐의로 조사받고 있다(≪보안뉴스≫, 2019.8.8). 유럽은 전통적으로 사생활 보호를 중시하는 문화가 형성되었기에, 이러한 맥락에서 GDPR에서 명시한 데이터 이동권은 '시민주권' 내지 '시민안보' 차원의 접근으로 향후 데이터 주권의 핵심 요소로 부상할 전망이다(김상배, 2020).

4. 데이터 안보 규범 논의의 전망과 시사점

1) 미중경쟁의 새로운 전선으로 부상하는 데이터 안보 규범

미중 무역 분쟁 및 화웨이 갈등의 이면에는 데이터 안보 이슈가 밀접히 연계되어 있는바, 향후 미중경쟁이 디지털 패권 경쟁에서 데이터 패권 경쟁으로 진화·확대될 가능성이 높다. 즉, 미중은 자국의 데이터 수집 등 총체적인 데이터 확대를 추구하는 동시에 자국에서 생산된 데이터가 외국 정부나 기업에 반출되어 자국의 경쟁력과 국가안보를 위협받는 것에 적극적으로 대응할 것이다. 특히, 미국은 데이터가 인공지능, 빅데이터, 양자컴퓨팅 등 미래 산업에서 경쟁력 확보의 원천이라는 점을 인식, 기술경쟁에서 빠른 속도로 도전해 오고 있는 중국을 적극 견제할 것이다. 실제로 미국은 중국보다 정부 R&D가 뒤처져 가고 있는 상황을 감안하여 데이터 등 신기술 분야에서 중국을 견제하는 구체적인 신기술 안보 전략을 민관협력 기조하에 재정비하고 있다(Analytic Exchange Program, 2018).

데이터의 '자산화' 맥락에서 데이터 이전 및 데이터 현지화 이슈는 이중성이 있는 동전의 양면과 같은 문제로, 실질적으로는 자국·자국 기업의 데이터 확보는 강화하면서 타국·타국 기업의 데이터 이전·유치는 제한하는 방향으로 정책이 추진될 것임을 유의해야 한다. 미중은 자국 이익에 부합하는 디지털 거버넌스 구축 및 규범 수립을 추진하여 미중 간 주도권 경쟁이 심화될 것이다. 다만, 보호주의를 강력히 추진했던 트럼프 행정부의 정책이 데이터에 대한 자유로운 이동을 주장하는 미국의 일관된 입장과 상치된다는 지적이 제기된바, 바이든 신정부 출범 시 상기 이슈 관련 정책적 조정이 주목되며, 특히 데이터 활용 이전에 있어 개인정보 보호를 강화하는 연방법을 강화할 가능성이 있다(Atkinson et al., 2020). 한편, 일본이 오사카트랙을 제안한 바와 같이 일본이 미국 대신 주도적 역할을 하거나 유사입장국 및 '파이브 아이즈Five Eyes' 등 우호

그룹을 통해 이슈가 주도될 가능성도 상존한다(연합뉴스, 2019.2.4). 중국 및 러시아 역시 긴밀한 공조를 취하며 데이터 안보, 데이터 주권 이슈를 SCO, OEWG 등 지역·다자협의체를 통해 규범화하려는 시도를 강화할 것으로 전망된다.

2) 서방 진영 간 마찰 가능성 상존

GDPR 등 EU의 미국 IT 기업에 대한 공세적 규제에 대해 미국은 무역장벽으로 인식하고 있는바, 향후 양측의 갈등 심화 요인으로 작용할 가능성이 있다(Shapiro, 2020). 실제 데이터 주권 확보를 명분으로 미국 IT 기업을 겨냥한 과징금 부과, 디지털세 추진, 반독점법 적용 등에 대해 미국은 강력하게 반발하며 관세보복을 검토하고 있다. 미국과 EU는 GDPR 발효 이전부터 이미 스노든 사건을 계기로 EU·미국 간 데이터 전송에 관한 '프라이버시 실드Privacy Shield 협정'을 체결하여(2016.8) 데이터 전송 문제를 일시적으로 봉합했다. 그러나 이후 유럽사법재판소European Court of Justice: ECJ의 프라이버시 실드 무력화 판결(2020.7)로 인해 아일랜드 데이터보호위원회는 페이스북에 EU 이용자의 개인정보를 미국으로 전송하는 것을 금지하는 명령을 내린 바 있다(European Court of Justice, 2020.6.16). 동 판결로 인해 EU 내 개인정보의 미국 이전을 위해서는 미국과 EU 간 새로운 적정성 평가 협상을 진행해야 한다(Steinberg, 2020.7.23). 영국 또한 브렉시트Brexit 이전 적정성 평가 협상이 완료되지 않은 관계로 미국, 영국, EU 등 서방 국가 간 데이터 안보에 대한 공조에 일정한 제한이 있을 것으로 전망된다(Burges Salman LLP, 2020).

미국과 EU 간 데이터 주권을 둘러싼 마찰은 데이터 주권을 바라보는 사회문화적 차이에서 비롯하기도 하지만 보다 본질적으로는 데이터가 지니는 정치경제적 안보 가치의 중요성에서 기인한다. 이는 클린 네트워크 및 신기술 패권경쟁의 경우 EU의 포지션이 기후변화, 보건, 인권 등 다른 신안보 분야의 경쟁

그림 10-1 디지털 주권을 둘러싼 진영 간 갈등 구도

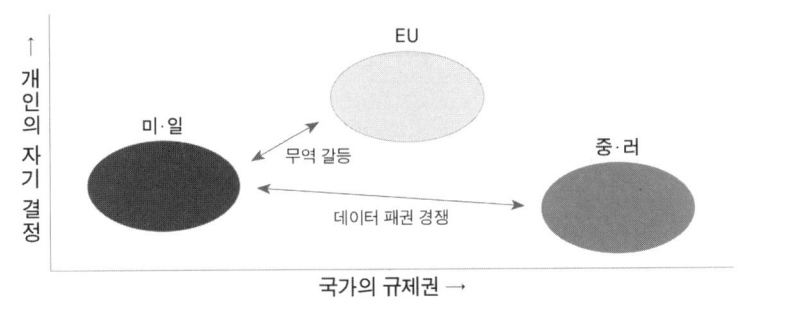

자료: 저자 작성.

구도와 차이가 있음을 시사한다. 즉, 5G의 안보적 위험성을 지적하면서 중국 화웨이 부품·기술을 제한하기 위해 미국이 제안한 '클린 네트워크'나 '프라하 제안Prague Proposals' 프로세스에 대해 EU가 원칙적 공감대를 표명하면서도 EU 의 공동 정책을 강조하고 독자적인 5G 사이버 안보 툴박스EU 5G cybersecurity Toolbox를 강화하는 입장은 이러한 현실을 반영한 것으로 평가된다(Oertel, 2020).

3) 자유무역과 국가안보의 충돌·조정

데이터 이전 및 현지화와 관련해 법적 구속력이 있는 국제법은 통상 분야에 서 확인할 수 있는데, 기존 디지털 교역 분야 관련 통상 협정에서 데이터 주권 관련 개인정보 데이터 해외 이전과 서버 현지화 요건 금지를 규정하고 있다. 즉, 세계무역기구WTO 차원의 다자 간 논의, 자유무역협정FTA 포함 항목으로 서 양자적·지역적 논의, 디지털 교역 문제만을 다루는 별도의 협정 체결 논의 에서 상기 이슈를 규정하고 있다. 이와 관련 최근 체결·발효되었거나 진행 중 인 △CPTPP Comprehensive and Progressive Agreement for Trans-Pacific Partnership (2018.12.30 발효), △USMCA United States-Mexico-Canada Agreement (2020.7.1 발효),

미·일 디지털 통상협정US-Japan Digital Trade Agreement(2020.1.1 발효), △DEPA Digital Economy Partnership Agreement(싱가포르, 칠레, 뉴질랜드 3국 간 체결 절차 진행 중) 등에서 두 이슈에 대한 원칙과 예외 요건을 규정하고 있다.

상기 통상협정상 데이터 주권 이슈는 통상협정의 국가안보 예외에 포함되는 정보 관련 조항이 개인정보 및 데이터에도 직접적으로 적용된다는 것을 시사한다. 즉, 데이터 이전의 제한 및 데이터 현지화 금지가 상기 통상협정에서 원칙으로 규정되고 있으나, 관세무역일반협정General Agreement on Tariffs and Trade: GATT 및 제반 통상협정상의 일반적 예외와 국가안보 예외 규정은 그대로 적용됨은 물론 '정당한 공공정책 목표Legitimate Public Policy Objective: LPPO'를 위하여도 규제할 수 있다는 규정을 추가하고 있다. EU의 GDPR도 전문에서 GDPR이 국가안보 사항에는 적용되지 않는다는 점을 전문에 규정함은 물론 별도의 국가안보 예외조항이 도입되어 있는바, 개인의 데이터 주권을 적극적으로 강조하는 EU도 보호의 예외로 국가안보를 들고 있다는 사실은 시사하는 바가 크다. 이는 향후 구체적 예외와 협정 전체 예외의 관계를 명확히 해야 함은 물론 국가안보 예외조항의 문언을 구체화하는 등 통상협정의 전반적 정비가 필요한 상황이다(이재민, 2020). 더욱이 국가안보 예외의 경우 비교적 포괄적으로 용인하는 것이 관행인바, 따라서 향후 국가 간 이견 조율과 이해관계의 균형 달성이 필요하며 같은 맥락에서 국가안보 예외 역시 일정한 충돌·조정 과정이 있을 것으로 예상된다(Bolkan and Bahri, 2020).

2차 세계대전 후 형성된 자유무역레짐과 국가안보에 기한 무역규제레짐은 각 레짐의 출범 후 수십 년에 걸쳐 독자적으로 영역을 확대해 왔지만 최근 레짐 간 갈등이 표면화되고 있다. 특히, 신기술 안보 분야가 부상하면서 국가안보와 자유무역 간의 갈등을 가속화하고 있는 상황이다. 더욱이 데이터 주권 갈등의 경우 그 양상이 미중 간 진영 갈등은 물론 미·EU, 한·일 간 진영 내 갈등 역시 증폭되고 있어 데이터 주권을 둘러싼 핵심 쟁점의 갈등 구도는 복잡하게 전개될 것으로 예상된다(Prazers, 2020).

5. 결론

현재 데이터 주권 논의는 디지털 기술 패권 경쟁의 핵심 현안으로 부상하고 있는 가운데 주요 디지털 강국들은 데이터 주권을 단순 산업경쟁력 차원이 아닌 포괄적인 국가안보 맥락에서 조망하고 있다. 또한 디지털 주권 경쟁은 기존 지정학적 미중경쟁은 물론 기술 선진국 사이에서도 갈등으로 전개될 가능성이 크기 때문에 실리와 명분을 조화시킨 한국의 입장을 선제적으로 정립할 필요가 있다. 정부의 데이터 뉴딜 정책 등 데이터의 산업경쟁력 강화라는 실리적 목적과 개인정보·데이터 보호 간 실용적 균형을 모색하여 일관된 정책적 입장을 유지할 필요가 있다. 데이터 주권의 과도한 강조는 지양하면서 EU 사례를 참조하여, 시민주권의 강화 등 민주주의 원칙의 강화라는 기조를 유지할 필요가 있다. 또한 미국의 CBPR 및 클린 네트워크, 중국의 글로벌 안보 구상, 일본의 오사카트랙 등 각 구상과 관련된 주도국이 적극적·공세적으로 자국 구상에 대한 지지를 요청할 것이므로, 각 구상의 주요 쟁점들에 대한 대응 논리 및 입장 정립이 필요하다.

세계 5위 데이터 생산국(Chakravorti et al., 2020)으로서 한국의 국익에 부합하는 디지털 규범이 형성될 수 있도록 각종 규범 형성 논의에 주도적으로 참여해야 할 것이다. 적극적인 규범 형성 논의에 참여하기 위해서는 각 쟁점별 규범·정책·기술 관련 부처 및 전문가 간 조율이 중요한바, 워킹그룹 형태라도 부처 간, 전문가그룹 간 관련 협의체를 외교부 주도로 조직하여 운영하는 것이 필요하다. 실제 사이버, 우주, LAWS 등 UN 및 다자협의체의 신안보 관련 규범 형성 논의에서는 규범·정책·기술 전문가 간 하위 실무 그룹Sub-WG을 조직하여 이슈 간 분절적인 논의를 방지하려는 경향이 지배적이다. 기존 사이버 안보 협의체에 상기 워킹그룹 협의체를 통합하여 운영하는 것도 검토할 필요가 있다.

최근 데이터 안보 및 데이터 주권 이슈는 국가 간 동맹·파트너십의 지정학적 안보 차원으로 발전하고 있는 바, 사이버·디지털 외교라는 관점에서 접근, 양자·지역·글로벌 연대외교를 강화할 필요가 있다. 미국과 영국이 주도하는 파이브 아이즈나 EU의 사이버외교Cyber Diplomacy의 경우 외교기제로서 상기 이슈를 적극적으로 활용하고 있다. 데이터 안보 이슈에 대한 연대외교를 전개하기 위해서는 이슈에 대한 한국의 법제도, 규범, 전략·정책, 기본 입장 등을 담은 정책문서를 만들어 적극적인 아웃리치 활동을 전개할 필요가 있다. 사이버·디지털 외교의 경우 해당 의제의 포괄적·융합적 성격을 고려하여 현재 부처에 산재해 있는 관련 조직·부서를 확대 조정할 필요가 있다. 정부 조직 정비 이전에라도 관련 부서에 실무가가 참여하는 태스크포스를 구성하여 정기적인 대응 협의를 통해 중장기적인 정책·전략을 추진할 필요가 있다.

데이터의 정치·경제적 중요성은 급속히 증대될 것인 바, 한국의 실익과 연계된 데이터 주권 강화를 도모하기 위해서는 관련 법제도 정비, 인프라 구축, 인식 제고 등 국내적 차원의 역량 강화가 시급하다. 이와 관련 데이터의 보호와 자유로운 이전·유통 간의 적절한 균형이 필요한 바, 이는 데이터 주권의 실효적 행사를 위한 데이터의 적정 관리 체제 구축에 좌우된다. 이를 위해서는 정부·기업·개인 등 데이터 주권의 이해관계자 간 데이터 안보에 대한 인식 제고를 통해 데이터 활용과 이익 환원 방식에 대한 사회적 합의 도출이 필요하다.

김상배. 2020. 「데이터 안보와 디지털 패권경쟁: 신흥안보와 복합지정학의 시각」. ≪국가전략≫. 제26권 2호, 1~33쪽.
≪보안뉴스≫. 2019.8.8. "GDPR 규정 위반! 과징금 폭탄 맞은 글로벌 기업들" https://www. boannews.com/media/view.asp?idx=82003&direct=mobile (검색일: 2020.6.24).
연합뉴스. 2019.2.4. "'中 견제' 美 중심 새 정보동맹 '파이브 아이즈+3' 출범" https://www.yna. co.kr/view/AKR20190204017400073 (검색일: 2020.6.24).

≪연합인포맥스≫. 2018.4.24. "구글은 어떻게 검색시장 점유율 90%를 장악하게 됐나" https://news.einfomax.co.kr/news/articleView.html?idxno=3445399 (검색일: 2020.6.24).

이승주. 2018. 「사이버 산업과 경제-안보 연계: 구글 vs. 한국 사례」. 이승주 엮음. 『사이버 공간의 국제정치경제』. 223~247쪽.

이재민. 2020. 「디지털 교역 시대의 아날로그 규범: '개인정보'의 국경간 이전과 국가안보 예외」. ≪국제법학회논총≫. 제65권 2호, 227~262쪽.

정희영. 2020. 「데이터기반 사회에서 데이터 주권 이슈와 대응기술 동향」. 정보통신기획평가원 기획시리즈. 1~12쪽.

한국데이터산업진흥원. 2017. 『2017 데이터산업백서』.

한국지능정보사회진흥원. 2018. 「데이터 주권 부상과 데이터 활용 패러다임의 전환」. ≪IT & Future Strategy≫. 1~28쪽.

ITWorld. 2019.3.13. "중국의 새 사이버보안법과 CISO의 대응방안" https://www.itworld.co.kr/news/118670 (검색일: 2020.6.24).

Analytic Exchange Program. 2018. "Emerging Technology and National Security." Public-Private Analytic Program. pp.1~33.

Atkinson, Robert D. et al. 2020. "Trump vs. Biden: Comparing the Candidates' Positions on Technology and Innovation." ITIF, pp.1~41. https://itif.org/publications/2020/09/28/trump-vs-biden-comparing-candidates-positions-technology-and-innovation (검색일: 2020.6.24).

Bischoff, Paul. 2018. "What is the Consumer Privacy Bill of Rights? and How it Evolved?" Comparitech, pp.1~17. https://www.comparitech.com/blog/vpn-privacy/consumer-privacy-bill-of-rights/ (검색일: 2020.6.24).

Bolkan, Daria and Amrita Bahri. 2020. "The First WTO's Ruling on National Security Exceptions: Balancing Interests or Opening Pandora's Box?" *World Trade Review*, Vol.19, No.10, pp.123~136.

Burges Salmon LLP. 2020. "UK-US data sharing risk to UK's GDPR adequacy decision application." Lexiology. https://www.burges-salmon.com/news-and-insight/legal-updates/data-protection/uk-us-data-sharing-poses-risk-to-uks-gdpr-adequacy-decision-application (검색일: 2020.6.24).

Business Standard. 2019.6.21 "No H-1B visa caps for data localization: US Date Department." https://www.business-standard.com/article/pti-stories/no-h-1b-visa-caps-for-data-localisation-us-state-department-119062100470_1.html (검색일: 2020.6.24).

Carter, William. 2019. "Resolved: Japan Could Lead Global Efforts on Data Governance." *Debating Japan,* Vol.2, No.6, pp.1~8.

CGTN. 2020.9.8. "Wang Yi: China proposes global data security initiative." https://news.cgtn.com/news/2020-09-08/Wang-Yi-China-proposes-global-data-security-initiative-TBYqRj0kYo/index.html (검색일: 2020.6.24).

Chakravorti, Bhaskar, Ravi Shankar Chaturvedi, Christina Filipovic, and Griffin Brewer. 2020. "Digital in the Time of Covid: Trust in the Digital Economy and Its Evolution Across 90 Economies as the Planet Paused for a Pandemic." The Fletcher School at Tufts University.

de Leuss, Constance Bommelaer and Carl Gahnberg. 2019. "Global Internet Report: Consolidation in the Internet Economy." Internet Society. https://www.internetsociety.org/ blog/2019/02/is-the-internet-shrinking-the-global-internet-report-consolidation-in-the-internet-economy-explor es-this-question/ (검색일: 2020.6.24).

European Commission. 2017. "Supporting the Emergence of Data Markets and the Data Economy." European Data Infrastructure ICT-13.

_____. 2021. "Adequacy Decisions: How the EU Determines If a Non-EU Country has an Adequate Level of Data Protection." https://ec.europa.eu/info/law/law-topic/data-protection/international-dimension-data-protection/adequacy-decisions_en (검색일 2020.6.30).

European Court of Justice. 2020.6.16. "Judgment of the Court (Grand Chamber) of 16 July 2020 Data Protection Commissioner v Facebook Ireland Limited and Maximillian Schrems." Case-311/18.

Gratchner, Amanda. 2015. "The New Russian Data Protection Law: Five Important Things To Know." Risk & Compliance Matters. pp.1~6. https://www.navexglobal.com/blog/article/new-russian-data-protection-law-five-important-things-know/ (검색일: 2020.6.24).

Hobbs, Carla(ed.). 2020. "Europe's digital sovereignty: From rulemaker to superpower in the age of US-China rivalry." European Council on Foreign Relations. pp.1~89. https://ecfr.eu/publication/europe_digital_sovereignty_rulemaker_superpower_age_us_china_rivalry/ (검색일: 2020.6.24).

IDC. 2017. "World Semiannual Big Data and analytics Spending Guide."

Kamleitner, Bernadette and Vince Mitchell. 2019. "Your Data Is My Data: A Framework for Addressing Interdependent Privacy Infringement." Journal of Public Policy & Marketing. Vol.38, No.4, pp.433~450.

Khayryuzov, Vyacheslav. 2020 "The Privacy, Data Protection and Cybersecurity Law Review: Russia." The Law Reviews. https://thelawreviews.co.uk/title/the-privacy-data-protection-and-cybersecurity- law-review/russia (검색일: 2020.6.24).

Lucarini, Francesca. 2020. "The differences between the California Consumer Privacy Act and the GDPR." EU GDPR Blog.

Maurer, Tim and Robert Morgus. 2014. "Technical Sovereignty: Missing the Point?" IEEE. pp.1~40. IEEE 7th International Conference on Cyber Conflict: Architectures in Cyberspace.

Nussipov, Adil. 2020. "How China Governs Data." Center for Media, Data and Society, pp.1~6.

Oertel, Janka. 2020. "China: Trust, 5G, and the Coronavirus Factors." European Council on Foreign Relations, Carla Hobbs(ed.). pp.22~29.

Prazeres, Tatiana Lecerda. 2020. "Trade and National Security: Rising Risks for the WTO." World Trade Review, Vol.19, No.1, pp.137~148.

Shapiro, Jeremy. 2020. "Europe's Digital sovereignty." European Council on Foreign Relations, Carla Hobbs(ed.). pp.7~22.

Steingberg, Mario. 2020.7.23. "ECJ Invalidates Privacy shield: What This Ruling Means for Website Operators." *Raidboxes.*

Sullivan, Clare. 2019. "EU GDPR or APECT CBPR? A comparative analysis of the approach of the EU and APEC to cross border data ransfers and protection of personal data in the IoT era." *Computer Law & Security Review.* Vol.35, No.4, pp.380~397.

Taylor, John and Tahu Kukutai. 2016. "Alexander. 2014. "NAPCI: Solving the Asian Paradox." NATO.

The Economist. 2017.5.6. "The world's most valuable resource is no longer oil, but data." pp.14~17.

Thielman, Sam. 2015. "Nationality in the cloud: US clashes with Microsoft over seizing date from abroad." *The Guardian.* https://www.theguardian.com/us-news/2015/sep/02/microsoft-us-government-cloud-computing-ireland (검색일: 2020.6.24).

Tiezzi, Shannon. 2020.9.10. "China's Bid to Write the Global Rules on Data Security." *The Diplomat.* https://thediplomat.com/2020/09/chinas-bid-to-write-the-global-rules-on-data-security/ (검색일: 2020.6.24).

UNGA Report. 2021.3.10a. A/AC.290/2021/CRP.2

_____. 2021.3.10b. A/AC.290/2021/CRP.3

Wenwen, Wand and Zhang Hui. 2020.9.8 "China launches global data security initiative, respects data sovereignty." *Global Times.*

Woods, Andrew Keane. 2018. "Litigating Data sovereignty." *The Yale Law Journal,* Vol.128, pp.328~406.

찾아보기

서울대학교 미래전연구센터

서울대학교 미래전연구센터는 동 대학교 국제문제연구소 산하에 서울대학교와 육군본부가 공동으로 설립한 연구기관으로, 4차 산업혁명 시대 미래전과 군사안보의 변화에 대하여 국제정치학적 관점에서 접근하는 데 중점을 두고 있다.

김상배

서울대학교 정치외교학부 교수이다. 서울대학교 국제문제연구소 연구소장으로 재직 중이며, 미국 인디애나대학교에서 정치학 박사학위를 취득했다. 정보통신정책연구원(KISDI) 책임연구원으로 근무한 바 있다. 주요 관심 분야는 '정보혁명과 네트워크의 세계정치학'의 시각에서 본 권력 변환과 국가 변환, 중견국 외교와 관련된 이론적 이슈들, 사이버 안보와 디지털 경제, 공공외교의 경험적 이슈, 미래전의 부상 등이다.

이중구

한국국방연구원 안보전략연구센터 선임연구원이다. 서울대학교 정치외교학부에서 박사학위를 취득했다. 국회 외교통상통일위원회 정책보좌관으로 근무한 바 있다. 주요 관심 분야는 북한의 핵정책과 한국의 대북정책, 북중 관계, 강대국의 전략무기 경쟁 등이다.

신성호

서울대학교 국제대학원 교수이자 국제안보센터 소장으로 재직 중이다. 서울대학교 외교학과 학사과정을 마치고, 미국 터프츠대학교(Tufts University) 플레처 스쿨(Fletcher School of Law and Diplomacy)에서 국제정치학 석사 및 박사학위를 취득했다. 미 국방부 아태안보연구소(APCSS, Hawaii) 연구교수, 워싱턴 D.C. 브루킹스 연구소(Brookings Institute) 동북아펠로우 등을 역임했다. 주요 논문으로 『한반도 미사일 방어의 딜레마: 북핵과 미중 전략 핵 경쟁 사이에서』(2021), 『U.S. Coercive Diplomacy toward Pyongyang: Obama vs. Trump』(2020) 등이 있다.

송태은

국립외교원 외교안보연구소 외교전략센터 연구교수이다. 서울대에서 외교학 박사학위를, 캘리포니아대학교 샌디에이고(University of California, San Diego: UCSD)에서 국제관계학 석사학위를 취득했다. 서울대학교 국제문제연구소의 선임연구원으로 재직했으며, 주요 연구 분야는 신안보·신기술, 외교정책·외교전략, 글로벌 커뮤니케이션, 사이버 안보 및 사이버 심리전, 중견국 외교와 공공외교 등이다.

이승주

중앙대학교 정치국제학과 교수이다. 미국 캘리포니아 버클리대학교에서 정치학 박사학위를 취득하고, 싱가포르 국립대학교 정치학과 교수와 연세대학교 국제관계학과 교수를 역임했다. 현재 한국국제정치학회 부회장, 한국정치학회 이사, 외교부 정책자문위원으로 활동하고 있다. 주요 논저로 『사이버 공간의 국제정치경제』(공저, 2018), 『일대일로의 국제정치』(공저, 2018), 『미중 경쟁과 글로벌 디지털 거버넌스』(공저, 2020), 『디지털 무역 질서의 국제정치경제』(2020), 『중국 '우주 굴기'의 정치경제: 우주산업정책과 일대일로의 연계를 중심으로』(2021) 등이 있다.

손한별

국방대학교 군사전략학과 교수이다. 국가안전보장문제연구소 군사전략연구센터장을 겸직하고 있다. 서울대학교 학사 및 석사학위를, 국방대학교에서 군사학 박사학위를 취득했다. 합동참모본부 전략기획부 실무자로 근무한 바가 있다. 국가안보론, 전략기획론, 전쟁론, 핵전략 등을 강의하고 있으며, 주요 관심 분야는 국방전략, 북핵대응전략 및 비확산정책, 한미동맹 이슈 등이다.

노유경

서울대학교 정치외교학부 외교학 전공 박사과정을 이수하고 있다. 주요 관심 분야는 과학기술의 발전이 국제정치 환경에 미치는 영향이며, 신흥기술의 정치경제, 국가 간 무기거래 행태 및 관련 국제규범 등에 대해 공부하고 있다.

고봉준

충남대학교 정치외교학과 교수이다. 서울대학교 외교학과에서 학사 및 석사학위를 받고 미국 켄트주립대학교 정치학과에서 석사학위(공공정책 전공)를, 미국 노터데임대학교 정치학과에서 박사학위(국제정치 전공)를 받았다. 제주평화연구원 연구위원을 지냈으며 한국평화학회에서 총무이사를 맡고 있다. 주요 논저로『안전보장의 국제정치학』(공저, 2010), 『Developing a Region: Sketching a Path Towards Harmony』(공저, 2011), 『위기와 복합: 경제위기 이후 세계질서』(공저, 2011) 등이 있다.

정성철

명지대학교 정치외교학과 부교수이다. 통일연구원 부연구위원으로 재직했다. 미국 럿거스대학교에서 정치학 박사학위를 취득했다. 주요 관심 분야는 국제정치이론과 동아시아 국제관계, 무력분쟁과 군사동맹, 미중 관계와 외교정책 분석이다.

유준구

국립외교원 연구교수이다. 유엔 사이버 안보 및 자율무기시스템 법률자문관(legal adviser)을 겸하고 있다. 성균관대학교 법과대학에서 국제법 박사학위를 취득했다. G20 정상회의 준비위원회에서 재직한 이력이 있다. 주요 관심 분야는 사이버, 우주, 자율무기시스템 등 신기술안보 거버넌스 및 규범 이슈 등이다.

한울아카데미 2333
서울대학교 미래전연구센터 총서 4

디지털 안보의 세계정치
미중 패권경쟁 사이의 한국

ⓒ 서울대학교 미래전연구센터, 2021

엮은이 김상배 ┆ **지은이** 김상배·이중구·신성호·송태은·이승주·손한별·노유경·고봉준·정성철·유준구
펴낸이 김종수 ┆ **펴낸곳** 한울엠플러스(주) ┆ **편집책임** 최진희 ┆ **편집** 정은선
초판 1쇄 인쇄 2021년 10월 15일 ┆ **초판 1쇄 발행** 2021년 10월 28일
주소 10881 경기도 파주시 광인사길 153 한울시소빌딩 3층
전화 031-955-0655 ┆ **팩스** 031-955-0656 ┆ **홈페이지** www.hanulmplus.kr
등록번호 제406-2015-000143호

Printed in Korea.
ISBN 978-89-460-7333-3 93390 (양장)
      978-89-460-8125-3 93390 (무선)

※ 책값은 겉표지에 표시되어 있습니다.
※ 무선 제본 책을 교재로 사용하시려면 본사로 연락해 주시기 바랍니다.

서울대학교 미래전연구센터 총서 1

4차 산업혁명과 신흥 군사안보

미래전의 진화와 국제정치의 변환

- 김상배 엮음
- 김상배·이중구·윤정현·송태은·설인효·차정미·이장욱·윤민우·
  최정훈·장기영·이원경·조은정 지음
- 2020년 4월 29일 발행 | 신국판 | 440면

자율무기체계, 5차원 전쟁, 우주군, 사이버전, 사이버심리전 ⋯⋯
4차 산업혁명이 바꾸는 미래전의 모습!

이 책은 미래전의 부상이라는 시대적 변화에 대응하는 국가행위자들의 대응전략과 그러한 과정에서 발생하는 국가행위자 및 전쟁수행 주체의 성격 변화를 주목하며 나아가 이러한 변화들이 국제정치의 변환에 미치는 영향을 살펴본다. 특히 강군몽을 실현하려는 중국의 '반접근/지역거부 전략(A2/AD)'과 '제3차 상쇄전략'을 추진하는 미국의 'JAM-GC'이 충돌하는 전장 공간 속에서 미래 글로벌 패권을 놓고 벌이는 미중의 군사혁신 경쟁 양상을 살펴보고, 4차 산업혁명의 신기술들이 이러한 경쟁과 군사역량 창출에 미칠 영향을 전망한다.

또한 이 책은 기존의 전쟁수행 주체로서 국가행위자의 역량과 권위에 도전하는 비국가행위자들의 부상을 살펴본다. 군의 기능을 민간 기업에서 대행하는 안보사영화와 무인병기를 활용하는 전장무인화라는 두 가지 군사혁신과 국가의 관계를 이를 추진했던 국가들의 실제 사례를 통해 검토하고, 새로운 미래전과 주요 전쟁 주체로서의 비국가행위자들의 특성과 의미를 살펴보며, 불확실해지는 시대에 평범한 개인들 또는 국가 구성원들의 안보를 증진하기 위한 새로운 안보 프레임과 전쟁전략의 필요성을 제안한다.

서울대학교 미래전연구센터 총서 2

4차 산업혁명과 첨단 방위산업

신흥권력 경쟁의 세계정치

- 김상배 엮음
- 김상배·박종희·성기은·양종민·엄정식·이동민·이승주·이정환·
  전재성·조동준·조한승·최정훈·한상현 지음
- 2021년 3월 10일 발행 | 신국판 | 464면

첨단 방위산업 참여 주체들의 다양화
미·중·일 강대국의 경쟁과 중견국의 틈새 전략

각국의 전략 경쟁이 어느 때보다 심화되고 있는 상황이다. 그중 방위산업 세계 기업 순위 5위까지 석권하고 있는 미국은 중국에 대한 군사적 견제 전략을 위해 필요한 군사기술 개발에 앞장서고 있다. 이에 중국은 미국의 군사전개를 약화시키는 이른바 반접근/지역거부 전략을 펴면서 경제력을 바탕으로 아시아 국가들과 연대를 맺어가고 있다. 미·중 경쟁의 심화는 남중국해, 한반도 등 아시아 지역에도 영향을 줄 것으로 보이므로, 한국은 지속적으로 이 상황을 주시해야 할 것으로 보인다.

한국을 비롯해 스웨덴, 이스라엘, 터키와 같은 중견국들이 방위산업에서 나름의 경쟁력을 바탕으로 부상하고 있는 것도 눈여겨봐야 한다. 중견국들은 틈새를 공략하는 무기체계 위주의 전략을 추구하며 자국의 입지를 넓혀나가고 있다. 이 중 이스라엘의 경우는 우리나라에 많은 함의를 준다. 이스라엘은 체계적인 군-산-학 네트워크를 기반으로 민군 상호 협력이 활발히 이루어지고 있는 나라다. 이처럼 4차 산업혁명 시대에는 민군기술의 경계를 넘어 시장경쟁력과 군사 역량을 함께 증대해야 할 필요성이 커지고 있음에 주목해야 한다.

서울대학교 미래전연구센터 총서 3

우주경쟁의 세계정치
복합지정학의 시각

• 김상배 엮음
• 김상배·최정훈·김지이·알리나 쉬만스카·한상현·이강규·
  이승주·안형준·유준구 지음
• 2021년 5월 3일 발행 | 신국판 | 352면

주요국의 우주전략과 우주공간에 대한 쟁점을
복합지정학의 시각에서 분석한다!

'우주'는 기본적으로 한 나라의 주권과 지리적 경계를 넘어서는 탈지정학의 공간이다. 또한 민간 기업의 우주기술 개발이 빠르게 성장함에 따라 출현한 이른바 '뉴 스페이스'의 등장은 우주공간의 초국적인 성격, 즉 비지정학적 측면을 보여준다. 여기에 우주 문제의 안보화와 더불어 다양한 이해 관계자들의 협력과 경쟁이 함께 일어나는 비판 지정학의 동학까지 작용한다. 이러한 맥락에서 본다면, 우주공간에서의 주도권을 장악하기 위한 주요국들의 경쟁은 단순한 기술적·산업적 차원에서 나아가 거시적이고 포괄적인 시각에서 바라볼 필요가 있다. 이에 이 책은 탈지정학, 비지정학, 비판 지정학을 아우른 '복합지정학의 시각'을 원용하여 우주를 둘러싼 각국의 경쟁과 국제협력에 관한 쟁점을 분석했다.

미국과 중국을 필두로 주요국들은 우주산업 개발에 앞장서고 있다. 여기에 냉전기 이후의 부침을 극복하고 우주 관련 이슈에 적극적인 태도를 보이고 있는 러시아, 다른 국가에 대한 의존성을 낮추고 독립성을 높이려고 시도하는 유럽연합까지 더해 그 경쟁이 치열해지고 있는 상황이다. 이에 이 책은 각국의 우주전략을 분석하고 우리나라에 주는 함의를 도출하고자 했다.